フレネル係数、特性マトリクス

光学薄膜の基礎理論

増補改訂版

小檜山 光信 著

増補改訂版の序文

　本書の初版が出版されてから7年半が経過しました。初版を出版するときに、その序文にも書きましたが、国内外の多くの研究者や技術者達の名著を読んで基礎理論から勉強して自分の研究・仕事に合った種々の計算プログラムを作成するのは、少なからず大変なので、私のノートや講演資料を整理して出版させて頂きました。そのときは、特性マトリクスによる分光特性の計算などのプログラムは普及しているので、フレネル係数による解析を中心に種々の解析を行いたいと考えました。そして、フレネル係数を利用した分光特性、成膜時の光学式モニターの光量変化の計算、基板および薄膜の光学定数の計算プログラムを付属のCDに収めました。しかし、この間に、フレネル係数の重要性はわかったが、やはり、プログラミングが楽な（適した）特性マトリクスによる多層膜フィルターの分光特性計算プログラムや種々の解析プログラムを自分で作成したいけれど、難しいという多くの意見が寄せられました。付属CDに収められた便利なプログラムは、古いバージョンのVisual Basicで作成したものなので、最近の新しいOSでは動作しないという問題も発生しています。そのため、この改訂版では、付属CDを止めました。そこで、今回は特性マトリクスによる多層膜フィルターの分光特性計算プログラムをHP Basic for Windows（現在は、HTBasic for Windowsとして販売されています）により新たに作成し直して、第4章にそのアルゴリズムを丁寧に解説するとともに、そのリストを付録Cに追加掲載しました。HP Basic for Windowsは、構造化プログラミングなので理解しやすいと思います。技術者は必要なプログラムを自分で作成できなければならないというのが、私の信念です。どうか、これらを参考にして、自分の得意なプログラミング言語を利用して、自分用のプログラムを作成して下さい。また、第5章では計算に必要な式をまとめ、EXCELによる基板や薄膜の光学定数の計算例を式の番号とともに記載しましたのでご利用下さい。

　光学薄膜とは直接、関係ないようですが、光学特性に大きな影響を及ぼす基板の面精度と面粗さについて、新たに章を追加しました。高性能な反射防止膜、フィルターやミラーなどを作製する場合は、まず、光学ガラス販売メーカーのカタログを調べて、基板の面精度および面粗さのよい基板を選択するでしょう。面精度がよくて、面粗さが小さい基板が良いには決まっていますが高価です。要求仕様以上の選択をしていないでしょうか。あるいは、逆に仕様を満足する基板を選択しているでしょうか。そこで、まず、面精度の計測の基礎となるニュートンリングの実際的な応用、例えば、面精度による反射光束径の広がり、光学平面（オプティカルフラット）はなぜ、λ/10やλ/20の精度が必要なのか、反った平板基板の面精度計測の原理などを記述しました。面粗さの節では、基礎理論をわかり易く解説して面粗さとフィルターの分光特性との関係などについて述べましたが、読者の理解の一助になればと、できるだけ図を多く掲載しました。そして、最後にスクラッチやディグという面粗さについてのMIL規格、ANSI規格、ISO規格について解説を加えました。特に米国の光学基板供給メーカーのカタログを見ると、スクラッチの評価基準については解釈が異なる場合がありますのでご注意下さい。国内では、㈶レーザー技術総合研究所が中心になって高出力レーザーミラーや反射防止膜の高性能化について民間企業を応援しています。分光特性の計算や成膜方法の改良だけでは、これらのフィルターに対する要求を満たすことはできません。本章を読んで、是非とも基板の面精度および面粗さについて、今一度、検討し直して下さい。必ずや読者のお役に立つと信じておりま

す。しかし、私の理解・勉強の不足や自分の能力の不足からそう思いこんでしまった箇所があると思います。読者の皆様のご教示を頂いて、その都度訂正していきたいと思います。

　還暦を過ぎた今も、このように皆様に技術的なことをお伝えできるのも、私が以前に約13年間勤務した会社でその間、常に暖かく励まして下さった成田敏雄様（元・真空器械工業㈱・代表取締役社長、現・㈱シンクロン）のお陰と心から感謝してします。本当にありがとうございました。東海光学㈱・薄膜事業部部長・鬼崎康成氏、課長・田村耕一氏と主務・杉浦宗男氏には数々の助言を頂きました。また、㈱オプトロニクス社・取締役・柴崎栄氏には出版に至るまで本当にお世話になりました。この原稿のすべての図表を自分で作成したため、約2ケ月間掛かりました。その間、ほとんど会社に寝泊まりをしましたが、それを認めて心から応援してくれた私の妻・英子と、そして丈夫な身体と持続力を与えてくれた亡き両親に感謝します。ありがとうございました。

2011年2月

小檜山　光信

初版の序文

　光学フィルターは、近年のオプトエレクトロニクスの目覚ましい発展に伴いますます重要になっています。その基礎や応用に関しては、H.A.Macleod、A.Thelen、Z.Knittl、M.Born&E.Wolf、E.Hecht、久保田広、李正中や他の多くの研究者達の名著が出版されています。特に、Macleod、Thelenや李正中は現在も、精力的に活躍して多くの優れた研究者を育てています。私もこの分野の仕事に従事した頃は、Macleodの名著Thin-Film Optical Filtersの初版本を苦労して勉強して、光学フィルターの反射率・透過率、位相変化、光学モニター光量変化計算や薄膜内のレーザー誘導損傷計算などの様々なプログラムを作成しました。最近はコンピューターのWINDOWS上でランする優れた数々のプログラムが市販されるようになり、複雑な光学フィルターの設計も基礎知識が少しあればゲーム感覚で行えるようになりました。また、国内でも光学薄膜の基礎や応用に関する書籍や解説記事も多く見られるようになりました。しかし、光学フィルターは、成膜装置の方式、蒸着材料、成膜パラメーターにより薄膜の屈折率や消衰係数が変化して、設計通りにできないことがあります。実際に使用している成膜装置における真空中および大気中の誘電体や金属薄膜の光学定数を求めなければなりません。また、将来を考えて、あるいは自分自身の興味（とても重要なことです）から、これらの資料を参考にして基礎理論から勉強して自分の研究・仕事に役立つ種々の計算プログラムを作成したい、という若い技術者も多いようです。しかし、

- それらの書籍を開くと、まずマクスウェル（J.C.Maxwell）の方程式がでてきます。学生時代は電磁気学の授業でマクスウェルの方程式を習ったが、もう忘れてしまった。あるいは学生時代は化学や機械を専攻したので、全く先に進めない。
- マクスウェルの方程式から導かれる特性マトリクスを利用して透明な波長領域における分光反射率・透過率特性は計算できるようになったが、どうも物理的イメージが湧かない。
- 紫外域では基板や薄膜の吸収を無視できないことは知っている。分光特性を計算したいが、特性マトリクスではsineやcosineに虚数単位が入ってきてどうしたらよいかわからない。特に斜入射になると計算が複雑そうである。
- 吸収がある基板や薄膜、さらには金属薄膜の光学定数を求めたいが、計算方法がわからない。
- 理論は何とかわかったが、実際にEXCELやVisual Basicなどで計算プログラムを作成したいけれど大変そうだ。分光特性や光学モニターの光量変化計算のアルゴリズムがわからない。
- エリプソメーターによる偏光解析の勉強をしたい。書籍を見ると特性マトリクスではなくフレネル係数が有効そうである。しかし、それに関する書籍・資料が見当たらない。
- 市販されている理論計算プログラムは、小数点何桁まで計算値が正しいのだろうか。

などの声を聞くことが多くなりました。国内ではコーティングを行っている多くの会社があり、そこには多くの優れた技術者達がおります。古き良き時代はこのような基礎的なことは時間外に勉強会あるいは研究会と称して仲間同士でゼミを開催していました。しかし、そのような方々も年輩あるいは地位が高くなり若い技術者を教育する時間的余裕はなくなってきています。また、近年は光学フィルターを研究している学生も多くなってきています。そんな折、これから光学薄膜を勉強する人や実際に研究・生産に従事している技術者のためにその基礎理論

をできるだけやさしく、しかも即、利用できるような本を出版して欲しいと要請されました。そこで、私がいままで作成したノートや講演資料を整理して
・光学薄膜を理解するのに最低限必要な波動の知識
・フレネル係数の基礎
・フレネル係数による多層膜の計算
・特性マトリクスによる計算
・基板や薄膜の光学定数の測定
・光学モニターの光量変化の計算

についてできるだけ具体的に解説した本書を出版することにした次第です。フレネル係数は古い理論ですが、波動の物理的イメージを捉えることができ、誘電体や金属薄膜の光学定数の測定や偏光解析にも有効です。フレネル係数を利用すれば、四則演算と三角関数だけで、薄膜や基板に吸収がある多層膜系の斜入射時の反射率・透過率や位相特性が計算できます。さらに特性マトリクスによる解析も記号を統一して整理しました。私がはじめて基礎理論を勉強したときに悩んだことを思い起こして、可能な限り図表を記載し、種々の計算式の導入にあたっては途中の計算をできるだけ省略せずに記載しました。正直言って、本書を熟読してEXCELで種々の計算プログラムを作成しようとすると、打ち間違いが多く大変だと思います。そこで、図表作成のためのEXCELプログラムを各章ごとに付属のCDに納めました。EXCELではマクロ機能は使用せず、簡単なコマンドのみを使用しました。しかし、吸収および斜入射を考慮した多層膜の分光反射率・透過率特性や光学モニターの光量変化計算は、マクロ機能を使用しないと大変なプログラムになります。そこで、これらの計算プログラムは、私が長年、慣れているHP Basic for Windowsでプログラムを作成し、プログラムおよび主な変数リストを付録に記載しましたので参考にしてください。さらに、WINDOWS上でランするようにVBでも作成してCDに収めてあるのでご利用ください。CDの利用方法については、あとがきに注意事項を記しました。

　本書が皆さんのお役に立つことを心から願いますが、しかし、私の理解・勉強の不足や能力の不足からそう思いこんでしまった箇所があると思います。また、ミスプリントもあると思います。読者の皆様のご教示を頂いて、訂正していきたいと思います。なお、海外の研究者達の呼び名は理化学事典（岩波出版）に記載されている人だけをカタカナにして、それ以外はそのまま記載しました。

　最後に、長年、光学薄膜および生き方に関していつも適切なアドバイスをくださり、本書の執筆を強くお勧めくださった笠原一郎様（㈲ケイワン・代表取締役、元㈱応用光電研究室・取締役）、今まで執筆や講演の機会を多く与えてくれた小倉繁太郎様（神戸芸術工科大学・教授）、日常の業務で忙しいのに関わらずVisual Basicによるプログラムを自宅で作成してくれた鬼崎康成様（東海光学㈱薄膜事業部・部長）、小栗和雄様（同・課長）そして私が以前に約13年間勤務した会社でその間、常に暖かく励ましてくださった成田敏雄様（真空器械工業㈱・元代表取締役（現、㈱シンクロン））に心からお礼申し上げます。本書の複雑な図をCADで我慢強く作成してくれた私の息子・翔に感謝します。また、㈱オプトロニクス社の柴崎栄部長、愛知俊弘様、緒方秀正様には出版に至るまで本当にお世話になりました。ありがとうございました。

2002年12月25日
小檜山　光信

目　次

1. 光学薄膜のための基礎 ・・・・・・・・・・・・・・・・・・・・・・・・・・・・・・・・・・1
- 1.1 波動の表現 ・・・1
- 1.2 単振動 ・・・2
- 1.3 波動関数 ・・・4
- 1.4 位相速度と群速度 ・・・・・・・・・・・・・・・・・・・・・・・・・・・・・・・・・・・・・・7
- 1.5 誘電体と屈折率 ・・・・・・・・・・・・・・・・・・・・・・・・・・・・・・・・・・・・・・・10
- 1.6 スネルの法則と波長分散 ・・・・・・・・・・・・・・・・・・・・・・・・・・・・・・15
- 1.7 光学膜厚 ・・・20
- 1.8 偏光 ・・・22

2. フレネル係数の基礎 ・・・・・・・・・・・・・・・・・・・・・・・・・・・・・・・・・29
- 2.1 垂直入射 ・・・29
- 2.2 斜入射 ・・・32
- 2.3 吸収媒質への垂直入射 ・・・・・・・・・・・・・・・・・・・・・・・・・・・・・・・・40
- 2.4 吸収媒質への斜入射 ・・・・・・・・・・・・・・・・・・・・・・・・・・・・・・・・・・42
- 2.5 吸収基板の裏面反射を考慮した反射率、透過率 ・・・・・・・・・44
  - 2.5.1 垂直入射 ・・・・・・・・・・・・・・・・・・・・・・・・・・・・・・・・・・・・・・・44
  - 2.5.2 斜入射 ・・46
- 2.6 まとめ ・・・47
  - 2.6.1 垂直入射 ・・・・・・・・・・・・・・・・・・・・・・・・・・・・・・・・・・・・・・・47
  - 2.6.2 斜入射 ・・48
  - 2.6.3 吸収媒質への垂直入射 ・・・・・・・・・・・・・・・・・・・・・・・・・48
  - 2.6.4 吸収媒質への斜入射 ・・・・・・・・・・・・・・・・・・・・・・・・・・・49
  - 2.6.5 基板の裏面反射を考慮した反射率、透過率 ・・・・・・・50

3. 単層薄膜 ・・52
- 3.1 垂直入射 ・・・52
  - 3.1.1 反射率、透過率および位相変化 ・・・・・・・・・・・・・・・・・52
  - 3.1.2 分光特性 ・・・・・・・・・・・・・・・・・・・・・・・・・・・・・・・・・・・・・・59
  - 3.1.3 成膜時の反射率、透過率および位相変化 ・・・・・・・・・62
- 3.2 斜入射 ・・・64
- 3.3 吸収単層膜への垂直入射 ・・・・・・・・・・・・・・・・・・・・・・・・・・・・・67
- 3.4 吸収単層膜への斜入射 ・・・・・・・・・・・・・・・・・・・・・・・・・・・・・・・72

3.5　特性マトリクスによる計算 ································· 76
　　　3.5.1　垂直入射 ··· 76
　　　3.5.2　斜入射 ··· 86
　　　3.5.3　吸収単層膜への垂直入射 ································· 86
　　　3.5.4　吸収単層膜への斜入射 ··································· 89

4. 多層薄膜 ·· 93
　　4.1　垂直入射 ··· 93
　　　4.1.1　吸収がない場合 ·· 93
　　　4.1.2　吸収がある場合 ·· 99
　　4.2　斜入射 ··· 104
　　4.3　基板の裏面反射を考慮した分光特性 ······················ 107
　　　4.3.1　基板の内部透過率 T_i ··································· 107
　　　4.3.2　基板から薄膜への反射率 R_g ·························· 108
　　　4.3.3　多重繰り返し反射 ··· 110
　　4.4　特性マトリクスによる計算 ································ 117
　　　4.4.1　垂直入射、斜入射 ··· 117
　　　4.4.2　吸収多層膜への垂直入射 ································· 128
　　　4.4.3　吸収多層膜への斜入射 ··································· 129
　　　4.4.4　特性マトリクスの性質および演算 ····················· 132

5. 光学定数の測定 ··· 137
　　5.1　分光特性測定上の注意 ······································ 137
　　　5.1.1　サンプル ··· 137
　　　5.1.2　分光器 ··· 138
　　5.2　分光器による基板の光学定数の測定 ······················ 140
　　　5.2.1　透明基板 ··· 140
　　　　5.2.1.1　片面マット基板の反射率から ······················ 140
　　　　5.2.1.2　両面研磨基板の反射率、透過率から ············ 142
　　　5.2.2　吸収基板 ··· 143
　　5.3　分光器による薄膜の光学定数の測定 ······················ 147
　　　5.3.1　透明薄膜 ··· 147
　　　5.3.2　若干の吸収がある均質薄膜 ····························· 149
　　　5.3.3　若干の吸収がある不均質薄膜 ·························· 154
　　　5.3.4　金属薄膜 ··· 160
　　　　5.3.4.1　透過率、反射率、膜厚から ························· 160
　　　　5.3.4.2　反射率から ··· 163
　　　　5.3.4.3　金属膜＋SiO_2薄膜の反射率から ················ 165

        5.3.5 半導体Si薄膜 ・・・・・・・・・・・・・・・・・・・・・・・・・・・・・・・・・167
            5.3.5.1 グラフ法 ・・・・・・・・・・・・・・・・・・・・・・・・・・・・・・169
            5.3.5.2 最適設計 ・・・・・・・・・・・・・・・・・・・・・・・・・・・・・・170
    5.4 光学モニターによるin-situ測定 ・・・・・・・・・・・・・・・・・・・・・・・172
        5.4.1 透明薄膜 ・・・・・・・・・・・・・・・・・・・・・・・・・・・・・・・・・・・172
        5.4.2 金属薄膜 ・・・・・・・・・・・・・・・・・・・・・・・・・・・・・・・・・・・175
    5.5 まとめ ・・180
        5.5.1 分光器による基板の屈折率 ・・・・・・・・・・・・・・・・・・・180
        5.5.2 分光器による透明薄膜の屈折率 ・・・・・・・・・・・・・・・185
        5.5.3 光学モニターによる透明薄膜の屈折率 ・・・・・・・・・185

6. 光学モニターの光量変化 ・・・・・・・・・・・・・・・・・・・・・・189
    6.1 光学モニター ・・・・・・・・・・・・・・・・・・・・・・・・・・・・・・・・・・・・189
    6.2 光量変化計算の理論 ・・・・・・・・・・・・・・・・・・・・・・・・・・・・・191
        6.2.1 装置下部からの測光方式 ・・・・・・・・・・・・・・・・・・・・・193
        6.2.2 装置上部からの測光方式 ・・・・・・・・・・・・・・・・・・・・・195
    6.3 プログラム作成上の留意点 ・・・・・・・・・・・・・・・・・・・・・・・195
    6.4 計算プログラム ・・・・・・・・・・・・・・・・・・・・・・・・・・・・・・・・・199

7. 基板の面精度と面粗さ ・・・・・・・・・・・・・・・・・・・・・・・・206
    7.1 基板の面精度 ・・・・・・・・・・・・・・・・・・・・・・・・・・・・・・・・・・・207
        7.1.1 面精度の定義 ・・・・・・・・・・・・・・・・・・・・・・・・・・・・・・・207
        7.1.2 ニュートンリング ・・・・・・・・・・・・・・・・・・・・・・・・・・・211
            7.1.2.1 球面の場合 ・・・・・・・・・・・・・・・・・・・・・・・・・・・・211
            7.1.2.2 平面の場合 ・・・・・・・・・・・・・・・・・・・・・・・・・・・・214
    7.2 基板の面粗さ ・・・・・・・・・・・・・・・・・・・・・・・・・・・・・・・・・・・216
        7.2.1 面粗さ ・・・・・・・・・・・・・・・・・・・・・・・・・・・・・・・・・・・・・216
        7.2.2 基板の面粗さと反射率 ・・・・・・・・・・・・・・・・・・・・・・・222
        7.2.3 粗さのある透明な薄膜の反射率 ・・・・・・・・・・・・・・228
            7.2.3.1 薄膜の粗さの取扱いについて ・・・・・・・・・・・・228
            7.2.3.2 単層膜 ・・・・・・・・・・・・・・・・・・・・・・・・・・・・・・・・229
            7.2.3.3 各界面の粗さが同一な多層膜 ・・・・・・・・・・・243
    7.3 面粗さの規格 ・・・・・・・・・・・・・・・・・・・・・・・・・・・・・・・・・・・251
        7.3.1 MIL規格 ・・・・・・・・・・・・・・・・・・・・・・・・・・・・・・・・・・・251
        7.3.2 ANSI / OEOSC規格 ・・・・・・・・・・・・・・・・・・・・・・・・・253
        7.3.3 ISO規格 ・・・・・・・・・・・・・・・・・・・・・・・・・・・・・・・・・・・254

付録 A ･･･････････････：フレネル係数による分光特性計算プログラムリスト
　　 B ･･････････････：フレネル係数による分光特性計算プログラムの主な変数解説
　　 C ･･･････････････：特性マトリクスによる分光特性計算プログラムリスト
　　 D ･･････････････････：光学モニターの光量変化計算プログラムリスト
　　 E ･･･････････････････････････････：三角関数・双曲線関数の公式
　　 F ･････････････････････････････････････：ギリシャ文字の読み方
　　 G ･･：SI接頭語

あとがき

第1章
光学薄膜のための基礎

「光は粒子性と波動性を持っている」と言われるが、光の波動論は1667年にフック（R. Hooke）が光の本性を波動と解して波面の概念を導入したことから始まる。その後、ホイヘンス（C. Huygens）、フレネル（A. J.Fresnel）[1]、ヤング（T. Young）やマクスウェルら多くの研究者により確立された。そして、その応用として種々の光学フィルターの理論が展開され、Z.Knittl[2]、M.Born & E.Wolf[3]、H.A.Macleod[4]、A.Thelen[5]、久保田[6]による名著や多くの研究者による論文がある。また、都筑[7]、吉田・矢嶋[8]、永田[9]、森下[10]、大槻[11]による波動および光学薄膜についての優れた解説書もある。本章では、光学薄膜を理解するための波動としての光の数式的な扱いや次章以降の理解に必要な基礎事項についてこれらの資料を参考にして平易に解説する。

1.1 波動の表現

光は横波の電磁波である。つまり、電界と磁界を持っているが、いま光の電界のある瞬間を見た波形（実際には見えない）を図1.1に示す。波の最も高いところを山、最も低いところを谷、隣り合った山と山（あるいは谷と谷）との距離を波長λ（wavelength）、元の水平な面から山の距離を振幅（amplitude）という。

時間が変化して、山→谷→山になるのに要する時間を周期（period）という。周期がTであるということは、ある位置の山が単位時間内に$1/T$回上下振動することになり、これを波の振動数ν（frequency）[1/s]といい、光の場合は周波数f [Hz]という。すると、波の山がν回通過したこと、つまり波はλνだけ移動したことになる。λ

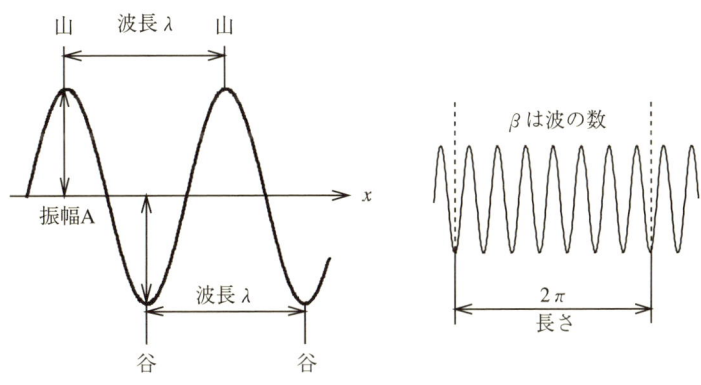

図1.1　波の表示

νの単位は[m/s]となり、速さ（velocity）

$$v = \lambda \nu = \lambda / T \; [m/s] \tag{1-1}$$

となる。正確には速度と速さは異なり、速度vはベクトル（大きさと向きをもつ）、速さは速度の大きさv = | v |を表すスカラー量である。また、光の場合は長さ2π（単位長）の中に波長λの波が何個入っているかが重要となり

$$\beta = 2\pi / \lambda \quad [/m] \tag{1-2}$$

で表し、波数（wave number）と呼ばれる。波動の解析では重要な変数の1つであり、波の進行方向を考えて、通常はベクトルで表される。（多くの書籍および論文では、一般に波数には記号kが使用されているが、本著では光の吸収を表す消衰係数（extinction coefficient、後述）にkを使用するので、波数をβで表す。）

> 【Coffee Break】光の波長と周波数
> 　光は通常の光学フィルターでは波長、光通信では周波数あるいは波長で表されることが多い。光の速さは定数であり、約3×10^{8}m/sである。(1-1)式から、周波数f = 193.10THzの光は波長λ = 1553.599nmとなる。しかし、光の速さは正確には c = 299,792,458m/sであり、この値を用いると λ = 1552.524nmとなり約1nmの差が生じる。光通信の国際機構ITU（International Telecommunication Union）では正確な光の速さを使用することを規定している。

1.2 単振動

　それでは、波動としての光はどのような式で表すことができるだろうか。光は直進し円運動はしないが、運動の最も単純な単振動（simple harmonic oscillation）がどのような式で表されるかを調べてみよう。図1.2のように円周上の点Pが半径aの円周上を等速円運動をしているとする。微小時間Δt内の角度変化Δθの変化量

$$\sum_{\Delta t \to 0} \lim \Delta \theta / \Delta t \tag{1-3}$$

を角速度（angular velocity）といい、一般にωで表す。点Pが1周する時間T（周期）で角度2πだけ移動するので

$$\omega = 2\pi / T = 2\pi \nu \tag{1-4}$$

となる。ωは2π秒当たりの振動回数を与え、角振動数（angular frequency）という。

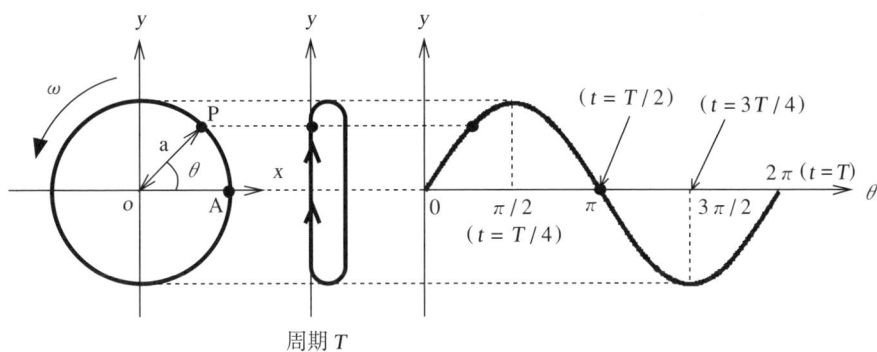

図1.2 単振動

光ではこれを角周波数（angular frequency）という。したがって、点Pをy軸に投影すると、A点からの時間 t 後の変位は

$$y = a\sin(2\pi \times t/T) = a\sin 2\pi \nu t = a\sin\omega t \tag{1-5}$$

で表される。変位yを縦軸、回転角 θ を横軸にグラフを書くとsine曲線が得られ、これが単振動の式であることが分かる。

図1.3（a）の点Bが点Aより、角度 θ だけ遅れて角速度 ω で等速円運動をしているとして、縦軸を変位y、横軸を角度 θ としてグラフを書くと**図1.3（b）**のようになる。点Bは θ だけ遅れて点Aに迫ってきているので、Bの波はAの波より位相（phase）が θ だけ遅れた波という。視点を変えれば、Bの波はAの波より位相が $(2\pi-\theta)$ だけ進んでいるともいえる。波を式で表すと、その変位は

$$\begin{cases} A : y = a\sin\omega t \\ B : y' = a\sin(\omega t - \theta) = a\sin\{\omega t + (2\pi - \theta)\} \end{cases} \tag{1-6}$$

となる。ωt、$(\omega t-\theta)$ や $\{\omega t+(2\pi-\theta)\}$ を位相、$-\theta$ や $(2\pi-\theta)$ を初期

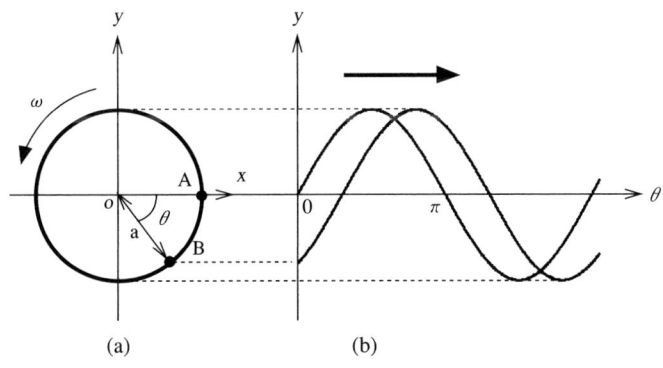

図1.3 位相のずれ

位相という。初期位相を φ で表すと、一般に波の変位 y は

$$y = a\sin(\omega t \pm \phi) \tag{1-7}$$

で表される。＋は位相が進んでいることを、－は位相が遅れていることを表す。

1.3 波動関数

　波動である光は、媒質中を電磁界の変動が次々と伝搬し、その物理量である振幅は位置 x と時間 t の関数であり、一般に f = f (x,t) で表される。f ( ) は一般的な関数 (function) を意味する。いま、**図1.4** に示すように、波が速さ v で x 方向に進むと、位置 x がある時刻 t にどのような変位 y になるかを考える。二点 O、P 間の距離を x とすると、点 O を通過した波が点 P に到達するまでに時間 t_1 = x/v かかる。つまり、**図1.3** の場合と同じく点 P は点 O より位相が遅れていることになる。したがって、点 O の時刻 t における位相を ω t とすると、点 P の位相は

$$\omega(t - t_1) = \omega(t - x/v) \tag{1-8}$$

となる。したがって、点 O を原点としたとき、x だけ離れた点 P の変位 y は y = f {ω (t − x / v)} で表される。波の周期を T、波長を λ、波数を β とすると

$$\omega x / v = (2\pi \nu / v)x = (2\pi / \lambda)x = \beta x \tag{1-9}$$

となるから

$$y = f(\omega t - \beta x) \quad あるいは \quad y = f(t/T - x/\lambda) \tag{1-10}$$

と表される。これが、x 方向に進む波（進行波）の波動方程式の一般解であり、"時間の係数は正で、距離の係数は負"になることが分かる。

　具体的な式の形を求めるためには、マクスウェルの波動方程式を解かなければならない。簡単のため、変位を y、位置を x、時間を t とすると、それは偏微分方程式

$$\frac{\partial^2 y}{\partial t^2} = v^2 \frac{\partial^2 y}{\partial x^2} \tag{1-11}$$

となる。いきなり難しいそうな偏微分方程式が出てきたが、少しだけ我慢して続けることにする。いま、光の波形がきれいな振幅 a の正弦波であるとして

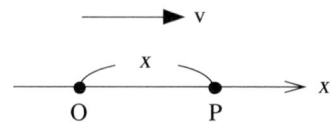

図1.4　移動する波

$$y = a\sin(\omega t - \beta x) = a\sin 2\pi(t/T - x/\lambda) \tag{1-12}$$

と仮定しよう。yをtあるいはxで偏微分すると

$$\frac{\partial y}{\partial t} = a\omega\cos(\omega t - \beta x)、\quad \frac{\partial^2 y}{\partial t^2} = -a\omega^2\sin(\omega t - \beta x) \tag{1-13}$$

$$\frac{\partial y}{\partial x} = -a\beta\cos(\omega t - \beta x)、\quad \frac{\partial^2 y}{\partial x^2} = -a\beta^2\sin(\omega t - \beta x) \tag{1-14}$$

が得られる。したがって、

$$\frac{\partial^2 y}{\partial t^2} = \frac{\omega^2}{\beta^2}\frac{\partial^2 y}{\partial x^2} \tag{1-15}$$

となる。

$$\frac{\omega}{\beta} = \frac{2\pi\nu}{2\pi/\lambda} = \nu\lambda = v \tag{1-16}$$

だから仮定した（1-12）式は波動方程式（1-11）式と一致し、今後、光の振幅の変位を表す式を（1-12）式と考えても問題はなさそうである。（1-12）式でsineの代わりにcosineとしても、波動方程式を満足するが、一般には、光はsineで表されることが多く、正弦関数のなめらかさを持ってその振幅が周期的に変化するので、通常は余弦波と言わずに正弦波（sine wave）と呼ばれる。

しかし、多くの解説書では一般に光を正弦波として、その波動関数は

$$y = a\exp i(\omega t - \beta x) = a\exp i 2\pi(t/T - x/\lambda) \tag{1-17}$$

と虚数単位i（$i^2 = -1$）を使用した指数関数で当然のように表されている。オイラー（L.Euler）の公式によれば、アーギュメント（argument、変数）をxとすると

$$e^{\pm ix} = \cos x \pm i\sin x \tag{1-18}$$

となる。すると、（1-17）式は

$$y = a\cos(\omega t - \beta x) + ia\sin(\omega t - \beta x) \tag{1-19}$$

と書けるが、（1-12）式のような実関数を実関数$a\cos(\omega t - \beta x)$と虚数$ia\sin(\omega t - \beta x)$を加算した形で表しても問題がないのだろうか、と考えるのが自然だと思われる。なぜ、（1-17）式のように虚数単位を使用した指数関数で表す、いや、表すことができるのだろうか。よく知られている"ヤングの干渉実験"（図1.5）を考えてみよう。光源から放出された平行な単色光が2つのピンホールを通る時に同位相（2つのピンホールを通過する光が同じく山あるいは谷）であれば、2つの光がスクリーン上で山と山の状態で到着すると明るい縞に、山と谷の状態だと暗い縞ができる（ピ

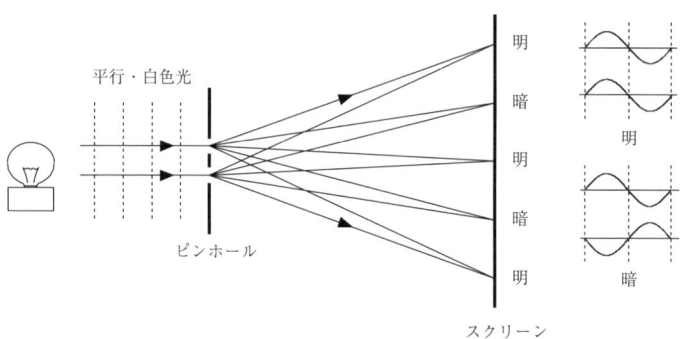

図1.5　ヤングの干渉実験

ンホールの代わりにスリットを使用すると、縞模様は直線になる)。スクリーンにできる縞模様は目視でき、時間によっては変化しない。つまり、そのピンホール（位置x）における「波の山がいま変わった。そしてすぐに谷に変わった」ということは不要であり、実際、分からない。2つの穴を通過する光が同位相であればよい。また、第3章以降に詳述する薄膜の干渉でも、瞬時tの波の変位y（$-a \leq y \leq a$）の情報は不要である。本書で解説する光の反射・透過や干渉を論ずる場合は、波長λ、周期Tあるいは速さ$v = \lambda/T$が分かればよく、複素数を利用した（1-17）式にはその情報が入っている[7]。

波動である光を解析する場合、微分や積分を使用することが多い。実関数である$\cos x$、$\sin x$は微分すると

$$\frac{d}{dx}\sin x = \cos x \text{、} \frac{d}{dx}\cos x = -\sin x \tag{1-20}$$

となり、関数の形は変わってしまうが、複素指数関数e^{ix}を微分すると

$$\frac{d}{dx}e^{ix} = ie^{ix} \text{、} \frac{d^2}{dx^2}e^{ix} = i^2 e^{ix} = -e^{ix} \tag{1-21}$$

と、元の関数の形は変わらずに微分した回数だけ虚数単位iが掛かっているだけである。したがって、これらの情報がわかり、しかも数学的に便利な（微分や積分をしても、元の形は変わらずに、微分・積分の回数だけの虚数単位iを考えればよい）複素関数で表される（1-17）式を利用した方が便利であろう。それでは、(1-17)式が波動方程式を満足するかをチェックしてみよう。yをtあるいはxで偏微分すると

$$\frac{\partial y}{\partial t} = a \cdot (i\omega)\exp i(\omega t - \beta x) \text{、} \frac{\partial^2 y}{\partial t^2} = a \cdot (i\omega)^2 \exp i(\omega t - \beta x) \tag{1-22}$$

$$\frac{\partial y}{\partial x} = a \cdot (-i\beta)\exp i(\omega t - \beta x) \text{、} \frac{\partial^2 y}{\partial x^2} = a \cdot (-i\beta)^2 \exp i(\omega t - \beta x) \tag{1-23}$$

となる。これらの両式から（1-15）式と同様になることが分かる。そのため、次章以降の解説でも、複素関数で表した（1-17）式を用いることにしよう。

1.4 位相速度と群速度 [9, 10, 12, 13]

ある物質内の光の速さが光速cを超えたとか、いや、超えることができないとかの話がある。「超えたのは位相速度であり群速度ではない」とか、「電子回路における負群速度」とか「フォトニック結晶の群速度異常」、「一次群速度ユーザー網インターフェースISDN」などと、近年、位相速度とか群速度という言葉をよく聞く。光には位相速度と群速度があり、光学薄膜を学ぶ際もこの意味を正確に理解しておくことが大切である。

(1) 位相速度

図1.6のように波が伝搬し、時刻$t+\Delta t$では位置$x+\Delta x$まで移動したとする。
それぞれの時刻と位置における位相は等しいので

$$\omega t - \beta x = \omega(t+\Delta t) - \beta(x+\Delta x)$$

とおける。この式を整理して時間Δtとその間に進んだ距離Δxとの比

$$\frac{\Delta x}{\Delta t} = \frac{\omega}{\beta} = v_p \tag{1-24}$$

が得られる。$\Delta x/\Delta t$は速さの単位を持ち、波の等位相面の移動速度を表しており位相速度v_p（phase velocity）という。（1-16）式で見たように光を正弦波と仮定した場合、

$$\omega = v\beta \tag{1-25}$$

のように角周波数ωが波数βに比例し、波動方程式を満足する。つまり、光が正弦

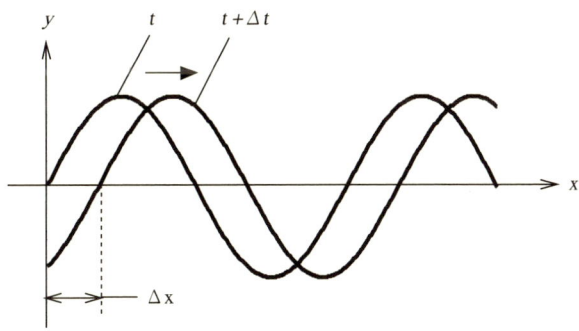

図1.6　位相速度v_p

波の場合はエネルギーの伝わる速さは位相速度と一致する。しかし、単一の正弦波が無限に続いたとしても、「各位置xで単振動をしているだけ」の状態といってよく、進行する位置$x>0$には何ら信号を伝えるものではないことを注意しておこう。本書で扱う光学薄膜では、光はこの位相速度v_pを考える。(1-25)式を分散関係（dispersion relation）という。波動方程式の場合は、ωとβが比例関係にあり位相速度v_pはβに依存しない一定値となり、"分散がない"という。しかし、結晶の格子波動、プラズマ中の電磁波などでは、ωとβは単純に比例せずに$\omega=f(\beta)$で表され、位相速度はβによって異なり、"分散がある"という[10]。

【Coffee Break】 分散という言葉

元来はプリズムに白色光が入射した時に、光がスペクトルに分解する現象を指した。1.6項に述べるが、物質の屈折率は光の波長により異なり、その結果、スペクトルが分解する。波の位相速度が振動数（波長）によって異なるときに起こる現象を一般に分散と呼び、その概念は、振動数に依存する誘電率、透磁率、弾性率などのように入力に対する応答関数とみられるものに拡張されている。

(2) 群速度

正弦波のような単一周波数ωの波が無限に続くだけでは、信号を伝達することはできない。例えば、電話やマイクロフォンに向かって話をすると、その音の変化がセンサーで電圧の変化となり、この電圧の変化を波動の振幅あるいは周波数を変調して、電波や電気ケーブル、光ファイバーで伝送するのである。それでは、振幅変調された波動がどのような速さで伝達するのかを調べてみよう。

図1.7（a）のように波長がわずかに異なる、つまり各周波数が$\omega+\Delta\omega$と$\omega-\Delta\omega$でx方向に伝わる2つのパルス状の合成波を考える。いま簡単のために、2つの波は同じ振幅aをもつsine波とすると

$$\begin{cases} y_1(x,t) = a\sin\{(\omega+\Delta\omega)t - (\beta+\Delta\beta)x\} \\ y_2(x,t) = a\sin\{(\omega-\Delta\omega)t - (\beta-\Delta\beta)x\} \end{cases} \quad (1\text{-}26)$$

と表せ、それぞれの波の速さは

$$\begin{cases} v_1 = (\omega+\Delta\omega)/(\beta+\Delta\beta) \\ v_2 = (\omega-\Delta\omega)/(\beta-\Delta\beta) \end{cases} \quad (1\text{-}27)$$

である。2つの波を重ね合わせると、重ね合わせの原理から

光学薄膜のための基礎

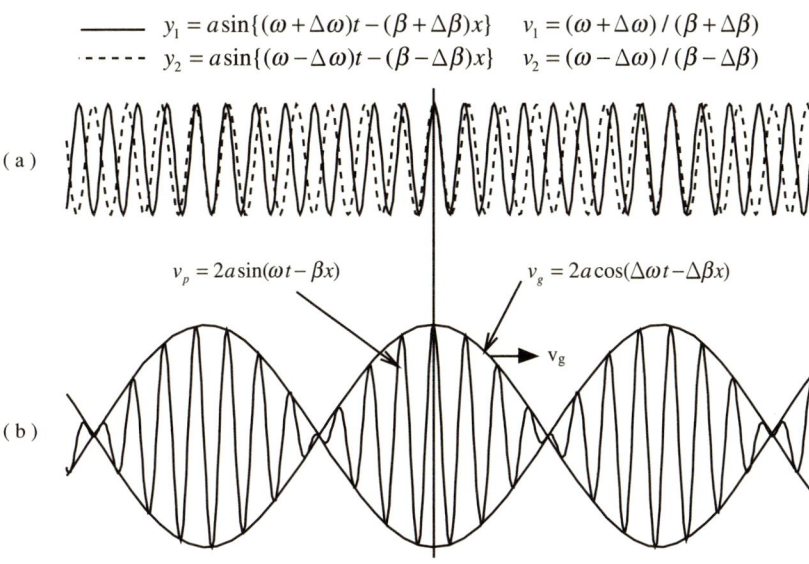

図1.7　位相速度と群速度

$$y(x,t) = a\sin\{(\omega+\Delta\omega)t-(\beta+\Delta\beta)x\}$$
$$+a\sin\{(\omega-\Delta\omega)t-(\beta-\Delta\beta)x\} \quad (1\text{-}28)$$

となり、三角関数の公式

$$\sin A + \sin B = 2\sin\frac{A+B}{2}\cos\frac{A-B}{2}$$

を用いて

$$y(x,t) = 2a\sin(\omega t - \beta x)\cos(\Delta\omega t - \Delta\beta x) \quad (1\text{-}29)$$

と書ける。これは、位相速度$v_p = \omega/\beta$、角周波数ωで振動する単振動が角周波数$\Delta\omega$でゆっくり振動する速さ$\Delta\omega/\Delta\beta$の波（変調波、modulation wave）によって変調された波である。$\cos(\Delta\omega t - \Delta\beta x)$は、図1.7（b）のような重ね合わされた波の包絡線を表し、膨らんだところ（波束）では波の振幅が大きくエネルギーが集中している。このエネルギーの集中したところの進む速さ、つまりエネルギーの伝わる速さを群速度v_g（group velocity）といい、角周波数ωと波数のバラツキが十分に小さい場合には

$$v_g = \frac{d\omega}{d\beta} \quad (1\text{-}30)$$

となる。この群速度という概念は、ベクトル演算子であるハミルトン演算子（Hamiltonian：ナブラ nabla）で有名なハミルトン（W.R.Hamilton）が1839年に提唱

したものである。

　当然の事ながら、両者は常に一致するとは限らないし、大小関係も条件に依存し一義的には決まらない。$\omega = \beta v_p$を（1-30）式に代入すると、

$$v_g = v_p + \beta \frac{dv_p}{d\beta} \tag{1-31}$$

となるから、$dv_p/d\beta = 0$、つまり波数（同時に波長）が変わっても位相速度が変わらなければ、$v_g = v_p$となり群速度と位相速度は等しくなる。ちなみに真空中の光は、波長によらず速度は一定であり群速度と位相速度は等しい。また、その群速度の波の電界の周期T_Mは

$$T_M = 2\pi / \Delta\omega \tag{1-32}$$

となるが、エネルギーは電界の振幅の2乗だからその周期は$T_M / 2$となる。

1.5　誘電体と屈折率

　反射防止膜や各種エッジフィルターなどを作製する場合、MgF_2、SiO_2、ZrO_2、TiO_2などの薄膜材料を一般に利用している。誰でも知っているように、SiO_2はガラスの主成分であり電気的絶縁物である。しかし、光学薄膜ではこれらを絶縁物とは言わずに、なぜ、誘電体（dielectric substance）と呼ぶのだろうか。誘電体（"電気を誘起する"であろう物体？）とは何なのか、その電気を誘起する大きさ（誘電率？）と物質の屈折率の関係などについて解説する。

　電子回路部品のコンデンサーを考えてみよう。図1.8（a）のような平行平板の電極（空隙間は真空）の上部に電荷+Qを与えると、下部には－Qが誘起され、電極間に電位差Vがあるときの電荷Qと電圧Vの比$C_0 = Q/V$を静電容量（electrostatic capacity）という。この平板間にはAからBに向かう電界$E = V/d$が一様に生じている。この電極

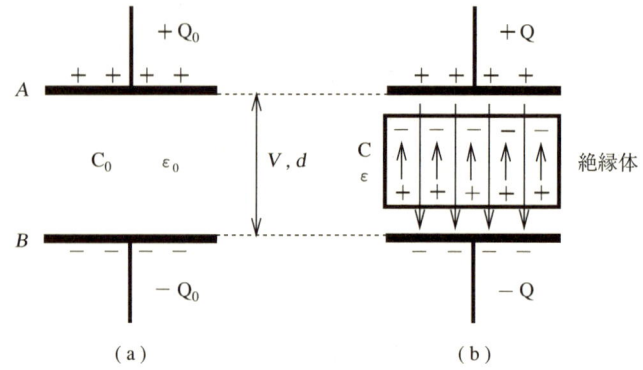

図1.8　静電容量と誘電率

間に電荷の移動を許さぬ絶縁物を挿入すると、絶縁物は分極を起こし、**図1.8（b）**のように絶縁物の上面には－電気、下面には＋電気が誘起されたようにみえ、縁物内には下面から上面に向かう電界を生じる。コンデンサーが作った電界Eと逆向きであるから、電界が弱められたことになり、平板間の電位差が小さくなったことになる。平板間の電荷は絶縁物を挿入しても変わらないから、電荷に対する電圧の比は大きくなる。つまり、静電容量は増したことになる。絶縁物はこのように電気的な誘導作用があるので誘電体という。誘電体を挿入したために静電容量がCになったとして、その比 $\varepsilon = C/C_0$ をその誘電体の誘電率（dielectric constant または permittivity）という。真空の誘電率を ε_0 として、誘電体の誘電率と真空の誘電率との比 $\varepsilon_r = \varepsilon/\varepsilon_0$ を比誘電率（relative dielectric constant）といい、その大きさは物質によって異なる。したがって、比誘電率 ε_r の誘電体を挿入すると、真空の場合に較べて静電容量は $\varepsilon_r = C/C_0$ 倍になる。

次に誘電体の誘電率と屈折率の関係を調べてみよう。光は電磁波であり電界Eと磁界Hが直交して**図1.9（a）**のように進行する。1.3項で述べたように光の電界Eの波動関数は

$$E = E_0 \exp i(\omega t - \beta z) = E_0 \exp i\omega(t - z/v) \tag{1-33}$$

と表される。物質の性質を表す定数には電界に関する誘電率εと磁界に関する透磁率 μ（permeability）がある。物質中の磁界がHであるとき、その磁界の密度はHのμ倍、つまり $B = \mu H$ になりこれを磁束密度（magnetic flux density）という。透磁率にも誘電率と同様に、真空の値 μ_0 に対する比透磁率 μ_r（relative permeability）があり、$\mu = \mu_r \mu_0$ という関係がある。光が**図1.9（b）**のように誘電率ε、透磁率μ、導電率 σ（conductivity）である均質等方性媒質中を進む光の電界の方程式はマクスウェルの方程式

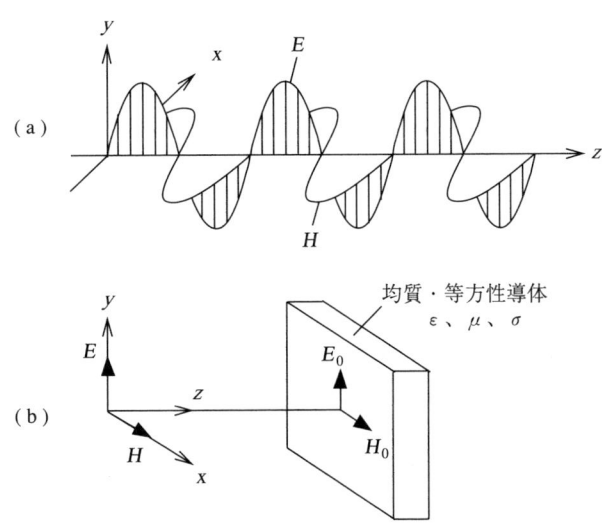

図1.9 電磁波としての光

$$\frac{\partial^2 E}{\partial z^2} = \varepsilon\mu\frac{\partial^2 E}{\partial t^2} + \sigma\mu\frac{\partial E}{\partial t} \tag{1-34}$$

から導くことができる。(1-33) 式を偏微分すると

$$\frac{\partial E}{\partial z} = E_0(-i\omega/v)\exp i\omega(t-z/v) \quad 、\quad \frac{\partial^2 E}{\partial z^2} = E_0(-i\omega/v)^2 \exp i\omega(t-z/v)$$

$$\frac{\partial E}{\partial t} = E_0(i\omega)\exp i\omega(t-z/v) \quad 、\quad \frac{\partial^2 E}{\partial t^2} = E_0(i\omega)^2 \exp i\omega(t-z/v)$$

となるから、これを (1-34) 式に代入すると

$$\omega/v^2 = \varepsilon\mu\omega - i\sigma\mu \tag{1-35}$$

という関係が得られる。ただし、vは物質中の位相速度である。光の真空中の速さcと物質中の位相速度の速さvの比を複素屈折率 (complex refractive index) といい、一般に$N = n - ik$で表す。nはいわゆる通常の屈折率 (refractive index) であり、kは吸収を表す消衰係数 (extinction coefficient) という。したがって、v = c/Nとなるから、これを (1-35) 式に代入すると

$$N^2 = c^2(\varepsilon\mu - i\sigma\mu/\omega) \tag{1-36}$$

となる。真空の場合、$N = n = 1$（吸収はない、つまり$k = 0$）$\varepsilon_r = 1$、$\mu_r = 1$、$\sigma = 0$であるから、これを (1-36) 式に代入すると

$$1 = c^2(\varepsilon_0 \mu_0) \tag{1-37}$$

となる。(1-37) 式を (1-36) 式に代入すると

$$N^2 = \varepsilon_r \mu_r - i\sigma\mu_r/(\omega\varepsilon_0) = (n-ik)^2 = n^2 - k^2 - i2nk \tag{1-38}$$

となるから

$$n^2 - k^2 = \varepsilon_r \mu_r \quad 、\quad 2nk = \sigma\mu_r/(\omega\varepsilon_0) \tag{1-39}$$

となる。また通常の光学物質では$\mu_r = 1$だから、両式は

$$n^2 - k^2 = \varepsilon_r \quad 、\quad 2nk = \sigma/(\omega\varepsilon_0) \tag{1-40}$$

となる。通常の蒸着物質である誘電体では導電率$\sigma \to 0$とおけるから$k \to 0$となり

$$n = \sqrt{\varepsilon_r} \tag{1-41}$$

が得られる。つまり、通常の誘電体の比透磁率μ_rは1であり、その屈折率nはその比誘電率ε_rの$\sqrt{}$に等しい。これは次章の"フレネル係数の基礎"でも利用する重要な関係である。

光学薄膜のための基礎

【Coffee Break】 真空の誘電率 ε_0 および透磁率 μ_0 の値

真空中の光の速さcは測定されており2.99792458×10^8 [m/s]である。理化学事典によると、真空の誘電率 ε_0 および透磁率 μ_0 の値はSI単位系（Le Systrè International d'Unités）で

$$\varepsilon_0 = 8.854187847\cdots \times 10^{-12} \ [F/m]$$

$$\mu_0 = 4\pi \times 10^{-7} = 12.566370614\cdots \times 10^{-7} \ [H/m]$$

である。（1-37）式で見たようにcと真空の誘電率 ε_0 および透磁率 μ_0 には$1 = c^2(\varepsilon_0\mu_0)$ という関係があるから、ε_0 は正確には

$$\varepsilon_0 = 1/(\mu_0 c^2) = 10^7/(4\pi c^2) = 10^7/(4\pi \times (2.99792458 \times 10^8)^2) \ [F/m]$$

となる。

次に、物質の吸収を表す消衰係数kについて考察してみよう。ランベルト（J.H. Lambert）の法則によると、強度I_0の光が吸収媒質を距離zだけ進んだときの強度Iは

$$I = I_0 \exp(-\alpha z) \tag{1-42}$$

で表される（**図1.10**）。この係数 α を吸収係数（absorption coefficient）という。吸収係数 α を波動関数から求めてみよう。(1-33) 式に $N = n - ik = c/v$ を代入すると

$$E = E_0 \exp i\omega\{t - z(n-ik)/c\}$$

$$= E_0 \exp(-\omega k z/c) \cdot \exp i\omega(t - nz/c)$$

のように、$\exp(-\omega kz/c)$ は実数の減衰項をもつ。電磁波である光のエネルギーはEとHのベクトル積$E \times H$で表されるので[3]、EとHをともに考慮して、減衰項は$\exp$

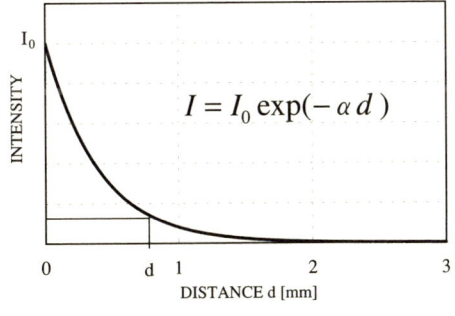

図1.10 ランベルトの法則

$\alpha = 4\pi \times 0.0001/(500 \times 10^{-6}) = 2.513$ [1/mm]

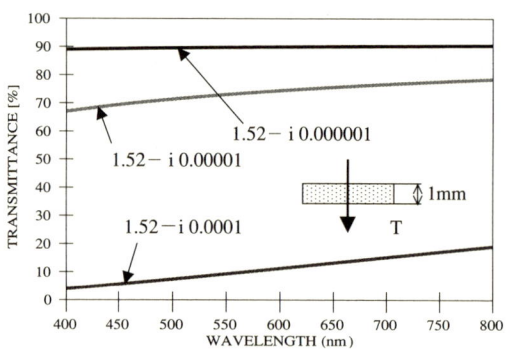

図1.11　吸収基板の透過率

($-2\omega kz/c$) となる。これがランベルトの法則のexp($-\alpha z$)に等しいから

$$\alpha = 2\omega k/c = 4\pi k/\lambda_0 \tag{1-43}$$

$$\therefore k = \alpha \lambda_0 / 4\pi \tag{1-44}$$

となる。ただし、λ_0は真空中の光の波長である。ここで、吸収係数αが波長の関数であることに注意されたい。つまり、仮にkがある波長領域で一定であるとしても、αは長波長ほど小さくなり**図1.11**のように透過率は大きくなる。

【Coffee Break】　kの呼称

　ここで見たように、物質の複素屈折率を$N = n - ik$とすると、ランベルトの法則の指数項と波動方程式からの減衰項との符号は一致する。そのため、$N = n+ik$ではなく、$N = n-ik$とした方が合理的である。また、吸収を表す係数の定義はまちまちで

$$N = n - ik = n(1-\kappa)$$

で表したとき、kを消衰係数（extinction coefficient）、消衰指数（extinction index）、κを消衰係数、吸収指数（absorption index）、減衰指数（attenuation index）などと呼ばれる。本著では、κは使用せずにkを使用する。このkを吸収係数と称している著書や論文も多々見られるが、本書ではこれを消衰係数と呼び、ランベルトの法則のαを吸収係数と呼ぶことにする。

1.6 スネルの法則と波長分散

(1) スネルの法則

図1.12のように媒質Ⅰ（屈折率n_1）の中でAOの方向から来た光は、境界面で一部は反射してOBの方向に進み、他は媒質Ⅱ（屈折率n_2）に入りOCの方向へ進む。入射する光と屈折する光は、入射点における法線と同一平面内にあり、入射角θ_1と屈折角θ_2との間には次の関係がある。

$$\frac{\sin\theta_1}{\sin\theta_2} = \frac{n_2}{n_1} \tag{1-45}$$

これが、スネル（Snel van Royen）が1621年に実験的に見出したスネルの法則（Snell's law）である。

1667年フック（R.Hooke）は、植物の細胞構造を報じた有名な"ミクログラフィア"の中で光の本性は波動と解して波面の概念を導入した。そして、1678年ホイヘンス（C.Huygens）はこのフックの考えをさらに進めて、「一般に1つの波面上のすべての点が中心となってそれぞれ2次波を出し、次の波面はこれらの2次波の包絡面として得られるものと仮定する。波の速さをv、両波面間を進む時間をtとすれば、2次波の半径はvtである」とした。これがホイヘンスの原理（Huygens' principle）であり、この原理で反射、屈折の現象を説明した。このホイヘンスの原理からスネルの法則を考えてみよう。媒質Ⅰ中の光の位相速度をv_1、媒質Ⅱの速さをv_2とする。ある瞬間の波面をAA'として、点Aが界面の点Oに到達するのに必要な時間をtとする。界面上の各点から発せられた2次波は包絡面を作り、点A'は媒質Ⅱ中をその間にv_2tだけ進む。すると

$$\overline{AO} = \overline{A'O}\sin\theta_1 = v_1 t$$

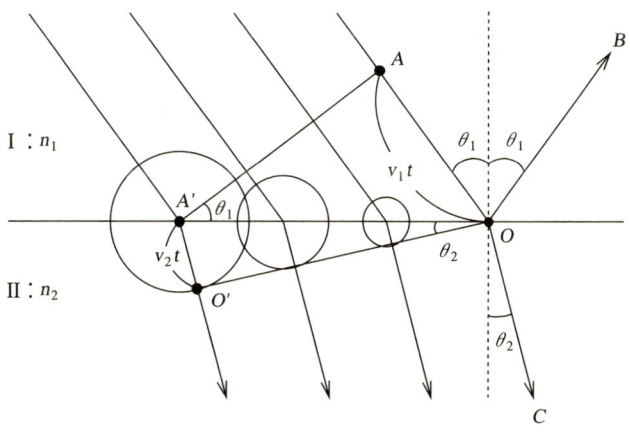

図1.12　ホイヘンスの原理によるスネルの法則

$$\overline{A'O'} = \overline{A'O}\sin\theta_2 = v_2 t$$

となる。したがって

$$\frac{\sin\theta_1}{\sin\theta_2} = \frac{v_1}{v_2} \tag{1-46}$$

となる。n_1に較べてn_2が大きいと、$\sin\theta_1/\sin\theta_2 > 1$、つまり$\theta_2$は$\theta_1$よりも小さくなり光は媒質Ⅱ中で屈折することになる。したがって、(1-45)式から

$$\frac{v_1}{v_2} = \frac{n_2}{n_1} \tag{1-47}$$

となり、媒質Ⅰを真空とすると$v_1 = c$、$n_1 = 1$であるから、媒質Ⅱの屈折率は真空中の光の速さに対する媒質中の位相速度の比となる。例えば、屈折率$n = 2$の媒質中の光の速さは$c/2$になり、その波長も真空中の1/2となる。

第4章で解説するが、**図1.13**に示すように基板上のL層の多層膜に光が斜入射した場合も、各層の屈折率とその屈折角には

$$n_0 \sin\theta_0 = n_1 \sin\theta_1 = n_2 \sin\theta_2 = \cdots = n_j \sin\theta_j = \cdots = n_L \sin\theta_L = n_m \sin\theta_m \tag{1-48}$$

という関係が成立する。第j層膜の屈折角は$n_0 \sin\theta_0 = n_j \sin\theta_j$から直接求まり、多層膜の諸計算において非常に重要な法則である。

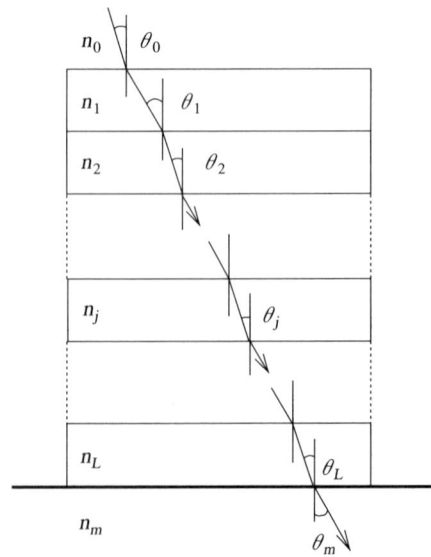

図1.13　L層膜への斜入射

【Coffee Break】 フェルマーの原理によるスネルの法則

　フェルマー（P. de Fermat）はフランスの数学者であり、光の反射・屈折についてもデカルト（R.Descartes）理論の誤りを指摘して最短時間の法則を立てた。1点から出て他の1点に到達する光の経路の光路長は、両端を固定したまま途中を連続的に微小変化してできるすべての経路の光路長と比較して、極小値をとるという原理である。通過に要する時間が極小値をとるような経路に沿って光が進むと言ってもよい。図1.14に示すように、媒質Ⅰ（屈折率n_1、速さv_1）のA点 $(0, a)$ からx軸上のX点 $(x,0)$ を通過して媒質Ⅱ（屈折率n_2、速さv_2）のB点 (b, c) に到達するものとする。その所要時間 t は

$$t = \frac{\sqrt{a^2 + x^2}}{v_1} + \frac{\sqrt{c^2 + (b-x)^2}}{v_2}$$

である。この時間 t が距離 x に関して極小値になるためには、$dt/dx = 0$ となればよい。微分すると、

$$\frac{dt}{dx} = \frac{x}{\sqrt{a^2 + x^2}}\frac{1}{v_1} - \frac{b-x}{\sqrt{c^2 + (b-x)^2}}\frac{1}{v_2} = 0$$

となる。一方、

$$\sin\theta_1 = \frac{x}{\sqrt{a^2 + x^2}} 、 \sin\theta_2 = \frac{b-x}{\sqrt{c^2 + (b-x)^2}}$$

であるから

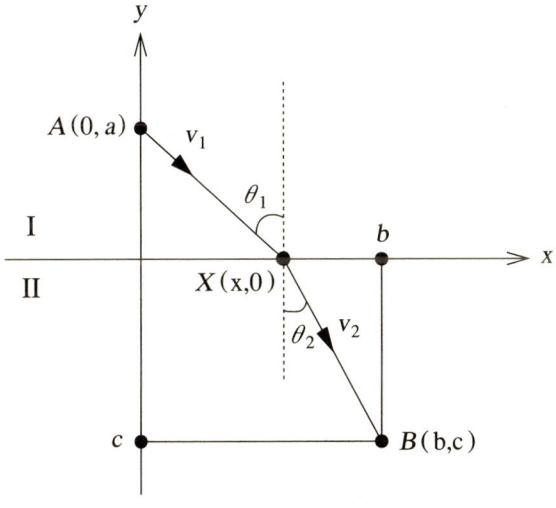

図1.14　フェルマーの原理

$$\frac{\sin\theta_1}{\sin\theta_2} = \frac{v_1}{v_2} = \frac{c/n_1}{c/n_2} = \frac{n_2}{n_1}$$

$$\therefore n_1 \sin\theta_1 = n_2 \sin\theta_2$$

となる。

(2) 波長分散

物質の屈折率nはその比誘電率ε_rの$\sqrt{\ }$であり、ε_rは振動数νによって変化する。その結果、振動数、つまり光の波長によってnは変化する。これを分散という。例えば、図1.15のようにプリズムに白色光が入射すると、光はプリズムで2度曲げられ分離される。また、自然現象としての虹も水滴が光の屈折角の変化で起こる分散現象である。光学ではこのように、光の波長によって光学定数n、kが変化することを波長分散（以後、単に分散と呼ぶ）という。

ガラス基板、金属や光学薄膜物質の光学定数データを見ると、**表1.1**のように、波長ごとのnとkの値が記載されており、代表的な光学ガラスBK7の分散を図示すると**図1.16**のようになる。光学ガラスのデータブックでは、$n_d = 1.51680$や$n_e = 1.51872$で記載されているが、添え字のdはヘリウムガスのスペクトル線（$\lambda = 587.6$nm）、eは水銀のスペクトル線（$\lambda = 546.1$nm）で測定された値を表している。なお、これらの物質の一部は、いわゆる分散式（dispersion formula）で光学定数を表すことができるものがある。代表的な分散式[16]を**表1.2**に示す。また、これら以外にも多くの研究者によっても、測定したデータに基づいて分散式が提唱されている。しかし、一般的な光学ガラスの消衰係数kのデータを満たす分散式は発表されていない。また、TiO$_2$やSiO$_2$などの薄膜の光学定数は、例えば、$\lambda = 350$nmから750nmの範囲の測定データから最小自乗法などにより、**表1.2**中の分散式LOREN（LORENK）やSELL（SELLK）に近似できる。しかし、その式を用いて$\lambda = 350$nm以下の光学定数を計算すると、それらの値は急激に大きくなってしまい、それによる分光特性などの諸特性計算に大きな誤差が発生することがあるので十分に注意が必要である。

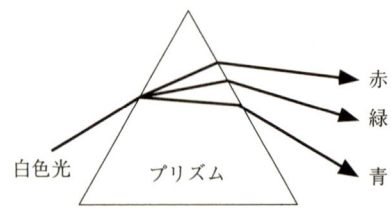

図1.15　プリズムによる分散

光学薄膜のための基礎

表1.1 物質の分散データ

光学ガラスBK7[※1]			金属薄膜Ag[※2]			薄膜Al[※3]			結晶LiNbO₃[※4]				
λ [nm]	n	k	λ [nm]	n	k	λ [nm]	n	k	λ [nm]	n_o	k_o	n_e	k_e
312.6	1.54862	2.16470E-06	330.0	0.282	0.530	220	0.14	2.35	190.7	1.8200	1.4800	2.0700	1.2600
334.1	1.54272	2.72745E-07	336.8	0.172	0.882	240	0.16	2.60	248.0	3.6200	1.2700	3.1000	0.6400
365.0	1.53627	3.49598E-08	345.9	0.136	1.142	260	0.19	2.85	291.7	2.9100	0.0000	2.5900	0.0000
404.7	1.53024	1.28947E-08	352.8	0.108	1.305	280	0.22	3.13	404.6	2.4317	2.3260	-	-
435.8	1.52668	6.93935E-09	360.7	0.093	1.465	300	0.25	3.35	420.0	-	-	2.4089	2.3025
480.0	1.52283	7.64316E-09	370.4	0.084	1.633	320	0.28	3.56	467.8	2.3634	2.2683	-	-
486.1	1.52238	7.74029E-09	382.2	0.080	1.807	340	0.31	3.80	500.0	-	-	2.3410	2.2457
546.1	1.51872	8.69569E-09	394.5	0.081	1.972	360	0.34	4.01	508.6	2.3356	2.4480	-	-
587.6	1.51680	9.35650E-09	400.0	0.075	1.930	380	0.37	4.25	546.1	2.3165	2.2285	-	-
589.3	1.51673	9.38357E-09	450.0	0.055	2.420	400	0.40	4.45	550.0	-	-	2.3132	2.2237
632.8	1.51509	1.00762E-08	500.0	0.050	2.870	450	0.51	5.00	577.0	2.3040	2.2178	-	-
643.8	1.51472	1.02514E-08	550.0	0.055	3.320	500	0.62	5.50	587.6	2.3002	2.2147	-	-
656.3	1.51432	1.04504E-08	600.0	0.060	3.750	546	0.80	5.92	643.9	2.2835	2.2002	-	-
706.5	1.51289	1.12498E-08	650.0	0.070	4.200	578	0.93	6.33	700.0	-	-	2.2716	2.1874
852.1	1.50980	1.35682E-08	700.0	0.075	4.600	600	0.97	6.33	706.5	2.2699	2.1886	-	-
1014.0	1.50731	1.61462E-08	750.0	0.080	5.050	650	1.24	6.60	800.0	-	-	2.2571	2.1745
1060.0	1.50669	1.68787E-08	800.0	0.090	5.450	700	1.60	7.00	871.7	2.2471	2.1688	-	-
1529.6	1.50091	7.31433E-08	850.0	0.100	5.850	750	1.80	7.12	900.0	-	-	2.2448	2.1641
1970.1	1.49495	1.01977E-06	900.0	0.105	6.220	800	1.99	7.05	960.0	2.2393	2.1622	-	-
2325.4	1.48921	4.31290E-06	950.0	0.110	6.560	850	2.08	7.15	1000.0	-	-	2.2370	2.1567
			1000.0	0.129	6.830	900	1.96	7.70	1157.9	2.2269	2.1515	-	-
						950	1.75	8.20	1200.0	-	-	2.2269	2.1478
						1000	1.45	8.00	1287.7	2.2211	2.1464	-	-

[※1] Schott社データブック　[※2] ㈱テックウェーブ
[※3] 参考文献14から　[※4] 参考文献15から　o：常光（ordinary ray）、e：異常光（extraordinary ray）

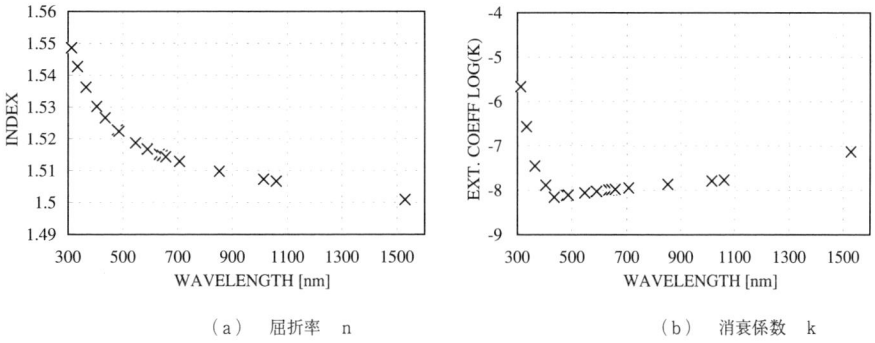

（a）屈折率　n　　　　　　　　　　　　　　　　（b）消衰係数　k

図1.16　BK7の分散データ

第1章

表1.2 代表的な分散式

λ [nm]

名　　称	消衰係数 k	係数の個数	分散式（係数は大文字A～F）
BUCH (Buchdahl)	k=0	4	$x_1 = 0.001*(\lambda-D)$, $x_2 = x_1/(1+2.5*x_1)$, $n = A + x_2*(B + x_2*C)$
CAUCHY	k=0	3	$n = A + B/\lambda^2 + C/\lambda^4$
DRUDE	k≠0	3	$d_1 = B^2*(\lambda^2 + C^2)$, $e_1 = A - \lambda^2*C^2/d_1$, $e_2 = \lambda^3*C/d_1$, $x_m = \mathrm{SQRT}(e_1^2 + e_2^2)$
			$n = \mathrm{SQRT}((x_m + e_1)/2)$, $k = \mathrm{SQRT}((x_m - e_1)/2)$
HART (Hartmann)	k=0	3	$n = A + C/(\lambda-B)$
LOREN (Lorentzian)	k=0	3	$x_1 = \lambda^2 - C^2$, $n = \mathrm{SQRT}(A + B*\lambda^2/x_1)$
LORENK	k≠0	4	$x_1 = \lambda^2 - C^2$, $x_2 = x_1^2 + D^2*\lambda^2$
			$n = \mathrm{SQRT}(A + k^2 + B*\lambda^2*x_1/x_2)$, $k = (0.5/n)*B*D*\lambda^3/x_2$
Sellmeier (Malitson)	k=0	6	$n^2 - 1 = B_1*\lambda^2/(\lambda^2 - C_1^2) + B_2*\lambda^2/(\lambda^2 - C_2^2) + B_3*\lambda^2/(\lambda^2 - C_3^2)$
			但し、λ：[μm]、B_1～B_3、C_1～C_3は係数で、Schott社にしたがった。
QUAD	k=0	2	$n = A + B/\lambda^2$
QUADS	k=0	3	$n = A + B*\lambda + C*\lambda^2$
QUADSK	k≠0	6	$n = A + B*\lambda + C*\lambda^2$, $k = D + E*\lambda + F*\lambda^2$
SELL (Sellmeier)	k=0	2	$n = \mathrm{SQRT}(1 + A/(1 + B/\lambda^2))$
SELLK	k≠0	5	$n = \mathrm{SQRT}(1 + A/(1 + B/\lambda^2))$, $k = C/(n*D*\lambda + E/\lambda + \lambda^{-3})$

【Coffee Break】 媒質中の光の速度

　屈折率nの物質中の光の速さは$v = c/n$になる。**表1.1**のAgおよびAlの短波長領域の屈折率の値を見ると、1以下であり、するとその領域では光の速さは$c/n > c$、つまり光速cを超えてしまうのではないかと考えられる。確かに、その領域で$1/n$で規定される光の速さはcより大きくなる。しかし、それは位相速度であり群速度ではない。エネルギーを伝搬する群速度は真空中の光速cを超えることはない。また、物質中では物質中を移動する粒子の速さが物質中の光の速さc/n以上になることもあり、放射エネルギーを出すことができる。この現象はチェレンコフ（P.Cherenkov）放射と呼ばれ、素粒子実験において高速荷電粒子が透明な物質中を通過するときに放出される放射光を光電子増倍管で検出するのに応用されている。

1.7 光学膜厚

　光の位相速度は媒質によって異なる。しかし、振動数νは変わらない。**図1.17**に示すように、真空中および媒質中の屈折率、波長、速さをそれぞれ、n_0、λ_0、cおよびn、λ、vとすると

$$n = \frac{c}{v} = \frac{\lambda_0 \nu}{\lambda \nu} = \frac{\lambda_0}{\lambda} \tag{1-49}$$

光学薄膜のための基礎

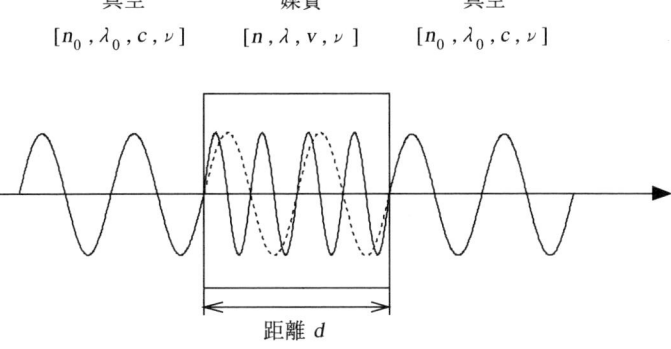

図1.17 光学膜厚

となり、屈折率nの媒質中の波長λは真空中の波長の$1/n$になる。したがって、屈折率nの媒質の距離dの中に含まれる波の数は

$$\frac{d}{\lambda} = \frac{nd}{\lambda_0}$$

となり、距離ndの中に含まれる波長λ_0の波の数に等しい。このndを光学距離または光学膜厚（optical thickness）という。誘電体などの透明な薄膜において、一般に膜厚という場合はこの光学膜厚を指す。ただし、金属薄膜では物理膜厚（physical thickness）dを指す。波長λ_0の光が長さdの媒質を通過すると、真空と考えた場合との波の位相差δは

$$\delta = \frac{2\pi}{\lambda}d = \frac{2\pi}{\lambda_0}nd \tag{1-50}$$

　　　＝（真空中の波数）×（媒質の光学膜厚）

となる。光の干渉を問題とする光学薄膜ではこの位相差が重要であり、光学的に透明な薄膜の光学的性質は、真空中の波長λ_0と光学膜厚ndによって特徴づけられる。

これを波動関数で説明してみよう。屈折率n、距離dおよび波数βの媒質を通過した波は

$$E = E_0 \exp i(\omega t - \beta d) = E_0 \exp i\left(\omega t - \frac{2\pi}{\lambda}d\right)$$

$$= E_0 \exp i\left(\omega t - \frac{2\pi}{\lambda_0/n}d\right) = E_0 \exp i\left(\omega t - \frac{2\pi}{\lambda_0}nd\right) = E_0 \exp i(\omega t - \delta) \tag{1-51}$$

となる。つまり、位相がδだけ遅れることが分かる。

1.8 偏光

　一般の自然光（natural light）や電球の光は、1個の原子や分子から10^{-9}～10^{-10}秒の持続時間の不規則な波である。光の速さcは約$3×10^8$ [m/s] だから、徐々に減衰しながら持続する長さは3～30cmである。この1つの波を波連という。つまり、自然光はこのような波連が無数の原子や分子から次々と球状に放出され、それぞれの振動数（つまり波長）、位相および振動方向は不揃いな独立した波である。

　光は電界と磁界が直交しながら振動する横波である。光の電界成分のみに着目して、図1.18のように自然光が一方向に振動する電界の光のみを通過させる光学素子を光が通過すれば、通過した光の電界ベクトルは偏りをもつ。このように振動方向がある規則性を持って偏った状態（直線、円、楕円）、あるいはそのような光を偏光（polarization）という。その意味では自然光はランダム偏光といえる。図中の最初の偏光を得るための光学素子を偏光子（polarizer）、第2の光学素子は同じ偏光子だが偏光面の方向を検出するためのもので検光子（analyzer）という。

　図1.19に示すように、直線偏光（linearly polarized light）がいま、考えている空間（システム）のXY軸に対して斜めに進行すると、その振動成分はYZ面に平行な成分と垂直な成分に分けられる。平行な成分はp波（独：parallel）、垂直な成分はs波（独：senkrecht）と呼ばれる。したがって、ランダムな光もすべてp波とs波に分けられることが分かる。詳細な解析は次章以降で行うが、基板や誘電体薄膜に光が斜入射する場合は、偏光成分（p波、s波）に対するそれらの屈折率が入射角によっておのおの変化する。その結果、光学フィルターの反射率および透過率は偏光成分によって異なる。

　偏光解析や光学フィルターでは、「4分のラムダ板により直線偏光を円偏光に」と

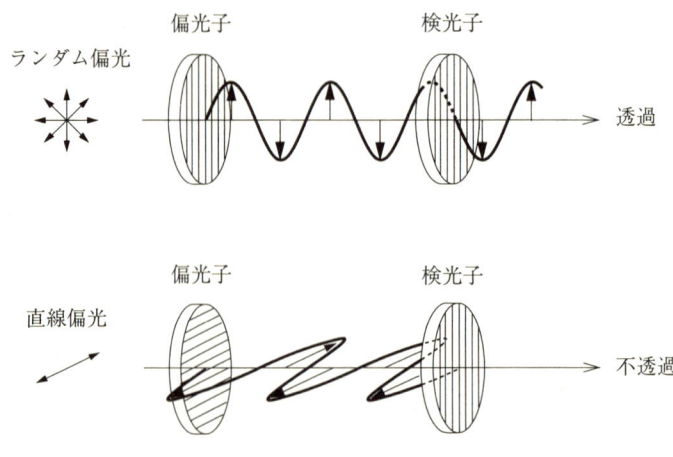

図1.18　偏光フィルターによる偏光

か「p波を2分のラムダ板によりs波に」などの言葉をよく聞くことがある。これらを理解すると、波動と位相の関係、さらには偏光についての理解を進めることになるので図を中心にして説明しよう。一般のガラスは光が入射する方向に関係なく、その屈折率は同じであるが、水晶や方解石などの結晶は入射する方向によって屈折率が異なり、スネルの法則にしたがって屈折する光線を常光線（ordinary ray）、したがわない方向に屈折する光線を異常光線（extraordinary ray）という。そして、それらに対する結晶の屈折率をおのおの、**表1.1**のようにn_o、n_eと表す。人工水晶は光学フィルターで利用される代表的な結晶であり、極紫外域ではChandrasekharan[17]、遠赤外域ではRussell[18]そして可視域でも多くの研究者により分散データが発表されている。それらの資料の可視域データn_o、n_eおよびSellmeierの分散式（**表1.2**）で近似した結果を**図1.20**に示す。（CCDセンサーでは光学薄膜による近赤外線カットフィルタ

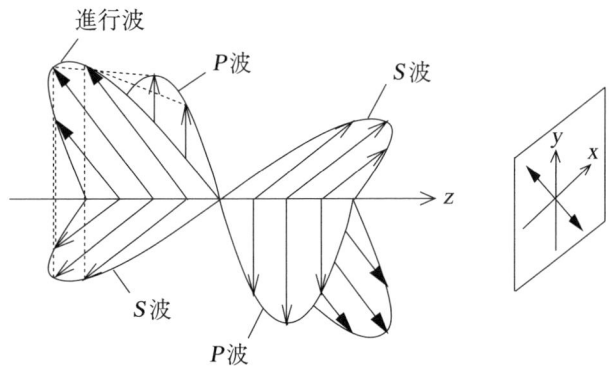

図1.19　直線偏光－S波、P波

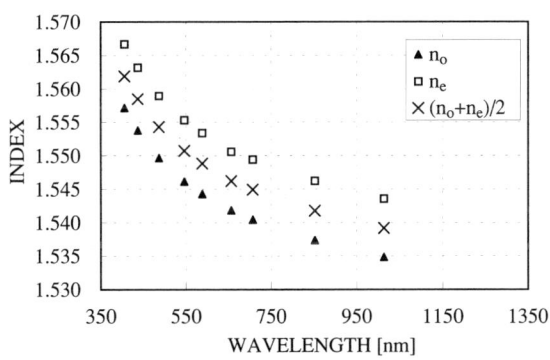

図1.20　人工水晶の屈折率の分散

Sellmeierの分散式　　$n = \sqrt{1 + A/(1 + B/\lambda^2)}$　　λ：[nm]

	n_o	n_e	$(n_0+n_e)/2$
A	1.346865	1.373532	1.360079
B	-9106.590	-9280.857	-9205.081

ーが必要であり、基板には人工水晶が利用されている。その場合、水晶基板の屈折率は（$n_o + n_e$）/2としてフィルター設計するとよい）。

　水晶のX、Y、Z軸を**図1.21（a）**のように考えた場合、X軸とY軸方向の屈折率は同じで、Z軸の屈折率とは異なる。このような結晶を1軸性結晶という。この結晶のZ軸方向に直線偏光が入射すると、光の振動方向によらずその屈折率は同じであり、Z軸を光学軸（optic axis）という。このような水晶をある角度でカットおよび研磨して、それに**図1.21（b）**のように偏光が入射する場合の位相変化を考えてみよう。結晶の厚みdを通過した光の位相は

$$\delta = 2\pi(n_2 - n_1)d/\lambda \tag{1-52}$$

だけずれる。**図1.22**のように位相のずれ（retardation）が$\delta = \pi/2$、つまり$\lambda/4$となるように厚みdに調整した結晶板を「4分のラムダ板あるいは1/4波長板（quarter wave

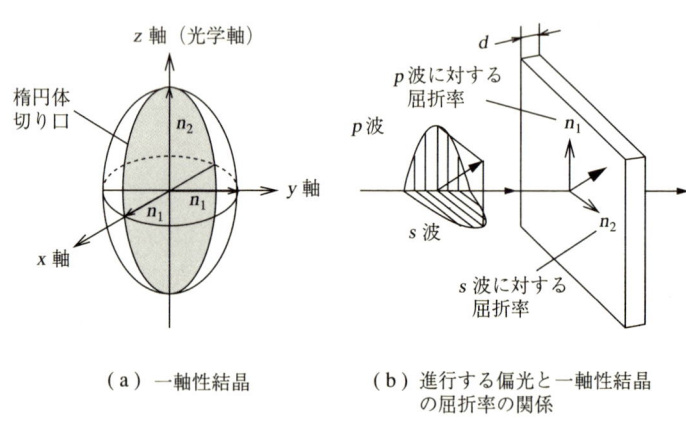

（a）一軸性結晶　　　　（b）進行する偏光と一軸性結晶の屈折率の関係

図1.21　一軸性結晶

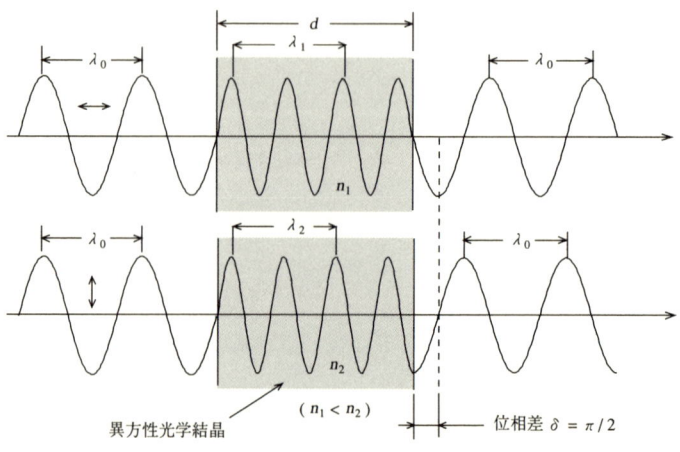

図1.22　1/4波長板による垂直偏光と水平偏光の位相の発生

plate, retarder, compensator）」、$\delta = \pi$ だけずれるものを「2分のラムダ板あるいは1/2波長板（half wave plate）」といい、広く利用されている。しかし、1/4波長板の場合、$\lambda = 520$nmの光に対して$\delta = \pi/2$となるためには、$n_e - n_o$ が小さな水晶でも**図1.20**のデータに基づけば$d = 14.1\mu$m（0次）となり、実際の製作は困難である。$\delta = \pi/2 + 2\pi a$（a次：aは整数）としても位相のずれは同じである。a = 3では$d = 183.7\mu$m、a = 5では$d = 296.7\mu$mとなり製作は可能となるが、**図1.23**に示す位相のずれの波長依存を見ると、3次や5次になると顕著な依存性が見られる。しかし、異なる厚みのd_1、d_2の2枚の水晶板を互いに直交させて張り合わせたときの位相のずれは

$$\delta = 2\pi(n_2 - n_1)(d_1 - d_2)/\lambda \tag{1-53}$$

となるので、その差を$d = 14.1\mu$mとすれば 0 次と同じ特性が得られるはずである。例えば、$d_1 = 300\mu$mでは、$d_2 = 285.9\mu$mとすればよい。

1/4波長板に直線偏光が入射すると、**図1.24**に示すように波長板を通過した後はX軸とY軸方向の電界ExおよびEyの位相は$\delta = \pi/2$だけずれる。**図1.24（a）**の場合、観測者が光軸方向を覗いたとき合成ベクトルの回転は右回りになるので、この偏光

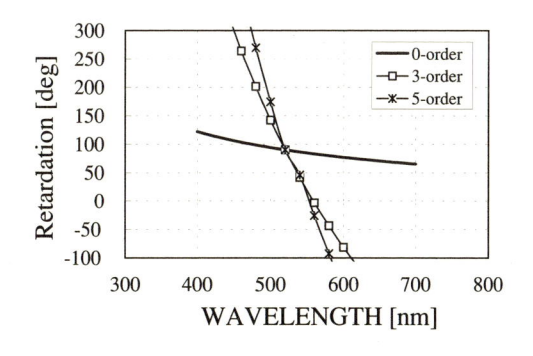

図1.23　水晶製1/4波長板の波長依存

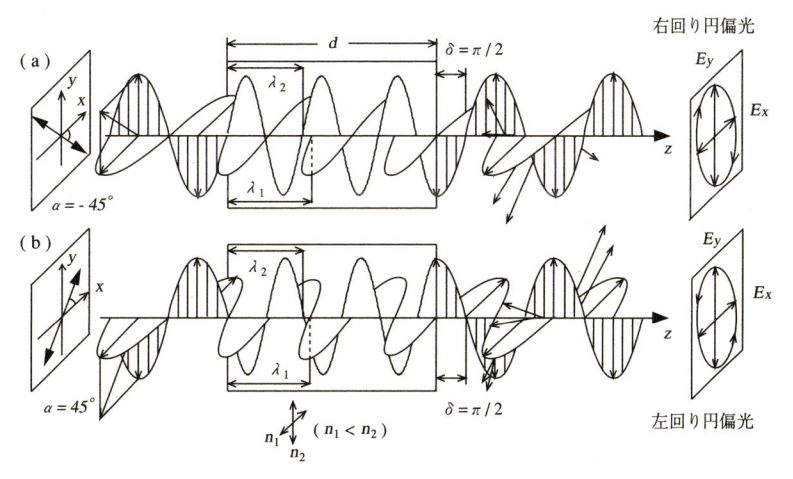

図1.24　1/4波長板への直線偏光入力

状態を右回りの円偏光（circularly polarized light）という。偏光が右回りか左回りかは重要なことであり、この場合は、あるいは次のように考えると分かり易い。いま時間を止めて、E_x、E_yの合成ベクトルの先端を描いたとき光の進行方向に対して右回りの螺旋になる状態を右回りの円偏光という。**図1.24（b）**の場合を左回りの円偏光という。直線偏光の傾きの違いによって回転方向が逆になることが分かる。逆に1/4波長板に円偏光が入射すると、**図1.25**のように円偏光は直線偏光に変換される。同様にして、1/2波長板の働きについて調べてみよう。直線偏光が入射すると、**図1.26**に示すように入射の偏光状態とは90°回転した直線偏光になる。これを利用すればp波をs波に変換できる。また、**図1.27**のように円偏光が入射すると、回転方向が逆の円偏光が得られることが分かる。

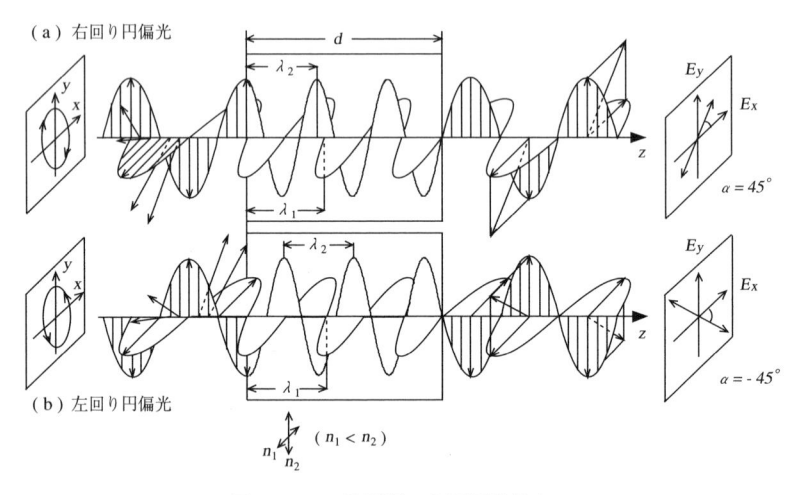

図1.25　1/4波長板への円偏光入力

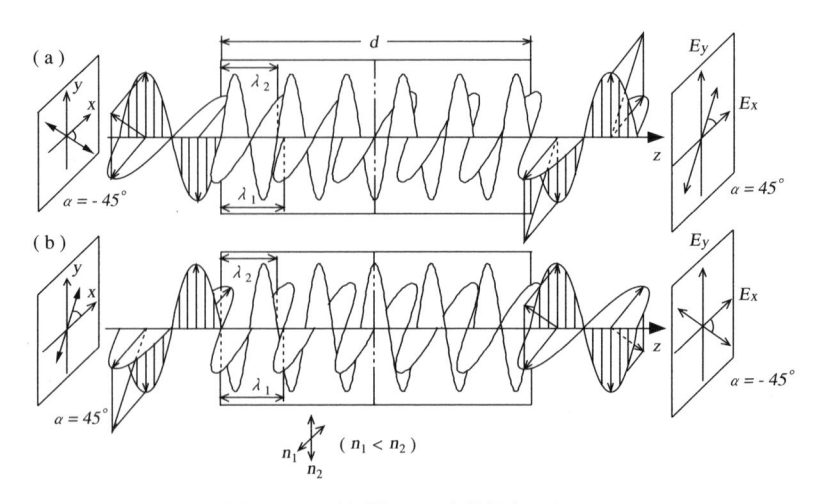

図1.26　1/2波長板への直線偏光入力

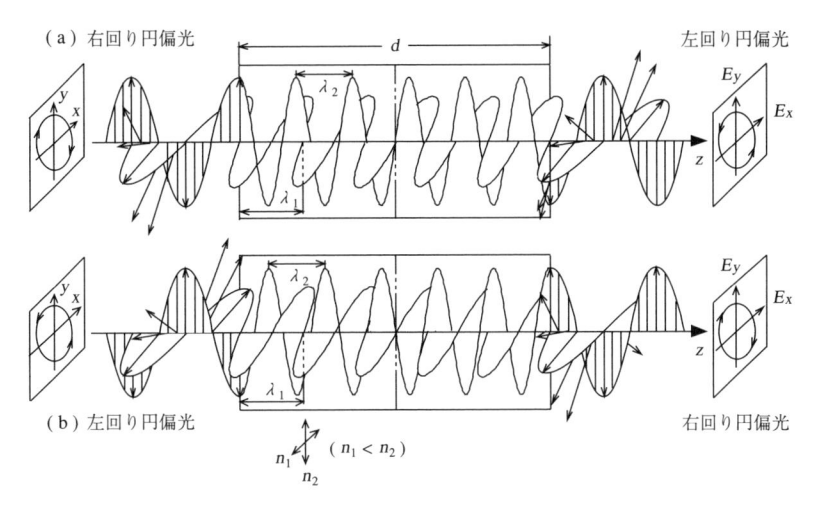

図1.27　1/2波長板への円偏光入力

参考文献

1) http://ibuki.ha.shotoku.ac.jp/school/science/phys_index.htmlに、「物理学を発展させた人々」が時代別、分類別に簡単に記載されている。
2) Z.Knittl：Optics of Thin Films （J.Willey & Sons, London, 1976）
3) M.Born & E.Wolf：Principles of Optics、5'th edition （Pergamon Press, 1974）、草川、横田訳：「光学の原理Ⅰ、Ⅱ、Ⅲ」（東海大学出版会、1974）。現在は、Seventh （expanded） edition （2001）がCambridge University Pressから出版されている。
4) H.A.Macleod：Thin-Film Optical Filters, 2'nd edition （Macmillan, New York, 1986）、小倉他訳：「光学薄膜」（日刊工業新聞社、1989）。残念ながら、翻訳本は現在入手不可。
5) A.Thelen：Design of Optical Interference Coatings （McGraw-Hill, New York, 1989）
6) 久保田広：「波動光学」（岩波書店、1971）。名著であるが、現在入手不可。
7) 都筑卓司：「なっとくする音・光・電波」（講談社、1998）、「なっとくする虚数・複素数の物理数学」（講談社、 2000）。物理現象と基礎数学を実にわかり易く工夫を凝らして解説している。是非とも、一読されたい。
8) 吉田貞史、矢嶋弘義：「薄膜・光デバイス」（東京大学出版会、1994）
9) 永田一清編：「基礎 波動・光・熱学」（サイエンス社、1988）
10) 森下克己：「光ファイバ　ファイバ形デバイス」（朝倉書店、1993）
11) 大槻義彦：「セメスター物理　波動」（学術図書出版、1998）
12) 山崎勝義：インターネット上での解説記事であり、プランク（M.Planck）－アインシュタイン（A.Einstein）の式とド・ブロイ（L. de Broglie）の物質波の式との関係から位相速度、群速度を明快に解説している。

http://yamibm.sc.niigata-u.ac.jp/~pages/results/monograph/RefdeBroglie.pdf

13）E.Hecht：OPTICS 4'th edition, p.296 （Addison Wesley, 2002）。初版以来名著と言われ、光の物理現象を単に紹介するだけでなく、いかに理解させるかに力点が置かれている。数式の表現も最小限にとどめ、視覚的な理解を助けるために、工夫された図版や写真が多く掲載されている。2002年10月に、その翻訳本が出版された。「ヘクト　光学Ⅰ」（尾崎義治・朝倉利光訳、丸善）

14）工藤恵栄：「分光学的性質を主とした基礎物性図表」（共立出版、1972）

15）E.D.Palik：Handbook of Optical Constants of Solids （Academic Press, 1985）

16）J.A.Dobrowolski：Applied Optics 22, 3191, 1983

17）V.Chandrasekharan, H.Damany：Appl. Optics 7, 687 （1968）

18）E.Russell, E.Bell：J. Opt. Soc. Am. 57, 341 （1967）

第2章
フレネル係数の基礎

　フレネル（A.J.Fresnel）は1788年生まれのフランスの物理学者であり、ヤングとは独立に波の干渉の概念を導入して光の波動説を確立した。1823年、光を弾性波として反射と屈折に関する元の式、いわゆるフレネルの式（Fresnel's formule）を導いた。その後、マクスウェルが1874年「Treatise on electricity and magnetism」を発表し、光の電磁理論の基礎を築いた。光学薄膜の解析や光学フィルターの設計には種々の手法があるが、中でもマクスウェルの方程式から導かれる2行2列の特性マトリクスは最も有効な手法である。多層膜でも各層の特性マトリクスの積を繰り返すだけで簡単に反射率や透過率特性が計算でき、コンピュータによる計算には適している。しかし、基板や薄膜に吸収があると特性マトリクスによる計算ではsineやcosineの中に虚数単位 i が入り、その上、斜入射になると計算はますます複雑になる。また、薄膜の上下面による多重繰り返し反射という物理的イメージも湧かない。

　確かに、フレネル係数による計算は古い理論ではあるが、波動という物理的イメージが湧き、基板や薄膜に吸収があっても四則演算と三角関数だけで種々の計算が簡単に行える。偏光解析にも有効である。電磁波である光の電界および磁界の境界面の条件からそれらの振幅反射率および振幅透過率、つまりフレネル係数（Fresnel coefficients）を一度は数学的に求めておきたい。また、MacleodのThin-Film Optical Filtersの第2章基礎理論を理解するためにも、フレネル係数を理解する必要がある。本章では、光が界面に垂直入射および斜入射する場合を吸収の有無別に分けて、段階的に平易に解説する。しかし、それらを飛ばして結果だけを利用したい人は2.6項のまとめをご覧頂きたい。そして、次章以降ではフレネル係数を利用して単層および多層膜の反射率、透過率、位相変化の計算や基板や薄膜の光学定数の測定、さらには光学モニターの光量変化の計算について詳細に解説する。

2.1　垂直入射

　まず、議論を簡単にするために、入射光は平面波であり界面に垂直に入射する場合を考える。1.5項で述べたように、光は電界Eと磁界Hが直交してz方向に進行するとして、界面におけるそれぞれの反射波および透過波の電界・磁界の向きを図2.1のように定義する（約束事）。媒質Ⅰ、Ⅱの各物理量を

　　媒質Ⅰ：誘電率 ε_1（$=\varepsilon_{r1}\varepsilon_0$）、透磁率 μ_1（$=\mu_{r1}\mu_0$）、屈折率n_1、波長 λ_1、
　　　　　波数 β_1、入射波の振幅A、反射波の振幅A'
　　媒質Ⅱ：誘電率 ε_2（$=\varepsilon_{r2}\varepsilon_0$）、透磁率 μ_2（$=\mu_{r2}\mu_0$）、屈折率n_2、波長 λ_2、
　　　　　波数 β_2、透過波の振幅B

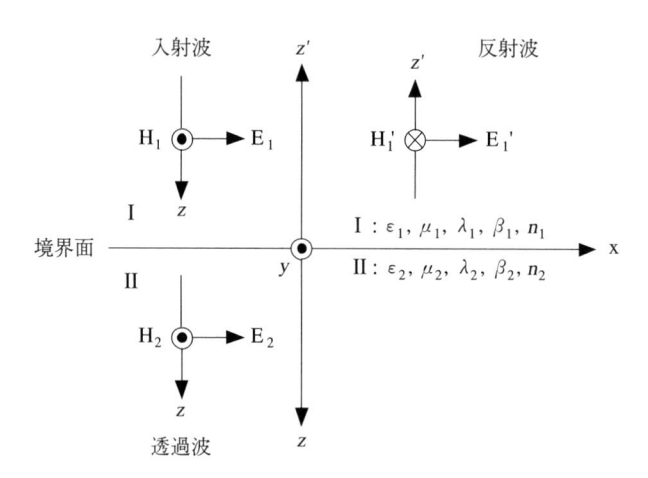

図2.1 垂直入射における電磁波ベクトルの正方向の定義

とする。電界Eと磁界Hには次の関係がある。

$$H = \sqrt{\varepsilon/\mu}\, E \quad \text{あるいは} \tag{2-1}$$

$$E/H = \sqrt{\mu/\varepsilon} = \sqrt{\mu_r/\varepsilon_r}\sqrt{\mu_0/\varepsilon_0} = \sqrt{\mu_r/\varepsilon_r} \times 377\ [\Omega]$$

したがって、1.3項で述べた波動関数でそれぞれの電界・磁界を表すと

電界 　　　　　　　　　磁界

入射波： $E_1 = A\exp i(\omega t - \beta_1 z)$ 、 $H_1 = \sqrt{\varepsilon_1/\mu_1}\, A\exp i(\omega t - \beta_1 z)$

反射波： $E_1' = A'\exp i(\omega t - \beta_1 z')$ 、 $H_1' = \sqrt{\varepsilon_1/\mu_1}\, A'\exp i(\omega t - \beta_1 z')$ (2-2)

透過波： $E_2 = B\exp i(\omega t - \beta_2 z)$ 、 $H_2 = \sqrt{\varepsilon_2/\mu_2}\, B\exp i(\omega t - \beta_1 z)$

となる。境界面（$z = 0$、$z' = 0$）では電磁界の接線成分は等しいので、(2-2)式で$z = z' = 0$とすると

$$A + A' = B, \quad \sqrt{\varepsilon_1/\mu_1}\, A - \sqrt{\varepsilon_1/\mu_1}\, A' = \sqrt{\varepsilon_2/\mu_2}\, B \tag{2-3}$$

となる。この2式からBを消去すると

$$\frac{A'}{A} = \frac{\sqrt{\varepsilon_1/\mu_1} - \sqrt{\varepsilon_2/\mu_2}}{\sqrt{\varepsilon_1/\mu_1} + \sqrt{\varepsilon_2/\mu_2}} = \frac{反射波の振幅}{入射波の振幅} \tag{2-4}$$

また、A'を消去すると

$$\frac{B}{A} = \frac{2\sqrt{\varepsilon_1/\mu_1}}{\sqrt{\varepsilon_1/\mu_1} + \sqrt{\varepsilon_2/\mu_2}} = \frac{透過波の振幅}{入射波の振幅} \tag{2-5}$$

となる。一般に光学薄膜で扱う誘電体の比透磁率 μ_r は1であるので、$\mu_1 = \mu_2 = \mu_0$ となる。また、1.5項で述べたように物質の比誘電率と屈折率には（1-41）式の関係があるから、（2-4）式および（2-5）式は

$$\frac{A'}{A} = \frac{\sqrt{\varepsilon_1} - \sqrt{\varepsilon_2}}{\sqrt{\varepsilon_1} + \sqrt{\varepsilon_2}} = \frac{\sqrt{\varepsilon_{1r}} - \sqrt{\varepsilon_{2r}}}{\sqrt{\varepsilon_{1r}} + \sqrt{\varepsilon_{2r}}} = \frac{n_1 - n_2}{n_1 + n_2} = \rho \tag{2-6}$$

$$\frac{B}{A} = \frac{2\sqrt{\varepsilon_1}}{\sqrt{\varepsilon_1} + \sqrt{\varepsilon_2}} = \frac{2\sqrt{\varepsilon_{1r}}}{\sqrt{\varepsilon_{1r}} + \sqrt{\varepsilon_{2r}}} = \frac{2n_1}{n_1 + n_2} = \tau \tag{2-7}$$

となる。電界の振幅反射率をフレネルの振幅反射係数、電界の振幅透過率をフレネルの振幅透過係数といい、おのおの ρ、τ で表記する。境界面におけるエネルギー反射率 R（以後、単に反射率（reflectance）と呼ぶ）およびエネルギー透過率 T（以後、単に透過率（transmittance）と呼ぶ）は

$$R = |\rho|^2 = \left(\frac{n_1 - n_2}{n_1 + n_2}\right)^2 \tag{2-8}$$

$$T = \frac{n_2}{n_1} |\tau|^2 = \frac{4n_1 n_2}{(n_1 + n_2)^2} \tag{2-9}$$

と表される[1]。$n_1 = 1$、つまり空気（正確には真空）、$n_2 = n_m$（透明基板）とすると、その反射率および透過率は

$$R = \left(\frac{1 - n_m}{1 + n_m}\right)^2 \qquad T = \frac{4n_m}{(1 + n_m)^2} \tag{2-10}$$

となり、よく知られた基板の反射率および透過率の式となる。

それでは、このフレネル係数の物理的イメージを考えてみよう。フレネル反射係数 ρ は、（2-6）式から分かるように媒質の屈折率 n_1、n_2 の大小によって符号が異なる。$n_1 > n_2$、つまり密度が密な物質から疎な物質に光が入射した場合、$\rho > 0$ となるので、**図2.2**に示すように反射波の位相は入射波と同じになる。しかし、$n_1 < n_2$（疎から密）の場合、$\rho < 0$ となる。電界の振幅反射率が－とは、境界面からの反射波の位相が入射波と π（180°）ずれていることを意味する。**図2.3**に示すように、透過波を $\pi/2$ の位置を中心にしてその π から先の波形を媒質Ⅰ側に折り返した波の形が反射波の位相状態となる。フレネル係数を考えると、波動としての光の状態のイメージが得られることが理解できるであろう。

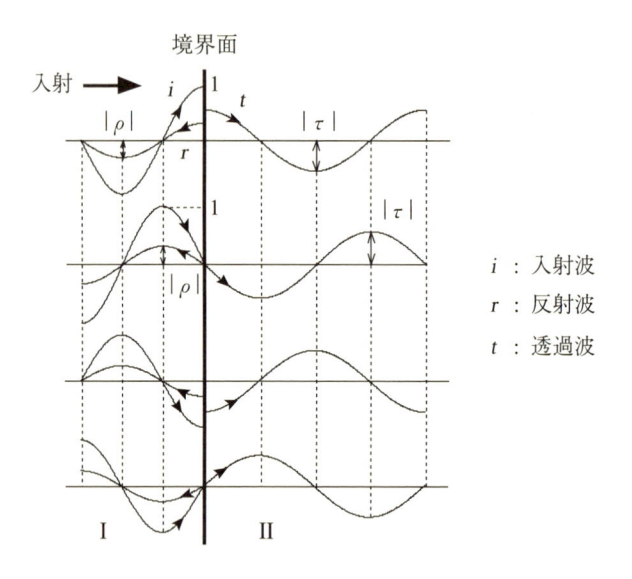

図2.2　$n_1 > n_2$の場合の反射波・透過波の位相

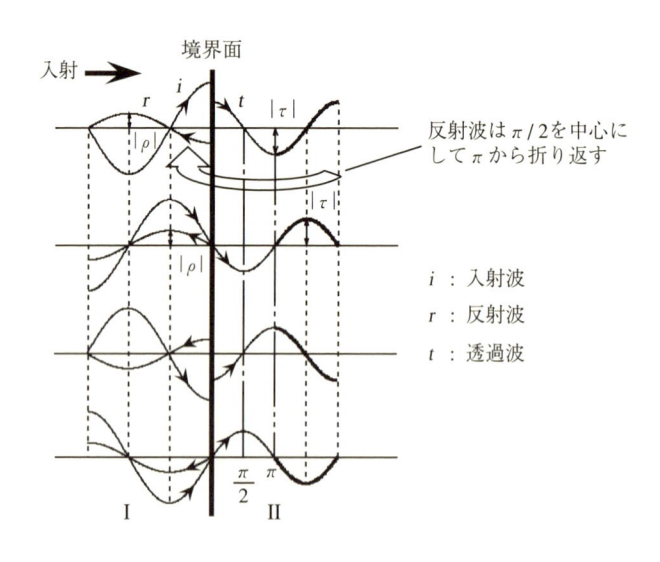

図2.3　$n_1 < n_2$の場合の反射波・透過波の位相

反射波は$\pi/2$を中心にしてπから折り返す

i：入射波
r：反射波
t：透過波

2.2　斜入射

　図2.4のように光が媒質Ⅰから媒質Ⅱに斜めに入射する場合を考えてみよう。第1章で述べたように光は紙面に平行p（独：parallel）に振動する波と垂直s（独：senkrecht）に振動する波と分かれ、それぞれp波、s波と呼ばれる。そして、各物理

(a) P波　　　　　　　　　　　　　　(b) S波

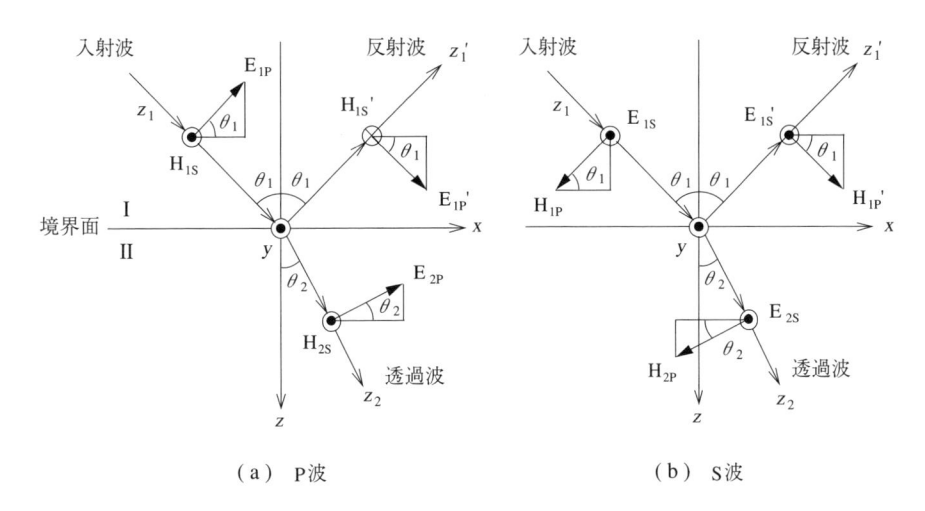

図2.4　斜入射における電磁場ベクトルの正方向の定義

量は添え字p、sを付けて表される。p波およびs波の電磁場ベクトルの向きを**図2.4**のように定義すると（これも約束事）、垂直入射の場合と同様にして入射波、反射波および透過波の電界および磁界のp、s成分は次式のように表される。

$$
\begin{array}{rl}
\text{入射波}: & \begin{cases} E_{1P} = A_P \exp i(\omega t - \beta_1 z_1) \\ E_{1S} = A_S \exp i(\omega t - \beta_1 z_1) \end{cases} \quad \begin{array}{l} H_{1P} = \sqrt{\varepsilon_1/\mu_1}\, A_S \exp i(\omega t - \beta_1 z_1) \\ H_{1S} = \sqrt{\varepsilon_1/\mu_1}\, A_P \exp i(\omega t - \beta_1 z_1) \end{array} \\[1em]
\text{反射波}: & \begin{cases} E_{1P}' = A_P' \exp i(\omega t - \beta_1 z_1') \\ E_{1S}' = A_S' \exp i(\omega t - \beta_1 z_1') \end{cases} \quad \begin{array}{l} H_{1P}' = \sqrt{\varepsilon_1/\mu_1}\, A_S' \exp i(\omega t - \beta_1 z_1') \\ H_{1S}' = \sqrt{\varepsilon_1/\mu_1}\, A_P' \exp i(\omega t - \beta_1 z_1') \end{array} \\[1em]
\text{透過波}: & \begin{cases} E_{2P} = B_P \exp i(\omega t - \beta_2 z_2) \\ E_{2S} = B_S \exp i(\omega t - \beta_2 z_2) \end{cases} \quad \begin{array}{l} H_{2P} = \sqrt{\varepsilon_2/\mu_2}\, B_S \exp i(\omega t - \beta_2 z_2) \\ H_{2S} = \sqrt{\varepsilon_2/\mu_2}\, B_P \exp i(\omega t - \beta_2 z_2) \end{array}
\end{array}
\tag{2-11}
$$

ただし、z_1、z_1'、z_2はそれぞれの波の進行方向にとった座標であり、座標軸変換すると

$$
\begin{cases}
z_1 = x\sin\theta_1 + z\cos\theta_1 \\
z_1' = x\sin\theta_1 - z\cos\theta_1 \\
z_2 = x\sin\theta_2 + z\cos\theta_2
\end{cases}
\tag{2-12}
$$

で表される。(2-11)式で、電界の振幅は各偏光に対応する振幅成分であるが、磁界の振幅はp波に対してはA_S、s波に対してはA_Pであることに注意されたい。

第2章

【Coffee Break】 座標軸変換（回転移動）

　入射波のz_1軸と$x-z$軸との座標軸変換を考えてみよう。**図2.5（a）**に示すように、点$P(x,z) = P(x_1, z_1)$を考え、$\overline{OP} = r$とすると

$$\begin{cases} x = -\overline{OM} = -\overline{OP}\sin(\theta_1 + \alpha) = -r\sin\theta_1\cos\alpha - r\cos\theta_1\sin\alpha \\ z = -\overline{ON} = -\overline{OP}\cos(\theta_1 + \alpha) = -r\cos\theta_1\cos\alpha + r\sin\theta_1\sin\alpha \end{cases}$$

これに $x_1 = -\overline{OM'} = -r\sin\alpha$、$z_1 = -\overline{ON'} = -r\cos\alpha$ を代入して

$$\begin{cases} x = z_1\sin\theta_1 + x_1\cos\theta_1 \\ z = z_1\cos\theta_1 - x_1\sin\theta_1 \end{cases}$$

となる。これから

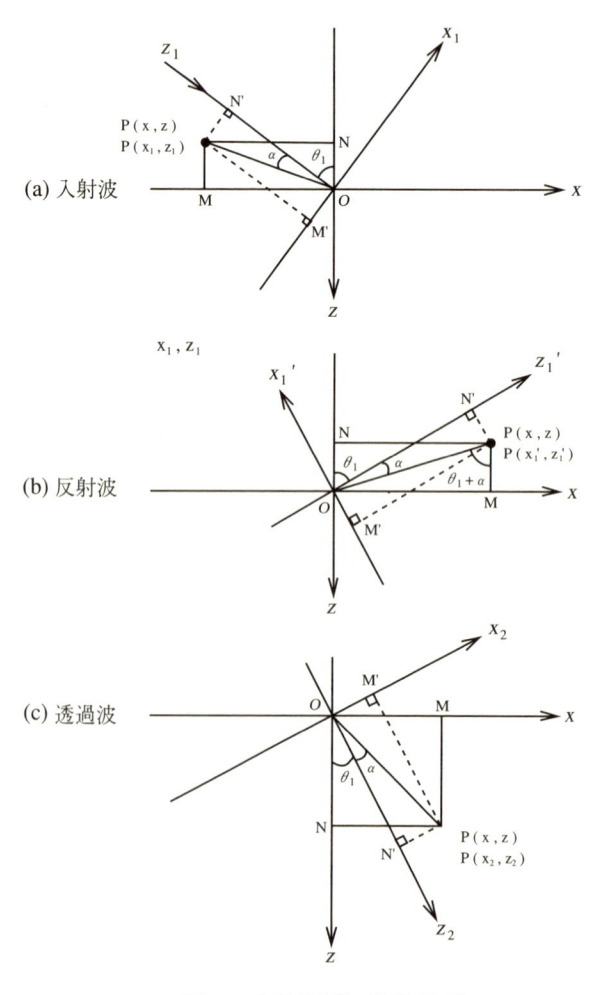

(a) 入射波

(b) 反射波

(c) 透過波

図2.5　座標軸変換（回転移動）

$$z_1 = x\sin\theta_1 + z\cos\theta_1$$

となる。透過波および反射波の場合も、符号を考慮して計算すれば、(2-12)式のように座標軸変換が行える。

(1) s波

境界に平行なs波の成分は

$$E_{1S} + E_{1S}' = E_{2S} \qquad H_{1P}\cos\theta_1 - H_{1P}'\cos\theta_1 = H_{2P}\cos\theta_2$$

である。境界面における入射波、透過波および反射波の位相は等しいので、各波の位相を表すexpの項は等しい。したがって、これらを振幅で表すと

$$A_S + A_S' = B_S$$

$$\sqrt{\varepsilon_1/\mu_1}\, A_S \cos\theta_1 - \sqrt{\varepsilon_1/\mu_1}\, A_S' \cos\theta_1 = \sqrt{\varepsilon_2/\mu_2}\, B_S \cos\theta_2$$

となる。入射波と反射波の振幅の比率、すなわち反射係数 ρ_S は、両式から B_S を消去して

$$\rho_S = \frac{A_S'}{A_S} = \frac{\sqrt{\varepsilon_1/\mu_1}\cos\theta_1 - \sqrt{\varepsilon_2/\mu_2}\cos\theta_2}{\sqrt{\varepsilon_1/\mu_1}\cos\theta_1 + \sqrt{\varepsilon_2/\mu_2}\cos\theta_2} = \frac{n_1\cos\theta_1 - n_2\cos\theta_2}{n_1\cos\theta_1 + n_2\cos\theta_2} = \frac{\eta_{1S} - \eta_{2S}}{\eta_{1S} + \eta_{2S}} \quad (2\text{-}13)$$

$$\text{ただし}\quad \eta_{jS} = n_j\cos\theta_j\ (j=1,2) \tag{2-14}$$

となる。入射波と透過波の振幅の比率、すなわちフレネル透過係数 τ_S は、両式から A_S' を消去して

$$\tau_S = \frac{B_S}{A_S} = \frac{2\sqrt{\varepsilon_1/\mu_1}\cos\theta_1}{\sqrt{\varepsilon_1/\mu_1}\cos\theta_1 + \sqrt{\varepsilon_2/\mu_2}\cos\theta_2} = \frac{2n_1\cos\theta_1}{n_1\cos\theta_1 + n_2\cos\theta_2} = \frac{2\eta_{1S}}{\eta_{1S} + \eta_{2S}} \quad (2\text{-}15)$$

となる。s波は垂直入射と同じ方向をとるので、その反射率Rおよび透過率Tは

$$R_S = |\rho_S|^2 = \left(\frac{\eta_{1S} - \eta_{2S}}{\eta_{1S} + \eta_{2S}}\right)^2 \tag{2-16}$$

$$T_S = \frac{\eta_{2S}}{\eta_{1S}}|\tau_S|^2 = \frac{4\eta_{1S}\eta_{2S}}{(\eta_{1S} + \eta_{2S})^2} \tag{2-17}$$

となり、境界で $R_S + T_S = 1$ となる。

(2) p波

p波の境界に平行な成分は

$$E_{1P}\cos\theta_1 + E_{1P}'\cos\theta_1 = E_{2P}\cos\theta_2 \qquad H_{1S} - H_{1S}' = H_{2S}$$

となり、これらを振幅で表すと

$$A_P \cos\theta_1 + A_P' \cos\theta_1 = B_P \cos\theta_2 \tag{2-18}$$

$$\sqrt{\varepsilon_1/\mu_1}\,A_P - \sqrt{\varepsilon_1/\mu_1}\,A_P' = \sqrt{\varepsilon_2/\mu_2}\,B_P \tag{2-19}$$

となる。入射波と反射波の振幅の比率、すなわちフレネル反射係数 ρ_P は、両式から B_P を消去して

$$\rho_P = \frac{A_P'}{A_P} = \frac{\sqrt{\varepsilon_1/\mu_1}/\cos\theta_1 - \sqrt{\varepsilon_2/\mu_2}/\cos\theta_2}{\sqrt{\varepsilon_1/\mu_1}/\cos\theta_1 + \sqrt{\varepsilon_2/\mu_2}/\cos\theta_2} = \frac{n_1/\cos\theta_1 - n_2/\cos\theta_2}{n_1/\cos\theta_1 + n_2/\cos\theta_2} \tag{2-20}$$

となる。入射波と透過波の振幅の比率、すなわちフレネル透過係数 τ_P は両式から A_P' を消去して

$$\tau_p = \frac{B_P}{A_P} = \frac{2\sqrt{\varepsilon_1/\mu_1}\cos\theta_1}{\sqrt{\varepsilon_1/\mu_1}\cos\theta_2 + \sqrt{\varepsilon_2/\mu_2}\cos\theta_1}$$

$$= \frac{\sqrt{\varepsilon_1/\mu_1}}{\sqrt{\varepsilon_2/\mu_2}} \frac{2\sqrt{\varepsilon_2/\mu_2}/\cos\theta_2}{\sqrt{\varepsilon_1/\mu_1}/\cos\theta_1 + \sqrt{\varepsilon_2/\mu_2}/\cos\theta_2}$$

$$= \frac{n_1}{n_2} \frac{2n_2/\cos\theta_2}{n_1/\cos\theta_1 + n_2/\cos\theta_2} \tag{2-21}$$

となる。すると、反射率 R_P および透過率 T_P は、s波の場合と同様にして

$$R_P = |\rho_P|^2, \qquad T_P = \frac{n_2/\cos\theta_2}{n_1/\cos\theta_1}|\tau_P|^2$$

と書ける。しかし、R_P および T_P をこのように、ただ単純にs波と同じように考えて、$R_P + T_P$ を計算すると1にはならない。これまでの理論展開にミスはないが、p波の透過波は入射波と違うある角度に傾いているのである。光学薄膜では境界に垂直な波の成分とエネルギーの流れを考えるとして、この角度依存性を修正すると、s波の場合と同様にして ρ_P および τ_P は次のようになる[1]。

$$\rho_P = \frac{n_1/\cos\theta_1 - n_2/\cos\theta_2}{n_1/\cos\theta_1 + n_2/\cos\theta_2} = \frac{\eta_{1P} - \eta_{2P}}{\eta_{1P} + \eta_{2P}} \tag{2-22}$$

$$\tau_P = \frac{2n_1/\cos\theta_1}{n_1/\cos\theta_1 + n_2/\cos\theta_2} = \frac{2\eta_{1P}}{\eta_{1P} + \eta_{2P}} \tag{2-23}$$

ただし、　　$\eta_{jP} = n_j / \cos\theta_j = n_j^2 / \eta_{jS}$　$(j = 1, 2)$ (2-24)

p波に対するフレネル係数は、s波に対する（2-13）式、（2-15）式と同じ形に表されたことになる。すると、反射率R_Pおよび透過率T_Pは

$$R_P = |\rho_P|^2 = \left(\frac{\eta_{1P} - \eta_{2P}}{\eta_{1P} + \eta_{2P}}\right)^2 \tag{2-25}$$

$$T_P = \frac{\eta_{2P}}{\eta_{1P}} |\tau_P|^2 = \frac{4\eta_{1P}\eta_{2P}}{(\eta_{1P} + \eta_{2P})^2} \tag{2-26}$$

となり、$R_P + T_P = 1$を満足する。p波のフレネルの透過係数τ_Pの（2-21）式は正しいのだが、エネルギーの流れを扱う光学薄膜では（2-23）式が矛盾なく使用できるのである。

1.6項で、スネルの法則をホイヘンスの原理およびフェルマーの原理から導いたが、ここで述べたことからも導いてみよう。斜入射の場合、上述のように境界面における各波の位相は等しいとしたが、これを式で表すと

$$\omega t - \beta_1 z_1 = \omega t - \beta_1 z_1' = \omega t - \beta_2 z_2$$

$$\therefore \beta_1 z_1 = \beta_1 z_1' = \beta_2 z_2$$

となる。境界面では、$z = 0$だから（2-12）式は

$$z_1 = x\sin\theta_1、z_1' = x\sin\theta_1、z_2 = x\sin\theta_2$$

となる。したがって、λ_0を真空中の波長として

$$\beta_1 z_1 = \frac{2\pi}{\lambda_1}\sin\theta_1 = \frac{2\pi}{\lambda_0 / n_1}\sin\theta_1 \qquad \beta_2 z_2 = \frac{2\pi}{\lambda_2}\sin\theta_2 = \frac{2\pi}{\lambda_0 / n_2}\sin\theta_2$$

$$\therefore n_1 \sin\theta_1 = n_2 \sin\theta_2$$

となる。これはスネルの法則である。スネルの法則を利用すると、（2-16）式の反射率R_Sおよび（2-25）式のR_Pは、入射角と屈折角だけで次のように表される。

$$R_S = \left(\frac{\eta_{1S} - \eta_{2S}}{\eta_{1S} + \eta_{2S}}\right)^2 = \left(\frac{n_1\cos\theta_1 - n_2\cos\theta_2}{n_1\cos\theta_1 + n_2\cos\theta_2}\right)^2 = \left(\frac{\sin\theta_2\cos\theta_1 - \sin\theta_1\cos\theta_2}{\sin\theta_2\cos\theta_1 + \sin\theta_1\cos\theta_2}\right)^2$$

$$= \frac{\sin^2(\theta_1 - \theta_2)}{\sin^2(\theta_1 + \theta_2)} \tag{2-27}$$

$$R_P = \left(\frac{\eta_{1P} - \eta_{2P}}{\eta_{1P} + \eta_{2P}}\right)^2 = \left(\frac{n_1/\cos\theta_1 - n_2/\cos\theta_2}{n_1/\cos\theta_1 + n_2/\cos\theta_2}\right)^2 = \left(\frac{\sin\theta_2\cos\theta_2 - \sin\theta_1\cos\theta_1}{\sin\theta_2\cos\theta_2 + \sin\theta_1\cos\theta_1}\right)^2$$

$$= \left(-\frac{\sin 2\theta_1 - \sin 2\theta_2}{\sin 2\theta_1 + \sin 2\theta_2}\right)^2 = \left(-\frac{\cos(\theta_1+\theta_2)\sin(\theta_1-\theta_2)}{\sin(\theta_1+\theta_2)\cos(\theta_1-\theta_2)}\right)^2 = \frac{\tan^2(\theta_1-\theta_2)}{\tan^2(\theta_1+\theta_2)} \quad (2\text{-}28)$$

【Coffee Break】 ブルースター角

　光が基板に斜入射した時の反射率の角度依存性を図2.6に示す。s波の反射率は入射角が大きくなるにしたがって大きくなるが、p波の反射率は角度が大きくなるにしたがって徐々に小さくなり、そしてある角度で0になる。p波の反射率が0になる角度をブルースター角（D.Brewster, 1815）という。この角度を求めてみよう。反射率R_Pが0になればよいのだから、(2-25)式から$\eta_{1P}=\eta_{2P}$となる。したがって

$$\begin{cases} \dfrac{n_1}{\cos\theta_1} = \dfrac{n_2}{\cos\theta_2} \\ n_1\sin\theta_1 = n_2\sin\theta_2 \end{cases}$$

$$\therefore \cos^2\theta_2 + \sin^2\theta_2 = (n_2/n_1)^2\cos^2\theta_1 + (n_1/n_2)^2\sin^2\theta_1 = 1 = \cos^2\theta_1 + \sin^2\theta_1$$

$$\therefore n_2^2\cos^2\theta_1 = n_1^2\sin^2\theta_1$$

$$\therefore \theta_1 = \tan^{-1}(n_2/n_1) \quad (2\text{-}29)$$

となる。$n_1=1$、$n_2=1.52$の場合、$\theta_1 = 56.7°$となる。

　また、反射率を入射角と屈折角だけで表現した(2-28)式からブルースター角を考えてみよう。ブルースター角ではp波の反射は0になるから、分子が0あ

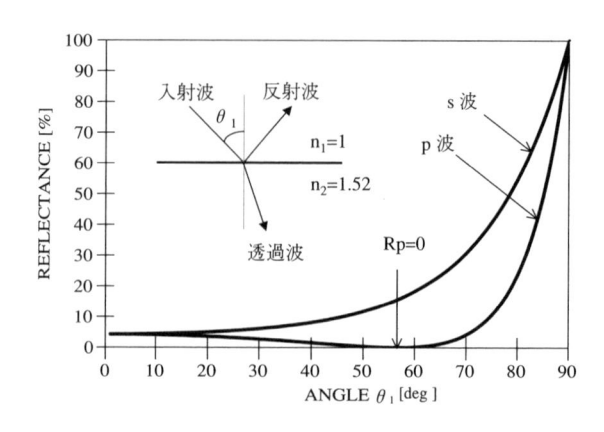

図2.6　反射率の入射角依存性

るいは分母が無限大になればよい。分子が0になるためには、$\theta_1 - \theta_2 = 0$となり、入射角と屈折角が等しくなる。つまり、界面が存在しなくなってしまうから、これは解ではない。したがって、分母が無限大、つまり$\theta_1 + \theta_2 = \pi/2$であればよいことが分かる。

外部ミラー形のレーザー管の端はこのブルースター角で窓が取り付けられておりブルースター窓（Brewster window）という。レーザー光の出力は、窓を損失なく通過するp波（直線偏光）のみが誘導放出される。また、図2.6から分かるように光がガラスや水の表面に斜入射した場合の反射光は、その大部分がs偏光であることが分かる。釣りや車の運転時に偏光メガネ（通常、偏光フィルムをレンズ間に挟んで偏光特性を持たせている）をかけると、水面や雨上がりの路上からの反射が少なく、いわゆるギラギラが少なくなり、凹凸がよく分かる。そのため、偏光メガネは垂直なs偏光を減らすように、その偏光軸は垂直になっている（p波を通過させる）。また、カーナビゲーションには液晶が利用されているが、偏光メガネをかけて運転席にいても画面が見えるように、その画面の偏光の向きが調整されている。

【Coffee Break】 臨界角と全反射

図2.6とは逆に、プリズムのようにガラス基板（$n_1 = 1.52$）から空気（$n_2 = 1$）に光が入射した場合の反射率の入射角依存性を図2.7に示す。p波の反射率は、

$$\theta_1 = \tan^{-1}(n_2/n_1) = 33.34°$$

で0になり、その後、p波、s波ともにその反射率は急激に大きくなる。そして、

$$\sin\theta_1 = \frac{n_2}{n_1} \tag{2-30}$$

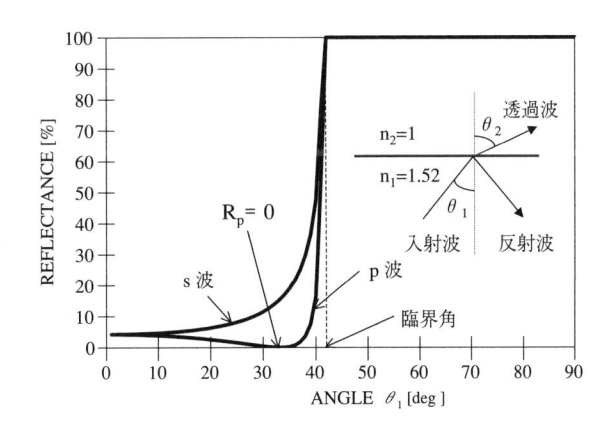

図2.7 臨界角

の時に100%になる（屈折角 $\theta_2 = 90°$）。この入射角を臨界角（critical angle）という。さらに入射角 θ_1 が大きくなると、

$$\sin\theta_2 = \frac{n_1}{n_2}\sin\theta_1 > 1$$

となり、このような屈折角 θ_2 は存在しないので入射光はすべて反射される。これを全反射（total reflection）という。この場合、臨界角は41.15°となり、45°の直角プリズムでは斜めの外表面にゴミやほこりがあっても、光はすべて反射する。これが、カメラなど多くの光学機器でミラーの代わりにプリズムが利用される理由である。

2.3 吸収媒質への垂直入射

次に媒質IIに吸収がある場合を考えてみよう。薄膜系で吸収媒質を取扱う場合、入射媒質には吸収が無いとしてもそれほど一般性を失わない[1]。そこで、$N_1 = n_1$、$N_2 = n_2 - ik_2$ とするとフレネル係数 ρ、τ は

$$\rho = \frac{N_1 - N_2}{N_1 + N_2} = \frac{n_1 - n_2 + ik_2}{n_1 + n_2 - ik_2} \tag{2-31}$$

$$\tau = \frac{2N_1}{N_1 + N_2} = \frac{2n_1}{n_1 + n_2 - ik_2} \tag{2-32}$$

反射率 R、透過率 T は

$$R = |\rho|^2 = \frac{(n_1 - n_2)^2 + k_2^2}{(n_1 + n_2)^2 + k_2^2} \tag{2-33}$$

$$T = \frac{\text{Re}(N_2)}{\text{Re}(N_1)}|\tau|^2 = \frac{n_2}{n_1}\frac{4n_1^2}{(n_1 + n_2)^2 + k_2^2} = \frac{4n_1 n_2}{(n_1 + n_2)^2 + k_2^2} \tag{2-34}$$

となる。ここで計算された反射率 R および透過率 T は、媒質IIがガラス基板などであり、裏面反射がない場合の値である。"裏面反射がない" という意味は裏面に完全反射防止膜が施されているか、あるいは裏面をサンドブラスト処理後、艶消しの黒色の塗料を塗布した場合を意味する。基板の裏面から反射がないから R は基板の厚みには無関係であるが、T は基板表面直後の透過率であることに注意されたい。また、吸収媒質の場合、透過率 T の計算では上式のように、$|\tau|^2$ に N_1、N_2 の実部の比を掛けることに注意されたい。

> **【Coffee Break】 入射媒質の消衰係数 k はゼロ！**
>
> 　薄膜理論では入射媒質には吸収がないとして扱う。キュービック形PBS（偏光ビームスプリッター）では、薄膜を基板と基板で挟み、入射媒質は基板となる。実際には基板には吸収があり困ってしまわないだろうか？　そのような場合には、入射側の基板の消衰係数 k を0、出射側の基板は $k \neq 0$ とすればよい。つまり、同じ基板に対して2つのデータを作成して、分光特性などを計算すればよい。基板による吸収を無視できない場合は、光が入射する基板表面から薄膜までの吸収をランベルトの法則で計算して、計算されたPBSの分光特性の処理をすればよい。一般に市販されている理論ソフトウェアも、入射媒質には吸収がないものとして計算するようになっており、特に、SF11などの比較的吸収が大きな基板を利用した大きなPBSでは注意が必要である。

　次に位相変化を考えてみよう。吸収がない場合は、n_1 と n_2 の大小によって反射波の位相が0あるいは180°変化することは前述した。吸収がある場合の位相変化 ϕ_r は

$$\rho = \frac{n_1 - n_2 + ik_2}{n_1 + n_2 - ik_2} = \frac{(n_1 - n_2 + ik_2)(n_1 + n_2 + ik_2)}{(n_1 + n_2 - ik_2)(n_1 + n_2 + ik_2)} = \frac{n_1^2 - n_2^2 - k_2^2 + i2n_1k_2}{(n_1 + n_2)^2 + k_2^2}$$

$$\therefore \phi_r = \tan^{-1} \frac{2n_1 k_2}{n_1^2 - n_2^2 - k_2^2} \tag{2-35}$$

となる。同様に透過波の位相変化 ϕ_t は

$$\tau = \frac{2n_1(n_1 + n_2 + ik_2)}{(n_1 + n_2)^2 + k_2^2}$$

$$\therefore \phi_t = \tan^{-1} \frac{k_2}{n_1 + n_2} \tag{2-36}$$

となる。真空中に置かれた代表的な金属表面へ光が垂直入射した場合の反射率、透過率およびそれらの位相変化を**表2.1**に示す。Auは赤外域で反射率は大きく、反射波の位相変化は178.0°であり、ほぼ180°に等しいことが分かる。

> **【Coffee Break】 アークタンジェント $\tan^{-1}$ の計算**
>
> 　横軸を実部、縦軸を虚部として ρ の分子の座標を取ると、**表2.1**に示すように第2象限となる。EXCELでは、$\tan^{-1}$ の関数として、ATAN（値）とATAN2（x座標、y座標）が用意されている。ATANではその解 ϕ が $-\pi/2 \leq \phi \leq \pi/2$ となるが、ATAN2では $-\pi < \phi \leq \pi$ である。したがって、ϕ の計算ではATAN2（実部、虚部）で計算するとよい。

表2.1 代表的な金属への垂直入射時の反射率、透過率、位相変化

金属	波長	n	k	反射率 R [%]	Re (ρ分子)	Im (ρ分子)	位相 ϕ_r [°]	透過率 T [%]	Re (τ分子)	分子 Im (τ)	位相 ϕ_t [°]
Ag	551 nm	1.029	0.624	8.66	−0.45	1.25	109.8	91.34	2.03	0.62	17.1
Ag	9.919 μm	13.11	53.7	98.30	−3054.56	107.40	178.0	1.70	14.11	53.70	75.3
Al	539.1 nm	0.944	6.55	91.91	−42.79	13.10	163.0	8.09	1.94	6.55	73.5
Al	1.771 μm	1.77	1.75	34.05	−5.20	3.50	146.0	65.95	2.77	1.75	32.3
Au	459.2 nm	1.426	1.846	38.62	−4.00	3.69	140.3	61.38	2.43	1.85	37.3
Au	9.919 μm	12.24	54.7	98.45	−3140.91	109.40	178.0	1.55	13.24	54.70	76.4
Cu	539 nm	1.04	2.59	61.73	−6.79	5.18	142.7	38.27	2.04	2.59	51.8
Cu	9.537 μm	10.8	47.5	98.20	−2371.89	95.00	177.7	1.80	11.80	47.50	76.0
Ni	539.1 nm	1.75	3.19	60.54	−12.24	6.38	152.5	39.46	2.75	3.19	49.2
Ni	9.537 μm	6.44	35.3	98.02	−1286.56	70.60	176.9	1.98	7.44	35.30	78.1
誘電体	任意	0−	0	(任意)	180.0	+	(任意)	0			

*) 光学定数データは 文献2より引用

2.4 吸収媒質への斜入射

吸収がない入射媒質Ⅰから吸収がある媒質Ⅱに光が斜入射する場合は、媒質Ⅱの一般化した屈折率の（2-14）式および（2-24）式でη_2内のn_2をN_2（$=n_2-ik_2$）として

$$\begin{cases} \eta_{2S} = N_2 \cos\theta_2 \\ \eta_{2P} = N_2 / \cos\theta_2 \end{cases} \tag{2-37}$$

また、スネルの法則を

$$n_1 \sin\theta_1 = N_2 \sin\theta_2 \tag{2-38}$$

とすればよい。すると、η_{2S}は、（2-37）式と（2-38）式から、次の（2-39）式の最初の式のようになるが、この計算式には$\sqrt{}$の中に虚数が含まれており、反射率・透過率を実際にEXCELなどの計算ソフトウェアで計算する際には不便である。しかし、ほとんどの理論的な解説書では、そこまでで終わっている。そこで、実際の計算に便利なようにs波およびp波の屈折率η_{2S}、η_{2P}を整理してみよう。s波に対する屈折率η_{2S}は

$$\eta_{2S} = N_2 \cos\theta_2 = N_2 \{1 - (n_1/N_2)^2 \sin^2\theta_1\}^{1/2}$$

$$= (n_2 - ik_2)[1 - \{n_1/(n_2-ik_2)\}^2 \sin^2\theta_1]^{1/2}$$

$$= (n_2^2 - k_2^2 - n_1^2 \sin^2\theta_1 - i2n_2k_2)^{1/2} = (u - iv)^{1/2}$$

$$= \{\sqrt{u^2+v^2}(u/\sqrt{u^2+v^2} - iv/\sqrt{u^2+v^2})\}^{1/2}$$

$$= (u^2 + v^2)^{1/4}(\cos\xi - i\sin\xi)^{1/2} = (u^2 + v^2)^{1/4}(\cos\frac{\xi}{2} - i\sin\frac{\xi}{2})$$

$$= x_{2S} - i\,y_{2S} \tag{2-39}$$

ただし、

$$\begin{cases} u = n_2^2 - k_2^2 - n_1^2 \sin^2\theta_1 \\ v = 2n_2 k_2 \\ \xi = \tan^{-1}(v/u) \\ x_{2S} = (1/\sqrt{2})(\sqrt{u^2 + v^2} + u)^{1/2} \\ y_{2S} = (1/\sqrt{2})(\sqrt{u^2 + v^2} - u)^{1/2} \end{cases} \tag{2-40}$$

となる。するとp波に対する屈折率 η_{2P} は

$$\eta_{2P} = \frac{N_2}{\cos\theta_2} = \frac{N_2^2}{\eta_{2S}} = \frac{(n_2 - ik_2)^2}{x_{2S} - i\,y_{2S}} = \frac{n_2^2 - k_2^2 - i2n_2 k_2}{x_{2S} - i\,y_{2S}}$$

$$= \frac{(n_2^2 - k_2^2)x_{2S} + 2n_2 k_2 y_{2S} - i\{2n_2 k_2 x_{2S} - (n_2^2 - k_2^2)y_{2S}\}}{x_{2S}^2 + y_{2S}^2}$$

$$= x_{2P} - i\,y_{2P} \tag{2-41}$$

ただし、 $\begin{cases} x_{2P} = \{(n_2^2 - k_2^2)x_{2S} + 2n_2 k_2 y_{2S}\}/(x_{2S}^2 + y_{2S}^2) \\ y_{2P} = \{2n_2 k_2 x_{2S} - (n_2^2 - k_2^2)y_{2S}\}/(x_{2S}^2 + y_{2S}^2) \end{cases} \tag{2-42}$

と表される。これは、吸収がある多層膜系でも同様になり、実際の計算を行う際の重要な関係式である。

(1) 反射率

以上の結果から、s波およびp波に対する反射率 R_S、R_P、それらの位相変化 ϕ_{rS}、ϕ_{rP} を求めてみよう。入射媒質のs波、p波に対する屈折率は

$$\begin{cases} \eta_{1S} = n_1 \cos\theta_1 = x_{1S} \\ \eta_{1P} = n_1 / \cos\theta_1 = x_{1P} \end{cases} \tag{2-43}$$

と表されるので、フレネル係数 ρ_S は

$$\rho_S = \frac{\eta_{1S} - \eta_{2S}}{\eta_{1S} + \eta_{2S}} = \frac{x_{1S} - x_{2S} + i\,y_{2S}}{x_{1S} + x_{2S} - i\,y_{2S}} \tag{2-44}$$

となり、反射率R_Sおよび位相変化ϕ_{rS}は次のように表される。

$$R_S = |\rho_S|^2 = \frac{(x_{1S} - x_{2S})^2 + y_{2S}^2}{(x_{1S} + x_{2S})^2 + y_{2S}^2} \tag{2-45}$$

$$\phi_{rS} = \tan^{-1} \frac{2 x_{1S} y_{2S}}{x_{1S}^2 - x_{2S}^2 - y_{2S}^2} \tag{2-46}$$

p波に対しても全く同様にして、(2-44)式〜(2-46)式で添え字のsをpに置き換えた式となる。

(2) 透過率

反射率を求めた場合と同様にして、s波に対する式は

$$\tau_S = \frac{2\eta_{1S}}{\eta_{1S} + \eta_{2S}} = \frac{2 x_{1S}}{x_{1S} + x_{2S} - i\,y_{2S}} = \frac{2 x_{1S}(x_{1S} + x_{2S} + i\,y_{2S})}{(x_{1S} + x_{2S})^2 + y_{2S}^2} \tag{2-47}$$

$$T_S = \frac{\mathrm{Re}(\eta_{2S})}{\mathrm{Re}(\eta_{1S})} |\tau_S|^2 = \frac{x_{2S}}{x_{1S}} \frac{4 x_{1S}^2}{(x_{1S} + x_{2S})^2 + y_{2S}^2} = \frac{4 x_{1S} x_{2S}}{(x_{1S} + x_{2S})^2 + y_{2S}^2} \tag{2-48}$$

$$\phi_{tS} = \tan^{-1} \frac{y_{2S}}{x_{1S} + x_{2S}} \tag{2-49}$$

となる。p波に対しても全く同様にして、(2-47)式〜(2-49)式で添え字のsをpに置き換えた式となる。

2.5 吸収基板の裏面反射を考慮した反射率、透過率

2.5.1 垂直入射

基板に吸収がある場合、基板の裏面反射を考えた場合の反射率および透過率を計算してみよう。ただし、その厚みdは入射する光の波長に較べて十分に厚いものとする。この場合、基板の内部透過率T_i(基板内部の透過率、internal transmittance)を考えなければならない。内部透過率はランベルトの法則から

$$T_i = \exp(-\alpha d) = \exp(-4\pi k_2 d / \lambda) \tag{2-50}$$

で与えられる。**図2.8**に示すように基板表面と裏面の多重繰り返し反射(multiple reflection)を考えると(本図では便宜上、斜入射で表した)、各部の光量は**表2.2**の

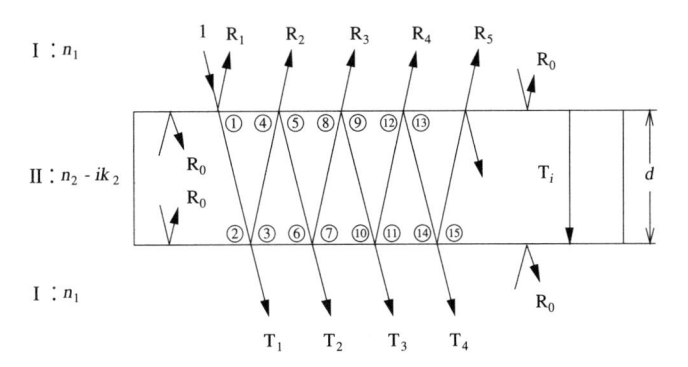

図2.8 垂直入射時の多重繰り返し反射

表2.2 多重繰り返し反射の各部の光量値

場所	光量	場所	光量
1	$1-R_0$	9	$(1-R_0)\,T_i^4 R_0^4$
2	$(1-R_0)\,T_i$	10	$(1-R_0)\,T_i^5 R_0^4$
3	$(1-R_0)\,T_i R_0$	11	$(1-R_0)\,T_i^5 R_0^5$
4	$(1-R_0)\,T_i^2 R_0$	12	$(1-R_0)\,T_i^6 R_0^5$
5	$(1-R_0)\,T_i^2 R_0^2$	13	$(1-R_0)\,T_i^6 R_0^6$
6	$(1-R_0)\,T_i^3 R_0^2$	14	$(1-R_0)\,T_i^7 R_0^6$
7	$(1-R_0)\,T_i^3 R_0^3$	15	$(1-R_0)\,T_i^7 R_0^7$
8	$(1-R_0)\,T_i^4 R_0^3$		

ようになる。したがって、反射率および透過率は等比級数（比：$T_i^2 R_0^2$）の和となり、次のようになる。

$$R = R_0 + (④-⑤) + (⑧-⑨) + (⑫-⑬) + \cdots\cdots$$

$$= R_0 + (1-R_0)^2 T_i^2 R_0 \,(\,1 + T_i^2 R_0^2 + T_i^4 R_0^4 + \cdots\cdots\,)$$

$$= R_0 + (1-R_0)^2 T_i^2 R_0 \,/\, (1 - T_i^2 R_0^2)$$

$$= R_0 \left\{\, 1 + (1-2R_0) T_i^2 \,\right\} / (1 - T_i^2 R_0^2) \tag{2-51}$$

$$T = (②-③) + (⑥-⑦) + (⑩-⑪) + (⑭-⑮) + \cdots\cdots$$

$$= (1-R_0)^2 T_i \,(\,1 + T_i^2 R_0^2 + T_i^4 R_0^4 + T_i^6 R_0^6 + \cdots\cdots\,)$$

$$= (1-R_0)^2 T_i \,/\, (1 - T_i^2 R_0^2) \tag{2-52}$$

ただし　$R_0 = \dfrac{(n_1 - n_2)^2 + k_2^2}{(n_1 + n_2)^2 + k_2^2}$ \hfill (2-53)

基板に吸収がない場合は、(2-51) 式および (2-52) 式において $T_i = 1$ として、

$$\begin{cases} R = 2R_0 / (1 + R_0) \\ T = (1 - R_0) / (1 + R_0) \end{cases} \tag{2-54}$$

ただし、 $R_0 = \left(\dfrac{n_1 - n_2}{n_1 + n_2} \right)^2$

となる。

2.5.2 斜入射

図2.9に示すように光が基板に斜入射する場合は、光は距離hだけ進む。この距離hを求めてみよう。

$$\begin{aligned} h &= d / \cos\theta_2 = d / \left[1 - \{ n_1 / (n_2 - ik_2) \}^2 \sin^2\theta_1 \right]^{1/2} \\ &= (n_2 - ik_2)d / \{ (n_2 - ik_2)^2 - n_1^2 \sin^2\theta_1 \}^{1/2} \\ &= (n_2 - ik_2)d / (n_2^2 - k_2^2 - n_1^2 \sin^2\theta_1 - i2n_2k_2)^{1/2} \\ &= (n_2 - ik_2)d / (x_{2S} - i y_{2S}) \end{aligned} \tag{2-55}$$

ただし、x_{2S}、y_{2S}は (2-40) 式で求められた値である。上式には虚数が含まれているのでその絶対値を取り、距離 $|h|$ は

$$\therefore |h| = \left(\frac{n_2^2 + k_2^2}{x_{2S}^2 + y_{2S}^2} \right)^{1/2} d \tag{2-56}$$

となる。したがって、内部透過率T_iは

$$T_i = \exp(-4\pi k_2 |h| / \lambda) \tag{2-57}$$

を用いればよい。(2-56) 式と (2-57) 式は、吸収基板に薄膜を成膜した場合の斜入

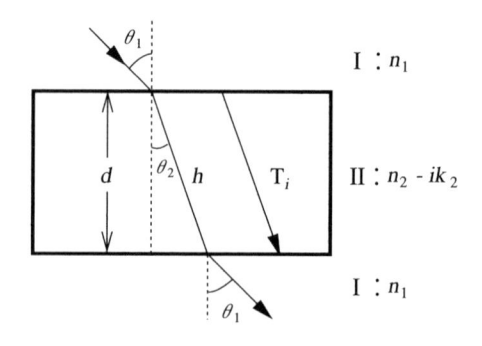

図2.9 斜入射時の内部透過率

射の諸計算で重要な式である。すると、s波、p波に対する反射率R_S、R_Pおよび透過率T_S、T_Pは垂直入射の場合と同様にして次のように求まる。

$$\begin{cases} R_S = R_{0S}\{1+(1-2R_{0S})T_i^2\}/(1-T_i^2 R_{0S}^2) \\ R_P = R_{0P}\{1+(1-2R_{0P})T_i^2\}/(1-T_i^2 R_{0P}^2) \end{cases} \tag{2-58}$$

$$\begin{cases} T_S = (1-R_{0S})^2 T_i /(1-T_i^2 R_{0S}^2) \\ T_P = (1-R_{0P})^2 T_i /(1-T_i^2 R_{0P}^2) \end{cases} \tag{2-59}$$

ただし、$\quad R_{0S} = \dfrac{(x_{1S}-x_{2S})^2 + y_{2S}^2}{(x_{1S}+x_{2S})^2 + y_{2S}^2}$、$\quad R_{0P} = \dfrac{(x_{1P}-x_{2P})^2 + y_{2P}^2}{(x_{1P}+x_{2P})^2 + y_{2P}^2}$ \hfill (2-60)

吸収がない場合は、(2-40) 式から $u = n_2^2 - n_1^2 \sin^2\theta_1$、$v = 0$、$\xi = 0$ となるから

$$\begin{cases} x_{2S} = u^{1/2} = (n_2^2 - n_1^2 \sin^2\theta_1)^{1/2} = n_2\cos\theta_2 = \eta_{2S} \\ y_{2S} = 0 \end{cases}$$

となる。すると、(2-42) 式から

$$\begin{cases} x_{2P} = n_2^2/x_{2S} = n_2/\cos\theta_2 = \eta_{2P} \\ y_{2P} = 0 \end{cases}$$

となる。$x_{1S} = \eta_{1S}$、$x_{1P} = \eta_{1P}$ だから (2-60) 式の R_{0S}、R_{0P} は

$$R_{0S} = \left(\dfrac{\eta_{1S} - \eta_{2S}}{\eta_{1S} + \eta_{2S}}\right)^2 、\quad R_{0P} = \left(\dfrac{\eta_{1P} - \eta_{2P}}{\eta_{1P} + \eta_{2P}}\right)^2$$

となり、吸収がないとして求めた (2-16) 式、(2-25) 式になる。$T_i = 1$ だから、したがって、反射率および透過率は次のようになる。

$$\begin{cases} R_S = 2R_{0S}/(1+R_{0S}) \\ R_P = 2R_{0P}/(1+R_{0P}) \end{cases} \quad \begin{cases} T_S = (1-R_{0S})/(1+R_{0S}) \\ T_P = (1-R_{0P})/(1+R_{0P}) \end{cases} \tag{2-61}$$

2.6 まとめ

2.6.1 垂直入射

媒質ⅠおよびⅡの屈折率をおのおのn_1、n_2とすると、フレネルの振幅反射係数ρ、振幅透過係数τ、反射率R、透過率Tおよび位相変化ϕ_r、ϕ_tは次のようになる。

$$\rho = \dfrac{n_1 - n_2}{n_1 + n_2}、\quad \tau = \dfrac{2n_1}{n_1 + n_2} \tag{2-62}$$

$$R = |\rho|^2 = \left(\frac{n_1 - n_2}{n_1 + n_2}\right)^2, \quad T = \frac{n_2}{n_1}|\tau|^2 = \frac{4n_1 n_2}{(n_1 + n_2)^2} \tag{2-63}$$

$$\phi_r = \begin{cases} 0 & (n_1 > n_2) \\ \pi & (n_1 < n_2) \end{cases}, \quad \phi_t = 0 \tag{2-64}$$

2.6.2 斜入射

入射角を θ_1、屈折角を θ_2 とすると、s波、p波に対する屈折率は

$$\begin{cases} \eta_{jS} = n_j \cos\theta_j \\ \eta_{jP} = n_j / \cos\theta_j \end{cases} \tag{2-65}$$

ただし、$j = 1, 2$、$n_1 \sin\theta_1 = n_2 \sin\theta_2$ \hfill (2-66)

となり、フレネル係数は

$$\rho_S = \frac{\eta_{1S} - \eta_{2S}}{\eta_{1S} + \eta_{2S}}, \quad \rho_P = \frac{\eta_{1P} - \eta_{2P}}{\eta_{1P} + \eta_{2P}} \tag{2-67}$$

$$\tau_S = \frac{2\eta_{1S}}{\eta_{1S} + \eta_{2S}}, \quad \tau_P = \frac{2\eta_{1P}}{\eta_{1P} + \eta_{2P}} \tag{2-68}$$

となる。反射率 R_S、R_P および透過率 T_S、T_P は次のようになる。

$$R_S = |\rho_S|^2 = \left(\frac{\eta_{1S} - \eta_{2S}}{\eta_{1S} + \eta_{2S}}\right)^2, \quad R_P = |\rho_P|^2 = \left(\frac{\eta_{1P} - \eta_{2P}}{\eta_{1P} + \eta_{2P}}\right)^2 \tag{2-69}$$

$$T_S = \frac{\eta_{2S}}{\eta_{1S}}|\tau_S|^2 = \frac{4\eta_{1S}\eta_{2S}}{(\eta_{1S} + \eta_{2S})^2}, \quad T_P = \frac{\eta_{2P}}{\eta_{1P}}|\tau_P|^2 = \frac{4\eta_{2P}\eta_{1P}}{(\eta_{1P} + \eta_{2P})^2} \tag{2-70}$$

位相変化は垂直入射の場合と同じで、(2-64) 式となる。

2.6.3 吸収媒質への垂直入射

$N_1 = n_1$、$N_2 = n_2 - ik_2$ とすると、フレネル係数 ρ、τ は

$$\rho = \frac{n_1 - n_2 + ik_2}{n_1 + n_2 - ik_2}, \quad \tau = \frac{2n_1}{n_1 + n_2 - ik_2} \tag{2-71}$$

反射率 R、透過率 T は

$$R = |\rho|^2 = \frac{(n_1 - n_2)^2 + k_2^2}{(n_1 + n_2)^2 + k_2^2} \tag{2-72}$$

$$T = \frac{\text{Re}(N_2)}{\text{Re}(N_1)}|\tau|^2 = \frac{4n_1 n_2}{(n_1+n_2)^2 + k_2^2} \tag{2-73}$$

となる。また、位相変化ϕ_r、ϕ_tは

$$\phi_r = \tan^{-1}\frac{2n_1 k_2}{n_1^2 - n_2^2 - k_2^2} \quad 、\quad \phi_t = \tan^{-1}\frac{k_2}{n_1+n_2} \tag{2-74}$$

となる。

2.6.4 吸収媒質への斜入射

入射角をθ_1、屈折角をθ_2とすると、s波およびp波の屈折率η_{1S}、η_{1P}、η_{2S}、η_{2P}は次のようになる。

$$\eta_{1S} = n_1 \cos\theta_1 = x_{1S} \quad 、\quad \eta_{1P} = n_1/\cos\theta_1 = x_{1P} \tag{2-75}$$

$$\eta_{2S} = x_{2S} - i\, y_{2S} \quad 、\quad \eta_{2P} = x_{2P} - i\, y_{2P} \tag{2-76}$$

ただし、

$$\begin{cases} u = n_2^2 - k_2^2 - n_1^2 \sin^2\theta_1 \\ \text{v} = 2 n_2 k_2 \\ \cos(\xi/2) = (1/\sqrt{2})(1 + u/\sqrt{u^2+\text{v}^2})^{1/2} \\ \sin(\xi/2) = (1/\sqrt{2})(1 - u/\sqrt{u^2+\text{v}^2})^{1/2} \\ \xi = \tan^{-1}(\text{v}/u) \\ x_{2S} = (u^2+\text{v}^2)^{1/4} \cos(\xi/2) \\ y_{2S} = (u^2+\text{v}^2)^{1/4} \sin(\xi/2) \end{cases} \tag{2-77}$$

$$\begin{cases} x_{2P} = \{(n_2^2 - k_2^2)x_{2S} + 2 n_2 k_2 y_{2S}\}/(x_{2S}^2 + y_{2S}^2) \\ y_{2P} = \{2 n_2 k_2 x_{2S} - (n_2^2 - k_2^2)y_{2S}\}/(x_{2S}^2 + y_{2S}^2) \end{cases} \tag{2-78}$$

フレネル係数ρ_S、反射率R_Sおよび位相変化ϕ_{rS}は次のようになる。

$$\rho_S = \frac{\eta_{1S} - \eta_{2S}}{\eta_{1S} + \eta_{2S}} = \frac{x_{1S} - x_{2S} + i\, y_{2S}}{x_{1S} + x_{2S} - i\, y_{2S}} = \frac{x_{1S}^2 - x_{2S}^2 - y_{2S}^2 + i 2 x_{1S} y_{2S}}{(x_{1S} + x_{2S})^2 + y_{2S}^2} \tag{2-79}$$

$$R_S = \frac{(x_{1S} - x_{2S})^2 + y_{2S}^2}{(x_{1S} + x_{2S})^2 + y_{2S}^2} \tag{2-80}$$

$$\phi_{rS} = \tan^{-1}\frac{2 x_{1S} y_{2S}}{x_{1S}^2 - x_{2S}^2 - y_{2S}^2} \tag{2-81}$$

p波に対する反射波の式は、(2-79) 式〜 (2-81) 式で添え字のsをpに置き換えたものになる。透過波に対しては、次のようになる。

$$\tau_S = \frac{2\eta_{1S}}{\eta_{1S} + \eta_{2S}} = \frac{2x_{1S}}{x_{1S} + x_{2S} - i\,y_{2S}} = \frac{2x_{1S}(x_{1S} + x_{2S} + i\,y_{2S})}{(x_{1S} + x_{2S})^2 + y_{2S}^2} \tag{2-82}$$

$$T_S = \frac{\mathrm{Re}(\eta_{2S})}{\mathrm{Re}(\eta_{1S})}|\tau_S|^2 = \frac{x_{2S}}{x_{1S}} \frac{4x_{1S}^2}{(x_{1S} + x_{2S})^2 + y_{2S}^2} = \frac{4x_{1S}x_{2S}}{(x_{1S} + x_{2S})^2 + y_{2S}^2} \tag{2-83}$$

$$\phi_{tS} = \tan^{-1}\frac{y_{2S}}{x_{1S} + x_{2S}} \tag{2-84}$$

p波に対する透過波の式は、(2-82) 式〜 (2-84) 式で添え字のsをpに置き換えたものになる。

2.6.5 基板の裏面反射を考慮した反射率、透過率
(1) 垂直入射

裏面反射がある場合の反射率Rおよび透過率Tは、表面と裏面の多重繰り返し反射を考慮して次のようになる。

$$R = R_0\left\{1 + (1 - 2R_0)T_i^2\right\}/(1 - T_i^2 R_0^2) \tag{2-85}$$

$$T = (1 - R_0)^2 T_i/(1 - T_i^2 R_0^2) \tag{2-86}$$

ただし、
$$R_0 = \frac{(n_1 - n_2)^2 + k_2^2}{(n_1 + n_2)^2 + k_2^2} \tag{2-87}$$

$$T_i = \exp(-\alpha d) = \exp(-4\pi k_2 d/\lambda) \tag{2-88}$$

基板に吸収がない場合は

$$R = 2R_0/(1 + R_0) \qquad T = (1 - R_0)/(1 + R_0) \tag{2-89}$$

ただし、
$$R_0 = \left(\frac{n_1 - n_2}{n_1 + n_2}\right)^2$$

となる。

(2) 斜入射

光が厚みdの基板に入射角θ_1で入射する場合、基板の裏面反射を考慮した反射率R_S、R_pおよび透過率T_S、T_pは次のようになる。

$$\begin{cases} R_S = R_{0S}\left\{1+(1-2R_{0S})T_i^2\right\}/(1-T_i^2 R_{0S}^2) \\ R_P = R_{0P}\left\{1+(1-2R_{0P})T_i^2\right\}/(1-T_i^2 R_{0P}^2) \end{cases} \quad (2\text{-}90)$$

$$\begin{cases} T_S = (1-R_{0S})^2 T_i (1-T_i^2 R_{0S}^2) \\ T_P = (1-R_{0P})^2 T_i (1-T_i^2 R_{0P}^2) \end{cases} \quad (2\text{-}91)$$

ただし、

$$R_{0S} = \frac{(x_{1S}-x_{2S})^2 + y_{2S}^2}{(x_{1S}+x_{2S})^2 + y_{2S}^2} \quad、\quad R_{0P} = \frac{(x_{1P}-x_{2P})^2 + y_{2P}^2}{(x_{1P}+x_{2P})^2 + y_{2P}^2} \quad (2\text{-}92)$$

$$T_i = \exp(-4\pi k_2 |h|/\lambda) \quad、\quad |h| = \left(\frac{n_2^2 + k_2^2}{x_{2S}^2 + y_{2S}^2}\right)^{1/2} d \quad (2\text{-}93)$$

吸収がない場合は

$$\begin{cases} R_S = 2R_{0S}/(1+R_{0S}) \\ R_P = 2R_{0P}/(1+R_{0P}) \end{cases} \quad \begin{cases} T_S = (1-R_{0S})/(1+R_{0S}) \\ T_P = (1-R_{0P})/(1+R_{0P}) \end{cases} \quad (2\text{-}94)$$

ただし、$\quad R_{0S} = \left(\dfrac{\eta_{1S}-\eta_{2S}}{\eta_{1S}+\eta_{2S}}\right)^2 \quad、\quad R_{0P} = \left(\dfrac{\eta_{1P}-\eta_{2P}}{\eta_{1P}+\eta_{2P}}\right)^2$

参考文献

1) H.A.Macleod：Thin-Film Optical Filters, 2'nd edition （Macmillan, New York, 1986）、H.A.Macleod著　小倉他訳：「光学薄膜」（日刊工業新聞社、1989）
2) E.D.Palik："Handbook of Optical Constants of Solids" Academic Press （1985）

第3章
単層薄膜

　基板上に作製された厚さが光の波長程度の薄膜の上下面からの光は、互いに干渉する。例えば、濡れた街路にこぼれたガソリンによる美しい干渉色やシャボン玉を膨らましていくと虹色の干渉色が変化していく。これも、単層薄膜の干渉から説明ができる。ここでは、単層薄膜の反射率、透過率および位相変化について、フレネル係数を利用して実際のプログラミングを念頭に置いて詳細に解説する。また、真空成膜装置を利用した成膜時の反射波、あるいは透過波の位相変化や光学モニターの光量変化（反射率、透過率）についても述べる。さらに、H.A.MacleodのTHIN-FILM OPTICAL FILTERS [1] を参考にして、よく知られた特性マトリクスによる解説も3.5項に示すので参考にされたい。

3.1　垂直入射

3.1.1　反射率、透過率および位相変化

　屈折率n_mの基板に透明な薄膜（屈折率n、膜厚d）が成膜されている場合の各界面のフレネル係数を**図3.1**のように考える。前章で解説したように、各フレネル係数は次のようになる。

$$\rho_0 = \frac{n_0 - n}{n_0 + n}、\qquad \tau_0 = \frac{2n_0}{n_0 + n} \tag{3-1}$$

$$\rho_1 = \frac{n - n_m}{n + n_m}、\qquad \tau_1 = \frac{2n}{n + n_m} \tag{3-2}$$

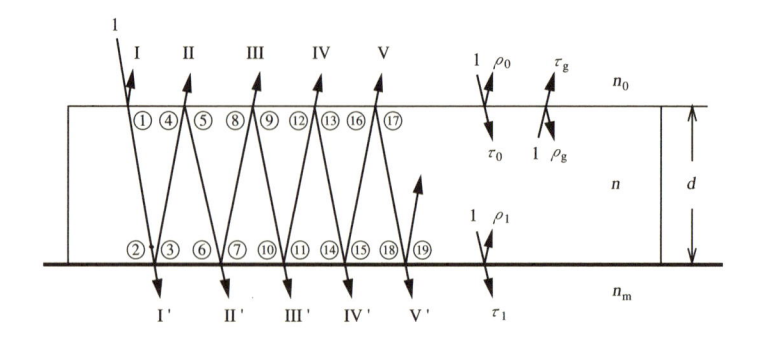

図3.1　単層薄膜のフレネル係数と多重繰り返し反射

$$\rho_g = \frac{n-n_0}{n+n_0} = -\rho_0 \text{ 、} \qquad \tau_g = \frac{2n}{n+n_0} \tag{3-3}$$

第1章で述べたように、厚みdの薄膜を通過して基板との界面に到達した光の波動関数は、位相変化を受けて

$$E = E_0 \exp i(\omega t - \delta) = E_0 \exp i(\omega t) \cdot \exp(-i\delta) \tag{3-4}$$

ただし、 $\delta = \frac{2\pi}{\lambda} nd$ （λは入射媒質中の波長） (3-5)

となる。したがって、基板へ入射する直前のフレネル係数は

$$\tau_0 \exp(-i\delta) = \tau_0 e^{-i\delta} \tag{3-6}$$

となる。そして、光は基板との界面で反射され、薄膜の上下面で多重繰り返し反射が起こる。**図3.1**の各部のフレネル係数を**表3.1**に示す。また、同表には、$n_m = 1.52$の

表3.1 多重繰り返し反射の各位置のフレネル係数

n_0	1.00	ρ_0	-0.15966	τ_0	0.84034
n	1.38	ρ_1	-0.04828	τ_1	0.95172
n_m	1.52	ρ_g	0.15966	τ_g	1.15966

フレネル係数 位置　式	位置　式	$nd=\lambda_0/4$ ($\delta=\pi/2$) 計算値	$nd=\lambda_0/2$ ($\delta=\pi$) 計算値
① τ_0	Ⅰ ρ_0	- 0.159664	- 0.159664
② $\tau_0 e^{-i\delta}$	Ⅰ' ②×τ_1	- i 0.799768	- 0.799768
③ $\tau_0 \rho_1 e^{-i\delta}$			
④ $\tau_0 \rho_1 e^{-i2\delta}$	Ⅱ ④×τ_g	0.047045	- 0.047045
⑤ $\tau_0 \rho_1(-\rho_0) e^{-i2\delta}$			
⑥ $\tau_0 \rho_1(-\rho_0) e^{-i3\delta}$	Ⅱ' ⑥×τ_1	- i 0.006165	0.006165
⑦ $\tau_0 \rho_1^2(-\rho_0) e^{-i3\delta}$			
⑧ $\tau_0 \rho_1^2(-\rho_0) e^{-i4\delta}$	Ⅲ ⑧×τ_g	0.000363	0.000363
⑨ $\tau_0 \rho_1^2(-\rho_0)^2 e^{-i4\delta}$			
⑩ $\tau_0 \rho_1^2(-\rho_0)^2 e^{-i5\delta}$	Ⅲ' ⑩×τ_1	- i 0.000048	- 0.000048
⑪ $\tau_0 \rho_1^3(-\rho_0)^2 e^{-i5\delta}$			
⑫ $\tau_0 \rho_1^3(-\rho_0)^2 e^{-i6\delta}$	Ⅳ ⑫×τ_g	0.000003	0.000003
⑬ $\tau_0 \rho_1^3(-\rho_0)^3 e^{-i6\delta}$			
⑭ $\tau_0 \rho_1^3(-\rho_0)^3 e^{-i7\delta}$	Ⅳ' ⑭×τ_1	- i 0.000000	0.000000
⑮ $\tau_0 \rho_1^4(-\rho_0)^3 e^{-i7\delta}$			
⑯ $\tau_0 \rho_1^4(-\rho_0)^3 e^{-i8\delta}$	Ⅴ ⑯×τ_g	0.000000	0.000000
⑰ $\tau_0 \rho_1^4(-\rho_0)^4 e^{-i8\delta}$			
⑱ $\tau_0 \rho_1^4(-\rho_0)^4 e^{-i9\delta}$	Ⅴ' ⑱×τ_1	- i 0.000000	- 0.000000
⑲ $\tau_0 \rho_1^5(-\rho_0)^4 e^{-i9\delta}$			
	$\rho = \Sigma$ (Ⅰ+Ⅱ+Ⅲ+)	- 0.112253	- 0.206344
	$R = \|\rho\|^2$	0.012601	0.042578
	$\tau = \Sigma$ (Ⅰ'+Ⅱ'+Ⅲ'+)	- i 0.805981	- 0.793651
	$T = (n_m/n_0)\|\tau\|^2$	0.987399	0.957420

第3章

基板に$n = 1.38$の薄膜が膜厚$nd = \lambda_0/4$および$nd = \lambda_0/2$（λ_0は中心波長）だけ成膜された場合の各部の計算値も併せて示した。

　それでは物理的イメージを考えてみよう。薄膜の膜厚が$nd = \lambda/4$の場合の反射波および透過波の位相状態を**図3.2**に示す（$n_0 < n < n_m$）。光が疎から密の物質に入射する場合、その反射波の位相はπだけ変化するので、薄膜表面および薄膜と基板の界面からの反射波は、図示したように、**表3.1**中の反射波の符号通りにⅠは－、Ⅱ、Ⅲ、・・・は＋になる。同様にして、**図3.3**に膜厚が$nd = \lambda/2$の場合について示した。この場合も、波の各界面の位相状態は**表3.1**の符号と合致する。ただし、**図3.2**および**図3.3**では、位相状態のイメージを得るために、**表3.1**で計算された各波の振幅の計算値を無視した。

　薄膜の上下面による多重繰り返し反射を考慮した反射波のフレネル係数ρは

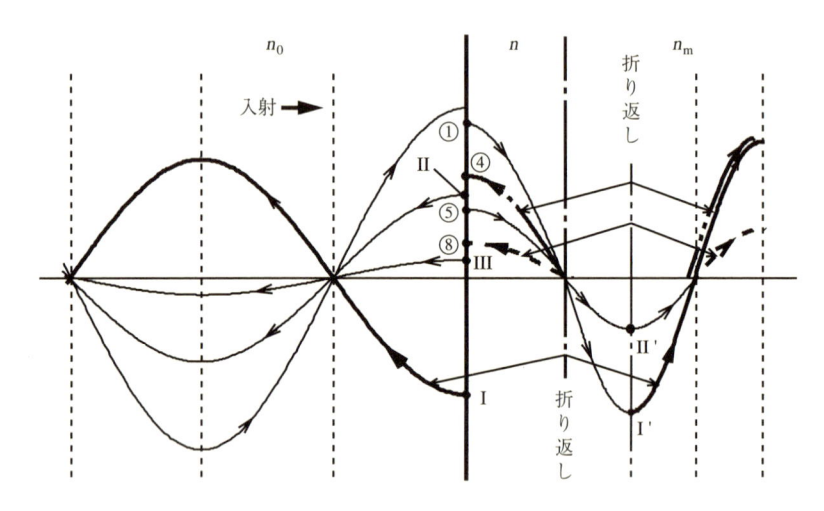

図3.2　膜厚$nd = \lambda/4$の薄膜の反射波・透過波の位相状態（$n_0 < n < n_m$）

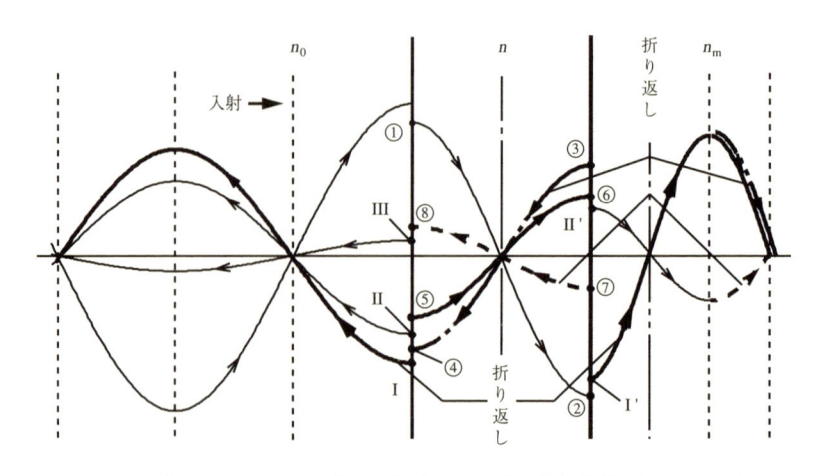

図3.3　膜厚$nd = \lambda/2$の薄膜の反射波・透過波の位相状態（$n_0 < n < n_m$）

$$\rho = \text{I} + \text{II} + \text{III} + \text{IV} + \text{V} + \text{VI} + \cdots\cdots$$

$$= \rho_0 + ④ \times \tau_g + ⑧ \times \tau_g + ⑫ \times \tau_g + ⑯ \times \tau_g + \cdots\cdots$$

$$= \rho_0 + \tau_0 \rho_1 \tau_g e^{-i2\delta} \{ 1 + (-\rho_0 \rho_1) e^{-i2\delta} + (-\rho_0 \rho_1)^2 e^{-i4\delta} + (-\rho_0 \rho_1)^3 e^{-i6\delta} + \cdots \}$$

$$= \rho_0 + \frac{\tau_0 \rho_1 \tau_g e^{-i2\delta}}{1 + \rho_0 \rho_1 e^{-i2\delta}} = \frac{\rho_0 + (\rho_0^2 + \tau_0 \tau_g) \rho_1 e^{-i2\delta}}{1 + \rho_0 \rho_1 e^{-i2\delta}} = \frac{\rho_0 + \rho_1 e^{-i2\delta}}{1 + \rho_0 \rho_1 e^{-i2\delta}} \tag{3-7}$$

$$\left(\because \rho_0^2 + \tau_0 \tau_g = \left(\frac{n_0 - n}{n_0 + n} \right)^2 + \frac{2n_0}{n_0 + n} \cdot \frac{2n}{n + n_0} = 1 \right)$$

また、透過波のフレネル係数 τ は、同様にして

$$\tau = \frac{\tau_0 \tau_1 e^{-i\delta}}{1 + \rho_0 \rho_1 e^{-i2\delta}} \tag{3-8}$$

となる。したがって、反射率 R および透過率 T は、次のようになる。

$$R = |\rho|^2 = \left| \frac{\rho_0 + \rho_1 e^{-i2\delta}}{1 + \rho_0 \rho_1 e^{-i2\delta}} \right|^2 = \left| \frac{\rho_0 + \rho_1 (\cos 2\delta - i \sin 2\delta)}{1 + \rho_0 \rho_1 (\cos 2\delta - i \sin 2\delta)} \right|^2$$

$$= \frac{(\rho_0 + \rho_1 \cos 2\delta)^2 + (\rho_1 \sin 2\delta)^2}{(1 + \rho_0 \rho_1 \cos 2\delta)^2 + (\rho_0 \rho_1 \sin 2\delta)^2} = \frac{\rho_0^2 + \rho_1^2 + 2\rho_0 \rho_1 \cos 2\delta}{1 + (\rho_0 \rho_1)^2 + 2\rho_0 \rho_1 \cos 2\delta} \tag{3-9}$$

$$T = \frac{n_m}{n_0} |\tau|^2 = \frac{n_m}{n_0} \left| \frac{\tau_0 \tau_1 e^{-i\delta}}{1 + \rho_0 \rho_1 e^{-i2\delta}} \right|^2 = \frac{n_m}{n_0} \left| \frac{\tau_0 \tau_1 (\cos \delta - i \sin \delta)}{1 + \rho_0 \rho_1 (\cos 2\delta - i \sin 2\delta)} \right|^2$$

$$= \frac{n_m}{n_0} \cdot \frac{(\tau_0 \tau_1)^2}{1 + (\rho_0 \rho_1)^2 + 2\rho_0 \rho_1 \cos 2\delta} \tag{3-10}$$

表3.1には各部の反射波および透過波の加算から計算した反射率 R および透過率 T も示したが、(3-9) 式および (3-10) 式から計算した値と等しい。$nd = \lambda_0/2$ の場合は、反射率は薄膜がない場合、つまり、(2-62) 式および (2-63) 式から計算される基板の反射率、透過率となることが分かる。また、$n_0 < n < n_m$ の場合は、反射率が小さくなる、つまり反射防止膜となることが分かる。

入射波に対する反射波および透過波の位相変化 ϕ_r、ϕ_t は

$$\rho = \frac{\rho_0 + \rho_1 e^{-i2\delta}}{1 + \rho_0 \rho_1 e^{-i2\delta}} = \frac{\rho_0 + \rho_1 \cos 2\delta - i\rho_1 \sin 2\delta}{1 + \rho_0 \rho_1 \cos 2\delta - i\rho_0 \rho_1 \sin 2\delta}$$

$$= \frac{\rho_0(1+\rho_1{}^2) + \rho_1(1+\rho_0{}^2)\cos 2\delta + i\rho_1(\rho_0{}^2 - 1)\sin 2\delta}{1 + (\rho_0\rho_1)^2 + 2\rho_0\rho_1\cos 2\delta} \tag{3-11}$$

$$\therefore \phi_r = \tan^{-1}\frac{\rho_1(\rho_0{}^2 - 1)\sin 2\delta}{\rho_0(1+\rho_1{}^2) + \rho_1(1+\rho_0{}^2)\cos 2\delta} \tag{3-12}$$

$$\tau = \frac{\tau_0\tau_1 e^{-i\delta}}{1+\rho_0\rho_1 e^{-i2\delta}} = \frac{\tau_0\tau_1(\cos\delta - i\sin\delta)}{1+\rho_0\rho_1\cos 2\delta - i\rho_0\rho_1\sin 2\delta}$$

$$= \tau_0\tau_1 \frac{\cos\delta + \rho_0\rho_1(\cos\delta\cos 2\delta + \sin\delta\sin 2\delta) + i\{-\sin\delta + \rho_0\rho_1(\cos\delta\sin 2\delta - \sin\delta\cos 2\delta)\}}{1+(\rho_0\rho_1)^2 + 2\rho_0\rho_1\cos 2\delta}$$

$$= \tau_0\tau_1 \frac{\cos\delta + \rho_0\rho_1\cos\delta + i(-\sin\delta + \rho_0\rho_1\sin\delta)}{1+(\rho_0\rho_1)^2 + 2\rho_0\rho_1\cos 2\delta} \quad (\because 加法定理)$$

$$= \tau_0\tau_1 \frac{(1+\rho_0\rho_1)\cos\delta - i(1-\rho_0\rho_1)\sin\delta}{1+(\rho_0\rho_1)^2 + 2\rho_0\rho_1\cos 2\delta} \tag{3-13}$$

$$\therefore \phi_t = \tan^{-1}\left(\frac{\rho_0\rho_1 - 1}{\rho_0\rho_1 + 1}\tan\delta\right) \tag{3-14}$$

となる。

【Coffee Break】複素数、共役複素数と複素平面

1つの複素数x = a + ibは、2つの実数の組（a,b）によって特徴づけられ、これを幾何学的に表すと、横軸（実軸real axis）を実数、縦軸（虚軸 imaginary axis）を虚数とした複素平面complex plane（ガウス平面Gaussian plane、アルガン図Argand Diagramとも言う）上の1点で表される。複素数xの絶対値|x|とは、原点からこの点までの大きさ

$$|x| = \sqrt{a^2 + b^2}$$

である。したがって、フレネル係数ρの絶対値も、ρの分母および分子の絶対値をおのおの計算して割ればよい（Rの計算（3-9）式参照）。また、偏角ϕとは、点x = a + ibが実軸からどの程度、傾いているかを表しており、これが位相に相当する。その為、反射波や透過波の位相を計算するためには、（3-11）式や（3-13）式のようにρやτの分母を実数化する必要がある。

また、3.5項の特性マトリクスの計算では、複素共役conjugateという言葉が

出てくる。複素数a + ibの共役（きょうやく）とは、下図に示すような虚数の前の符号をマイナスにしたa－ibである。共役とは、2つのものがセットになって結びついていることであり、本来は共軛と書く。共軛の軛（くびき）は、人力車や馬車において2本の梶棒を結びつけて同時に動かすようにするための棒のことである。軛が常用漢字表外であったため、音読みの同じ「役」の字で代用され、現在では共役と書かれることが多い。複素数xの共役は、一般には $\bar{x}$（－：ダッシュ）で表されることが多いが、本書ではx*（*：アスタリスク）を使用する。

$$x^* = a - ib$$

だから、

$$xx^* = (a+ib)(a-ib) = a^2 + b^2$$

となる。つまり、複素数と、その複素共軛数を掛ければ複素数の絶対値の2乗になる。(3-9) 式で、$R = |\rho|^2$ としたが、複素共役を使用して表せば、$R = \rho \rho^*$ と書ける。

複素平面

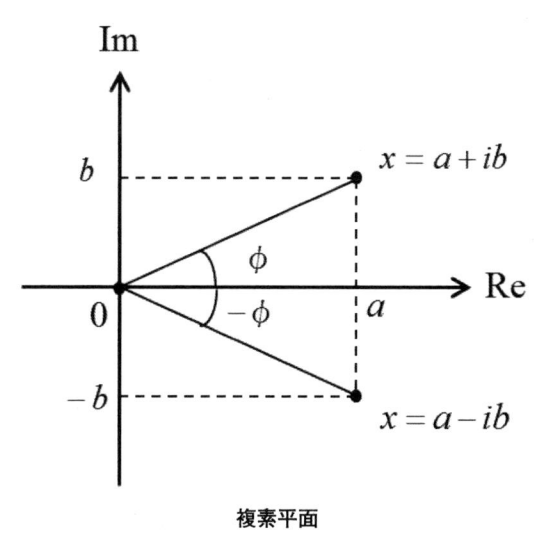

【Coffee Break】反射率を屈折率nと位相変化δで表現

光学薄膜に関する書籍では、単層薄膜の反射率Rを屈折率で表現した結果が記載されていることがある。フレネル係数で表された (3-9) 式から導いてみよう。

$$R = \frac{\rho_0{}^2 + \rho_1{}^2 + 2\rho_0\rho_1\cos 2\delta}{1 + (\rho_0\rho_1)^2 + 2\rho_0\rho_1\cos 2\delta}$$

$$= \frac{\left(\dfrac{n_0-n}{n_0+n}\right)^2 + \left(\dfrac{n-n_m}{n+n_m}\right)^2 + 2\dfrac{n_0-n}{n_0+n}\cdot\dfrac{n-n_m}{n+n_m}\cos 2\delta}{1 + \left(\dfrac{n_0-n}{n_0+n}\cdot\dfrac{n-n_m}{n+n_m}\right)^2 + 2\dfrac{n_0-n}{n_0+n}\cdot\dfrac{n-n_m}{n+n_m}\cos 2\delta}$$

$$= \frac{(n_0-n)^2(n+n_m)^2 + (n_0+n)^2(n-n_m)^2 + 2(n_0{}^2-n^2)(n^2-n_m{}^2)(1-2\sin^2\delta)}{(n_0+n)^2(n+n_m)^2 + (n_0-n)^2(n-n_m)^2 + 2(n_0{}^2-n^2)(n^2-n_m{}^2)(1-2\sin^2\delta)}$$

$$= \frac{\{(n_0-n)(n+n_m) + (n_0+n)(n-n_m)\}^2 - 4(n_0{}^2-n^2)(n^2-n_m{}^2)\sin^2\delta}{\{(n_0+n)(n+n_m) + (n_0-n)(n-n_m)\}^2 - 4(n_0{}^2-n^2)(n^2-n_m{}^2)\sin^2\delta}$$

$$= \frac{n^2(n_0-n_m)^2 - (n_0{}^2-n^2)(n^2-n_m{}^2)\sin^2\delta}{n^2(n_0+n_m)^2 - (n_0{}^2-n^2)(n^2-n_m{}^2)\sin^2\delta}$$

$$= 1 - \frac{4n_0n^2n_m}{n^2(n_0+n_m)^2 - (n_0{}^2-n^2)(n^2-n_m{}^2)\sin^2\delta} \tag{3-15}$$

基板の裏面反射を考慮した反射率および透過率を計算してみよう。この場合、**図3.4**に示すように、基板上面に反射率R_1の薄膜と反射率R_0の基板裏面との多重繰り返し反射を考えればよい。したがって

$$R = \text{I} + \text{II} + \text{III} + \text{IV} + \text{V} + \cdots\cdots$$

$$= R_1 + (④-⑤) + (⑧-⑨) + (⑫-⑬) + (⑯-⑰) + \cdots\cdots$$

$$= R_1 + R_0(1-R_1)^2(1 + R_0R_1 + R_0{}^2R_1{}^2 + R_0{}^3R_1{}^3 + \cdots\cdots)$$

$$= R_1 + \frac{R_0(1-R_1)^2}{1-R_0R_1} = \frac{R_0 + R_1 - 2R_0R_1}{1-R_0R_1} \tag{3-16}$$

同様にして

$$T = \frac{(1-R_0)(1-R_1)}{1-R_0R_1} \quad \text{ただし} \quad R_0 = \frac{(n_0-n_m)^2}{(n_0+n_m)^2} \tag{3-17}$$

となる。さらに、基板の裏面にも反射率R_2の薄膜が成膜されている場合は、(3-16)式および(3-17)式において単にR_0をR_2とすればよく

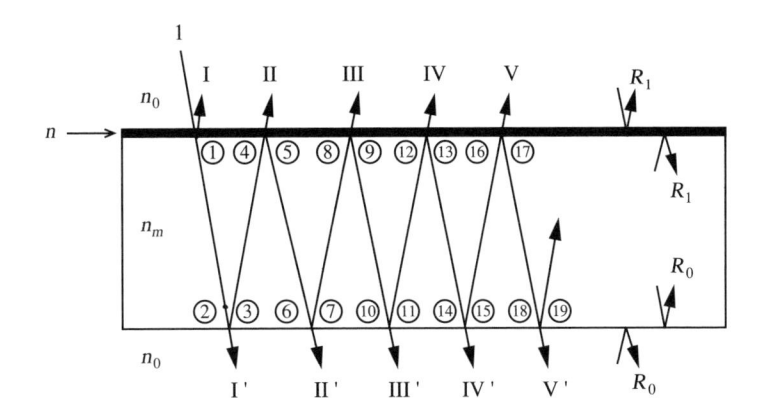

図3.4 基板の裏面反射を考慮した単層薄膜の反射

$$R = \frac{R_1 + R_2 - 2R_1R_2}{1 - R_1R_2} \tag{3-18}$$

$$T = \frac{(1-R_1)(1-R_2)}{1-R_1R_2} \tag{3-19}$$

となる。

3.1.2 分光特性

単層膜の反射率R、透過率Tおよびそれらの波の位相ϕ_r、ϕ_tの式を改めて整理してみる。

$$R = \frac{\rho_0^2 + \rho_1^2 + 2\rho_0\rho_1\cos 2\delta}{1+(\rho_0\rho_1)^2 + 2\rho_0\rho_1\cos 2\delta} \tag{3-20}$$

$$T = \frac{n_m}{n_0} \cdot \frac{(\tau_0\tau_1)^2}{1+(\rho_0\rho_1)^2 + 2\rho_0\rho_1\cos 2\delta} \tag{3-21}$$

$$\phi_r = \tan^{-1}\frac{\rho_1(\rho_0^2-1)\sin 2\delta}{\rho_0(1+\rho_1^2)+\rho_1(1+\rho_0^2)\cos 2\delta} \tag{3-22}$$

$$\phi_t = \tan^{-1}\left(\frac{\rho_0\rho_1-1}{\rho_0\rho_1+1}\tan\delta\right) \tag{3-23}$$

ただし

第3章

$$\rho_0 = \frac{n_0 - n}{n_0 + n}、\tau_0 = \frac{2n_0}{n_0 + n}、\rho_1 = \frac{n - n_m}{n + n_m}、\tau_1 = \frac{2n}{n + n_m} \tag{3-24}$$

$$\delta = \frac{2\pi}{\lambda} nd \tag{3-25}$$

屈折率n_m = 1.52の基板に屈折率n = 1.38の薄膜が膜厚$nd = q \times \lambda_0/4$（ただし、$\lambda_0$= 550nm）だけ成膜された場合の波長依存性、すなわち分光特性を計算してみよう。ただし、入射媒質の屈折率n_0は1とする。この場合のλ_0を設計波長（design wavelength）、あるいは中心波長（center wavelength）という。各物質の屈折率が決まれば、(3-20) 式〜 (3-23) 式で使用されている各フレネル係数 (3-24) 式は、入射する光の波長に対して一定である。(3-25) 式のλは入射する光の波長であり、λが変化すればδが変わり、その結果、R、T、ϕ_rおよびϕ_tの値は変化する。つまり、

$$\delta = \frac{2\pi}{\lambda} nd = \frac{2\pi}{\lambda} \cdot q \cdot \frac{\lambda_0}{4} = \frac{\pi}{2} \cdot q \cdot \frac{\lambda_0}{\lambda} \tag{3-26}$$

としてλを変化させてδを計算し、その値を (3-20) 式〜 (3-23) 式に用いれば分光特性や位相特性が計算できる。qは膜厚$nd = \lambda_0/4$（QWOT：quarter wave optical thickness）のときを1とする変数である。分光特性を**図3.5**、位相特性を**図3.6**に示す。中心波長λ_0で反射率および透過率はいずれも極値となり、反射波の位相変化は180°となることが分かる。

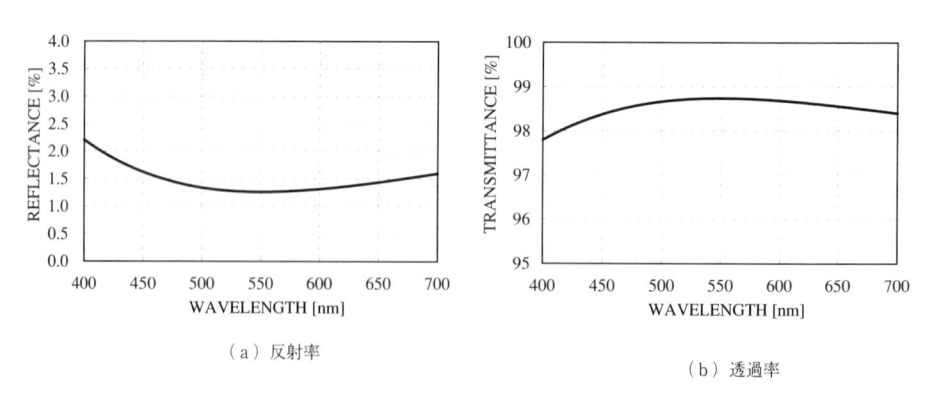

（a）反射率

（b）透過率

図3.5 分光特性（n_0 = 1.00、n = 1.38、n_m = 1.52、nd = 550/4nm）

(a) 反射波　　　　　　　　　　　　　　　(b) 透過波

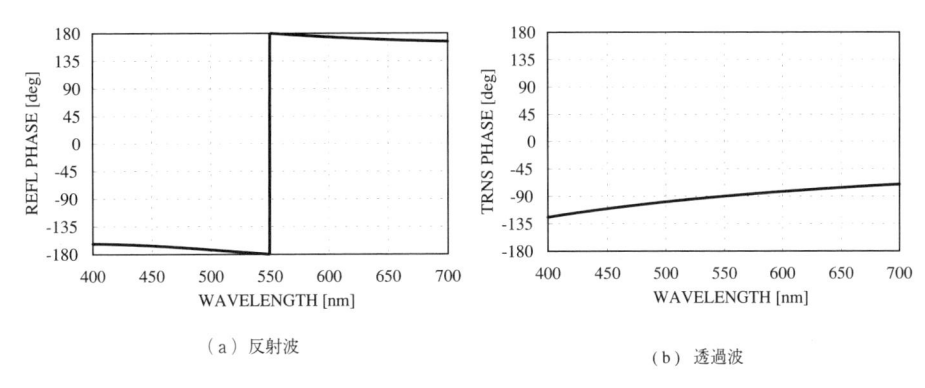

図3.6　位相変化の波長依存性（n_0 = 1.00、n = 1.38、n_m = 1.52、nd = 550/4nm）

【Coffee Break】完全反射防止膜の位相条件と振幅条件

図3.2に示した$nd = \lambda/4$の場合の反射波の位相状態を見ると、基板表面からの反射波（Ⅰ）と他の反射波（Ⅱ、Ⅲ、・・・）とは位相は反転しているが、節および腹の位置は同じである。反射波Ⅰ（表3.1の計算値欄では−）と他の反射波の合計Ⅱ＋Ⅲ＋・・・（表3.1の計算値欄では＋）の絶対値が等しければ、基板表面からの反射は0になる、という物理的イメージが本図から得られるであろう。$\delta = 2\pi nd/\lambda = \pi/2$だから、$R = 0$になるためには（3-15）式から

$$\frac{4n_0 n^2 n_m}{n^2(n_0+n_m)^2 - (n_0^2-n^2)(n^2-n_m^2)} = 1$$

$$\therefore \quad (n^2 - n_0 n_m)^2 = 0$$

つまり、$n = \sqrt{n_0 n_m}$ となる。例えば、n_m = 1.9、n_0 = 1の場合、n = 1.378となり、MgF_2膜を$nd = \lambda_0/4$だけ成膜すれば、中心波長では反射率がほぼ0になる。この屈折率の関係を単層薄膜による完全反射防止の振幅条件（amplitude condition）、$nd = q \times \lambda/4$（q = 1, 3, 5, ・・・・・）を位相条件（phase condition）という。

【Coffee Break】位相計算の注意

例えば、（3-22）式に示した反射波の位相は$\phi_r = \tan^{-1}(\mathrm{Im}(\rho)/\mathrm{Re}(\rho))$で計算される。第2章に述べたように、EXCELで計算する場合は、関数ATAN2（Re(ρ), Im(ρ)）を利用すれば、その解は$-\pi \sim +\pi$の範囲で得

られる。しかし、数値計算をする前に、ρに関するベクトルが第何象限に存在するのかを次のようにチェックする必要がある。

Re（ρ）	＋	－	－	＋
Im（ρ）	＋	＋	－	－
象限	第1	第2	第3	第4

　図3.6に示したように、反射波の位相は$\lambda = 550$nmで不連続になっている。これは－180～＋180°で定義したからであり、これを0～360°あるいは－360～0°で定義すると、**図3.7（a）、（b）**のように連続になる。位相範囲の定義によって、計算値およびグラフが異なるが、物理的意味は同じである。一般に光学フィルターでは－180～180°で定義することが多く、筆者もそれにしたがっている。

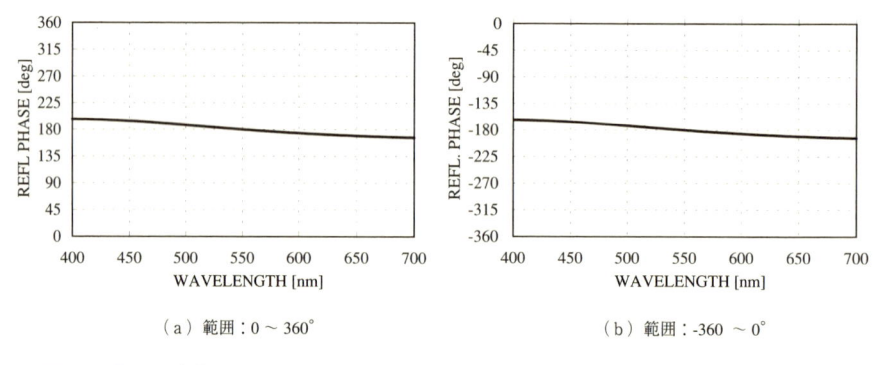

（a）範囲：0～360°
（b）範囲：－360～0°

図3.7　範囲の定義の違いによる位相変化（$n_0 = 1.00$、$n = 1.38$、$n_m = 1.52$、$nd = 550/4$nm）

3.1.3　成膜時の反射率、透過率および位相変化

　（3-26）式においてλを固定し、qを変化させてもδは変化するので、反射率、透過率および位相は変化する。このことから、λを成膜装置の光学モニターの制御波長、λ_0を中心波長としたときの成膜時の光学モニターの光量変化が計算できる。薄膜の物理膜厚を0から$d = q \times \lambda_0 / (4n)$まで徐々に大きくしていき、その時の反射率（裏面反射が0の場合は（3-20）式から、両面研磨基板の場合は（3-20）式と（3-16）式から）、透過率（裏面反射が0の場合は（3-21）式から、両面研磨基板の場合は（3-21）式と（3-17）式から）が光学モニターの光量変化となる。通常の真空蒸着装置の場合、一般に反射式光学モニターは装置上部に設置され、制御光は真空室内のモニター基板（monitor glass, test chipあるいはwitness chip）に5°以内で入射する場合が多い。この角度内では、光学モニターの精度を考えると、その光量変化は垂直入射の場合と変わらない。したがって、垂直入射として扱って全く問題はない。

　制御波長$\lambda = 550$nmを使用して、屈折率$n_m = 1.52$のモニター基板に、屈折率$n = 1.38$の薄膜を膜厚$nd = 2 \times \lambda_0 /4$（$\lambda = 550$nm）だけ成膜する場合の反射および透過光量変化を**図3.8**に示す。

単層薄膜

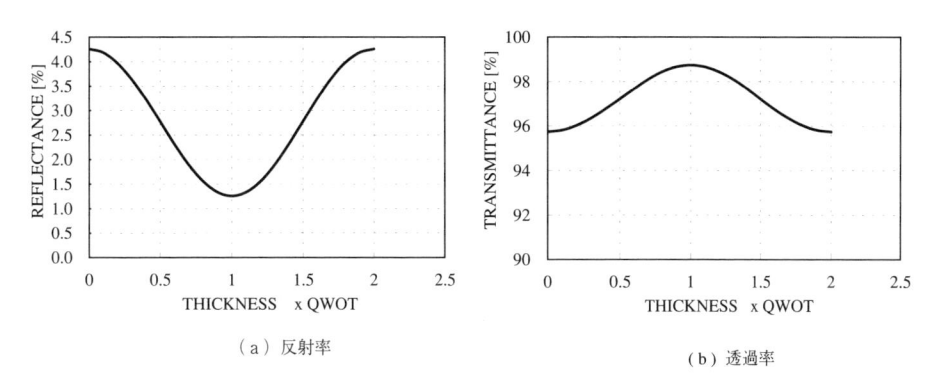

図3.8 単層成膜時の光量変化
($n_0 = 1.00$、$n = 1.38$、$n_m = 1.52$、$nd = 2×550/4$nm、測定波長 $\lambda = 550$nm)

(a) 反射率　　(b) 透過率

しかし、1.6項に述べたように薄膜や基板には波長分散がある。さらには、成膜中の薄膜の屈折率と、それを大気中に取り出した後の屈折率は一般には異なる。中心波長λ_0における薄膜の屈折率をn_A（大気中の屈折率、つまりフィルター設計データ）、制御波長λにおける薄膜の屈折率をn_B（真空中の屈折率）とすると、物理膜厚$d = q×\lambda_0/(4n_A)$を制御波長λで光学膜厚$n_B d$だけ成膜することになる。したがって、(3-26) 式は

$$\delta = \frac{2\pi}{\lambda} n_B d = \frac{2\pi}{\lambda} n_B × q × \frac{\lambda_0}{4n_A} = \frac{q\pi n_B \lambda_0}{2n_A \lambda} \tag{3-27}$$

となる。また、基板の屈折率n_mも制御波長λにおける値を使用しなければならないのは当然である。大気中および真空中における薄膜の屈折率の測定方法については第5章で解説する。

また、その時の反射波の位相変化を**図3.9**に示す。フレネル係数の実部を横軸、虚部を縦軸にとって、膜厚ndが増加していく時の変化を示す。原点（0,0）から各点に線を引いた時の角度が、反射波の位相角であり、その線の長さの2乗が反射率である。**図3.9（a）**を見ると、膜厚が$nd = \lambda_0/4$の時、原点（0,0）からの距離が一番短くなり、反射率の極小値（$n > n_m$の場合は、極大値）になることが分かる。このため、$nd = \lambda_0/4$の膜厚の膜は特別な意味を持ち、「4分のラムダ膜」（QWOT:quarter wave optical thickness）と呼ぶ。$nd = 2×\lambda_0/4 = \lambda_0/2$になると、$nd = 0$の時の位相および反射率に等しくなることも分かる。これを「2分のラムダ膜」（HWOT:half wave optical thickness）と呼ぶ。しかし、透過波に対しては、**図3.9（b）**に示すように、透過率は$nd = 0$の時と等しいが、位相は反転することが分かる。

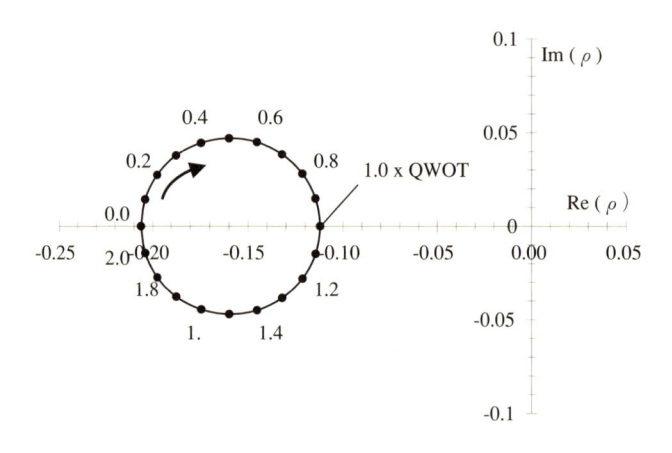

(a) 振幅反射率 ρ

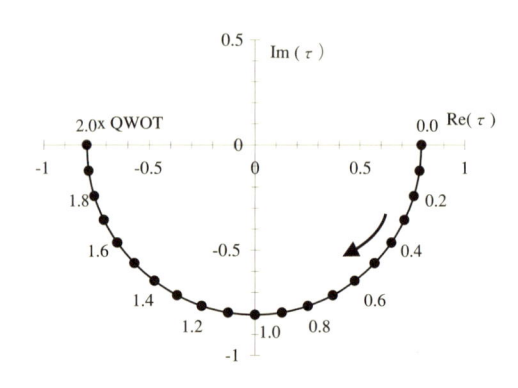

(b) 振幅透過率 τ

図3.9 膜厚増加に伴う複素平面における振幅反射率 ρ と振幅透過率 τ の変化
(n_0 = 1.00、n = 1.38、n_m = 1.52、nd = 2×550/4nm、測定波長 λ = 550nm)

3.2 斜入射

図3.10のように薄膜に角度 θ_0 で光が入射すると、入射媒質、薄膜および基板の偏光成分s、p波に対する屈折率は、(2-65) 式に示したように、おのおの

$$\text{入射媒質}\begin{cases}\eta_{0S} = n_0\cos\theta_0 \\ \eta_{0P} = n_0/\cos\theta_0\end{cases} \quad \text{薄膜}\begin{cases}\eta_S = n\cos\theta \\ \eta_P = n/\cos\theta\end{cases} \quad \text{基板}\begin{cases}\eta_{mS} = n_m\cos\theta_m \\ \eta_{mP} = n_m/\cos\theta_m\end{cases} \quad (3\text{-}28)$$

で表される。また、各屈折率と入射角には、スネルの法則

$$n_0\sin\theta_0 = n\sin\theta = n_m\sin\theta_m \quad (3\text{-}29)$$

が成り立つから

$$\cos\theta = (1-\sin^2\theta)^{1/2} = \{1-(n_0/n)^2\sin^2\theta_0\}^{1/2} \tag{3-30}$$

$$\cos\theta_m = (1-\sin^2\theta_m)^{1/2} = \{1-(n_0/n_m)^2\sin^2\theta_0\}^{1/2} \tag{3-31}$$

となる。また、薄膜の光学膜厚は$nd\cos\theta$となるので、薄膜を一回通過すると、

$$\delta = \frac{2\pi}{\lambda}nd\cos\theta \tag{3-32}$$

だけ位相変化が起こる。上式における屈折率はη_Sあるいはη_Pではなく、nであることに注意されたい。s波およびp波の各界面のフレネル係数は、(2-67) 式および (2-68) 式から

$$\text{s波}：\begin{cases} \rho_{0S} = \dfrac{\eta_{0S}-\eta_S}{\eta_{0S}+\eta_S}、 & \rho_{1S} = \dfrac{\eta_S-\eta_{mS}}{\eta_S+\eta_{mS}} \\ \tau_{0S} = \dfrac{2\eta_{0S}}{\eta_{0S}+\eta_S}、 & \tau_{1S} = \dfrac{2\eta_S}{\eta_S+\eta_{mS}} \end{cases} \tag{3-33}$$

$$\text{p波}：\begin{cases} \rho_{0P} = \dfrac{\eta_{0P}-\eta_P}{\eta_{0P}+\eta_P}、 & \rho_{1P} = \dfrac{\eta_P-\eta_{mP}}{\eta_P+\eta_{mP}} \\ \tau_{0P} = \dfrac{2\eta_{0P}}{\eta_{0P}+\eta_P}、 & \tau_{1P} = \dfrac{2\eta_{mP}}{\eta_P+\eta_{mP}} \end{cases} \tag{3-34}$$

となる。すると、全体のフレネル係数は、垂直入射の場合と同様にして（$f=$ sまたはp）

$$\rho_f = \frac{\rho_{0f}+\rho_{1f}e^{-i2\delta}}{1+\rho_{0f}\rho_{1f}e^{-i2\delta}}、\quad \tau_f = \frac{\tau_{0f}\tau_{1f}e^{-i\delta}}{1+\rho_{0f}\rho_{1f}e^{-i2\delta}} \tag{3-35}$$

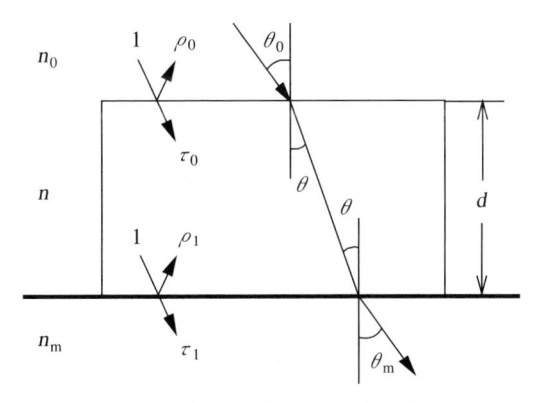

図3.10　単層膜への斜入射

となり、反射率R_f、反射波の位相ϕ_{rf}および透過率T_f、透過波の位相ϕ_{tf}は

$$R_f = \frac{\rho_{0f}^2 + \rho_{1f}^2 + 2\rho_{0f}\rho_{1f}\cos 2\delta}{1+(\rho_{0f}\rho_{1f})^2 + 2\rho_{0f}\rho_{1f}\cos 2\delta} \tag{3-36}$$

$$\phi_{rf} = \tan^{-1}\frac{\rho_{1f}(\rho_{0f}^2 - 1)\sin 2\delta}{\rho_{0f}(1+\rho_{1f}^2) + \rho_{1f}(1+\rho_{0f}^2)\cos 2\delta} \tag{3-37}$$

$$T_f = \frac{\eta_{mf}}{\eta_{0f}} \frac{(\tau_{0f}\tau_{1f})^2}{1+(\rho_{0f}\rho_{1f})^2 + 2\rho_{0f}\rho_{1f}\cos 2\delta} \tag{3-38}$$

$$\phi_{tf} = \tan^{-1}\left(\frac{\rho_{0f}\rho_{1f}-1}{\rho_{0f}\rho_{1f}+1}\tan\delta\right) \tag{3-39}$$

となる。

　基板の裏面反射がある場合の反射率および透過率は、垂直入射における（3-16）式および（3-17）式において、R_1をR_sあるいはR_p、R_0をR_{0s}あるいはR_{0p}とすればよい。ただし、

$$R_{0f} = \left(\frac{\eta_{0f}-\eta_{mf}}{\eta_{0f}+\eta_{mf}}\right)^2 \quad (f=s または p) \tag{3-40}$$

である。垂直入射の場合と全く同様に、斜入射の場合の分光特性は計算できる。計算プログラムは第4章の多層薄膜で示す。

【Coffee Break】斜入射時の光学膜厚

　第1章で光学膜厚とは物質の屈折率nとその物理膜厚dの積ndであると解説した。すると、図3.10のような斜入射の場合、光の進む距離は$d/\cos\theta$だから光学膜厚は$n(d/\cos\theta)$となり、その結果、位相差δは（3.32）式ではなく、$\delta = (2\pi/\lambda_0)nd/\cos\theta$と考えても良さそうではないか？　図3.11を基に光路差を計算してみよう。光学薄膜の干渉理論では、波面$P'Q$における基板からの反射波と薄膜・基板の界面からの反射波との位相関係、つまり光路差が重要である。光が薄膜を1回通過した時の光路（$P\to R$）と薄膜表面からの反射波の光路（$P\to Q$）との差は

光路差 $= n\overline{PR} - n_0\overline{PQ} = n(\overline{PH}/\sin\theta) - n_0\overline{PH}\sin\theta_0 = (n/\sin\theta - n_0\sin\theta_0)\overline{PH}$

$= (n/\sin\theta - n_0\sin\theta_0)\cdot d\tan\theta = (n/\sin\theta - n\sin\theta)\cdot d\tan\theta$ 　（∵スネルの法則）

$$= nd(1/\cos\theta - \sin^2\theta/\cos\theta) = nd(1-\sin^2\theta)/\cos\theta = nd\cos\theta$$

つまり、斜入射時の光学膜厚は、ndに$\cos\theta \leq 1$を掛けた$nd\cos\theta$となる。そのため、光が斜入射した時は、垂直入射した時よりも光学薄膜が小さくなり、その分光特性は短波長側にシフトする。薄膜の位相差も（3.32）式のようになる。

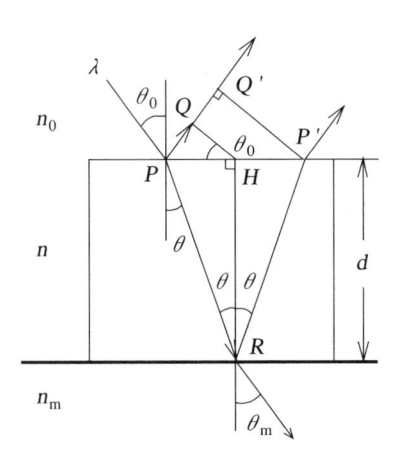

図3.11 斜入射時の光学膜厚

3.3 吸収単層膜への垂直入射

薄膜および基板に吸収があると、複素屈折率はおのおの、$N = n - ik$、$N_m = n_m - ik_m$と表される。ただし、入射媒質には吸収がないものとする（**図3.12**）。虚数単位があり、反射率、透過率および位相変化の計算は複雑そうである。しかし、フレネル係数を利用すれば、簡単に計算できる。

薄膜上面におけるフレネル係数は、

$$\rho_0 = \frac{n_0 - N}{n_0 + N} = \frac{n_0 - n + ik}{n_0 + n - ik} \quad 、\quad \tau_0 = \frac{2n_0}{n_0 + N} = \frac{2n_0}{n_0 + n - ik} \tag{3-41}$$

となり、薄膜下面と基板とのフレネル係数は、

$$\rho_1 = \frac{N - N_m}{N + N_m} = \frac{n - n_m - i(k - k_m)}{n + n_m - i(k + k_m)} \quad \tau_1 = \frac{2N}{N + N_m} = \frac{2(n - ik)}{n + n_m - i(k + k_m)} \tag{3-42}$$

となる。また、薄膜を一回通過した光は、

第3章

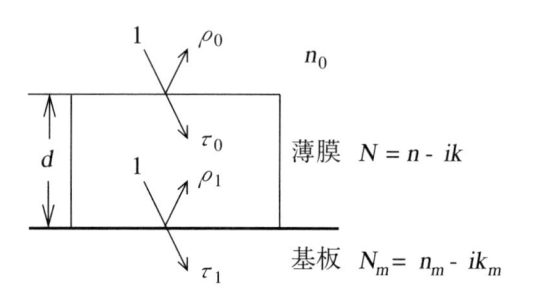

図3.12 吸収単層膜への垂直入射

$$\Delta = \frac{2\pi}{\lambda} Nd = \frac{2\pi}{\lambda}(n-ik)d = \frac{2\pi}{\lambda}nd - i\frac{2\pi}{\lambda}kd = \delta - i\gamma \tag{3-43}$$

ただし、 $\delta = \frac{2\pi}{\lambda}nd$ 、 $\gamma = \frac{2\pi}{\lambda}kd$ (3-44)

だけ位相が変化する。δ は吸収がない場合の位相変化であり、γ は吸収による減衰に関する係数である。したがって、全体のフレネル係数は、吸収がない時の（3-11）式と同様に

$$\rho = \frac{\rho_0 + \rho_1 e^{-i2\Delta}}{1 + \rho_0 \rho_1 e^{-i2\Delta}} = \frac{\dfrac{n_0 - n + ik}{n_0 + n - ik} + \dfrac{n - n_m - i(k - k_m)}{n + n_m - i(k + k_m)} e^{-i2\delta} e^{-2\gamma}}{1 + \dfrac{n_0 - n + ik}{n_0 + n - ik} \cdot \dfrac{n - n_m - i(k - k_m)}{n + n_m - i(k + k_m)} e^{-i2\delta} e^{-2\gamma}}$$

$$= \frac{A - iB}{C - iD} = \frac{AC + BD + i(AD - BC)}{C^2 + D^2} \tag{3-45}$$

ただし、

$A = (n_0 - n)(n + n_m) + k(k + k_m)$

$\quad + \left[\{(n_0 + n)(n - n_m) - k(k - k_m)\}\cos 2\delta - \{(n_0 + n)(k - k_m) + (n - n_m)k\}\sin 2\delta \right] e^{-2\gamma}$

$B = (n_0 - n)(k + k_m) - (n + n_m)k$

$\quad + \left[\{(n_0 + n)(k - k_m) + (n - n_m)k\}\cos 2\delta + \{(n_0 + n)(n - n_m) - k(k - k_m)\}\sin 2\delta \right] e^{-2\gamma}$

$C = (n_0 + n)(n + n_m) - k(k + k_m)$

$\quad + \left[\{(n_0 - n)(n - n_m) + k(k - k_m)\}\cos 2\delta - \{(n_0 - n)(k - k_m) - (n - n_m)k\}\sin 2\delta \right] e^{-2\gamma}$

$$D = (n_0 + n)(k + k_m) + (n + n_m)k$$
$$+ \left[\{(n_0 - n)(k - k_m) - (n - n_m)k\}\cos 2\delta + \{(n_0 - n)(n - n_m) + k(k - k_m)\}\sin 2\delta\right]e^{-2\gamma}$$

となるので、反射率Rおよび位相ϕ_rは

$$R = |\rho|^2 = (A^2 + B^2)/(C^2 + D^2) \tag{3-46}$$

$$\phi_r = \tan^{-1} \frac{AD - BC}{AC + BD} \tag{3-47}$$

と表される。また、フレネル係数τは

$$\tau = \frac{\tau_0 \tau_1 e^{-i\Delta}}{1 + \rho_0 \rho_1 e^{-i2\Delta}} = \frac{\dfrac{2n_0}{n_0 + n - ik} \cdot \dfrac{2(n - ik)}{n + n_m - i(k + k_m)} e^{-i\delta} e^{-\gamma}}{1 + \dfrac{n_0 - n + ik}{n_0 + n - ik} \cdot \dfrac{n - n_m - i(k - k_m)}{n + n_m - i(k + k_m)} e^{-i2\delta} e^{-2\gamma}}$$

$$= \frac{A' - iB'}{C - iD} = \frac{A'C + B'D + i(A'D - B'C)}{C^2 + D^2} \tag{3-48}$$

ただし、$\begin{cases} A' = 4n_0(n\cos\delta - k\sin\delta)e^{-\gamma} \\ B' = 4n_0(n\sin\delta + k\cos\delta)e^{-\gamma} \end{cases}$

となるので、透過率Tおよび位相ϕ_tは

$$T = \frac{\mathrm{Re}(N_m)}{\mathrm{Re}(N_0)}|\tau|^2 = \frac{n_m}{n_0} \frac{A'^2 + B'^2}{C^2 + D^2} \tag{3-49}$$

$$\phi_t = \tan^{-1} \frac{A'D - B'C}{A'C + B'D} \tag{3-50}$$

となる。EXCELで計算する場合は、A, B, C, DおよびA', B'を計算して上式に代入すれば簡単に求まる。計算例を示す。若干の吸収がある基板（$N_m = 1.52 - i0.00001$）に**図3.13**のような分散をもつAg薄膜の反射率特性Rおよび透過率特性Tを**図3.14**に示す。また、位相特性ϕ_rおよびϕ_tを**図3.15**に示す。

第3章

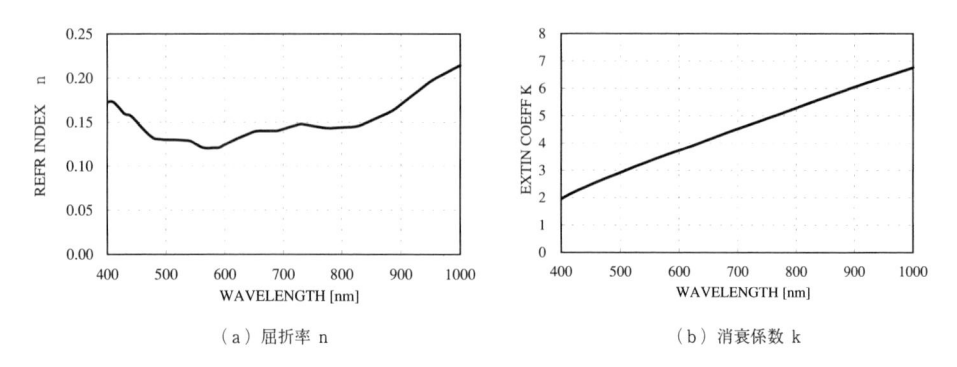

（a）屈折率 n

（b）消衰係数 k

図3.13　Ag薄膜の分散データ　※Ag薄膜の分散データは参考文献2から直線補間した

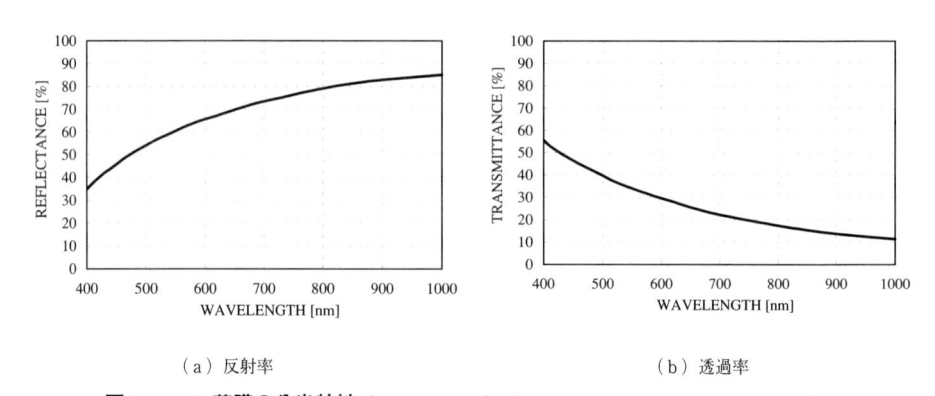

（a）反射率

（b）透過率

図3.14　Ag薄膜の分光特性（n_0 = 1.00、d（Ag）= 20nm、n_m - i k_m = 1.52 - i 0.00001）

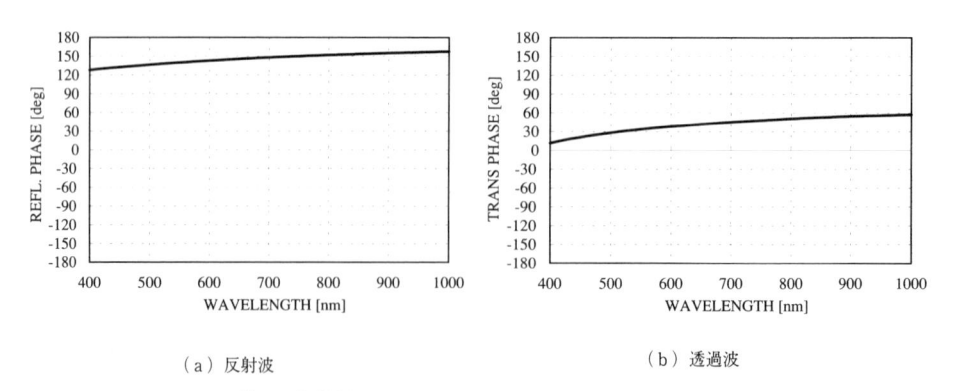

（a）反射波

（b）透過波

図3.15　Ag薄膜の位相特性（n_0 = 1.00、d（Ag）= 20nm、n_m - i k_m = 1.52 - i 0.00001）

これらの計算は第5章に述べる吸収薄膜の光学定数 n、k の解析に利用するので、さらに整理してみよう。

$$A^2 + B^2 = \{(n_0 - n)^2 + k^2\}\{(n + n_m)^2 + (k + k_m)^2\}$$

$$+ \{(n_0 + n)^2 + k^2\}\{(n - n_m)^2 + (k - k_m)^2\} e^{-4\gamma}$$

$$+ 2\{(n_0^2 - n^2 - k^2)(n^2 - n_m^2 + k^2 - k_m^2) + 4n_0k(nk_m - n_mk)\}\cos2\delta\, e^{-2\gamma}$$

$$+ 4\{(n_0^2 - n^2 - k^2)(nk_m - n_mk) - n_0k(n^2 - n_m^2 + k^2 - k_m^2)\}\sin2\delta\, e^{-2\gamma}$$

$$C^2 + D^2 = \{(n_0 + n)^2 + k^2\}\{(n + n_m)^2 + (k + k_m)^2\}$$

$$+ \{(n_0 - n)^2 + k^2\}\{(n - n_m)^2 + (k - k_m)^2\}e^{-4\gamma}$$

$$+ 2\{(n_0^2 - n^2 - k^2)(n^2 - n_m^2 + k^2 - k_m^2) - 4n_0k(nk_m - n_mk)\}\cos2\delta\, e^{-2\gamma}$$

$$+ 4\{(n_0^2 - n^2 - k^2)(nk_m - n_mk) + n_0k(n^2 - n_m^2 + k^2 - k_m^2)\}\sin2\delta\, e^{-2\gamma}$$

$$A'^2 + B'^2 = 16n_0^2(n^2 + k^2)e^{-2\gamma}$$

したがって

$$R = \frac{a_1 + a_2 e^{-4\gamma} + a_3\cos2\delta\, e^{-2\gamma} + a_4\sin2\delta\, e^{-2\gamma}}{b_1 + b_2 e^{-4\gamma} + b_3\cos2\delta\, e^{-2\gamma} + b_4\sin2\delta\, e^{-2\gamma}}$$

$$= \frac{a_1 e^{2\gamma} + a_2 e^{-2\gamma} + a_3\cos2\delta + a_4\sin2\delta}{b_1 e^{2\gamma} + b_2 e^{-2\gamma} + b_3\cos2\delta + b_4\sin2\delta} \tag{3-51}$$

$$T = \frac{\mathrm{Re}(N_m)}{\mathrm{Re}(N_0)}|\tau|^2 = \frac{n_m}{n_0}\frac{A'^2 + B'^2}{C^2 + D^2} = \frac{16n_0 n_m(n^2 + k^2)}{b_1 e^{2\gamma} + b_2 e^{-2\gamma} + b_3\cos2\delta + b_4\sin2\delta} \tag{3-52}$$

ただし、

$$\begin{cases} a_1 = \{(n_0 - n)^2 + k^2\}\{(n + n_m)^2 + (k + k_m)^2\} \\ a_2 = \{(n_0 + n)^2 + k^2\}\{(n - n_m)^2 + (k - k_m)^2\} \\ a_3 = 2\{(n_0^2 - n^2 - k^2)(n^2 - n_m^2 + k^2 - k_m^2) + 4n_0k(nk_m - n_mk)\} \\ a_4 = 4\{(n_0^2 - n^2 - k^2)(nk_m - n_mk) - n_0k(n^2 - n_m^2 + k^2 - k_m^2)\} \\ b_1 = \{(n_0 + n)^2 + k^2\}\{(n + n_m)^2 + (k + k_m)^2\} \\ b_2 = \{(n_0 - n)^2 + k^2\}\{(n - n_m)^2 + (k - k_m)^2\} \\ b_3 = 2\{(n_0^2 - n^2 - k^2)(n^2 - n_m^2 + k^2 - k_m^2) - 4n_0k(nk_m - n_mk)\} \\ b_4 = 4\{(n_0^2 - n^2 - k^2)(nk_m - n_mk) + n_0k(n^2 - n_m^2 + k^2 - k_m^2)\} \end{cases} \tag{3-53}$$

と、きれいに整理される。反射波の位相変化 ϕ_r も A, B, C, D に値を入れて丁寧に整理すると

$$\phi_r = \tan^{-1}\frac{c_1 + c_2 e^{-4\gamma} + c_3 \cos 2\delta\, e^{-2\gamma} + c_4 \sin 2\delta\, e^{-2\gamma}}{d_1 + d_2 e^{-4\gamma} + d_3 \cos 2\delta\, e^{-2\gamma} + d_4 \sin 2\delta\, e^{-2\gamma}}$$

$$= \tan^{-1}\frac{c_1 e^{2\gamma} + c_2 e^{-2\gamma} + c_3 \cos 2\delta + c_4 \sin 2\delta}{d_1 e^{2\gamma} + d_2 e^{-2\gamma} + d_3 \cos 2\delta + d_4 \sin 2\delta} \tag{3-54}$$

ただし、

$$\begin{cases} c_1 = 2n_0 k\{(n+n_m)^2 + (k+k_m)^2\} \\ c_2 = -2n_0 k\{(n-n_m)^2 + (k-k_m)^2\} \\ c_3 = 8n_0 n(nk_m - n_m k) \\ c_4 = -4n_0 n(n^2 - n_m^2 + k^2 - k_m^2) \\ d_1 = (n_0^2 - n^2 - k^2)\{(n+n_m)^2 + (k+k_m)^2\} \\ d_2 = (n_0^2 - n^2 - k^2)\{(n-n_m)^2 + (k-k_m)^2\} \\ d_3 = 2(n_0^2 + n^2 + k^2)(n^2 - n_m^2 + k^2 - k_m^2) \\ d_4 = 4(n_0^2 + n^2 + k^2)(nk_m - n_m k) \end{cases} \tag{3-55}$$

となる。

3.4　吸収単層膜への斜入射

　ガラス基板に金属、例えばAl、AuやAgなどを成膜して斜入射におけるミラーとして使用する場合の分光特性計算やエリプソメーターなどによる光学定数解析にも重要なので、吸収単層薄膜への斜入射について詳述する。

　吸収がある薄膜に角度 θ_0 で光が入射すると、入射媒質、薄膜および基板の偏光成分s、p波に対する屈折率は

$$\text{入射媒質}\begin{cases}\eta_{0S} = n_0\cos\theta_0 \\ \eta_{0P} = n_0/\cos\theta_0\end{cases} \text{薄膜}\begin{cases}\eta_S = N\cos\theta \\ \eta_P = N/\cos\theta\end{cases} \text{基板}\begin{cases}\eta_{mS} = N_m\cos\theta_m \\ \eta_{mP} = N_m/\cos\theta_m\end{cases} \tag{3-56}$$

で表される。各屈折率と入射角にはスネルの法則

$$n_0 \sin\theta_0 = N\sin\theta = N_m \sin\theta_m \tag{3-57}$$

が成り立つ。吸収がない場合の（3-28）式および（3-29）式とは、nおよびn_mがNおよびN_mに変わっただけである。以上のことから、フレネル係数、反射率、透過率および位相について解析してみよう。まず、薄膜および基板の屈折率は、2.4項で述べたように、次のように表される。

$$\text{薄膜}\begin{cases}\eta_S = x_S - iy_S \\ \eta_P = x_P - iy_P\end{cases} \tag{3-58}$$

ただし、

$$\begin{cases} u = n^2 - k^2 - n_0^2 \sin^2 \theta_0 \\ v = 2nk \\ \cos(\xi/2) = (1/\sqrt{2})(1 + u/\sqrt{u^2 + v^2})^{1/2} \\ \sin(\xi/2) = (1/\sqrt{2})(1 - u/\sqrt{u^2 + v^2})^{1/2} \\ \xi = \tan^{-1}(v/u) \\ x_S = (u^2 + v^2)^{1/4} \cos(\xi/2) \\ y_S = (u^2 + v^2)^{1/4} \sin(\xi/2) \\ x_P = \{ (n^2 - k^2)x_S + 2nky_S \} / (x_S^2 + y_S^2) \\ y_P = \{ 2nkx_S - (n^2 - k^2)y_S \} / (x_S^2 + y_S^2) \end{cases} \quad (3\text{-}59)$$

基板： $\begin{cases} \eta_{mS} = x_{mS} - iy_{mS} \\ \eta_{mP} = x_{mP} - iy_{mP} \end{cases}$ (3-60)

ただし、

$$\begin{cases} u_m = n_m^2 - k_m^2 - n_o^2 \sin^2 \theta_o \\ v_m = 2n_m k_m \\ \cos(\xi_m/2) = (1/\sqrt{2})(1 + u_m/\sqrt{u_m^2 + v_m^2}) \\ \sin(\xi_m/2) = (1/\sqrt{2})(1 - u_m/\sqrt{u_m^2 + v_m^2}) \\ \xi_m = \tan^{-1}(v_m/u_m) \\ x_{mS} = (u_m^2 + v_m^2)^{1/4} \cos(\xi_m/2) \\ y_{mS} = (u_m^2 + v_m^2)^{1/4} \sin(\xi_m/2) \\ x_{mp} = \{ (n_m^2 - k_m^2)x_{mS} + 2n_m k_m y_{mS} \} / (x_{mS}^2 + y_{mS}^2) \\ y_{mP} = \{ 2n_m k_m x_{mS} - (n_m^2 - k_m^2)y_{mS} \} / (x_{mS}^2 + y_{mS}^2) \end{cases} \quad (3\text{-}61)$$

薄膜および基板の屈折率を上記のように表したので、入射媒質も同様に

$$\begin{cases} \eta_{0S} = n_0 \cos \theta_0 = x_{0S} - iy_{0S} \\ \eta_{0P} = n_0 / \cos \theta_0 = x_{0P} - iy_{0P} \end{cases} \quad (3\text{-}62)$$

ただし、 $\begin{cases} x_{0S} = n_0 \cos \theta_0 & y_{0S} = 0 \\ x_{0P} = n_0 / \cos \theta_0 & y_{0P} = 0 \end{cases}$ (3-63)

と表す。y_{0S}, y_{0P}を導入したのは、以後の計算式で規則性を持たせるためである。また、薄膜の光学膜厚は$Nd \cos \theta$となるので、薄膜を一回通過すると、λを入射媒質における光の波長として

$$\Delta = \frac{2\pi}{\lambda} Nd\cos\theta = \frac{2\pi d}{\lambda}(x_S - iy_S) = \delta - i\gamma \tag{3-64}$$

ただし、 $\begin{cases} \delta = 2\pi x_s d/\lambda \\ \gamma = 2\pi y_s d/\lambda \end{cases}$ (3-65)

だけ位相変化が起こる。偏光成分に関係なく（3-64）式となることに注意されたい。

(1) 反射率および位相

各界面の反射のフレネル係数は、$f = s$ または p として

$$\rho_{0f} = \frac{\eta_{0f} - \eta_f}{\eta_{0f} + \eta_f} = \frac{x_{0f} - x_f - i(y_{0f} - y_f)}{x_{0f} + x_f - i(y_{0f} + y_f)} = \frac{a_0 - ib_0}{c_0 - id_0} \tag{3-66}$$

$$\rho_{1f} = \frac{\eta_f - \eta_{mf}}{\eta_f + \eta_{mf}} = \frac{x_f - x_{mf} - i(y_f - y_{mf})}{x_f + x_{mf} - i(y_f + y_{mf})} = \frac{a_1 - ib_1}{c_1 - id_1} \tag{3-67}$$

となるので、全体のフレネル係数は

$$\rho_f = \frac{\rho_{0f} + \rho_{1f}e^{-i2\Delta}}{1 + \rho_{0f}\rho_{1f}e^{-i2\Delta}} = \frac{\dfrac{a_0 - ib_0}{c_0 - id_0} + \dfrac{a_1 - ib_1}{c_1 - id_1}(\cos 2\delta - i\sin 2\delta)e^{-2\gamma}}{1 + \dfrac{a_0 - ib_0}{c_0 - id_0}\dfrac{a_1 - ib_1}{c_1 - id_1}(\cos 2\delta - i\sin 2\delta)e^{-2\gamma}} = \frac{A_r - iB_r}{C_r - iD_r} \tag{3-68}$$

ただし、

$$\begin{cases} A_r = a_0c_1 - b_0d_1 + (c_0a_1 - d_0b_1)\cos 2\delta\, e^{-2\gamma} - (c_0b_1 + d_0a_1)\sin 2\delta\, e^{-2\gamma} \\ B_r = a_0d_1 + b_0c_1 + (c_0b_1 + d_0a_1)\cos 2\delta\, e^{-2\gamma} + (c_0a_1 - d_0b_1)\sin 2\delta\, e^{-2\gamma} \\ C_r = c_0c_1 - d_0d_1 + (a_0a_1 - b_0b_1)\cos 2\delta\, e^{-2\gamma} - (a_0b_1 + b_0a_1)\sin 2\delta\, e^{-2\gamma} \\ D_r = c_0d_1 + d_0c_1 + (a_0b_1 + b_0a_1)\cos 2\delta\, e^{-2\gamma} + (a_0a_1 - b_0b_1)\sin 2\delta\, e^{-2\gamma} \end{cases} \tag{3-69}$$

となる。したがって、反射率 R_f および反射波の位相変化 ϕ_{rf} は次のようになる。

$$R_f = |\rho_f|^2 = \frac{A_r^2 + B_r^2}{C_r^2 + D_r^2} \tag{3-70}$$

$$\phi_{rf} = \tan^{-1}\frac{A_r D_r - B_r C_r}{A_r C_r + B_r D_r} \tag{3-71}$$

(2) 透過率および位相

各界面の透過のフレネル係数は

$$\tau_{0f} = \frac{2\eta_{0f}}{\eta_{0f}+\eta_f} = \frac{2x_{0f}-i2y_{0f}}{x_{0f}+x_f-i(y_{0f}+y_f)} = \frac{g_0-ih_0}{c_0-id_0} \tag{3-72}$$

$$\tau_{1f} = \frac{2\eta_f}{\eta_f+\eta_{mf}} = \frac{2x_f-i2y_f}{x_f+x_{mf}-i(y_f+y_{mf})} = \frac{g_1-ih_1}{c_1-id_1} \tag{3-73}$$

となるので、全体のフレネル係数は

$$\tau_f = \frac{\tau_{0f}\tau_{1f}e^{-i\Delta}}{1+\rho_{0f}\rho_{1f}e^{-i2\Delta}} = \frac{\dfrac{g_0-ih_0}{c_0-id_0}\cdot\dfrac{g_1-ih_1}{c_1-id_1}(\cos\delta-i\sin\delta)e^{-\gamma}}{1+\dfrac{a_0-ib_0}{c_0-id_0}\cdot\dfrac{a_1-ib_1}{c_1-id_1}(\cos 2\delta-i\sin 2\delta)e^{-2\gamma}} = \frac{A_t-iB_t}{C_r-iD_r} \tag{3-74}$$

ただし、

$$\begin{cases} A_t = (g_0g_1-h_0h_1)\cos\delta e^{-\gamma} - (g_0h_1+h_0g_1)\sin\delta e^{-\gamma} \\ B_t = (g_0h_1+h_0g_1)\cos\delta e^{-\gamma} + (g_0g_1-h_0h_1)\sin\delta e^{-\gamma} \\ C_r = c_0c_1-d_0d_1+(d_0a_1-b_0b_1)\cos 2\delta e^{-2\gamma} - (a_0b_1+b_0a_1)\sin 2\delta e^{-2\gamma} \\ D_r = c_0d_1+d_0c_1+(a_0b_1+b_0a_1)\cos 2\delta e^{-2\gamma} + (a_0a_1-b_0b_1)\sin 2\delta e^{-2\gamma} \end{cases} \tag{3-75}$$

となる。したがって、透過率T_fおよび透過波の位相変化ϕ_{tf}は次のようになる。

$$T_f = \frac{\mathrm{Re}(\eta_{mf})}{\mathrm{Re}(\eta_{0f})}|\tau_f|^2 = \frac{x_{mf}}{x_{0f}}\frac{A_t^2+B_t^2}{C_r^2+D_r^2} \tag{3-76}$$

$$\phi_{tf} = \tan^{-1}\frac{A_tD_r-B_tC_r}{A_tC_r+B_tD_r} \tag{3-77}$$

吸収のある系の斜入射の計算は、一見、複雑のような気がするが、四則演算と三角関数だけで解析できることが理解できたであろう。参考のために、EXCELによる計算結果を**図3.16**（分光特性）および**図3.17**（位相変化）に示す。

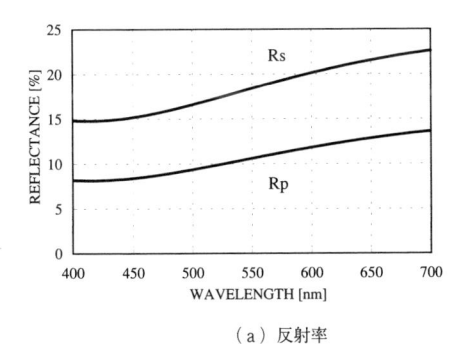

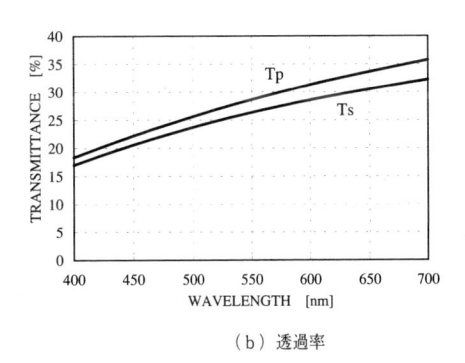

（a）反射率　　　　　　　　　　　　　　（b）透過率

図3.16　吸収薄膜の分光特性（$\theta_0 = 30°$）
($n_0 = 1.00$、$n\text{-}ik = 2.00 - i\,0.500$（$d = 100\text{nm}$）、$n_m\text{-}ik_m = 1.52 - i\,0.1$）

（a）反射波　　　　　　　　　　　　　　　　（b）透過波

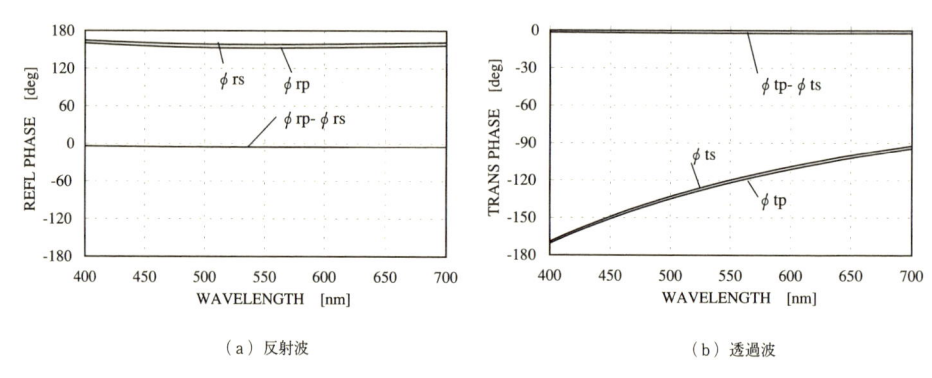

図3.17　吸収薄膜の位相特性（$\theta_0 = 30°$）
（$n_0 = 1.00$、$n-ik = 2.00 - i\,0.500$（$d = 100nm$）、$n_m - ik_m = 1.52 - i\,0.1$）

3.5　特性マトリクスによる計算

　光学薄膜の種々の計算を行うには、フレネル係数とは別によく知られた特性マトリクスがある。ほとんどの読者も、マクロードの名著THIN-FILM OPTICAL FILTERS [1] などを読んで馴染みがあるであろう。基板や薄膜に吸収がない場合には、簡単に分光特性などの計算ができたが、吸収が入ってくると急に複雑になり、実際の計算プログラムを作成するのを途中で断念した経験もあるだろう。そこで、ここではフレネル係数による解析と同様に、場合に分けて簡単に計算ができる程度まで式を展開してみよう。

3.5.1　垂直入射

　薄膜理論の書籍を見ると、入射媒質、薄膜および基板の屈折率をそれぞれn_0、n、n_mとすると、その単層薄膜の特性マトリクスMおよび反射率Rは、次のように表されると記載されている。

$$M = \begin{bmatrix} \cos\delta & (i\sin\delta)/n \\ in\sin\delta & \cos\delta \end{bmatrix} = \begin{bmatrix} m_{11} & im_{12} \\ im_{21} & m_{22} \end{bmatrix} \tag{3-78}$$

$$R = \frac{(n_0 m_{11} - n_m m_{22})^2 + (n_0 n_m m_{12} - m_{21})^2}{(n_0 m_{11} + n_m m_{22})^2 + (n_0 n_m m_{12} + m_{21})^2} \tag{3-79}$$

ただし、　$\delta = (2\pi/\lambda)nd$ （3-80）

　これらから、例えば、屈折率$n_m = 1.52$の基板に、屈折率$n = 1.38$の薄膜が膜厚$nd = \lambda_0/4$（$\lambda_0 = 550\,nm$）だけ成膜されたときの波長$\lambda = 400 \sim 700\,nm$における分光反射率特性の計算は、

・まず（3-80）式から$\lambda = 400\,nm$における位相の変化δを計算

- (3-78) 式の特性マトリクスの各要素 m_{11} 〜 m_{22} を計算
- (3-79) 式から、$\lambda = 400\,\text{nm}$ における反射率を計算
- そして、他の波長についても同様に反射率を計算

すればよく、EXCELやVisual Basicなどの計算ソフトウェアで簡単にその反射率が計算できる。筆者が光学薄膜の研究を始めたときは、発売されたばかりの関数電卓で反射率を計算して、グラフを作成したことがある。しかし、光学薄膜に携わる技術者ならば、単に分光反射率を計算できるだけではなく、一度はその導入方法をたどっておきたい、と思うであろう。

　解説をする前に、まず解説の途中で出てくるが、あまり馴染みがない特性光学アドミタンス（characteristic optical admittance）あるいは単に光学アドミタンスという言葉を説明しよう。真空（自由空間）中の光の速さをc、複素屈折率N（$= n - ik$、n：屈折率、k：消衰係数）の媒質中を伝搬する光の速さをvとすると、

$$c/v = n - ik = N \tag{3-81}$$

の関係がある。光は電磁波であり、電場および磁場の大きさをそれぞれE、H（以後、単に電界、磁界と呼ぶ）とすると、その強度の比率

$$Y = \frac{H}{E} = \frac{N}{c\mu} \tag{3-82}$$

（ただし、μ は媒質の透磁率）

が、特別な意味をもつ。真空（自由空間）の透磁率を μ_0、誘電率を ε_0 とすると、

$$c^2 = 1/(\varepsilon_0 \mu_0) \tag{3-83}$$

である。ただし、ε_0、μ_0 は［Coffee Break］で述べたようにSI単位系で

$$\varepsilon_0 = 8.854187847\cdots\cdots \times 10^{-12}\,[F/m]$$

$$\mu_0 = 4\pi \times 10 - 7 = 12.56637\cdots\cdots \times 10^{-7}\,[H/m]$$

である。真空ではn = 1かつk = 0だからN = 1となり、(3-82)式から真空中のYは、

$$Y_0 = \sqrt{\varepsilon_0/\mu_0} = 2.6544 \times 10^{-3}\,[S] = \frac{1}{376.7\,[\Omega]}$$

となる。ここで計算された Y_0 の単位［S］は秒ではなくジーメンス（siemens）であり、抵抗の逆、つまりアドミタンスである。すると、一般の媒質の屈折率をNとしたとき、

$$Y = Y_0 N \tag{3-84}$$

と書かれ、そのため、このYを光学アドミタンスという。いま、媒質Iおよび媒質

Ⅱの光学アドミタンスをY_1、Y_2、屈折率をn_1、n_2とする。光が媒質Ⅰから媒質Ⅱに入射したとき、その境界面からの電界の反射率ρおよび透過率τは、フレネル係数の(2-6)式および(2-7)式から

$$\rho = \frac{n_1 - n_2}{n_1 + n_2} = \frac{Y_0 n_1 - Y_0 n_2}{Y_0 n_1 + Y_0 n_2} = \frac{Y_1 - Y_2}{Y_1 + Y_2}, \quad \tau = \frac{2n_1}{n_1 + n_2} = \frac{2Y_0 n_1}{Y_0 n_1 + Y_0 n_2} = \frac{2Y_1}{Y_1 + Y_2} \tag{3-85}$$

と表される。つまり、Yは屈折率nと等しくなる。そのため、屈折率Nあるいはその実部nを光学アドミタンスと呼ぶ場合も多い。それならば、何故、わざわざ慣れない光学アドミタンスという言葉（概念）を使用するのであろうか、という素直な疑問がある。ここでは、「光学薄膜の種々の解析を行うときに、この光学アドミタンスの概念を利用すると、非常に便利である」ということだけを述べておく。

図3.19に示すように、屈折率n_mの基板の上の屈折率n、厚みdの薄膜と入射媒質および基板の境界面の電界および磁界を考える。境界面aおよびbにおける電界をE_a、E_b、磁界をH_a、H_bとし、進行波を添え字＋、反射波を添え字－で示す。エネルギーは保存され、境界面aおよびbにおいて電界および磁界は連続であるから、
境界面aにおいて

・電界　　　$E_a = E_{0a}^+ + E_{0a}^- = E_a^+ + E_a^-$ (3-86)

・磁界　　　$H_a = H_{0a}^+ - H_{0a}^- = Y_0 E_{0a}^+ - Y_0 E_{0a}^-$

$$= H_a^+ - H_a^- = Y E_a^+ - Y E_a^- \quad (\because (3\text{-}82)\text{式}) \tag{3-87}$$

境界面bにおいて

・電界　　　$E_b = E_b^+ + E_b^-$ (3-88)

・磁界　　　$H_b = H_b^+ - H_b^- = Y E_b^+ - Y E_b^-$ (3-89)

となる。また、光が距離dを移動したときの位相変化δは、(3-80)式で表され、境界面a、bにおける進行波と反射波を考えると、

$$E_b^+ = E_a^+ e^{-i\delta} \quad \therefore \quad E_a^+ = E_b^+ e^{i\delta}$$

$$E_a^- = E_b^- e^{-i\delta}$$

となるから、(3-86)式および(3-87)式は、

$$\begin{cases} E_a = E_b^+ e^{i\delta} + E_b^- e^{-i\delta} \\ H_a = Y E_b^+ e^{i\delta} - Y E_b^- e^{-i\delta} \end{cases} \tag{3-90}$$

と置き換えられる。一方、境界面b側は、(3-88)式および(3-89)式から、E_b^+、E_b^-

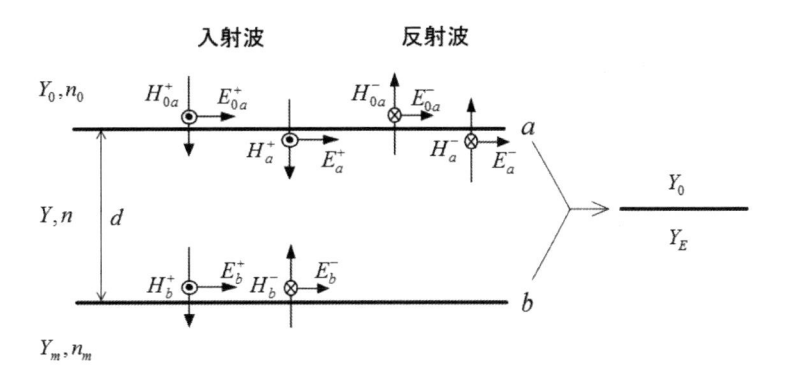

図3.19 単層膜の電界・磁界と等価アドミタンス

を E_b、H_b で表すと、

$$\begin{cases} E_b^+ = \dfrac{YE_b + H_b}{2Y} \\ E_b^- = \dfrac{YE_b - H_b}{2Y} \end{cases}$$

となるので、これを（3.90）式に代入すると

$$\begin{cases} E_a = \dfrac{YE_b + H_b}{2Y}e^{i\delta} + \dfrac{YE_b + H_b}{2Y}e^{-i\delta} = E_b\cos\delta + H_b\dfrac{i\sin\delta}{Y} \\ H_a = \dfrac{YE_b + H_b}{2}e^{i\delta} - \dfrac{YE_b - H_b}{2}e^{-i\delta} = E_b(iY\sin\delta) + H_b\cos\delta \end{cases} \quad (3\text{-}91)$$

となる（∵ $e^{\pm i\delta} = \cos\delta \pm i\sin\delta$）。これをマトリクスの形で表すと、

$$\begin{bmatrix} E_a \\ H_a \end{bmatrix} = \begin{bmatrix} \cos\delta & (i\sin\delta)/Y \\ iY\sin\delta & \cos\delta \end{bmatrix}\begin{bmatrix} E_b \\ H_b \end{bmatrix} = M\begin{bmatrix} E_b \\ H_b \end{bmatrix} \quad (3\text{-}92)$$

となり、このマトリクス

$$M = \begin{bmatrix} \cos\delta & (i\sin\delta)/Y \\ iY\sin\delta & \cos\delta \end{bmatrix} = \begin{bmatrix} m_{11} & im_{12} \\ im_{21} & m_{22} \end{bmatrix} \quad (3\text{-}93)$$

が両境界面の電界および磁界の関係、つまり単層膜の特性を表しているので、このMを薄膜の特性マトリクス（characteristic matrix）という。

境界面aにおける入射波と反射波の電界 E_{0a}^+、E_{0a}^- は、（3-86）式×Y_0＋（3-87）式から

$$E_{0a}^+ = \frac{Y_0 E_a + H_a}{2Y_0}$$

（3-86）式×Y_0－（3-87）式から

$$E_{0a}^- = \frac{Y_0 E_a - H_a}{2Y_0}$$

となるから、境界面aにおける電界の反射率、つまりフレネル係数 ρ は、

$$\rho = \frac{反射波の電界}{入射波の電界} = \frac{E_{0a}^-}{E_{0a}^+} = \frac{Y_0 E_a - H_a}{Y_0 E_a + H_a} = \frac{Y_0 - H_a/E_a}{Y_0 + H_a/E_a} = \frac{Y_0 - Y_E}{Y_0 + Y_E} \tag{3-94}$$

となる。薄膜の境界面からの反射率を求めることは、光学アドミタンス Y_0 の入射媒質と光学アドミタンス Y_E の薄膜との1つの境界面の問題に帰着できることが分かる。この Y_E を等価アドミタンス（equivalent admittance）という。同様にして電界の透過率 τ は、

$$\tau = \frac{境界面bの電界}{入射波の電界} = \frac{E_b}{E_{0a}^+} = \frac{E_b}{(Y_0 E_a + H_a)/(2Y_0)} = \frac{2Y_0(E_b/E_a)}{Y_0 + H_a/E_a} = \frac{2Y_0(E_b/E_a)}{Y_0 + Y_E} \tag{3-95}$$

となる。(3-92) 式の両辺を E_b で割ると、

$$\begin{bmatrix} B \\ C \end{bmatrix} = \begin{bmatrix} E_a/E_b \\ H_a/E_b \end{bmatrix} = \begin{bmatrix} \cos\delta & (i\sin\delta)/Y \\ iY\sin\delta & \cos\delta \end{bmatrix} \begin{bmatrix} 1 \\ H_b/E_b \end{bmatrix} = \begin{bmatrix} \cos\delta & (i\sin\delta)/Y \\ iY\sin\delta & \cos\delta \end{bmatrix} \begin{bmatrix} 1 \\ Y_m \end{bmatrix}$$

つまり、

$$\begin{bmatrix} B \\ C \end{bmatrix} = \begin{bmatrix} \cos\delta & (i\sin\delta)/Y \\ iY\sin\delta & \cos\delta \end{bmatrix} \begin{bmatrix} 1 \\ Y_m \end{bmatrix} \tag{3-96}$$

となる。したがって、

$$\begin{cases} B = \cos\delta + i(Y_m/Y)\sin\delta = m_{11} + im_{12}Y_m \\ C = iY\sin\delta + Y_m\cos\delta = im_{21} + Y_m m_{22} \end{cases} \tag{3-97}$$

となる。(3-96) 式の

$$\begin{bmatrix} B \\ C \end{bmatrix}$$

を薄膜系の特性マトリクス（characteristic matrix of the assembly）という。(3-93) 式の"薄膜の特性マトリクス" M と紛らわしいが、有用なマトリクスなので区別して覚えたい。等価アドミタンス Y_E は、新しく導入した記号B、Cを用いて

単層薄膜

$$Y_E = \frac{H_a}{E_a} = \frac{H_a / E_b}{E_a / E_b} = \frac{C}{B} \tag{3-98}$$

と表される。このとき、フレネル係数 ρ の（3-94）式および τ の（3-95）式は、次のようになる。

$$\rho = \frac{Y_0 - Y_E}{Y_0 + Y_E} = \frac{Y_0 - C/B}{Y_0 + C/B} = \frac{BY_0 - C}{BY_0 + C} \tag{3-99}$$

$$\tau = \frac{2Y_0(E_b/E_a)}{Y_0 + Y_E} = \frac{2Y_0/B}{Y_0 + C/B} = \frac{2Y_0}{Y_0 B + C} \tag{3-100}$$

したがって、反射率 R および透過率 T は、

$$R = |\rho|^2 = \rho \, \rho^* = \left(\frac{BY_0 - C}{BY_0 + C}\right)\left(\frac{BY_0 - C}{BY_0 + C}\right)^* \tag{3-101}$$

$$T = \frac{R_e(Y_m)}{Y_0}|\tau|^2 = \frac{R_e(Y_m)}{Y_0}\left(\frac{2Y_0}{Y_0 B + C}\right)\left(\frac{2Y_0}{Y_0 B + C}\right)^* = \frac{4Y_0 R(Y_m)}{(Y_0 B + C)(Y_0 B + C)^*} \tag{3-102}$$

と表される。（ ）$*$ は、（ ）の中の複素共役を表し、R_e（Y_m）は基板の光学アドミタンスの実部を表している。B および C は複素数なので ρ や τ の絶対値の2乗を取るには、（ ）にその複素共役（ ）$*$ を掛ければよい。（3-96）式、（3-101）式および（3-102）式は、光学フィルターの解析および設計に非常に重要な式である。

薄膜および基板に吸収がないときの光学アドミタンス Y_0、Y、Y_m を屈折率 n_0、n、n_m で表すと、これまでの式は以下のようになる。

$$\begin{bmatrix} B \\ C \end{bmatrix} = \begin{bmatrix} \cos\delta & (i\sin\delta)/n \\ in\sin\delta & \cos\delta \end{bmatrix} \begin{bmatrix} 1 \\ n_m \end{bmatrix} = \begin{bmatrix} m_{11} & im_{12} \\ im_{21} & m_{22} \end{bmatrix} \begin{bmatrix} 1 \\ n_m \end{bmatrix} \tag{3-103}$$

$$\begin{cases} B = \cos\delta + i(n_m/n)\sin\delta = m_{11} + in_m m_{12} \\ C = in\sin\delta + n_m \cos\delta = im_{21} + n_m m_{22} \end{cases} \tag{3-104}$$

$$\rho = \frac{n_0 B - C}{n_0 B + C} = \frac{n_0(m_{11} + in_m m_{12}) - (im_{21} + n_m m_{22})}{n_0(m_{11} + in_m m_{12}) + (im_{21} + n_m m_{22})} \tag{3-105}$$

$$= \frac{n_0 m_{11} - n_m m_{22} + i(n_0 n_m m_{12} - m_{21})}{n_0 m_{11} + n_m m_{22} + i(n_0 n_m m_{12} + m_{21})}$$

$$= \frac{n_0^2 m_{11}^2 - n_m^2 m_{22}^2 + n_0^2 n_m^2 m_{12}^2 - m_{21}^2 + i2n_0(n_m^2 m_{12} m_{22} - m_{11} m_{21})}{(n_0 m_{11} + n_m m_{22})^2 + (n_0 n_m m_{12} + m_{21})^2}$$

81

（＊ (3-108) 式の ϕ_r を計算するため、分母を実数化）

$$\rho^* = \frac{n_0 m_{11} - n_m m_{22} - i(n_0 n_m m_{12} - m_{21})}{n_0 m_{11} + n_m m_{22} - i(n_0 n_m m_{12} + m_{21})} \tag{3-106}$$

$$R = \rho\ \rho^* = \frac{(n_0 m_{11} - n_m m_{22})^2 + (n_0 n_m m_{12} - m_{21})^2}{(n_0 m_{11} + n_m m_{22})^2 + (n_0 n_m m_{12} + m_{21})^2} \tag{3-107}$$

$$\phi_r = \tan^{-1} \frac{2n_0(n_m{}^2 m_{12} m_{22} - m_{11} m_{21})}{n_0{}^2 m_{11}{}^2 - n_m{}^2 m_{22}{}^2 + n_0{}^2 n_m{}^2 m_{12}{}^2 - m_{21}{}^2} \tag{3-108}$$

$$\tau = \frac{2n_0}{n_0 B + C} = \frac{2n_0}{n_0 m_{11} + n_m m_{22} + i(n_0 n_m m_{12} + m_{21})} \tag{3-109}$$

$$= \frac{2n_0\{n_0 m_{11} + n_m m_{22} - i(n_0 n_m m_{12} + m_{21})\}}{(n_0 m_{11} + n_m m_{22})^2 + (n_0 n_m m_{12} + m_{21})^2}$$

（＊ (3-111) 式の ϕ_t を計算するため、分母を実数化）

$$T = \frac{n_m}{n_0}|\tau|^2 = \frac{4n_0 n_m}{(n_0 m_{11} + n_m m_{22})^2 + (n_0 n_m m_{12} + m_{21})^2} \tag{3-110}$$

$$\phi_t = \tan^{-1} \frac{-(n_0 n_m m_{12} + m_{21})}{n_0 m_{11} + n_m m_{22}} \tag{3-111}$$

当然であるが、単層膜の上下面における多重繰り返し反射を考慮して求めた反射係数 ρ の (3-7) 式と特性マトリクスから導いた (3-105) 式は等しいはずである。それを確認してみよう。(3-105) 式に単層膜の特性マトリクスの各要素を代入すると、

$$\rho = \frac{n_0 \cos\delta - n_m \cos\delta + i\{(n_0 n_m / n)\sin\delta - n\sin\delta\}}{n_0 \cos\delta + n_m \cos\delta + i\{(n_0 n_m / n)\sin\delta + n\sin\delta\}} = \frac{n(n_0 - n_m)\cos\delta + i(n_0 n_m - n^2)\sin\delta}{n(n_0 + n_m)\cos\delta + i(n_0 n_m + n^2)\sin\delta}$$

となる。分母・分子の各三角関数の係数は、各境界面のフレネル係数

$$\rho_0 = \frac{n_0 - n}{n_0 + n},\quad \rho_1 = \frac{n - n_m}{n + n_m}$$

に着目して展開すると、

$$\begin{cases} n(n_0 - n_m) = (1/2)\{(n_0 - n)(n + n_m) + (n_0 + n)(n - n_m)\} \\ \qquad\qquad = (n_0 + n)(n + n_m)(\rho_0 + \rho_1)/2 \\ n_0 n_m - n^2 = (1/2)\{(n_0 - n)(n + n_m) + (n_0 + n)(n - n_m)\} \\ \qquad\qquad = (n_0 + n)(n + n_m)(\rho_0 - \rho_1)/2 \\ n(n_0 - n_m) = (1/2)\{(n_0 + n)(n + n_m) + (n_0 - n)(n - n_m)\} \\ \qquad\qquad = (n_0 + n)(n + n_m)(1 + \rho_0 \rho_1)/2 \\ n_0 n_m + n^2 = (1/2)\{(n_0 + n)(n + n_m) - (n_0 - n)(n - n_m)\} \\ \qquad\qquad = (n_0 + n)(n + n_m)(1 - \rho_0 \rho_1)/2 \end{cases}$$

と書き直せる。これを上のρの式に代入すると、

$$\rho = \frac{(\rho_0 + \rho_1)\cos\delta + i(\rho_0 - \rho_1)\sin\delta}{(1 + \rho_0\rho_1)\cos\delta + i(1 - \rho_0\rho_1)\sin\delta} = \frac{\rho_0(\cos\delta + i\sin\delta) + \rho_1(\cos\delta - i\sin\delta)}{\cos\delta + i\sin\delta + \rho_0\rho_1(\cos\delta - i\sin\delta)}$$

$$= \frac{\rho_0 e^{i\delta} + \rho_1 e^{-i\delta}}{e^{i\delta} + \rho_0\rho_1 e^{-i\delta}} = \frac{\rho_0 + \rho_1 e^{-i2\delta}}{1 + \rho_0\rho_1 e^{-i2\delta}}$$

となる。τについても同様である。

これらの式からEXCELやVisual Basicなどの計算ソフトウェアで、反射率、透過率などが簡単に計算できる。しかし、フレネル係数で述べたような薄膜上下面による多重繰り返し反射の物理的イメージは得られないであろう。

【Coffee Break】複素共役の計算

薄膜系の特性マトリクスB、Cを

$B = b_1 + ib_2$
$C = c_1 + ic_2$

とすると、(3-99) 式のρは

$$\rho = \frac{BY_0 - C}{BY_0 + C} = \frac{(b_1 + ib_2)Y_0 - (c_1 + ic_2)}{(b_1 + ib_2)Y_0 + (c_1 + ic_2)} = \frac{Y_0 b_1 - c_1 + i(Y_0 b_2 - c_2)}{Y_0 b_1 + c_1 + i(Y_0 b_2 + c_2)}$$

となるから、

$$R = |\rho|^2 = \frac{|Y_0 b_1 - c_1 + i(Y_0 b_2 - c_2)|^2}{|Y_0 b_1 + c_1 + i(Y_0 b_2 + c_2)|^2} = \frac{(Y_0 b_1 - c_1)^2 + (Y_0 b_2 - c_2)^2}{(Y_0 b_1 + c_1)^2 + (Y_0 b_2 + c_2)^2}$$

となる。一方、(3-101) 式のRは少し分かり難い形をしているが、実際に計算してみよう。複素共役の方は、分母・分子の虚数単位iの前の符号を逆にすれ

ばよく

$$\left(\frac{BY_0 - C}{BY_0 + C}\right)^* = \left[\frac{Y_0 b_1 - c_1 + i(Y_0 b_2 - c_2)}{Y_0 b_1 + c_1 + i(Y_0 b_2 + c_2)}\right]^* = \frac{Y_0 b_1 - c_1 - i(Y_0 b_2 - c_2)}{Y_0 b_1 + c_1 - i(Y_0 b_2 + c_2)}$$

となる。すると

$$R = \left(\frac{BY_0 - C}{BY_0 + C}\right)\left(\frac{BY_0 - C}{BY_0 + C}\right)^* = \frac{Y_0 b_1 - c_1 + i(Y_0 b_2 - c_2)}{Y_0 b_1 + c_1 + i(Y_0 b_2 + c_2)} \cdot \frac{Y_0 b_1 - c_1 - i(Y_0 b_2 - c_2)}{Y_0 b_1 + c_1 - i(Y_0 b_2 + c_2)}$$

$$= \frac{(Y_0 b_1 - c_1)^2 + (Y_0 b_2 - c_2)^2}{(Y_0 b_1 + c_1)^2 + (Y_0 b_2 + c_2)^2}$$

となり、当然であるが $|\rho|^2$ から計算したものと同じ式になる。

膜厚 $\lambda_0/4$、$\lambda_0/2$ の単層膜が、光学フィルターの基本である。光学膜厚が $nd = \lambda_0/4$ のとき、その薄膜を光が1回通過したときの波長 $\lambda = \lambda_0$ の位相変化 δ は、

$$\delta = \frac{2\pi}{\lambda} nd = \frac{2\pi}{\lambda} \frac{\lambda_0}{4} = \frac{\pi}{2}$$

となる。したがって、この単層膜の特性マトリクスMは、

$$M = \begin{bmatrix} \cos\delta & (i\sin\delta)/n \\ in\sin\delta & \cos\delta \end{bmatrix} = \begin{bmatrix} 0 & i/n \\ in & 0 \end{bmatrix}$$

となり、波長 $\lambda = \lambda_0$ の反射率Rは

$$R = \frac{(n_0 n_m/n - n)^2}{(n_0 n_m/n + n)^2} = \frac{(n_0 n_m - n)^2}{(n_0 n_m + n)^2}$$

となる。$n_0 = 1$、$n_m = 1.52$、$n = 1.38$ とすると、R = 0.0126 = 1.26 %となる。これは**図3.6（a）**の分光反射率特性の $\lambda_0 = 550$ nmにおける反射率（谷ピーク）に相当する。さらに、ここで薄膜の屈折率nを1とする、つまり空気とすると、

$$R = \frac{(n_m - 1)^2}{(n_m + 1)^2}$$

となる。これは、フレネル係数から求めた基板の反射率の（2-10）式と同じ結果である。
また、光学膜厚が $nd = \lambda_0/2$ のとき、$\delta = \pi$ となるので、

$$M = \begin{bmatrix} -1 & 0 \\ 0 & -1 \end{bmatrix} = -\begin{bmatrix} 1 & 0 \\ 0 & 1 \end{bmatrix}$$

と、単位マトリクスになり、通常の代数の3×1 = 3の1に相当する。つまり、中心波長においては存在しない層となる。**図3.20（a）**に示す代表的な3層反射防止膜では、その帯域を広くするために中間層に膜厚$nd = \lambda_0/2$の高屈折率物質を利用している。その屈折率を変化させても、確かに波長λ_0における反射率は変わらないが、その両側の反射率が変化していることが分かる。また、**図3.20（b）**に示す狭帯域バンドパスフィルターでは、最終層に膜厚$nd = \lambda_0/2$の低屈折率物質（SiO_2）を成膜して保護層としている。中心波長$\lambda_0 = 1550$ nm近辺では分光特性の変化は無く、300 nm程度離れた波長域では、その特性に変化があることが分かる。

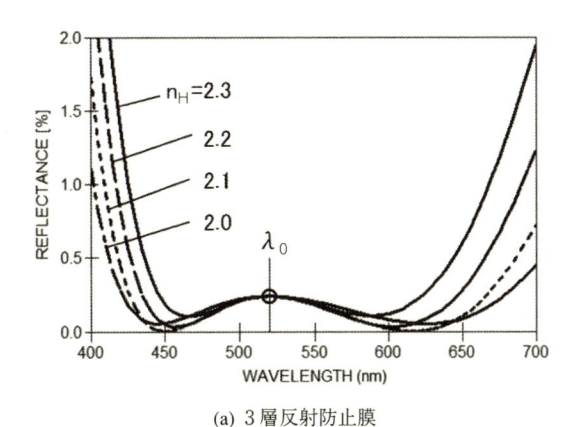

(a) 3層反射防止膜

基板(n_m)｜M 2H L｜空気、$\lambda_0 = 520$nm

$n_m = 1.52$、$n_M = 1.62$、$n_L = 1.38$

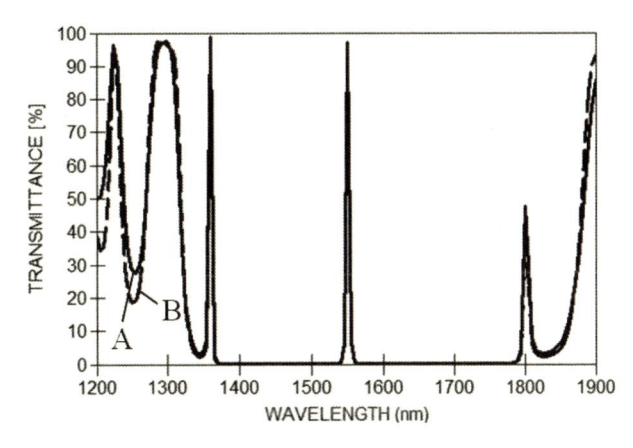

(b) 狭帯域バンドパスフィルター

A：基板(n_m)｜Cavity L Cavity｜空気, $\lambda_0 = 1550$ nm
B：基板(n_m)｜Cavity L Cavity 2L｜空気, $\lambda_0 = 1550$ nm
Cavity (H L)^{5}H 2L H (L H)^5, $n_m = 1.52$、$n_H = 2.10$、$n_L = 1.46$

図3.20　膜厚$nd = \lambda_0/2$の層の影響

3.5.2 斜入射

各物質の屈折率（傾斜アドミタンスという）および位相変化は

$$\text{入射媒質}\begin{cases}\eta_{0S}=n_0\cos\theta_0\\ \eta_{0P}=n_0/\cos\theta_0\end{cases}\text{薄膜}\begin{cases}\eta_S=n\cos\theta\\ \eta_P=n/\cos\theta\end{cases}\text{基板}\begin{cases}\eta_{mS}=n_m\cos\theta_m\\ \eta_{mP}=n_m/\cos\theta_m\end{cases} \quad (3\text{-}112)$$

$$\delta=\frac{2\pi}{\lambda}nd\cos\theta \quad (3\text{-}113)$$

となり、特性マトリクスは

$$M=\begin{bmatrix}\cos\delta & (i\sin\delta)/\eta\\ i\eta\cdot\sin\delta & \cos\delta\end{bmatrix}=\begin{bmatrix}m_{11} & im_{12}\\ im_{21} & m_{22}\end{bmatrix} \quad (3\text{-}114)$$

ただし、 $\eta=\begin{cases}\eta_S & -\text{s波}\\ \eta_P & -\text{p波}\end{cases}$

となる。垂直入射の場合と、全く同様にして反射率R、反射波の位相ϕ_r、透過率Tおよび透過波の位相ϕ_tは

$$R=\frac{(\eta_0 m_{11}-\eta_m m_{22})^2+(\eta_0\eta_m m_{12}-m_{21})^2}{(\eta_0 m_{11}+\eta_m m_{22})^2+(\eta_0\eta_m m_{12}+m_{21})^2} \quad (3\text{-}115)$$

$$\phi_r=\tan^{-1}\frac{2\eta_0(\eta_m^2 m_{12}m_{22}-m_{11}m_{21})}{\eta_0^2 m_{11}^2-\eta_m^2 m_{22}^2+\eta_0^2\eta_m^2 m_{12}^2-m_{21}^2} \quad (3\text{-}116)$$

$$T=\frac{\eta_m}{\eta_0}|\tau|^2=\frac{4\eta_0\eta_m}{(\eta_0 m_{11}+\eta_m m_{22})^2+(\eta_0\eta_m m_{12}+m_{21})^2} \quad (3\text{-}117)$$

$$\phi_t=\tan^{-1}\frac{-(\eta_0\eta_m m_{12}+m_{21})}{\eta_0 m_{11}+\eta_m m_{22}} \quad (3\text{-}118)$$

と表される。ただし、入射媒質および基板の屈折率η_0、η_mは、偏光成分に対応する値を取る。

3.5.3 吸収単層膜への垂直入射

媒質、薄膜および基板の光学アドミタンスをおのおの、n_0、$N=n-ik$（物理膜厚d）、$N_m=n_m-ik_m$とする。薄膜に波長λ_0の光が入射した時の薄膜の特性マトリクスMは

$$M=\begin{bmatrix}\cos\Delta & (i\sin\Delta)/N\\ iN\sin\Delta & \cos\Delta\end{bmatrix}=\begin{bmatrix}m_{11} & im_{12}\\ im_{21} & m_{22}\end{bmatrix} \quad (3\text{-}119)$$

ただし　$\Delta = \dfrac{2\pi}{\lambda} Nd = \dfrac{2\pi}{\lambda}(n-ik)d = \dfrac{2\pi}{\lambda}nd - i\dfrac{2\pi}{\lambda}kd = \delta - i\gamma$ (3-120)

となる。ここでハタと悩んでしまうことはないだろうか。なんと、マトリクスの要素のcosineやsineのアーギュメントに虚数が入ってしまう！　しかし、心配はない。便利な関数がある。双曲線関数（hyperbolic function）

$\sinh A = (e^A - e^{-A})/2$、　$\cosh A = (e^A + e^{-A})/2$、　$\tanh A = \sinh A / \cosh A$ (3-121)

を利用すると、問題はクリアされる。EXCELにもこれらの関数は用意されており、さらに数学の公式集を見ると

$$\begin{cases} \cos(A-iB) = \cos A \cdot \cosh B + i \sin A \cdot \sinh B \\ \sin(A-iB) = \sin A \cdot \cosh B - i \cos A \cdot \sinh B \end{cases}$$ (3-122)

とある。これを利用すると、マトリクスの各要素$m_{11} \sim m_{22}$は、次のようになる。

$m_{11} = \cos\Delta = \cos\delta \cdot \cosh\gamma + i\sin\delta \cdot \sinh\gamma = a_{11} + ib_{11} = m_{22} = a_{22} + ib_{22}$

$im_{12} = i\sin\Delta/(n-ik) = (n\cos\delta \cdot \sinh\gamma - k\sin\delta \cdot \cosh\gamma)/(n^2+k^2)$

　　$+ i(n\sin\delta \cdot \cosh\gamma + k\cos\delta \cdot \sinh\gamma)/(n^2+k^2) = a_{12} + ib_{12}$

$im_{21} = i(n-ik)\sin\Delta = n\cos\delta \cdot \sinh\gamma + k\sin\delta \cdot \cosh\gamma + i(n\sin\delta \cdot \cosh\gamma - k\cos\delta \cdot \sinh\gamma)$

　　$= a_{21} + ib_{21}$

となる。ただし、$a_{11} \sim a_{22}$、$b_{11} \sim b_{22}$は実数とする。すると、薄膜系の特性マトリクスは、

$$\begin{bmatrix} B \\ C \end{bmatrix} = \begin{bmatrix} a_{11}+ib_{11} & a_{12}+ib_{12} \\ a_{21}+ib_{21} & a_{22}+ib_{22} \end{bmatrix} \begin{bmatrix} 1 \\ n_m - ik_m \end{bmatrix}$$

$$= \begin{bmatrix} a_{11} + n_m a_{12} + k_m b_{12} + i(b_{11} - k_m a_{12} + n_m b_{12}) \\ a_{21} + n_m a_{22} + k_m b_{22} + i(b_{21} - k_m a_{22} + n_m b_{22}) \end{bmatrix}$$ (3-123)

となり、反射波の電界の振幅反射率ρは

$$\rho = \dfrac{n_0 B - C}{n_0 B + C} = \dfrac{Q_1 - iQ_2}{Q_3 - iQ_4} = \dfrac{Q_1 Q_3 + Q_2 Q_4 + i(Q_1 Q_4 - Q_2 Q_3)}{Q_3^2 + Q_4^2}$$ (3-124)

ただし、

$$\begin{cases} Q_1 = (a_{11} + n_m a_{12} + k_m b_{12})n_0 - (a_{21} + n_m a_{22} + k_m b_{22}) \\ Q_2 = -(b_{11} - k_m a_{12} + n_m b_{12})n_0 + b_{21} - k_m a_{22} + n_m b_{22} \\ Q_3 = (a_{11} + n_m a_{12} + k_m b_{12})n_0 + a_{21} + n_m a_{22} + k_m b_{22} \\ Q_4 = -(b_{11} - k_m a_{12} + n_m b_{12})n_0 - (b_{21} - k_m a_{22} + n_m b_{22}) \end{cases} \quad (3\text{-}125)$$

$$\begin{cases} a_{11} = \cos\delta \cdot \cosh\gamma = a_{22} \\ b_{11} = \sin\delta \cdot \sinh\gamma = b_{22} \\ a_{12} = (n\cos\delta \cdot \sinh\gamma - k\sin\delta \cdot \cosh\gamma)/(n^2 + k^2) \\ b_{12} = (n\sin\delta \cdot \cosh\gamma + k\cos\delta \cdot \sinh\gamma)/(n^2 + k^2) \\ a_{21} = n\cos\delta \cdot \sinh\gamma + k\sin\delta \cdot \cosh\gamma \\ b_{21} = n\sin\delta \cdot \cosh\gamma - k\cos\delta \cdot \sinh\gamma \end{cases} \quad (3\text{-}126)$$

$$\begin{cases} \delta = 2\pi nd / \lambda \\ \gamma = 2\pi kd / \lambda \end{cases} \quad (3\text{-}127)$$

で表される。したがって、反射率Rおよび位相ϕ_rは

$$R = |\rho|^2 = \frac{Q_1^2 + Q_2^2}{Q_3^2 + Q_4^2} \quad (3\text{-}128)$$

$$\phi_r = \tan^{-1}\frac{Q_1 Q_4 - Q_2 Q_3}{Q_1 Q_3 + Q_2 Q_4} \quad (3\text{-}129)$$

となる。また、薄膜から基板への電界の振幅透過率τは

$$\tau = \frac{2n_0}{n_0 B + C} = \frac{2n_0}{Q_3 - iQ_4} = \frac{2n_0(Q_3 + iQ_4)}{Q_3^2 + Q_4^2} \quad (3\text{-}130)$$

で表せるから、透過率Tおよび透過波の位相ϕ_tは次のようになる。

$$T = \frac{\text{Re}(N_m)}{n_0}|\tau|^2 = \frac{4n_0 n_m}{Q_3^2 + Q_4^2} \quad (3\text{-}131)$$

$$\phi_t = \tan^{-1}(Q_4 / Q_3) \quad (3\text{-}132)$$

参考までに、吸収がある基板に図3.21のような分散をもつAu薄膜を成膜した場合の特性マトリクスを利用した計算例を図3.22および図3.23に示す。

単層薄膜

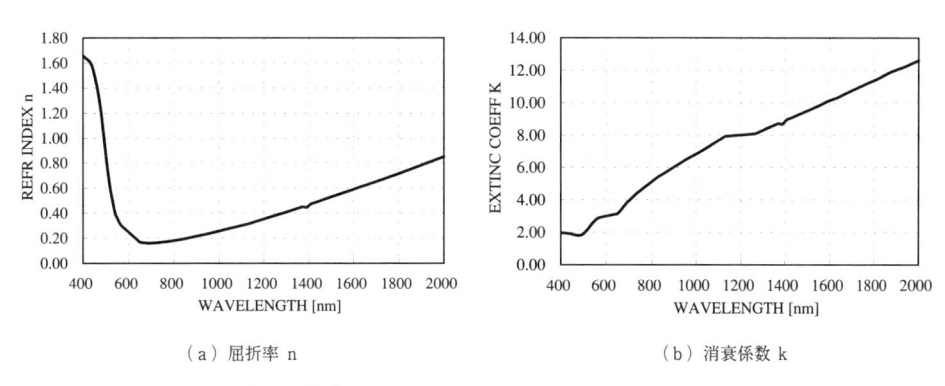

(a) 屈折率 n

(b) 消衰係数 k

図3.21 Au薄膜の分散データ　※Au薄膜の分散データは参考文献2から直線補間した

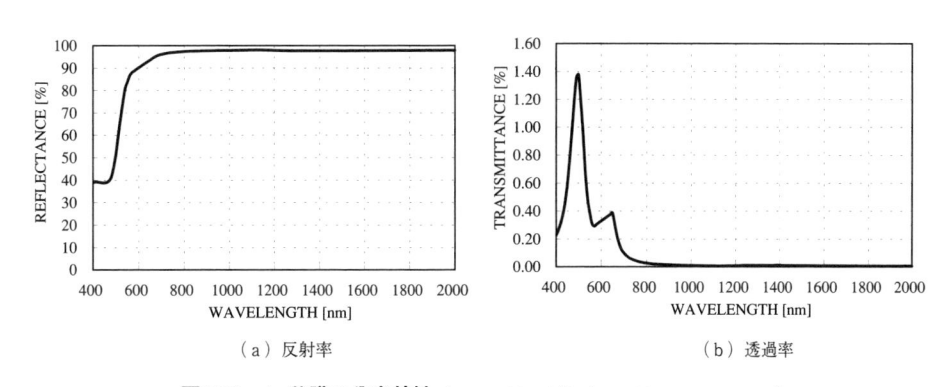

(a) 反射率

(b) 透過率

図3.22 Au薄膜の分光特性 (n_0 = 1.00、d(Au) = 100nm、n_m = 1.52)

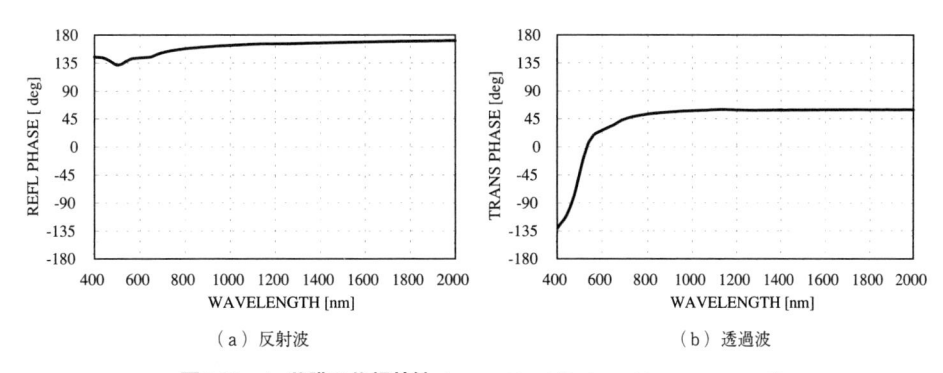

(a) 反射波

(b) 透過波

図3.23 Au薄膜の位相特性 (n_0 = 1.00、d(Au) = 100nm、n_m = 1.52)

3.5.4 吸収単層膜への斜入射

3.4項で述べたように、吸収がある薄膜に角度θ_0で光が入射すると、入射媒質、薄膜および基板の偏光成分s、p波に対する屈折率は

$$\text{入射媒質}\begin{cases}\eta_{0S} = n_0\cos\theta_0 \\ \eta_{0P} = n_0/\cos\theta_0\end{cases} \quad \text{薄膜}\begin{cases}\eta_S = N\cos\theta \\ \eta_P = N/\cos\theta\end{cases} \quad \text{基板}\begin{cases}\eta_{mS} = N_m\cos\theta_m \\ \eta_{mP} = N_m/\cos\theta_m\end{cases} \quad (3\text{-}133)$$

で表され、さらに

$$薄膜 \begin{cases} \eta_S = x_S - iy_S \\ \eta_P = x_P - iy_P \end{cases} 、基板 \begin{cases} \eta_{mS} = x_{mS} - iy_{mS} \\ \eta_{mP} = x_{mP} - iy_{mP} \end{cases}$$

$$入射媒質 \begin{cases} \eta_{0s} = n_0 \cos\theta_0 = x_{0s} \\ \eta_{0p} = n_0 / \cos\theta_0 = x_{0p} \end{cases} \tag{3-134}$$

ただし、

$$\begin{cases} u = n^2 - k^2 - n_0^2 \sin^2\theta_0 \\ v = 2nk \\ \cos(\xi/2) = (1/\sqrt{2})(1 + u/\sqrt{u^2+v^2})^{1/2} \\ \sin(\xi/2) = (1/\sqrt{2})(1 - u/\sqrt{u^2+v^2})^{1/2} \\ \xi = \tan^{-1}(v/u) \\ x_S = (u^2+v^2)^{1/4}\cos(\xi/2) \\ y_S = (u^2+v^2)^{1/4}\sin(\xi/2) \\ x_P = \{(n^2-k^2)x_S + 2nky_S\}/(x_S^2+y_S^2) \\ y_P = \{2nkx_S - (n^2-k^2)y_S\}/(x_S^2+y_S^2) \end{cases} \tag{3-135}$$

$$\begin{cases} u_m = n_m^2 - k_m^2 - n_m^2 \sin^2\theta_m \\ v_m = 2n_m k_m \\ \cos(\xi_m/2) = (1/\sqrt{2})(1 + u_m/\sqrt{u_m^2+v_m^2})^{1/2} \\ \sin(\xi_m/2) = (1/\sqrt{2})(1 - u_m/\sqrt{u_m^2+v_m^2})^{1/2} \\ \xi_m = \tan^{-1}(v_m/u_m) \\ x_{mS} = (u_m^2+v_m^2)^{1/4}\cos(\xi_m/2) \\ y_{mS} = (u_m^2+v_m^2)^{1/4}\sin(\xi_m/2) \\ x_{mp} = \{(n_m^2-k_m^2)x_{ms} + 2n_m k_m y_{ms}\}/(x_{ms}^2+y_{ms}^2) \\ y_{mP} = \{2n_m k_m x_{mS} - (n_m^2-k_m^2)y_{mS}\}/(x_{mS}^2+y_{mS}^2) \end{cases} \tag{3-136}$$

$$\begin{cases} x_{0S} = n_0 \cos\theta_0 \\ x_{0P} = n_0 / \cos\theta_0 \end{cases} \tag{3-137}$$

と表される。ここで、

$$\Delta = \frac{2\pi}{\lambda} Nd\cos\theta = \frac{2\pi}{\lambda}(n-ik)d\cos\theta = \frac{2\pi}{\lambda}nd\cos\theta - i\frac{2\pi}{\lambda}kd\cos\theta$$

単層薄膜

$$= \frac{2\pi}{\lambda} x_S d - i \frac{2\pi}{\lambda} y_S d = \delta - i\gamma \tag{3-138}$$

とおけば、3.5.3項と全く同様にして、

$$M = \begin{bmatrix} \cos\Delta & (i\sin\Delta)/\eta \\ i\eta\sin\Delta & \cos\Delta \end{bmatrix} = \begin{bmatrix} a_{11} + ib_{11} & a_{12} + ib_{12} \\ a_{21} + ib_{21} & a_{22} + ib_{22} \end{bmatrix}$$

とおいて

$$R = |\rho|^2 = \frac{Q_1^2 + Q_2^2}{Q_3^2 + Q_4^2} \tag{3-139}$$

$$\phi_r = \tan^{-1} \frac{Q_1 Q_4 - Q_2 Q_3}{Q_1 Q_3 + Q_2 Q_4} \tag{3-140}$$

$$T = \frac{4 x_0 x_m}{Q_3^2 + Q_4^2} \tag{3-141}$$

$$\phi_t = \tan^{-1}(Q_4 / Q_3) \tag{3-142}$$

ただし、

$$\begin{cases} Q_1 = (a_{11} + x_m a_{12} + y_m b_{12}) x_0 - (a_{21} + x_m a_{22} + y_m b_{22}) \\ Q_2 = -(b_{11} - y_m a_{12} + x_m b_{12}) x_0 + b_{21} - y_m a_{22} + x_m b_{22} \\ Q_3 = (a_{11} + x_m a_{12} + y_m b_{12}) x_0 + a_{21} + x_m a_{22} + y_m b_{22} \\ Q_4 = -(b_{11} - y_m a_{12} + x_m b_{12}) x_0 - (b_{21} - y_m a_{22} + x_m b_{22}) \end{cases} \tag{3-143}$$

$$\begin{cases} a_{11} = \cos\delta \cdot \cosh\gamma = a_{22} \\ b_{11} = \sin\delta \cdot \sinh\gamma = b_{22} \\ a_{12} = (x\cos\delta \cdot \sinh\gamma - y\sin\delta \cdot \cosh\gamma)/(x^2 + y^2) \\ b_{12} = (x\sin\delta \cdot \cosh\gamma + y\cos\delta \cdot \sinh\gamma)/(x^2 + y^2) \\ a_{21} = x\cos\delta \cdot \sinh\gamma + y\sin\delta \cdot \cosh\gamma \\ b_{21} = x\sin\delta \cdot \cosh\gamma - y\cos\delta \cdot \sinh\gamma \end{cases} \tag{3-144}$$

$$\begin{cases} \delta = 2\pi x_s d / \lambda \\ \gamma = 2\pi y_s d / \lambda \end{cases} \tag{3-145}$$

$$\begin{cases} \text{s偏光}: x_0 = x_{0s}、x = x_s、x_m = x_{ms} \\ \text{p偏光}: x_0 = x_{0p}、x = x_p、x_m = x_{mp} \end{cases}$$

となる。参考までに、この場合の計算のフローチャートを**図3.24**に示したので、これを参考に計算プログラムを作成されるとよい。特性マトリクスを利用した分光特性のプログラムについては、次の第4章多層薄膜で詳しく解説する。

第3章

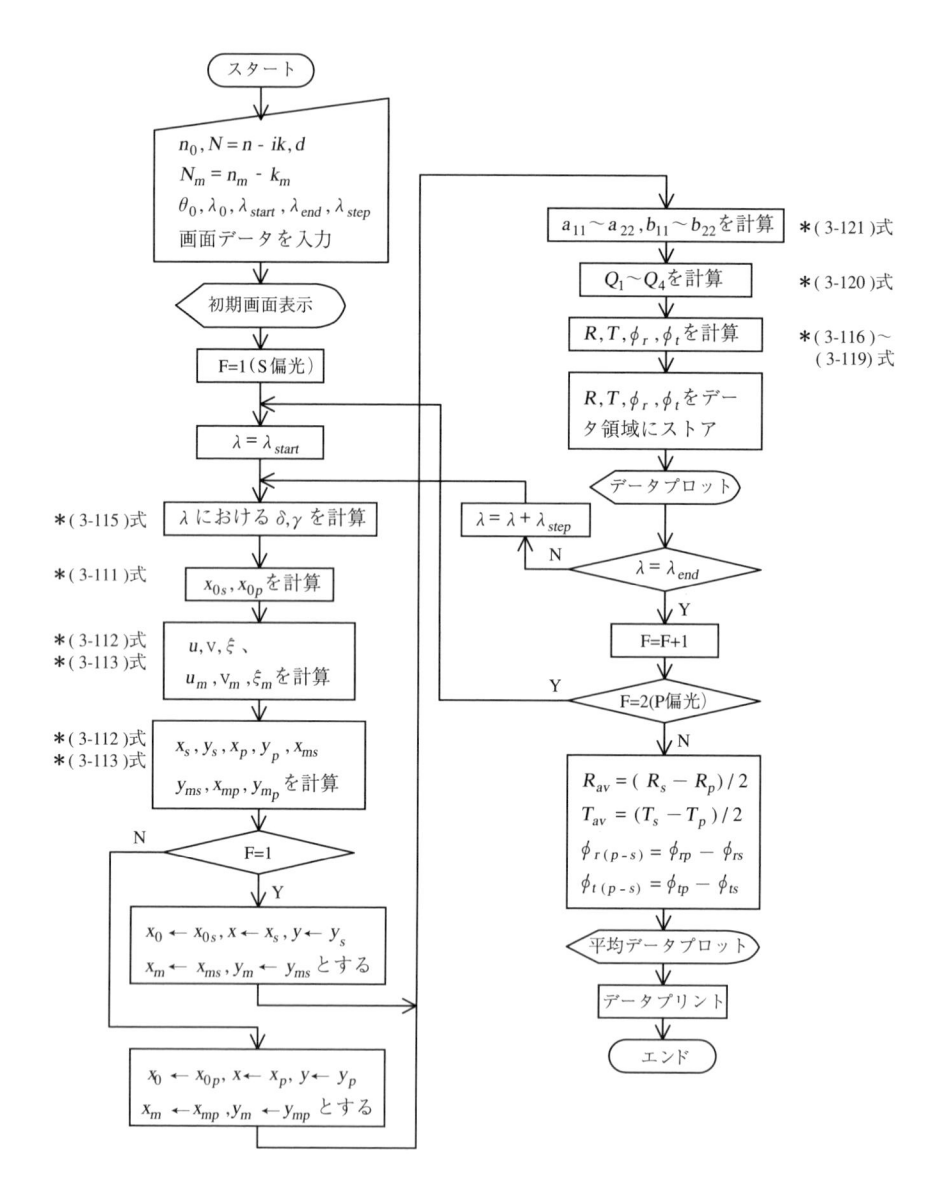

図3.24 斜入射・吸収単層膜の分光特性計算フローチャート

参考文献

1) H.A.Macleod：Thin-Film Optical Filters, 2'nd edition （Macmillan, New York, 1986）、小倉他訳：「光学薄膜」（日刊工業新聞社、1989）
2) E.D.Palik：Handbook of Optical Constants of Solids （Academic Press, 1985）

第4章
多層薄膜

　前章までに述べたように基板や単層薄膜の計算は、フレネル係数を利用すれば簡単にでき、物理的イメージも得られた。しかし、多層薄膜になると、その計算方法を具体的に解説した書籍や文献は少ない。そこで、仮想面を利用した多層膜の反射率、透過率および位相の計算アルゴリズムを丁寧に解説する。吸収がない垂直入射 → 吸収がある垂直入射 → 吸収がない斜入射 → 吸収がある斜入射と段階的に複雑になるので、それらの段階にしたがって計算を行う。分光特性を計算するには、EXCELやVisual BasicあるいはFORTRUNを利用すればよいが、その参考のために、各段階をすべて含んだ"吸収がある斜入射"の計算プログラムをHP BASIC for Windowsで作成し、プログラムリストを**付録A**に掲載した。主なプログラム変数の説明も**付録B**に掲載したので参照されたい。また、特性マトリクスによる解析についても解説し、吸収を含まない薄膜の計算プログラムリストを**付録C**に掲載した。そして、そのプログラムの全体の流れや重要な計算のサブルーチンを丁寧に解説するので、フレネル係数による方法と比較されたい。最後に、知っておくと便利な特性マトリクスの性質および演算についても解説する。

4.1　垂直入射

4.1.1　吸収がない場合

　図4.1（a）の単層膜のフレネル係数は、（3-7）式、（3-8）式で与えられ

$$\rho = \frac{\rho_0 + \rho_1 e^{-i2\delta}}{1 + \rho_0 \rho_1 e^{-i2\delta}} \qquad \tau = \frac{\tau_0 \tau_1 e^{-i\delta}}{1 + \rho_0 \rho_1 e^{-i2\delta}} \tag{4-1}$$

ただし、

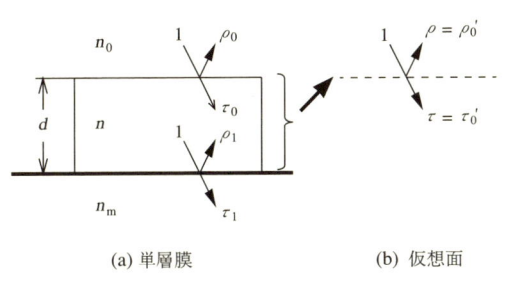

(a) 単層膜　　　　　　　(b) 仮想面

図4.1　単層膜の仮想面

第4章

$$\rho_0 = \frac{n_0 - n}{n_0 + n} \qquad \rho_1 = \frac{n - n_m}{n + n_m} \qquad \tau_0 = \frac{2n_0}{n_0 + n} \qquad \tau_1 = \frac{2n}{n + n_m} \qquad \delta = \frac{2\pi}{\lambda} nd \qquad (4\text{-}2)$$

となる。反射波および透過波の位相は（3-12）式、（3-14）式から

$$\begin{cases} \phi_r = \tan^{-1} \dfrac{\rho_1(\rho_0{}^2 - 1)\sin 2\delta}{\rho_0(1 + \rho_1{}^2) + \rho_1(1 + \rho_0{}^2)\cos 2\delta} \\ \phi_t = \tan^{-1}\left(\dfrac{\rho_0 \rho_1 - 1}{\rho_0 \rho_1 + 1} \tan \delta \right) \end{cases} \qquad (4\text{-}3)$$

となる。これを

$$\rho = |\rho| e^{i\phi_r} \qquad \tau = |\tau| e^{i\phi_t} \qquad (4\text{-}4)$$

ただし、

$$|\rho|^2 = \frac{\rho_0{}^2 + \rho_1{}^2 + 2\rho_0 \rho_1 \cos 2\delta}{1 + (\rho_0 \rho_1)^2 + 2\rho_0 \rho_1 \cos 2\delta} \qquad |\tau|^2 = \frac{(\tau_0 \tau_1)^2}{1 + (\rho_0 \rho_1)^2 + 2\rho_0 \rho_1 \cos 2\delta} \qquad (4\text{-}5)$$

と表せば（(3-9) 式、(3-10) 式から）、**図4.1（b）**の破線で示された1つの仮想的な面のフレネル係数と考えることができよう。これを仮想面（virtual plane）と呼ぶことにする。この考え方を**図4.2（a）**の3層膜に対して段階的に適用すれば、同図の（b）-1、（b）-2、（b）-3のように順次、計算され、最終的には1つの仮想面になる。最終的な仮想面のフレネル係数 ρ_0' および τ_0' を求めてみよう。**図4.2（a）**の各面におけるフレネル係数および各層の位相変化は

$$\rho_j = \frac{n_j - n_{j+1}}{n_j + n_{j+1}} \qquad \tau_j = \frac{2n_j}{n_j + n_{j+1}} \qquad \delta_j = \frac{2\pi}{\lambda} n_j d_j \qquad (4\text{-}6)$$

で定義される。すると、**図4.2（b）**の仮想面の各段階のフレネル係数は、順次

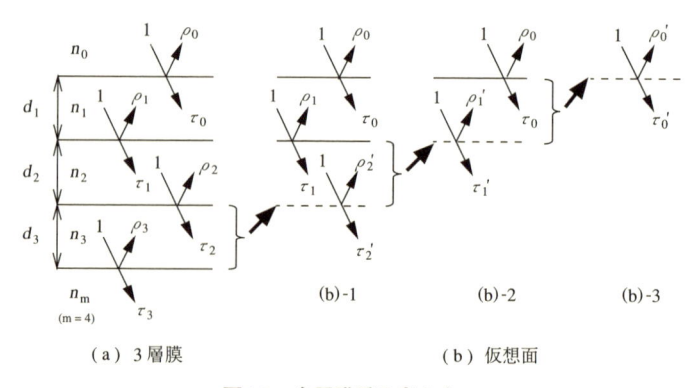

（a）3層膜　　　　　　　　　　　（b）仮想面

図4.2　多層膜系の考え方

【(b)-1】： $\rho_2' = \dfrac{\rho_2 + \rho_3 e^{-i2\delta_3}}{1 + \rho_2\rho_3 e^{-i2\delta_3}} = |\rho_2'| e^{i\phi_{r2}}$ (4-7)

ただし、
$$\begin{cases} |\rho_2'|^2 = \dfrac{\rho_2^2 + \rho_3^2 + 2\rho_2\rho_3 \cos 2\delta_3}{1 + (\rho_2\rho_3)^2 + 2\rho_2\rho_3 \cos 2\delta_3} \\ \phi_{r2} = \tan^{-1} \dfrac{\rho_3(\rho_2^2 - 1)\sin 2\delta_3}{\rho_2(1 + \rho_3^2) + \rho_3(1 + \rho_2^2)\cos 2\delta_3} \end{cases}$$
(4-8)

$\tau_2' = \dfrac{\tau_2\tau_3 e^{-i\delta_3}}{1 + \rho_2\rho_3 e^{-i2\delta_3}} = |\tau_2'| e^{i\phi_{t2}}$ (4-9)

ただし、
$$\begin{cases} |\tau_2'|^2 = \dfrac{(\tau_2\tau_3)^2}{1 + (\rho_2\rho_3)^2 + 2\rho_2\rho_3 \cos 2\delta_3} \\ \phi_{t2} = \tan^{-1}\left(\dfrac{\rho_2\rho_3 - 1}{\rho_2\rho_3 + 1}\tan\delta_3\right) \end{cases}$$
(4-10)

【(b)-2】： $\rho_1' = \dfrac{\rho_1 + \rho_2' e^{-i2\delta_2}}{1 + \rho_1\rho_2' e^{-i2\delta_2}} = \dfrac{\rho_1 + |\rho_2'| e^{-i(2\delta_2 - \phi_{r2})}}{1 + \rho_1 |\rho_2'| e^{-i(2\delta_2 - \phi_{r2})}} = |\rho_1'| e^{i\phi_{r1}}$ (4-11)

ただし、
$$\begin{cases} |\rho_1'|^2 = \dfrac{\rho_1^2 + |\rho_2'|^2 + 2\rho_1 |\rho_2'| \cos(2\delta_2 - \phi_{r2})}{1 + (\rho_1 |\rho_2'|)^2 + 2\rho_1 |\rho_2'| \cos(2\delta_2 - \phi_{r2})} \\ \phi_{r1} = \tan^{-1} \dfrac{|\rho_2'|(\rho_1^2 - 1)\sin(2\delta_2 - \phi_{r2})}{\rho_1(1 + |\rho_2'|^2) + |\rho_2'|(1 + \rho_1^2)\cos(2\delta_2 - \phi_{r2})} \end{cases}$$
(4-12)

$\tau_1' = \dfrac{\tau_1\tau_2' e^{-i\delta_2}}{1 + \rho_1\rho_2' e^{-i2\delta_2}} = \dfrac{\tau_1 \times |\tau_2'| e^{-i(\delta_2 - \phi_{t2})}}{1 + \rho_1 |\rho_2'| e^{-i(2\delta_2 - \phi_{r2})}} = |\tau_1'| e^{i\phi_{t1}}$ (4-13)

ただし、
$$\begin{cases} |\tau_1'|^2 = \dfrac{(\tau_1 |\tau_2'|)^2}{1 + (\rho_1 |\rho_2'|)^2 + 2\rho_1 |\rho_2'| \cos(2\delta_2 - \phi_{r2})} \\ \phi_{t1} = \tan^{-1} \dfrac{-\sin(\delta_2 - \phi_{t2}) + \rho_1 |\rho_2'| \sin(\delta_2 - \phi_{r2} + \phi_{t2})}{\cos(\delta_2 - \phi_{t2}) + \rho_1 |\rho_2'| \cos(\delta_2 - \phi_{r2} + \phi_{t2})} \end{cases}$$
(4-14)

【(b)-3】： $\rho_0' = \dfrac{\rho_0 + \rho_1' e^{-i2\delta_1}}{1 + \rho_0\rho_1' e^{-i2\delta_1}} = \dfrac{\rho_0 + |\rho_1'| e^{-i(2\delta_1 - \phi_{r1})}}{1 + \rho_0 |\rho_1'| e^{-i(2\delta_1 - \phi_{r1})}} = |\rho_0'| e^{i\phi_{r0}}$ (4-15)

ただし、

$$\begin{cases} |\rho_0'|^2 = \dfrac{\rho_0^2 + |\rho_1'|^2 + 2\rho_0|\rho_1'|\cos(2\delta_1 - \phi_{r1})}{1 + (\rho_0|\rho_1'|)^2 + 2\rho_0|\rho_1'|\cos(2\delta_1 - \phi_{r1})} \\ \phi_{r0} = \tan^{-1}\dfrac{|\rho_1'|(\rho_0^2 - 1)\sin(2\delta_1 - \phi_{r1})}{\rho_0(1 + |\rho_1'|^2) + |\rho_1'|(1 + \rho_0^2)\cos(2\delta_1 - \phi_{r1})} \end{cases} \tag{4-16}$$

$$\tau_0' = \frac{\tau_0 \tau_1' e^{-i\delta_1}}{1 + \rho_0 \rho_1' e^{-i2\delta_1}} = \frac{\tau_0 \times |\tau_1'| e^{-i(\delta_1 - \phi_{t1})}}{1 + \rho_0|\rho_1'| e^{-i(2\delta_1 - \phi_{r1})}} = |\tau_0'| e^{i\phi_{t0}} \tag{4-17}$$

ただし、

$$\begin{cases} |\tau_0'|^2 = \dfrac{(\tau_0|\tau_1'|)^2}{1 + (\rho_0|\rho_1'|)^2 + 2\rho_0|\rho_1'|\cos(2\delta_1 - \phi_{r1})} \\ \phi_{t0} = \tan^{-1}\dfrac{-\sin(\delta_1 - \phi_{t1}) + \rho_0|\rho_1'|\sin(\delta_1 - \phi_{r1} + \phi_{t1})}{\cos(\delta_1 - \phi_{t1}) + \rho_0|\rho_1'|\cos(\delta_1 - \phi_{r1} + \phi_{t1})} \end{cases} \tag{4-18}$$

となる。したがって、反射率、透過率および位相は次のようになる。

$$\begin{cases} R = |\rho_0'|^2 = \dfrac{\rho_0^2 + |\rho_1'|^2 + 2\rho_0|\rho_1'|\cos(2\delta_1 - \phi_{r1})}{1 + (\rho_0|\rho_1'|)^2 + 2\rho_0|\rho_1'|\cos(2\delta_1 - \phi_{r1})} \\ \phi_r = \phi_{r0} = \tan^{-1}\dfrac{|\rho_1'|(\rho_0^2 - 1)\sin(2\delta_1 - \phi_{r1})}{\rho_0(1 + |\rho_1'|^2) + |\rho_1'|(1 + \rho_0^2)\cos(2\delta_1 - \phi_{r1})} \end{cases} \tag{4-19}$$

$$\begin{cases} T = \dfrac{n_m}{n_0}|\tau_0'|^2 = \dfrac{n_m}{n_0}\dfrac{(\tau_0|\tau_1'|)^2}{1 + (\rho_0|\rho_1'|)^2 + 2\rho_0|\rho_1'|\cos(2\delta_1 - \phi_{r1})} \\ \phi_t = \phi_{t0} = \tan^{-1}\dfrac{-\sin(\delta_1 - \phi_{t1}) + \rho_0|\rho_1'|\sin(\delta_1 - \phi_{r1} + \phi_{t1})}{\cos(\delta_1 - \phi_{t1}) + \rho_0|\rho_1'|\cos(\delta_1 - \phi_{r1} + \phi_{t1})} \end{cases} \tag{4-20}$$

　各仮想面のフレネル係数の式には、このように規則性があるが実際の計算はかなり複雑である。そこで、コンピュータによるプログラムの配列変数の概念および代入文ということを念頭において、プログラミングに適した計算の規則性をみつけてみよう。まず、L層膜の各界面のフレネル係数を次のようにおく。

$$\begin{cases} \rho_0 = \dfrac{n_0 - n_1}{n_0 + n_1} = \dfrac{a(0)_1}{a(0)_2} \\ \qquad \cdots \\ \rho_j = \dfrac{n_j - n_{j+1}}{n_j + n_{j+1}} = \dfrac{a(j)_1}{a(j)_2} \\ \qquad \cdots \\ \rho_L = \dfrac{n_L - n_m}{n_L + n_m} = \dfrac{a(L)_1}{a(L)_2} \end{cases} \quad \begin{cases} \tau_0 = \dfrac{2n_0}{n_0 + n_1} = \dfrac{a(0)_1{'}}{a(0)_2} \\ \qquad \cdots \\ \tau_j = \dfrac{2n_j}{n_j + n_{j+1}} = \dfrac{a(j)_1{'}}{a(j)_2} \\ \qquad \cdots \\ \tau_L = \dfrac{2n_L}{n_L + n_m} = \dfrac{a(L)_1{'}}{a(L)_2} \end{cases} \quad \begin{cases} \delta_1 = (2\pi/\lambda) n_1 d_1 \\ \qquad \cdots \\ \delta_j = (2\pi/\lambda) n_j d_j \\ \qquad \cdots \\ \delta_L = (2\pi/\lambda) n_L d_L \end{cases} \quad (4\text{-}21)$$

(1) 反射率

第L層（基板に接する層）の反射波のフレネル係数を

$$\rho_L = \frac{a(L)_1}{a(L)_2} = \frac{A_L - iB_L}{C_L - iD_L} \tag{4-22}$$

ただし、　$B_L = 0$、$D_L = 0$

と置くと、第L層の上下面による仮想面のフレネル係数 $\rho_{L-1}{'}$ は

$$\rho_{L-1}{'} = \frac{\rho_{L-1} + \rho_L e^{-i2\delta_L}}{1 + \rho_{L-1}\rho_L e^{-i2\delta_L}} = \frac{\dfrac{a(L-1)_1}{a(L-1)_2} + \dfrac{A_L - iB_L}{C_L - iD_L}(\cos 2\delta_L - i\sin 2\delta_L)}{1 + \dfrac{a(L-1)_1}{a(L-1)_2} \cdot \dfrac{A_L - iB_L}{C_L - iD_L}(\cos 2\delta_L - i\sin 2\delta_L)}$$

$$= \frac{A_{L-1} - iB_{L-1}}{C_{L-1} - iD_{L-1}} \tag{4-23}$$

ただし、

$$\begin{cases} A_{L-1} = a(L-1)_1 C_L + a(L-1)_2 A_L \cos 2\delta_L - a(L-1)_2 B_L \sin 2\delta_L \\ B_{L-1} = a(L-1)_1 D_L + a(L-1)_2 B_L \cos 2\delta_L + a(L-1)_2 A_L \sin 2\delta_L \\ C_{L-1} = a(L-1)_2 C_L + a(L-1)_1 A_L \cos 2\delta_L - a(L-1)_1 B_L \sin 2\delta_L \\ D_{L-1} = a(L-1)_2 D_L + a(L-1)_1 B_L \cos 2\delta_L + a(L-1)_1 A_L \sin 2\delta_L \end{cases} \tag{4-24}$$

となる。さらに、この仮想面と第 $(L-1)$ 層の上面による新たな仮想面のフレネル係数 $\rho_{L-2}{'}$ は

$$\rho_{L-2}{'} = \frac{\rho_{L-2} + \rho_{L-1}{'} e^{-i2\delta_{L-1}}}{1 + \rho_{L-2}\rho_{L-1}{'} e^{-i2\delta_{L-1}}} = \frac{\dfrac{a(L-2)_1}{a(L-2)_2} + \dfrac{A_{L-1} - iB_{L-1}}{C_{L-1} - iD_{L-1}}(\cos 2\delta_{L-1} - i\sin 2\delta_{L-1})}{1 + \dfrac{a(L-2)_1}{a(L-2)_2} \cdot \dfrac{A_{L-1} - iB_{L-1}}{C_{L-1} - iD_{L-1}}(\cos 2\delta_{L-1} - i\sin 2\delta_{L-1})}$$

$$= \frac{A_{L-2} - iB_{L-2}}{C_{L-2} - iD_{L-2}} \tag{4-25}$$

ただし、

$$\begin{cases} A_{L-2} = a(L-2)_1 C_{L-1} + a(L-2)_2 A_{L-1} \cos 2\delta_{L-1} - a(L-2)_2 B_{L-1} \sin 2\delta_{L-1} \\ B_{L-2} = a(L-2)_2 D_{L-1} + a(L-2)_2 B_{L-1} \cos 2\delta_{L-1} + a(L-2)_2 A_{L-1} \sin 2\delta_{L-1} \\ C_{L-2} = a(L-2)_2 C_{L-1} + a(L-2)_1 A_{L-1} \cos 2\delta_{L-1} - a(L-2)_1 B_{L-1} \sin 2\delta_{L-1} \\ D_{L-2} = a(L-2)_2 D_{L-1} + a(L-2)_1 B_{L-1} \cos 2\delta_{L-1} + a(L-2)_1 A_{L-1} \sin 2\delta_{L-1} \end{cases} \quad (4\text{-}26)$$

となる。(4-23) 式と (4-24) 式の組、(4-25) 式と (4-26) 式の組を較べると、簡単な規則性があることが分かる。これを第1層まで順次、繰り返すと最終的な仮想面のフレネル係数は

$$\rho_0{'} = \frac{A_0 - iB_0}{C_0 - iD_0} = \frac{A_0 C_0 + B_0 D_0 + i(A_0 D_0 - B_0 C_0)}{C_0^2 + D_0^2} \quad (4\text{-}27)$$

ただし、

$$\begin{cases} A_0 = a(0)_1 C_1 + a(0)_2 A_1 \cos 2\delta_1 - a(0)_2 B_1 \sin 2\delta_1 \\ B_0 = a(0)_1 D_1 + a(0)_2 B_1 \cos 2\delta_1 + a(0)_2 A_1 \sin 2\delta_1 \\ C_0 = a(0)_2 C_1 + a(0)_1 A_1 \cos 2\delta_1 - a(0)_1 B_1 \sin 2\delta_1 \\ D_0 = a(0)_2 D_1 + a(0)_1 B_1 \cos 2\delta_1 + a(0)_1 A_1 \sin 2\delta_1 \end{cases} \quad (4\text{-}28)$$

となる。コンピュータは繰り返し演算には適しており、第 ($L-1$) 層から第1層までこの四則演算を繰り返せば、最終的な仮想膜のフレネル係数が求まることになる。したがって、反射率Rおよび位相ϕ_rは次のようになる。

$$\begin{cases} R = |\rho_0{'}|^2 = \dfrac{A_0^2 + B_0^2}{C_0^2 + D_0^2} \\ \phi_r = \tan^{-1} \dfrac{A_0 D_0 - B_0 C_0}{A_0 C_0 + B_0 D_0} \end{cases} \quad (4\text{-}29)$$

計算のフローを文章で整理しておこう。

STEP-1：(4-21) 式から各界面のフレネル係数の成分$a(j)_1$、$a(j)_2$および位相変化δ_jを計算する。

STEP-2：$A_L = a(L)_1$、$C_L = a(L)_2$、$B_L = 0$、$D_L = 0$とする。ここで、$B_L = 0$、$D_L = 0$とおくのがポイントである。

STEP-3：(4-24) 式を第 ($L-1$) 層から第1層まで繰り返し計算し、(4-28) 式の最終的な値A_0、B_0、C_0、D_0を求める。

STEP-4：(4-29) 式からR、ϕ_rを計算する。

(2) 透過率

透過波のフレネル係数は、反射波とは分母は同じだが分子が異なるので第L膜（基板に接する層）を

$$\tau_L = \frac{a(L)_1{}'}{a(L)_2} = \frac{A_L{}' - iB_L{}'}{C_L - iD_L} \tag{4-30}$$

ただし、 $B_L{}' = 0$, $D_L = 0$

とおく。すると、第L層の上下面による仮想面のフレネル係数 $\tau_{L-1}{}'$ は

$$\tau_{L-1}{}' = \frac{\tau_{L-1}\tau_L e^{-i\delta_L}}{1 + \rho_{L-1}\rho_L e^{-i2\delta_L}} = \frac{\dfrac{a(L-1)_1{}'}{a(L-1)_2} \cdot \dfrac{A_L{}' - iB_L{}'}{C_L - iD_L}(\cos\delta_L - i\sin\delta_L)}{1 + \dfrac{a(L-1)_1}{a(L-1)_2} \cdot \dfrac{A_L - iB_L}{C_L - iD_L}(\cos 2\delta_L - i\sin 2\delta_L)}$$

$$= \frac{A_{L-1}{}' - iB_{L-1}{}'}{C_{L-1} - iD_{L-1}} \tag{4-31}$$

ただし、

$$\begin{cases} A_{L-1}{}' = a(L-1)_1{}' A_L{}' \cos\delta_L - a(L-1)_1{}' B_L{}' \sin\delta_L \\ B_{L-1}{}' = a(L-1)_1{}' B_L{}' \cos\delta_L + a(L-1)_1{}' A_L{}' \sin\delta_L \\ C_{L-1} = a(L-1)_2 C_L + a(L-1)_1 A_L \cos 2\delta_L - a(L-1)_1 B_L \sin 2\delta_L \\ D_{L-1} = a(L-1)_2 D_L + a(L-1)_1 B_L \cos 2\delta_L + a(L-1)_1 A_L \sin 2\delta_L \end{cases} \tag{4-32}$$

となる。反射率の計算の場合と同様に、第（L−1）層から第1層まで順次、繰り返すと最終的なフレネル係数は

$$\tau_0{}' = \frac{A_0{}' - iB_0{}'}{C_0 - iD_0} = \frac{A_0{}' C_0 + B_0{}' D_0 + i(A_0{}' D_0 - B_0{}' C_0)}{C_0{}^2 + D_0{}^2} \tag{4-33}$$

ただし、

$$\begin{cases} A_0{}' = a(0)_1{}' A_1{}' \cos\delta_1 - a(0)_1{}' B_1{}' \sin\delta_1 \\ B_0{}' = a(0)_1{}' B_1{}' \cos\delta_1 + a(0)_1{}' A_1{}' \sin\delta_1 \\ C_0 = a(0)_2 C_1 + a(0)_1 A_1 \cos 2\delta_1 - a(0)_1 B_1 \sin 2\delta_1 \\ D_0 = a(0)_2 D_1 + a(0)_1 B_1 \cos 2\delta_1 + a(0)_1 A_1 \sin 2\delta_1 \end{cases} \tag{4-34}$$

となる。したがって、透過率Tおよび位相変化 ϕ_t は次のようになる。

$$\begin{cases} T = \dfrac{n_m}{n_0}|\tau_0{}'|^2 = \dfrac{n_m}{n_0} \dfrac{A_0{}'^2 + B_0{}'^2}{C_0{}^2 + D_0{}^2} \\ \phi_t = \tan^{-1}\dfrac{A_0{}' D_0 - B_0{}' C_0}{A_0{}' C_0 + B_0{}' D_0} \end{cases} \tag{4-35}$$

4.1.2 吸収がある場合

薄膜および基板に吸収がある場合、各層の屈折率は複素屈折率 $N_j = n_j - ik_j$ で表されるので、各界面におけるフレネル係数は以下のようになる。計算の規則性を得るた

めに入射媒質の消衰係数を k_0（ただし、$k_0 = 0$）とする。

$$\begin{cases} \rho_0 = \dfrac{N_0 - N_1}{N_0 + N_1} = \dfrac{n_0 - n_1 - i(k_0 - k_1)}{n_0 + n_1 - i(k_0 + k_1)} = \dfrac{a(0)_1 - ib(0)_1}{a(0)_2 - ib(0)_2} \\ \qquad\qquad\qquad \cdots \\ \rho_j = \dfrac{N_j - N_{j+1}}{N_j + N_{j+1}} = \dfrac{n_j - n_{j+1} - i(k_j - k_{j+1})}{n_j + n_{j+1} - i(k_j + k_{j+1})} = \dfrac{a(j)_1 - ib(j)_1}{a(j)_2 - ib(j)_2} \\ \qquad\qquad\qquad \cdots \\ \rho_L = \dfrac{N_L - N_m}{N_L + N_m} = \dfrac{n_L - n_m - i(k_L - k_m)}{n_L + n_m - i(k_L + k_m)} = \dfrac{a(L)_1 - ib(L)_1}{a(L)_2 - ib(L)_2} \end{cases} \qquad (4\text{-}36)$$

$$\begin{cases} \tau_0 = \dfrac{2N_0}{N_0 + N_1} = \dfrac{2(n_0 - ik_0)}{n_0 + n_1 - i(k_0 + k_1)} = \dfrac{a(0)_1' - ib(0)_1'}{a(0)_2 - ib(0)_2} \\ \qquad\qquad\qquad \cdots \\ \tau_j = \dfrac{2N_j}{N_j + N_{j+1}} = \dfrac{2(n_j - ik_j)}{n_j + n_{j+1} - i(k_j + k_{j+1})} = \dfrac{a(j)_1' - ib(j)_1'}{a(j)_2 - ib(j)_2} \\ \qquad\qquad\qquad \cdots \\ \tau_L = \dfrac{2N_L}{N_L + N_m} = \dfrac{2(n_L - ik_L)}{n_L + n_m - i(k_L + k_m)} = \dfrac{a(L)_1' - ib(L)_1'}{a(L)_2 - ib(L)_2} \end{cases} \qquad (4\text{-}37)$$

$$\begin{cases} \Delta_1 = (2\pi/\lambda)N_1 d_1 = (2\pi/\lambda)(n_1 - ik_1)d_1 = \delta_1 - i\gamma_1 \\ \qquad\qquad\qquad \cdots \\ \Delta_j = (2\pi/\lambda)N_j d_j = (2\pi/\lambda)(n_j - ik_j)d_j = \delta_j - i\gamma_j \\ \qquad\qquad\qquad \cdots \\ \Delta_L = (2\pi/\lambda)N_L d_L = (2\pi/\lambda)(n_L - ik_L)d_L = \delta_L - i\gamma_L \end{cases} \qquad (4\text{-}38)$$

吸収がない垂直入射の場合と同様に計算の規則性を見つけて、反射率、透過率および位相を計算をしてみよう。

（1）反射率

第L膜（基板に接する層）の反射のフレネル係数を

$$\rho_L = \dfrac{a(L)_1 - ib(L)_1}{a(L)_2 - ib(L)_2} = \dfrac{A_L - iB_L}{C_L - iD_L} \qquad (4\text{-}39)$$

とおくと、第L膜の上下面による仮想面のフレネル係数 ρ_{L-1}' は

$$\rho_{L-1}' = \frac{\rho_{L-1} + \rho_L e^{-i2\Delta_L}}{1 + \rho_{L-1}\rho_L e^{-i2\Delta_L}} = \frac{\dfrac{a(L-1)_1 - ib(L-1)_1}{a(L-1)_2 - ib(L-1)_2} + \dfrac{A_L - iB_L}{C_L - iD_L}(\cos 2\delta_L - i\sin 2\delta_L)e^{-2\gamma_L}}{1 + \dfrac{a(L-1)_1 - ib(L-1)_1}{a(L-1)_2 - ib(L-1)_2}\dfrac{A_L - iB_L}{C_L - iD_L}(\cos 2\delta_L - i\sin 2\delta_L)e^{-2\gamma_L}}$$

$$= \frac{A_{L-1} - iB_{L-1}}{C_{L-1} - iD_{L-1}} \tag{4-40}$$

ただし、

$$\begin{cases} A_{L-1} = a(L-1)_1 C_L - b(L-1)_1 D_L + [\ \{a(L-1)_2 A_L - b(L-1)_2 B_L\}\cos 2\delta_L \\ \qquad\quad -\{a(L-1)_2 B_L + b(L-1)_2 A_L\}\sin 2\delta_L\ ]\ e^{-2\gamma_L} \\ B_{L-1} = a(L-1)_1 D_L + b(L-1)_1 C_L + [\ \{a(L-1)_2 B_L + b(L-1)_2 A_L\}\cos 2\delta_L \\ \qquad\quad +\{a(L-1)_2 A_L - b(L-1)_2 B_L\}\sin 2\delta_L\ ]\ e^{-2\gamma_L} \\ C_{L-1} = a(L-1)_2 C_L - b(L-1)_2 D_L + [\ \{a(L-1)_1 A_L - b(L-1)_1 B_L\}\cos 2\delta_L \\ \qquad\quad -\{a(L-1)_1 B_L + b(L-1)_1 A_L\}\sin 2\delta_L\ ]\ e^{-2\gamma_L} \\ D_{L-1} = a(L-1)_2 D_L + b(L-1)_2 C_L + [\ \{a(L-1)_1 B_L + b(L-1)_1 A_L\}\cos 2\delta_L \\ \qquad\quad +\{a(L-1)_1 A_L - b(L-1)_1 B_L\}\sin 2\delta_L\ ]\ e^{-2\gamma_L} \end{cases} \tag{4-41}$$

となる。すると、吸収がない場合と同様にして第($L-1$)層から第1層まで順次繰り返すと最終的なフレネル係数は

$$\rho_0' = \frac{A_0 - iB_0}{C_0 - iD_0} = \frac{A_0 C_0 + B_0 D_0 + i(A_0 D_0 - B_0 C_0)}{C_0^2 + D_0^2} \tag{4-42}$$

ただし、

$$\begin{cases} A_0 = a(0)_1 C_1 - b(0)_1 D_1 + [\ \{a(0)_2 A_1 - b(0)_2 B_1\}\cos 2\delta_1 \\ \qquad\quad -\{a(0)_2 B_1 + b(0)_2 A_1\}\sin 2\delta_1\ ]\ e^{-2\gamma_1} \\ B_0 = a(0)_1 D_1 + b(0)_1 C_1 + [\ \{a(0)_2 B_1 + b(0)_2 A_1\}\cos 2\delta_1 \\ \qquad\quad +\{a(0)_2 A_1 - b(0)_2 B_1\}\sin 2\delta_1\ ]\ e^{-2\gamma_1} \\ C_0 = a(0)_2 C_1 - b(0)_2 D_1 + [\ \{a(0)_1 A_1 - b(0)_1 B_1\}\cos 2\delta_1 \\ \qquad\quad -\{a(0)_1 B_1 + b(0)_1 A_1\}\sin 2\delta_1\ ]\ e^{-2\gamma_1} \\ D_0 = a(0)_2 D_1 + b(0)_2 C_1 + [\ \{a(0)_1 B_1 + b(0)_1 A_1\}\cos 2\delta_1 \\ \qquad\quad +\{a(0)_1 A_1 - b(0)_1 B_1\}\sin 2\delta_1\ ]\ e^{-2\gamma_1} \end{cases} \tag{4-43}$$

となる。したがって、反射率Rおよび位相ϕ_rは次のようになる。

$$\begin{cases} R = |\rho_0'|^2 = \dfrac{A_0^2 + B_0^2}{C_0^2 + D_0^2} \\ \phi_r = \tan^{-1}\dfrac{A_0 D_0 - B_0 C_0}{A_0 C_0 + B_0 D_0} \end{cases} \tag{4-44}$$

（2）透過率

反射率の計算と同様に第L膜の透過のフレネル係数を

$$\tau_L = \frac{a(L)_1' - ib(L)_1'}{a(L)_2 - ib(L)_2} = \frac{A_L' - iB_L'}{C_L - iD_L} \tag{4-45}$$

と置くと、第L膜の上下面による仮想面のフレネル係数 τ_{L-1}' は

$$\tau_{L-1}' = \frac{\tau_{L-1}\tau_L e^{-i\Delta_L}}{1 + \rho_{L-1}\rho_L e^{-i2\Delta_L}} = \frac{\dfrac{a(L-1)_1' - ib(L-1)_1'}{a(L-1)_2 - ib(L-1)_2}\dfrac{A_L' - iB_L'}{C_L - iD_L}(\cos\delta_L - i\sin\delta_L)\, e^{-\gamma_L}}{1 + \dfrac{a(L-1)_1 - ib(L-1)_1}{a(L-1)_2 - ib(L-1)_2}\dfrac{A_L - iB_L}{C_L - iD_L}(\cos 2\delta_L - i\sin 2\delta_L)\, e^{-2\gamma_L}}$$

$$= \frac{A_{L-1}' - iB_{L-1}'}{C_{L-1} - iD_{L-1}} \tag{4-46}$$

ただし、

$$\begin{cases} A_{L-1}' = [\{a(L-1)_1' A_L' - b(L-1)_1' B_L'\}\cos\delta_L \\ \quad - \{a(L-1)_1' B_L' + b(L-1)_1' A_L'\}\sin\delta_L]\, e^{-\gamma_L} \\ B_{L-1}' = [\{a(L-1)_1' B_L' + b(L-1)_1' A_L'\}\cos\delta_L \\ \quad + \{a(L-1)_1' A_L' - b(L-1)_1' B_L'\}\sin\delta_L]\, e^{-\gamma_L} \\ C_{L-1} = a(L-1)_2 C_L - b(L-1)_2 D_L + [\{a(L-1)_1 A_L - b(L-1)_1 B_L\}\cos 2\delta_L \\ \quad - \{a(L-1)_1 B_L + b(L-1)_1 A_L\}\sin 2\delta_L]\, e^{-2\gamma_L} \\ D_{L-1} = a(L-1)_2 D_L + b(L-1)_2 C_L + [\{a(L-1)_1 B_L + b(L-1)_1 A_L\}\cos 2\delta_L \\ \quad + \{a(L-1)_1 A_L - b(L-1)_1 B_L\}\sin 2\delta_L]\, e^{-2\gamma_L} \end{cases} \tag{4-47}$$

となる。第 $(L-1)$ 層から第1層まで順次、繰り返すと最終的なフレネル係数は

$$\tau_0' = \frac{A_0' - iB_0'}{C_0 - iD_0} = \frac{A_0' C_0 + B_0' D_0 + i(A_0' D_0 - B_0' C_0)}{C_0^2 + D_0^2} \tag{4-48}$$

ただし、

$$\begin{cases}
A_0' = [\ \{\ a(0)_1{}'A_1' - b(0)_1{}'B_1'\ \}\cos\delta_1 - \{\ a(0)_1{}'B_1' + b(0)_1{}'A_1'\ \}\sin\delta_1\ ]\ e^{-\gamma_1} \\
B_0' = [\ \{\ a(0)_1{}'B_1' + b(0)_1{}'A_1'\ \}\cos\delta_1 + \{\ a(0)_1{}'A_1' - b(0)_1{}'B_1'\ \}\sin\delta_1\ ]\ e^{-\gamma_1} \\
C_0 = a(0)_2 C_1 - b(0)_2 D_1 + [\ \{\ a(0)_1 A_1 - b(0)_1 B_1\ \}\cos 2\delta_1 \\
\qquad\quad - \{\ a(0)_1 B_1 + b(0)_1 A_1\ \}\sin 2\delta_1\ ]\ e^{-2\gamma_1} \\
D_0 = a(0)_2 D_1 + b(0)_2 C_1 + [\ \{\ a(0)_1 B_1 + b(0)_1 A_1\ \}\cos 2\delta_1 \\
\qquad\quad + \{\ a(0)_1 A_1 - b(0)_1 B_1\ \}\sin 2\delta_1\ ]\ e^{-2\gamma_1}
\end{cases} \quad (4\text{-}49)$$

となる。したがって、透過率Tおよび位相ϕ_tは次のようになる。

$$\begin{cases}
T = \dfrac{\mathrm{Re}(N_m)}{n_0}|\tau_0'|^2 = \dfrac{n_m}{n_0}\dfrac{A_0'^2 + B_0'^2}{C_0^2 + D_0^2} \\
\phi_t = \tan^{-1}\dfrac{A_0' D_0 - B_0' C_0}{A_0' C_0 + B_0' D_0}
\end{cases} \quad (4\text{-}50)$$

以上に述べたように、薄膜や基板に吸収がある場合でもフレネル係数を利用すれば複雑な数学を利用せずに簡単に分光特性や位相の計算ができる。参考のために分光反射率・透過率および位相の計算のフローチャートを**図4.3**に示す。なお、基板や薄膜の分散を考慮する場合は、このフローチャートの◎印の場所に計算のサブルーチンを作成すればよい。

第4章

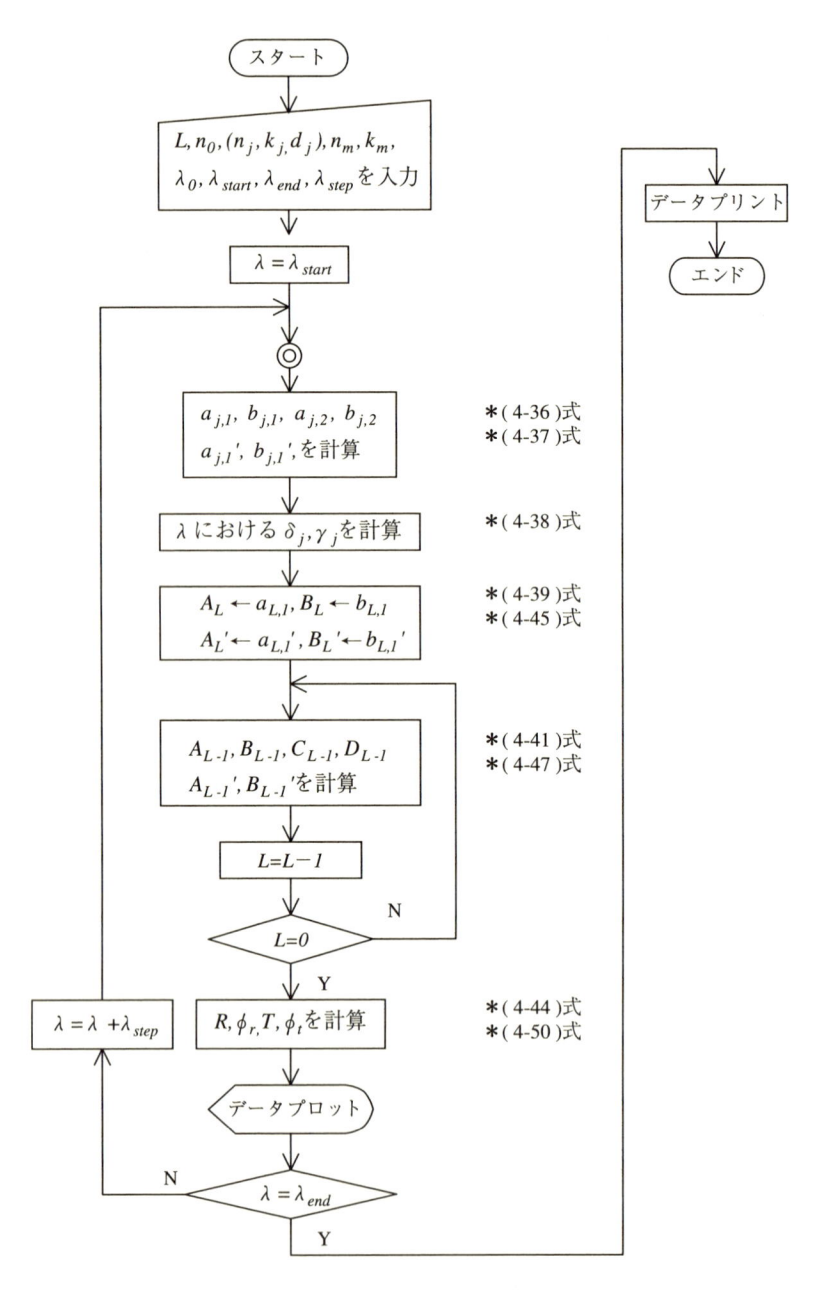

```
                    スタート
                       │
                       ▼
          L, n_0, (n_j, k_j, d_j), n_m, k_m,
          λ_0, λ_start, λ_end, λ_step を入力
                       │
                       ▼
                  λ = λ_start
                       │
                       ▼
                       ◎ ◄─────────────┐
                       │               │
                       ▼               │
           a_{j,1}, b_{j,1}, a_{j,2}, b_{j,2}      *(4-36)式
           a_{j,1}', b_{j,1}', を計算             *(4-37)式
                       │
                       ▼
           λにおけるδ_j, γ_j を計算               *(4-38)式
                       │
                       ▼
           A_L ← a_{L,1}, B_L ← b_{L,1}           *(4-39)式
           A_L' ← a_{L,1}', B_L' ← b_{L,1}'       *(4-45)式
                       │
                       ▼ ◄──────┐
           A_{L-1}, B_{L-1}, C_{L-1}, D_{L-1}      *(4-41)式
           A_{L-1}', B_{L-1}'を計算                *(4-47)式
                       │                │
                       ▼                │
                   L = L-1              │
                       │                │
                       ▼           N    │
                     ◇ L=0 ─────────────┘
                       │ Y
                       ▼
           R, φ_r, T, φ_t を計算         *(4-44)式
   ┌──────────────────│               *(4-50)式
   │                  ▼
λ=λ+λ_step ←─     データプロット
                       │
              N        ▼
   └──────── ◇ λ=λ_end
                       │ Y
                       ▼
                  データプリント
                       │
                       ▼
                     エンド
```

図4.3 垂直入射・吸収L層膜の分光特性計算フローチャート

▮▮▮▮ 4.2 斜入射

薄膜および基板に吸収がある系に光が斜入射した場合の分光特性および位相の計算について解説する（**図4.4**）。光が角度 θ_0 で膜面に入射すると、入射媒質、薄膜

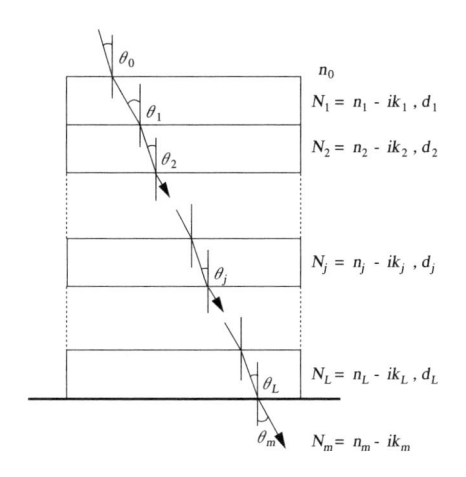

図4.4　吸収・斜入射

（L層）および基板の偏光成分s、p波に対する屈折率は、3.4項で述べたように

$$\text{入射媒質}\begin{cases} \eta_{0S} = n_0 \cos\theta_0 \\ \eta_{0P} = n_0 / \cos\theta_0 \end{cases} \text{薄膜}\begin{cases} \eta_{jS} = N_j \cos\theta_j \\ \eta_{jP} = N_j / \cos\theta_j \end{cases} \text{基板}\begin{cases} \eta_{mS} = N_m \cos\theta_m \\ \eta_{mP} = N_m / \cos\theta_m \end{cases} \quad (4\text{-}51)$$

ただし、　$N_j = n_j - ik_j$

で表され、N_j、θ_jにはスネルの法則

$$n_0 \sin\theta_0 = N_1 \sin\theta_1 = \cdots = N_j \sin\theta_j = \cdots = N_L \sin\theta_L = N_m \sin\theta_m \quad (4\text{-}52)$$

の関係がある。また、入射媒質の屈折率は

$$\begin{cases} \eta_{0S} = N_0 \cos\theta_0 = n_0 \cos\theta_0 - ik_0 \cos\theta_0 = x_{0S} - iy_{0S} \\ \eta_{0P} = N_0 / \cos\theta_0 = n_0 / \cos\theta_0 - ik_0 / \cos\theta_0 = x_{0P} - iy_{0P} \end{cases} \quad (4\text{-}53)$$

ただし、　$k_0 = y_{0S} = y_{0p} = 0$

となる。薄膜および基板の屈折率は第3章で述べたように、$j = 1, 2 \cdots L, m$として

$$\begin{cases} \eta_{jS} = N_j \cos\theta_j = x_{jS} - iy_{jS} \\ \eta_{jP} = N_j / \cos\theta_j = x_{jP} - iy_{jP} \end{cases} \quad (4\text{-}54)$$

ただし、

$$\begin{cases} x_{jS} = (u_j^2 + v_j^2)^{1/4} \cos(\xi_j / 2) \\ y_{jS} = (u_j^2 + v_j^2)^{1/4} \sin(\xi_j / 2) \\ x_{jP} = \{ (n_j^2 - k_j^2)x_{jS} + 2n_j k_j y_{jS} \} / (x_{jS}^2 + y_{jS}^2) \\ y_{jP} = \{ 2n_j k_j x_{jS} - (n_j^2 - k_j^2)y_{jS} \} / (x_{jS}^2 + y_{jS}^2) \\ u_j = n_j^2 - k_j^2 - n_0^2 \sin^2 \theta_0 \\ v_j = 2n_j k_j \\ \xi_j = \tan^{-1}(v_j / u_j) \end{cases} \quad (4\text{-}55)$$

と書ける。したがって、各界面のフレネル係数は

$$\begin{cases} \rho_{jS} = \dfrac{\eta_{jS} - \eta_{(j+1)S}}{\eta_{jS} + \eta_{(j+1)S}} = \dfrac{x_{jS} - x_{(j+1)S} - i(y_{jS} - y_{(j+1)S})}{x_{jS} + x_{(j+1)S} - i(y_{jS} + y_{(j+1)S})} = \dfrac{a(j)_{S1} - ib(j)_{S1}}{a(j)_{S2} - ib(j)_{S2}} \\ \rho_{jP} = \dfrac{\eta_{jP} - \eta_{(j+1)P}}{\eta_{jP} + \eta_{(j+1)P}} = \dfrac{x_{jP} - x_{(j+1)P} - i(y_{jP} - y_{(j+1)P})}{x_{jP} + x_{(j+1)P} - i(y_{jP} + y_{(j+1)P})} = \dfrac{a(j)_{P1} - ib(j)_{P1}}{a(j)_{P2} - ib(j)_{P2}} \end{cases} \quad (4\text{-}56)$$

$$\begin{cases} \tau_{jS} = \dfrac{2\eta_{jS}}{\eta_{jS} + \eta_{(j+1)S}} = \dfrac{2x_{jS} - i2y_{jS}}{x_{jS} + x_{(j+1)S} - i(y_{jS} + y_{(j+1)S})} = \dfrac{a(j)_{S1}' - ib(j)_{S1}'}{a(j)_{S2} - ib(j)_{S2}} \\ \tau_{jP} = \dfrac{2\eta_{jP}}{\eta_{jP} + \eta_{(j+1)P}} = \dfrac{2x_{jP} - i2y_{jP}}{x_{jP} + x_{(j+1)P} - i(y_{jP} + y_{(j+1)P})} = \dfrac{a(j)_{P1}' - ib(j)_{P1}'}{a(j)_{P2} - ib(j)_{P2}} \end{cases} \quad (4\text{-}57)$$

となる。また、各層の位相は、s、p波ともに等しく

$$\Delta_j = (2\pi / \lambda) N_j d_j \cos\theta_j = (2\pi / \lambda)(N_j \cos\theta_j) d_j = (2\pi / \lambda) \eta_{jS} d_j$$
$$= (2\pi / \lambda)(x_{jS} - i y_{jS}) d_j = \delta_j - i\gamma_j \quad (4\text{-}58)$$

ただし、$\begin{cases} \delta_j = (2\pi / \lambda) x_{jS} d_j \\ \gamma_j = (2\pi / \lambda) y_{jS} d_j \end{cases} \quad (4\text{-}59)$

となる。フレネル係数および位相が、垂直入射・吸収膜の場合と全く同様に表現できたので、反射率R_s、R_p、透過率T_s、T_pおよび位相変化ϕ_r、ϕ_tは同様に計算できる。ただし、透過率の計算においては

$$\begin{cases} T_S = \dfrac{\mathrm{Re}(\eta_{mS})}{\mathrm{Re}(\eta_{0S})} |\tau_{0S}'|^2 = \dfrac{x_{mS}}{x_{0S}} |\tau_{0S}'|^2 \\ T_P = \dfrac{\mathrm{Re}(\eta_{mP})}{\mathrm{Re}(\eta_{0P})} |\tau_{0P}'|^2 = \dfrac{x_{mP}}{x_{0P}} |\tau_{0P}'|^2 \end{cases} \quad (4\text{-}60)$$

となることに注意されたい。

4.3 基板の裏面反射を考慮した分光特性

いままでは基板の裏面反射を0とした分光特性の計算方法について述べた。フィルターでは、図4.5（b）のように基板の裏面反射を考慮した分光特性や、同図（c）のように光が基板の裏面から入射した場合の分光特性を計算したい場合がある。特に、基板や薄膜に吸収がある場合は、光が膜面から（FWD：forward）入射するか、裏面から（REV：reverse）入射するかで、その反射率の大きさは異なる。例えば、ガラス基板に金属Alを成膜し、さらに数層の誘電体を成膜する増反射ミラーを考えると容易に理解できるであろう。また、基板に吸収がある場合はその内部透過率、基板上面から薄膜へ光が入射したときの反射率そして基板上下面による多重繰り返し反射（図4.6および図4.7）を計算する必要がある。これらの計算は第6章で解説する光学モニターの光量変化でも重要となるので、実際の計算のアルゴリズムを丁寧に解説する。

4.3.1 基板の内部透過率 T_i

基板の屈折率を $N_m = n_m - ik_m$、厚みを d_m とすると、内部透過率 T_i は

$$T_i = \begin{cases} \exp(-4\pi k_m d_m / \lambda) & \cdots 垂直入射 \\ \exp(-4\pi k_m |h| / \lambda) & \cdots 斜入射（(2-93)式から） \end{cases} \tag{4-61}$$

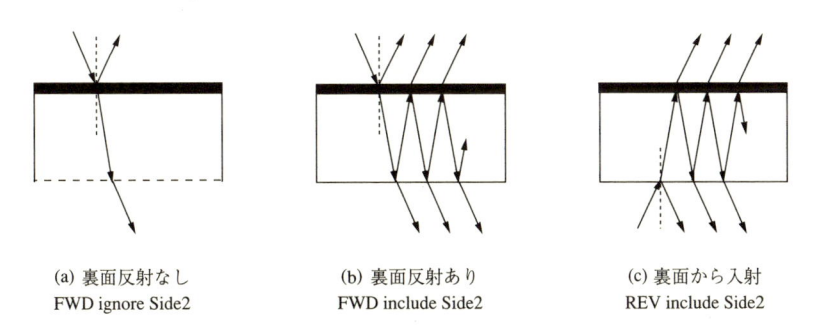

(a) 裏面反射なし
FWD ignore Side2

(b) 裏面反射あり
FWD include Side2

(c) 裏面から入射
REV include Side2

図4.5 基板の裏面反射と光の入射方向

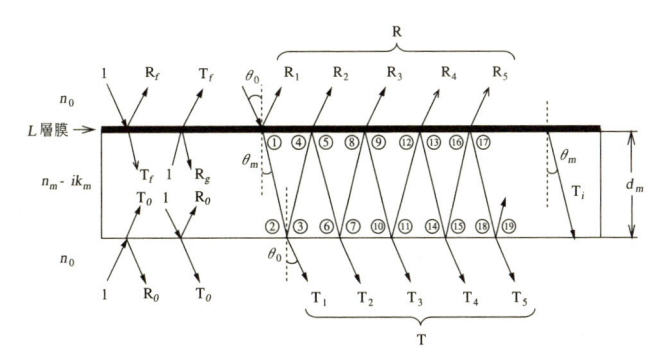

図4.6 光が膜面から入射した場合の多重繰り返し反射

第4章

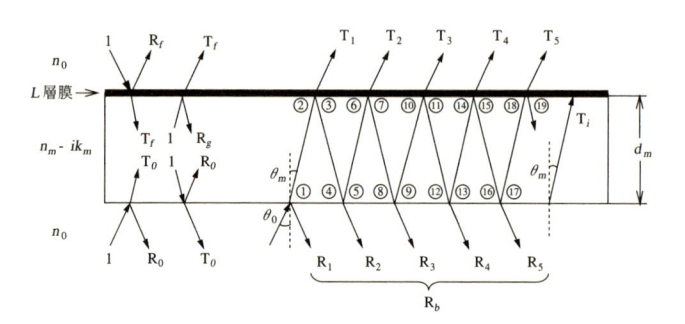

図4.7 光が基板裏面から入射した場合の多重繰り返し反射

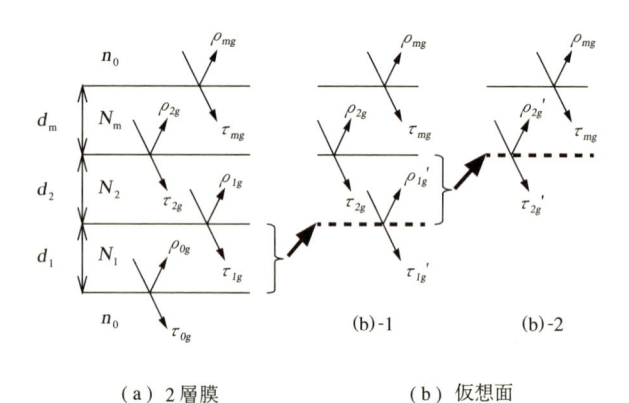

（a）2層膜　　　　　　（b）仮想面

図4.8 光が基板裏面から入射した場合の仮想面の考え方

ただし、
$$|h| = \left(\frac{n_m^2 + k_m^2}{x_{mS}^2 + y_{mS}^2} \right)^{1/2} \cdot d_m \tag{4-62}$$

となる。x_{ms}、y_{ms}は（4-55）式で計算される値である。

4.3.2　基板から薄膜への反射率R_g
（1）垂直入射

図4.8のように吸収がある2層膜に光が垂直入射する場合の反射率R_gを仮想面を利用して求めてみよう。計算の規則性を考えて、これまでと同様に$k_0(=0)$を考えると、図4.8（a）の各界面のフレネル係数および位相変化は、（4-36）式および（4-38）式から次のようになる。

$$\begin{cases} \rho_{2g} = \dfrac{N_m - N_2}{N_m + N_2} = -\dfrac{n_2 - n_m - i(k_2 - k_m)}{n_2 + n_m - i(k_2 + k_m)} = -\dfrac{a(2)_1 - ib(2)_1}{a(2)_2 - ib(2)_2} \\[2mm] \rho_{1g} = \dfrac{N_2 - N_1}{N_2 + N_1} = -\dfrac{n_1 - n_2 - i(k_1 - k_2)}{n_1 + n_2 - i(k_1 + k_2)} = -\dfrac{a(1)_1 - ib(1)_1}{a(1)_2 - ib(1)_2} \\[2mm] \rho_{0g} = \dfrac{N_1 - N_0}{N_1 + N_0} = -\dfrac{n_0 - n_1 - i(k_0 - k_1)}{n_0 + n_1 - i(k_0 + k_1)} = -\dfrac{a(0)_1 - ib(0)_1}{a(0)_2 - ib(0)_2} \end{cases} \tag{4-63}$$

$$\begin{cases} \Delta_2 = (2\pi/\lambda)(n_2-ik_2)d_2 = \delta_2 - i\gamma_2 \\ \Delta_1 = (2\pi/\lambda)(n_1-ik_1)d_1 = \delta_1 - i\gamma_1 \end{cases} \tag{4-64}$$

$A_0'' = a(0)_1$、$B_0'' = b(0)_1$、$C_0'' = a(0)_2$、$D_0'' = b(0)_2$とおき、**図4.8（b）**のように仮想面を考えて

$$\rho_{1g}' = \frac{\rho_{1g} + \rho_{0g}e^{-i2\Delta_1}}{1 + \rho_{1g}\rho_{0g}e^{-i2\Delta_1}} = -\frac{\dfrac{a(1)_1 - ib(1)_1}{a(1)_2 - ib(1)_2} + \dfrac{A_0'' - iB_0''}{C_0'' - iD_0''}(\cos 2\delta_1 - i\sin 2\delta_1)\, e^{-2\gamma_1}}{1 + \dfrac{a(1)_1 - ib(1)_1}{a(1)_2 - ib(1)_2}\dfrac{A_0'' - iB_0''}{C_0'' - iD_0''}(\cos 2\delta_1 - i\sin 2\delta_1)\, e^{-2\gamma_1}} \tag{4-65}$$

$$= -\frac{A_1'' - iB_1''}{C_1'' - iD_1''} \tag{4-66}$$

ただし、
$$\begin{cases} A_1'' = a(1)_1 C_0'' - b(1)_1 D_0'' + [\, \{a(1)_2 A_0'' - b(1)_2 B_0''\}\cos 2\delta_1 \\ \qquad - \{a(1)_2 B_0'' + b(1)_2 A_0''\}\sin 2\delta_1 \,]e^{-2\gamma_1} \\ B_1'' = a(1)_1 D_0'' + b(1)_1 C_0'' + [\, \{a(1)_2 B_0'' + b(1)_2 A_0''\}\cos 2\delta_1 \\ \qquad + \{a(1)_2 A_0'' - b(1)_2 B_0''\}\sin 2\delta_1 \,]e^{-2\gamma_1} \\ C_1'' = a(1)_2 C_0'' - b(1)_2 D_0'' + [\, \{a(1)_1 A_0'' - b(1)_1 B_0''\}\cos 2\delta_1 \\ \qquad - \{a(1)_1 B_0'' + b(1)_1 A_0''\}\sin 2\delta_1 \,]e^{-2\gamma_1} \\ D_1'' = a(1)_2 D_0'' + b(1)_2 C_0'' + [\, \{a(1)_1 B_0'' + b(1)_1 A_0''\}\cos 2\delta_1 \\ \qquad + \{a(1)_1 A_0'' - b(1)_1 B_0''\}\sin 2\delta_1 \,]e^{-2\gamma_1} \end{cases} \tag{4-67}$$

となる。すると、ステップ（b）-2では

$$\rho_{2g}' = \frac{\rho_{2g} + \rho_{1g}'e^{-i2\Delta_2}}{1 + \rho_{2g}\rho_{1g}'e^{-i2\Delta_2}} = -\frac{\dfrac{a(2)_1 - ib(2)_1}{a(2)_2 - ib(2)_2} + \dfrac{A_1'' - iB_1''}{C_1'' - iD_1''}(\cos 2\delta_2 - i\sin 2\delta_2)e^{-2\gamma_2}}{1 + \dfrac{a(2)_1 - ib(2)_1}{a(2)_2 - ib(2)_2}\dfrac{A_1'' - iB_1''}{C_1'' - iD_1''}(\cos 2\delta_2 - i\sin 2\delta_2)e^{-2\gamma_2}}$$

$$= -\frac{A_2'' - iB_2''}{C_2'' - iD_2''} \tag{4-68}$$

ただし、
$$\begin{cases} A_2'' = a(2)_1 C_1'' - b(2)_1 D_1'' + [\ \{\ a(2)_2 A_1'' - b(2)_2 B_1''\ \}\cos 2\delta_2 \\ \qquad - \{\ a(2)_2 B_1'' + b(2)_2 A_1''\ \}\sin 2\delta_2\ ]\ e^{-2\gamma_2} \\ B_2'' = a(2)_1 D_1'' + b(2)_1 C_1'' + [\ \{\ a(2)_2 B_1'' + b(2)_2 A_1''\ \}\cos 2\delta_2 \\ \qquad + \{\ a(2)_2 A_1'' - b(2)_2 B_1''\ \}\sin 2\delta_2\ ]\ e^{-2\gamma_2} \\ C_2'' = a(2)_2 C_1'' - b(2)_2 D_1'' + [\ \{\ a(2)_1 A_1'' - b(2)_1 B_1''\ \}\cos 2\delta_2 \\ \qquad - \{\ a(2)_1 B_1'' + b(2)_1 A_1''\ \}\sin 2\delta_2\ ]\ e^{-2\gamma_2} \\ D_2'' = a(2)_2 D_1'' + b(2)_2 C_1'' + [\ \{\ a(2)_1 B_1'' + b(2)_1 A_1''\ \}\cos 2\delta_2 \\ \qquad + \{\ a(2)_1 A_1'' - b(2)_1 B_1''\ \}\sin 2\delta_2\ ]\ e^{-2\gamma_2} \end{cases} \quad (4\text{-}69)$$

となる。したがって、反射率R_gは

$$R_g = |\rho_{2g}'|^2 = \frac{(A_2'')^2 + (B_2'')^2}{(C_2'')^2 + (D_2'')^2} \quad (4\text{-}70)$$

となる。ここでは、2層膜について計算したが、L層膜でもこれらの展開は同じである。

(2) 斜入射

いままで見てきたように、s波とp波の計算式の形は同じになるので、ここではs波について計算する。**図4.8 (a)** の各界面のフレネル係数は、(4-56) 式から次のようになる。

$$\begin{cases} \rho_{2g} = \dfrac{\eta_{mS} - \eta_{2S}}{\eta_{mS} + \eta_{2S}} = -\dfrac{x_{2S} - x_{mS} - i(y_{2S} - y_{mS})}{x_{2S} + x_{mS} - i(y_{2S} + y_{mS})} = -\dfrac{a(2)_{S1} - ib(2)_{S1}}{a(2)_{S2} - ib(2)_{S2}} \\ \rho_{1g} = \dfrac{\eta_{2S} - \eta_{1S}}{\eta_{2S} + \eta_{1S}} = -\dfrac{x_{1S} - x_{2S} - i(y_{1S} - y_{2S})}{x_{1S} + x_{2S} - i(y_{1S} + y_{2S})} = -\dfrac{a(1)_{S1} - ib(1)_{S1}}{a(1)_{S2} - ib(1)_{S2}} \\ \rho_{0g} = \dfrac{\eta_{1S} - \eta_{0S}}{\eta_{1S} + \eta_{0S}} = -\dfrac{x_{0S} - x_{1S} - i(y_{0S} - y_{1S})}{x_{0S} + x_{1S} - i(y_{0S} + y_{1S})} = -\dfrac{a(0)_{S1} - ib(0)_{S1}}{a(0)_{S2} - ib(0)_{S2}} \end{cases} \quad (4\text{-}71)$$

また、各層の位相変化は、s、p波ともに等しく

$$\begin{cases} \Delta_2 = (2\pi/\lambda)(x_{2S} - iy_{2S})d_2 = \delta_2 - i\gamma_2 \\ \Delta_1 = (2\pi/\lambda)(x_{1S} - iy_{1S})d_1 = \delta_1 - i\gamma_1 \end{cases} \quad (4\text{-}72)$$

となる。すると、垂直入射の場合の (4-63) 式と全く同じ形になるので、同様にして反射率R_gは求まる。

4.3.3 多重繰り返し反射

基板の裏面との多重繰り返し反射を考えてみよう。**図4.6**および**図4.7**に示した各部の光量は**表4.1**のようになり、いずれも比が$T_i^2 R_0 R_g$の等比級数の和となり、R、TおよびR_bは次のようになる。

110

表4.1　多重繰り返し反射の各部の光量

（a）FWD include Side-2の場合の各部の光量

場所	光量	場所	光量
①	T_f	⑪	$T_f \cdot T_i^5 \cdot R_0^3 \cdot R_g^2$
②	$T_f \cdot T_i$	⑫	$T_f \cdot T_i^6 \cdot R_0^3 \cdot R_g^2$
③	$T_f \cdot T_i \cdot R_0$	⑬	$T_f \cdot T_i^6 \cdot R_0^3 \cdot R_g^3$
④	$T_f \cdot T_i^2 \cdot R_0$	⑭	$T_f \cdot T_i^7 \cdot R_0^3 \cdot R_g^3$
⑤	$T_f \cdot T_i^2 \cdot R_0 \cdot R_g$	⑮	$T_f \cdot T_i^7 \cdot R_0^4 \cdot R_g^3$
⑥	$T_f \cdot T_i^3 \cdot R_0 \cdot R_g$	⑯	$T_f \cdot T_i^8 \cdot R_0^4 \cdot R_g^3$
⑦	$T_f \cdot T_i^3 \cdot R_0^2 \cdot R_g$	⑰	$T_f \cdot T_i^8 \cdot R_0^4 \cdot R_g^4$
⑧	$T_f \cdot T_i^4 \cdot R_0^2 \cdot R_g$	⑱	$T_f \cdot T_i^9 \cdot R_0^4 \cdot R_g^4$
⑨	$T_f \cdot T_i^4 \cdot R_0^2 \cdot R_g^2$	⑲	$T_f \cdot T_i^9 \cdot R_0^5 \cdot R_g^4$
⑩	$T_f \cdot T_i^5 \cdot R_0^2 \cdot R_g^2$		

（b）REV include Side-2の場合の各部の光量

場所	光量	場所	光量
①	T_0	⑪	$T_0 \cdot T_i^5 \cdot R_g^3 \cdot R_0^2$
②	$T_0 \cdot T_i$	⑫	$T_0 \cdot T_i^6 \cdot R_g^3 \cdot R_0^2$
③	$T_0 \cdot T_i \cdot R_g$	⑬	$T_0 \cdot T_i^6 \cdot R_g^3 \cdot R_0^3$
④	$T_0 \cdot T_i^2 \cdot R_g$	⑭	$T_0 \cdot T_i^7 \cdot R_g^3 \cdot R_0^3$
⑤	$T_0 \cdot T_i^2 \cdot R_g \cdot R_0$	⑮	$T_0 \cdot T_i^7 \cdot R_g^4 \cdot R_0^3$
⑥	$T_0 \cdot T_i^3 \cdot R_g \cdot R_0$	⑯	$T_0 \cdot T_i^8 \cdot R_g^4 \cdot R_0^3$
⑦	$T_0 \cdot T_i^3 \cdot R_g^2 \cdot R_0$	⑰	$T_0 \cdot T_i^8 \cdot R_g^4 \cdot R_0^4$
⑧	$T_0 \cdot T_i^4 \cdot R_g^2 \cdot R_0$	⑱	$T_0 \cdot T_i^9 \cdot R_g^4 \cdot R_0^4$
⑨	$T_0 \cdot T_i^4 \cdot R_g^2 \cdot R_0^2$	⑲	$T_0 \cdot T_i^9 \cdot R_g^5 \cdot R_0^4$
⑩	$T_0 \cdot T_i^5 \cdot R_g^2 \cdot R_0^2$		

$$R = \sum_{j=1} R_j = R_1 + T_f(④ + ⑧ + ⑫ + ⑯ + \cdots)$$

$$= R_f + T_f^2 T_i^2 R_0 (1 + T_i^2 R_0 R_g + T_i^4 R_0^2 R_g^2 + T_i^6 R_0^3 R_g^3 + \cdots)$$

$$= R_f + \frac{T_f^2 T_i^2 R_0}{1 - T_i^2 R_0 R_g} \tag{4-73}$$

$$T = \sum_{j=1} T_j = T_0(② + ⑥ + ⑩ + ⑭ + ⑱ + \cdots)$$

$$= T_0 T_f T_i (1 + T_i^2 R_0 R_g + T_i^4 R_0^2 R_g^2 + T_i^6 R_0^3 R_g^3 + T_i^8 R_0^4 R_g^4 + \cdots)$$

$$= \frac{T_0 T_f T_i}{1 - T_i^2 R_0 R_g} \tag{4-74}$$

$$R_b = \sum_{j=1} R_j = R_0 + T_0(④ + ⑧ + ⑫ + ⑯ + \cdots)$$

$$= R_0 + T_0^2 T_i^2 R_g (1 + T_i^2 R_g R_0 + T_i^4 R_g^2 R_0^2 + T_i^6 R_g^3 R_0^3 + \cdots)$$

$$= R_0 + \frac{T_0^2 T_i^2 R_g}{1 - T_i^2 R_0 R_g} \tag{4-75}$$

以上で、基板の裏面反射、基板および薄膜の吸収と斜入射を考慮した多層膜の分光反射率・透過率特性そして位相の計算の準備ができた。計算のフローは垂直入射の場合の**図4.3**と基本的には同じだが、**図4.9**に示す。これに基づきHP Basic for Windowsを利用したプログラムを作成し、**付録A**にそのリスト、**付録B**に主な変数の解説を示した。ただし、データ入力ミスによるエラー処理プログラムは掲載していない。プログラムリストには主な計算式の番号を付記し、本プログラムの主な変数

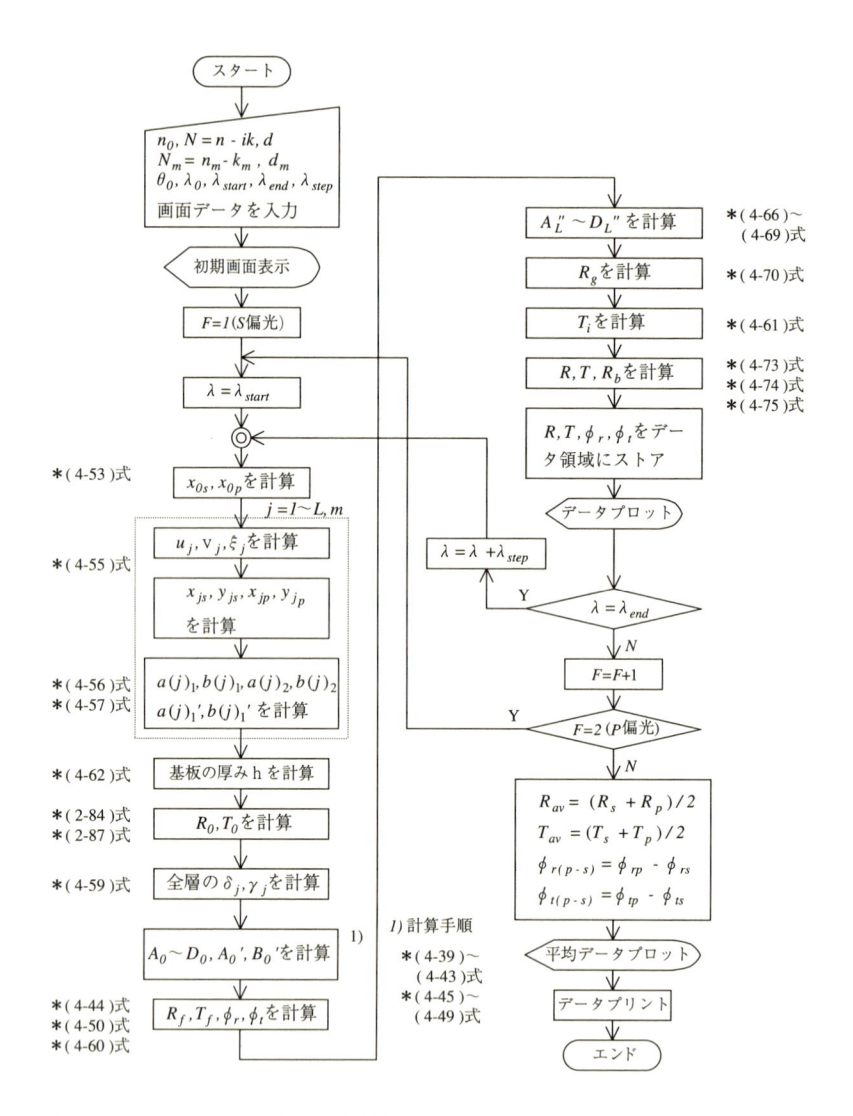

図4.9　斜入射・吸収多層膜の分光特性計算フローチャート（フレネル係数）

の説明を計算式の番号とともに**付録B**に示した。本プログラムを利用した計算例を**図4.10（a）〜（e）**に示す。

　序文にも記したが、既に国内外の一般的な市販ソフトを利用している技術者も、その計算のアルゴリズムや計算精度を一度は確かめたいものである。技術者はこれらの資料を参考にして、EXCELやVisual Basicなど自分にあったソフトウェアでプログラムを作成するべきである。そのため、プログラムの解説を行う。プログラムはなるべく簡単なコマンドを使用し、しかも、サブプログラム（プロシージャー）ではなく標準的なサブルーチンを使用しており、プログラミングを多少とも勉強した技術者なら理解できるであろう。本プログラムの主な特徴と注意点を以下に示す。

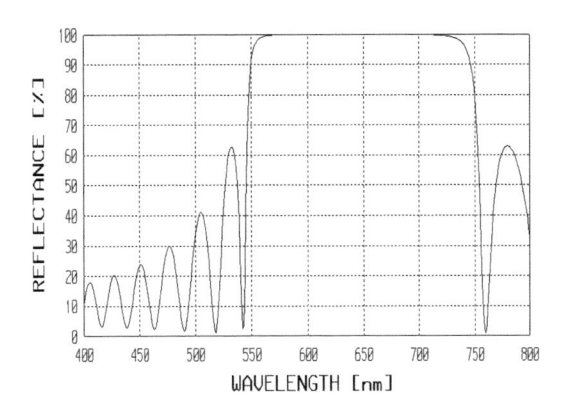

図4.10（a）　レーザーミラーの分光反射率特性（Plot = 1, Side2 = 1、Aoi = 0 deg.）
SUB｜(HL)^{12}｜AIR　　λ_0 = 633nm　　n_m = 1.52, n_H = 2.3, n_L = 1.46

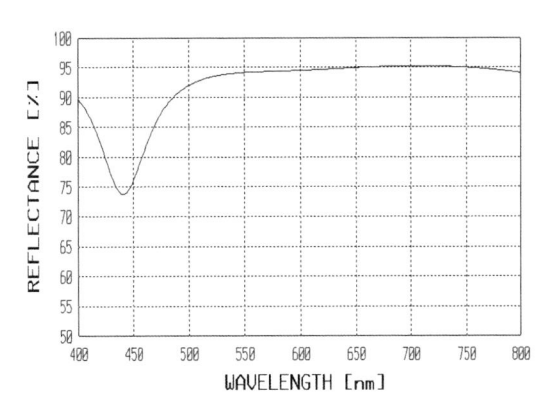

図4.10（b）　Al増反射ミラーの分光反射率特性（Plot = 1, Side2 = 1、Aoi = 0 deg.）
SUB｜Al(d = 500nm)(LH)^{2}L｜AIR　　λ_0 = 600nm　　n_m = 1.52, N_{AL} = 0.97-i 6.33, n_H = 2.0, n_L = 1.46

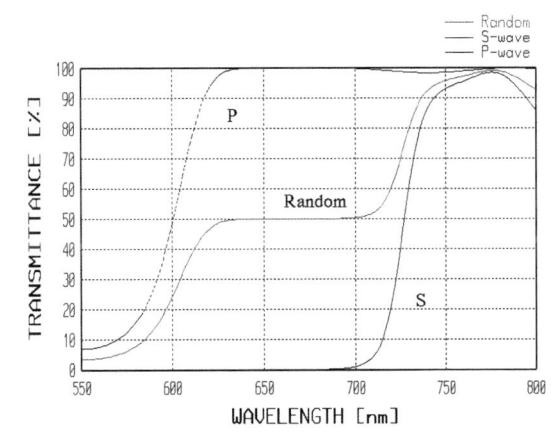

図4.10（c）　プリズム型偏光ビームスプリッターの分光透過率特性
（Plot = 1, Side2 = 1、Aoi = 45 deg.）
SUB｜0.752H 0.783L 0.920H 0.981L (1.016H 1.014L)^8 0.855H 0.807L 0.779H 1.746L｜SUB
λ_0 = 710nm　　n_m = 1.52, n_H = 2.3, n_L = 1.46

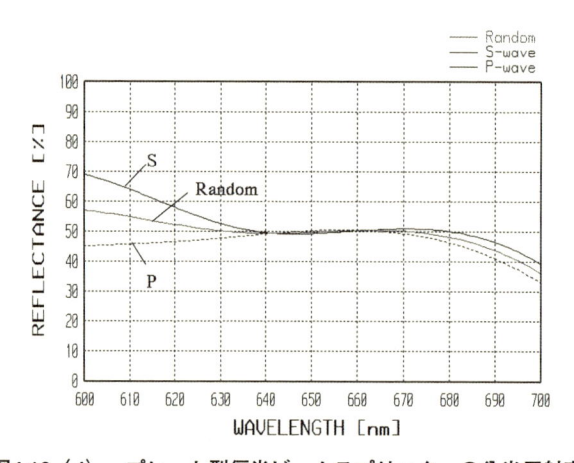

図4.10（d）　プレート型偏光ビームスプリッターの分光反射率特性
（Plot = 1, Side2 = 1、Aoi = 45 deg.）
SUB | 1.194H 0.736M 0.697H 0.379M Si（d = 39nm）2.080M
1.626H 1.628M 1.349H 0.993M 0.935M 1.218L | AIR
λ_0 = 650nm　n_m = 1.52, NSi = 4.17726-i 0.21341, n_H = 2.20898, n_L = 1.46215, n_M = 1.38

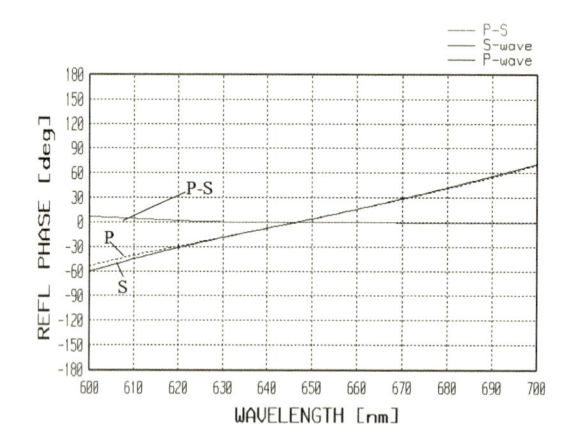

図4.10（e）　プレート型無偏光ビームスプリッターの反射位相特性
（Plot = 3, Side2 = 1、Aoi = 45 deg.）
※膜構成は図4.10（d）と同じ

（1）機能

表4.2に示すように、変数Plot（縦軸）および変数Side2（光の入射面、裏面反射の有無）の値の組み合わせで、反射率、透過率および反射波・透過波の位相の分光特性計算が行える。ただし、位相の計算ではSide2を2、3、4としても自動的にSide2 = 1となる。

表4.2　HPDESIGNプログラムの機能

変　数		機　　　　　能		
Plot	Side2	特性	光の入射	メ　モ
1	1	反射率	膜面	基板の裏面反射は0
1	2	反射率	膜面	基板の裏面反射を考慮、従って、基板の内部透過率を考慮した多重繰り返し反射
1	3	反射率	基板裏面	基板の裏面反射は0だが、基板の内部透過率は考慮（光は基板を2回、通過）
1	4	反射率	基板裏面	基板の裏面反射を考慮、従って、基板の内部透過率を考慮した多重繰り返し反射
2	1	透過率	膜面	基板の裏面反射は0だが、基板の内部透過率は考慮（光は基板を1回、通過）
2	2	透過率	膜面	基板の裏面反射を考慮、従って、基板の内部透過率を考慮した多重繰り返し反射
2	3	透過率	基板裏面	基板の裏面反射は0だが、基板の内部透過率は考慮（光は基板を1回、通過）
2	4	透過率	基板裏面	基板の裏面反射を考慮、従って、基板の内部透過率を考慮した多重繰り返し反射
3	1	反射の位相	膜面	基板の裏面反射は0だが、基板の消衰係数は考慮して計算。$-180° \leq \phi r \leq 180°$
4	1	透過の位相	膜面	基板の裏面反射は0だが、基板の消衰係数は考慮して計算。膜から基板に入射した直後の位相。$-180° \leq \phi t \leq 180°$

Plot ＝1：反射率　　　　　Side2 ＝1：膜面から入射、裏面反射なし
　　　　　　　　　　　　　　　　　（FWD ignore Side2）
　　＝2：透過率　　　　　　　＝2：膜面から入射、裏面反射あり
　　　　　　　　　　　　　　　　　（FWD include Side2）
　　＝3：反射波の位相　　　　＝3：裏面から入射、裏面反射なし
　　　　　　　　　　　　　　　　　（REV ignore Side2）
　　＝4：透過波の位相　　　　＝4：裏面から入射、裏面反射あり
　　　　　　　　　　　　　　　　　（REV include Side2）

(2) 分散式

　基板および薄膜の吸収を含めた分散を考慮している。**表1.2**（P.20）の分散式はすべて使用でき、さらに新たな分散式を追加できるようにした。なお、分散式はプログラムリストの最後に示してあるので、追加する場合はファンクション名（S_func01～S_func05）は変更せずに式だけを挿入するとよい。ただし、分散式の係数はAcf～Gcfの7個以内である。

(3) 光学定数入力

　媒質、基板および薄膜の屈折率データの入力は次のようになっている。
　－媒質：

```
10460 L_air_index:!   =[Air]=
10470 !               Name    n
10480 DATA            0,      1.00
```

　媒質の屈折率が一定の場合はName欄に0（ゼロ）を入力する。データの区切りには"，（カンマ）"が必要である。キュービックプリズムの計算では媒質（Air）は基板であり、Name欄にBK7などのあらかじめ登録されている物質名を入力する。その場合は、n欄の値は無視される。また、吸収がある分散式の物質を使用しても自動的に消

衰係数kは0として計算する。
　－基板：媒質の入力と同様であるが、消衰係数kも入力できる。

```
10500 L_sub_index:!   =[Substrate]=
10510 !                Name      n         k
10520 DATA             BK7,      0.00000,  0.00000
```

基板の厚みはmm単位で

```
10250 D_sub=1
```

で入力する。吸収基板で薄膜面から光が入射した場合（Plot=2、Side2=1または2）、膜から基板に入射した直後の透過率T_fを計算するにはこの値を0にするとよい。
　－薄膜：膜構成入力を考慮して各物質に記号を使用する。"Symbol"はA～Zまでの大文字のアルファベットを使用する（小文字も大文字と解釈する）。ただし、同じ記号は使用できない。行番号10550のFilmは使用する膜物質の個数であり、実際の膜構成で使用しない薄膜を含んでいても問題はない。例えば、代表的な3層反射防止膜（基板｜M 2H L｜空気）の反射率を計算する場合、次のようにFilm = 4として"S"があっても問題はない。次の膜構成Designで薄膜の膜厚を光学膜厚（$nd = \lambda/4$を1）で入力する場合は、"Type"に1を、物理膜厚（単位：nm）の場合は2を入力する。

```
10540 L_film_index:!   =[Film]=
10550 Film=4
10560 !         Symbol  Type   Name    n       k
10600 DATA      S,      1,     OS50,   2.30,   0
10610 DATA      H,      1,     0,      2.00,   0
10620 DATA      L,      1,     MGF2,   1.38,   0
10630 DATA      M,      1,     0,      1.62,   0
```

（4）膜構成入力

　繰り返しがある膜構成を考慮して、グループエディターが可能である。例えば
　　基板｜0.5H L（H L）^{2}（0.9H 0.98L）^{2} H L 0.5 H｜空気
の場合は

```
10730 L_design:!  =[Design]=
10740 Layer=9
10750 !     Iteration  Group  Symbol   Thickness
10760 DATA  1,         0,     H,       0.5         !1
10770 DATA  1,         0,     L,       1           !2
10780 DATA  2,         A,     H,       1           !3
10790 DATA  2,         A,     L,       1           !4
10800 DATA  2,         B,     H,       0.9         !5
```

10810	DATA	2,	B,	L,	0.98	!6
10820	DATA	1,	0,	H,	1	!7
10830	DATA	1,	0,	L,	1	!8
10840	DATA	1,	0,	H,	0.5	!9

とすればよい。Groupは同じ繰り返し数の膜構成が連続した場合に識別するためのデータである。A〜Zのアルファベットを入力する。行番号10740の変数Layerは、基板から行番号10760〜10840の9個のデータが膜構成であることを表す。

4.4　特性マトリクスによる計算

第3章と同様に、特性マトリクスによる多層膜の分光特性および位相の計算について、実際の計算に役立つように場合に分けて解説する。

4.4.1　垂直入射、斜入射

まず、吸収がない多層膜への垂直入射を考える。**図4.11**のように各層の特性マトリクスをとると、L層膜全体ではすべてのマトリクスの積

$$M = M_1 \cdot M_2 \cdot M_3 \cdots M_j \cdots M_L \tag{4-76}$$

ただし、
$$M_j = \begin{bmatrix} \cos\delta_j & (i\sin\delta_j)/n_j \\ in_j\sin\delta_j & \cos\delta_j \end{bmatrix} = \begin{bmatrix} m(j)_{11} & im(j)_{12} \\ im(j)_{21} & m(j)_{22} \end{bmatrix} \tag{4-77}$$

$$\delta_j = \frac{2\pi}{\lambda} n_j d_j \tag{4-78}$$

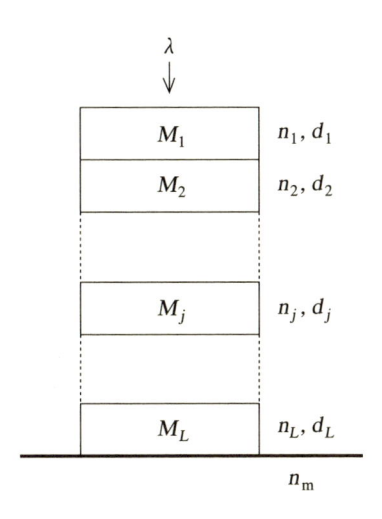

図4.11　多層膜系のマトリクス

となる。(4-76) 式の計算は、まず最初の2つのマトリクスの積$M_1 \times M_2$を計算し、その結果に次のM_3を掛ける。そして、その結果に順次、次のマトリクスを掛けるというように計算していく。まず、$M_1 \times M_2$を計算してみよう。

$$M_1 \cdot M_2 = \begin{bmatrix} m(1)_{11} & im(1)_{12} \\ im(1)_{21} & m(1)_{22} \end{bmatrix} \begin{bmatrix} m(2)_{11} & im(2)_{12} \\ im(2)_{21} & m(2)_{22} \end{bmatrix}$$

$$= \begin{bmatrix} m(1)_{11}m(2)_{11} - m(1)_{12}m(2)_{21} & i(m(1)_{11}m(2)_{12} + m(1)_{12}m(2)_{22}) \\ i(m(1)_{21}m(2)_{11} + m(1)_{22}m(2)_{21}) & -m(1)_{21}m(2)_{12} + m(1)_{22}m(2)_{22} \end{bmatrix} \quad (4\text{-}79)$$

となり、要素1行2列と2行1列に虚数単位 i が残る。これに次のM_3を掛けても同じ形になるので、この計算の規則性を守りながら最終層まで実行すると

$$M = \begin{bmatrix} m_{11} & im_{12} \\ im_{21} & m_{22} \end{bmatrix}$$

となる。したがって、反射率R、反射波の位相ϕ_r、透過率Tおよび透過波の位相ϕ_tは、おのおの (3-107) 式、(3-108) 式、(3-110) 式および (3-111) 式と同じになり、

$$R = \frac{(n_0 m_{11} - n_m m_{22})^2 + (n_0 n_m m_{12} - m_{21})^2}{(n_0 m_{11} + n_m m_{22})^2 + (n_0 n_m m_{12} + m_{21})^2} \quad (4\text{-}80)$$

$$\phi_r = \tan^{-1} \frac{2n_0(n_m{}^2 m_{12} m_{22} - m_{11} m_{21})}{n_0{}^2 m_{11}{}^2 - n_m{}^2 m_{22}{}^2 + n_0{}^2 n_m{}^2 m_{12}{}^2 - m_{21}{}^2} \quad (4\text{-}81)$$

$$T = \frac{4n_0 n_m}{(n_0 m_{11} + n_m m_{22})^2 + (n_0 n_m m_{12} + m_{21})^2} \quad (4\text{-}82)$$

$$\phi_t = \tan^{-1} \frac{-(n_0 n_m m_{12} + m_{21})}{n_0 m_{11} + n_m m_{22}} \quad (4\text{-}83)$$

となる。フレネル係数による仮想面を利用した多層膜の計算では、光の入射面とは逆の順序から計算したが、特性マトリクスの場合は、光の入射面から計算していることに注意されたい。

次に斜入射の場合を考える。膜面に入射角 θ_0 で光が入射すると、偏光成分s、pに対して各物質の屈折率は

入射媒質 $\begin{cases} \eta_{0S} = n_0 \cos\theta_0 \\ \eta_{0P} = n_0 / \cos\theta_0 \end{cases}$ 薄膜 $\begin{cases} \eta_{jS} = n_j \cos\theta_j \\ \eta_{jP} = n_j / \cos\theta_j \end{cases}$ 基板 $\begin{cases} \eta_{mS} = n_m \cos\theta_m \\ \eta_{mP} = n_m / \cos\theta_m \end{cases}$ (4-84)

位相変化は

$$\delta_j = \frac{2\pi}{\lambda} n_j d_j \cos\theta_j \qquad (4\text{-}85)$$

ただし、　$\cos\theta_j = \left\{ 1 - (n_0/n_j)^2 \sin^2\theta_0 \right\}^{1/2}$

となる。垂直入射の場合と全く同様にして、L層膜全体の特性マトリクスは

$$M = M_1 \cdot M_2 \cdot M_3 \cdots M_j \cdots M_L = \begin{bmatrix} m_{11} & im_{12} \\ im_{21} & m_{22} \end{bmatrix}$$

ただし、　$M_j = \begin{bmatrix} \cos\delta_j & (i\sin\delta_j)/\eta_j \\ i\eta_j\sin\delta_j & \cos\delta_j \end{bmatrix} = \begin{bmatrix} m(j)_{11} & im(j)_{12} \\ im(j)_{21} & m(j)_{22} \end{bmatrix}$ $\qquad (4\text{-}86)$

となり、反射率R、反射波の位相ϕ_r、透過率Tおよび透過波の位相ϕ_tは、（4-80）式～（4-83）式において、$n_0 \to \eta_0$、$n_m \to \eta_m$とした式になる。

　特性マトリクスを利用して分光特性計算プログラムを作成したいという読者は多いであろう。そこで、以前に作成したプログラムを、初めて分光特性計算プログラムを作成したいという読者にも分かり易いように整理した。本プログラムは、基板および薄膜に吸収がない場合のプログラムであり、3層反射防止膜の計算例を**図4.12**に示す。基板の屈折率が$n_m = 1.52$、薄膜の屈折率は基板から$n_1 = 1.62$、$n_2 = 2.00$、$n_3 = 1.38$で、それぞれの光学膜厚はQWOT = 1としたときに1、2、1で、入射角$\theta = 30°$の場合の分光反射率特性である。当然、フレネル係数を利用した計算と同じ結果になるが、しかし、他人の作ったプログラムを理解するのは、少々、大変であろう。プログラムの構成は、フレネル係数を利用したものとほぼ同様であるが、プログラムリストを**付録C**に掲載した。ここではプログラムのフローチャートを示して、演算部分のプログラムを丁寧に解説する。まず、プログラム全体のフローチャートを**図4.13**に示し、フローにしたがって順に注意事項を述べる。

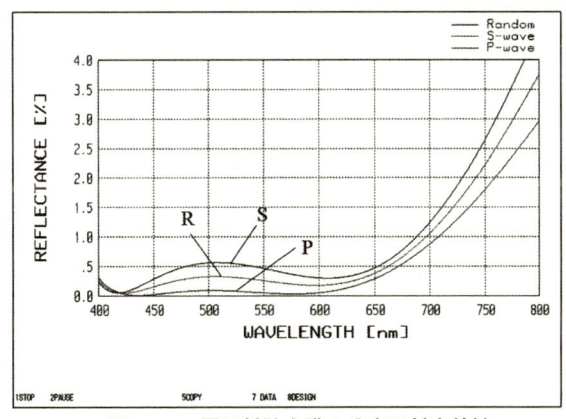

図4.12　3層反射防止膜の分光反射率特性
(Plot=1、Side2=1、AOI=30°)
SUB (1.52) | M (1.62) 2H (2.00) L (1.38) | AIR

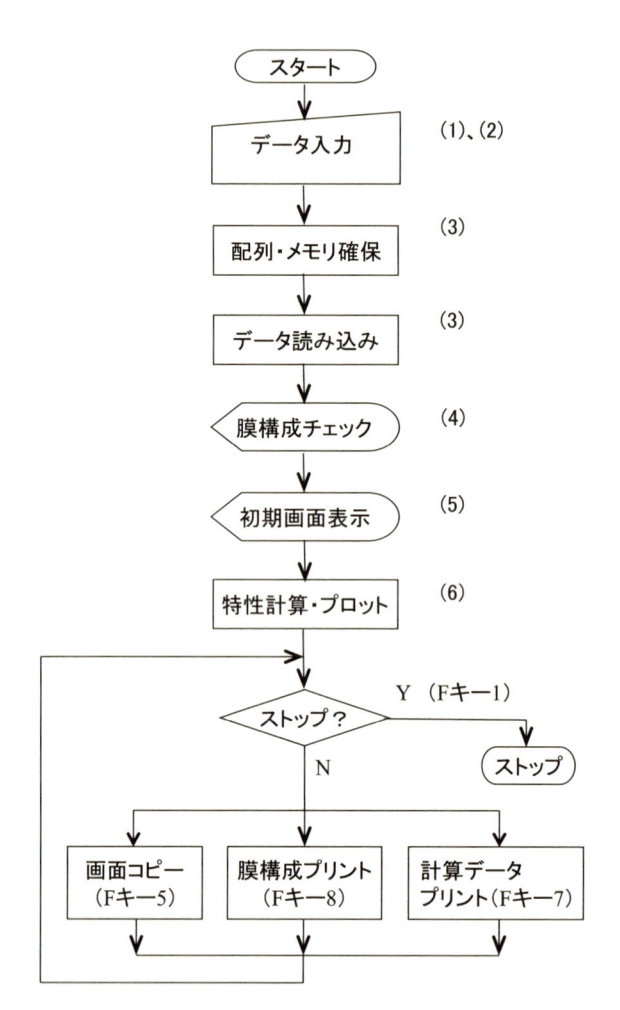

```
           ┌─────────┐
           │  スタート  │
           └────┬────┘
                ↓
           ┌─────────┐
           │ データ入力 │   (1)、(2)
           └────┬────┘
                ↓
           ┌──────────┐
           │配列・メモリ確保│  (3)
           └────┬─────┘
                ↓
           ┌──────────┐
           │データ読み込み│  (3)
           └────┬─────┘
                ↓
          ＜膜構成チェック＞  (4)
                ↓
          ＜初期画面表示＞   (5)
                ↓
           ┌──────────┐
           │特性計算・プロット│ (6)
           └────┬─────┘
```

図4.13　透明な多層膜の分光特性計算の全体フローチャート（マトリクス）

(1) 機能 [10080−10170]

フレネル係数によるプログラムと同様に、計算したいものを変数PlotとSide2により選択する。

　　Plot = 1：反射率　　　　Side2 = 1：膜面から入射、裏面反射なし
　　　　 = 2：透過率　　　　　　　 = 2：膜面から入射、裏面反射あり
　　　　 = 3：反射波の位相
　　　　 = 4：透過波の位相

(2) データ入力（屈折率、膜厚）[10380−10590]

プログラムを分かり易くするために、薄膜および基板には波長分散および吸収はないものとする。また、薄膜の膜厚は物理膜厚 / 物理膜厚を選択できる。行番号10460のTypeが、1→光学膜厚nd、2→物理膜厚dとする。

```
Film=3    !層数
!        屈折率      タイプ      膜厚
DATA     1.620,     1,         1          !第1層（基板側から）
DATA     2.000,     1,         2          !第2層
DATA     1.380,     2,         94.2       !第3層
```

（3）配列のメモリ確保 [10870−11000] とデータ読み込み [11020−11150]

　本プログラムでは、100層まで計算でき、入射媒質の屈折率N_air、基板の屈折率N_subや薄膜の屈折率および膜厚を、構文READ−DATAによりすべて配列に確保する。

　そのため、屈折率はN（102）、膜厚はThick（100）、そのタイプOpt_thick（100）と配列の最大の大きさを、ここであらかじめ確保する。図4.12の場合は、

　　屈折率：N_air→N（0）＝1、第1層のn→N（1）＝1.620、第2層のn→N（2）＝2.000、
　　　　　　3層目のn→N（3）＝1.380、基板のN_sub→N（Film+1）＝N（4）＝1.52
　　　　　　ただし、Film＝3（層数、[10450]）に設定のとき
　　膜　厚：第1層→Thick（1）＝1、Opt_thick（1）＝1、第2層→Thick（2）＝2、
　　　　　　Opt_thick（2）＝1、第3層→Thick（3）＝94.2、Opt_thick（3）＝2

となる。

　また、入射角Aoi≠0のとき、s波およびp波の計算およびプロットが終了してから、それらの平均値を計算したり、後で数値データをプリントするためには、コマンドALLOCATIONを利用してプログラムの実行時に動的に配列を割り当てる。例えば

　　ALLOCATE REAL Rs（X_min:X_max）

とすると、s波の反射率Rsの波長X_min（計算開始波長）からX_max（計算終了波長）までの配列が確保され、計算されるたびに実数型の数値がメモリに確保される。ただし、X_minおよびX_maxの値は、このコマンドの前に指定しておく必要がある。

（4）膜構成チェック

　特性を計算する前に、画面に膜構成を表示して、目視でチェックするとよい。

（5）初期画面表示

　付録Aと同じく、表示されるグラフの初期画面表示を行う。本プログラムでは、特性が計算される画面の横軸を0〜500、縦軸を0〜100に設定し、倍率X_times=500 /（X_max−Xmin）、Y_times=100 /（Y_max−Y_min）を計算して、表示される項目や計算結果の画面上の座標を計算する。計算したデータを画面にプロットするとき、この横軸0〜500、縦軸0〜100の枠を超えてしまう恐れがあるが、それはデータプロットサブルーチンの[14860]のCLIP 0,500,0,100でクリップしているので心配はない。

第4章

(6) 特性計算・プロット

本プログラムのメインとなる特性計算部分であり、そのフローチャートを**図4.14**に示す。計算速度を速めたり、コンピュータのメモリを節約するためには、プログラミングには、少々、テクニックが必要である。自分が初めてプログラムを作成したときの気持ちを思い起こして、読者自身がプログラムを作成するときに参考になるように解説する。

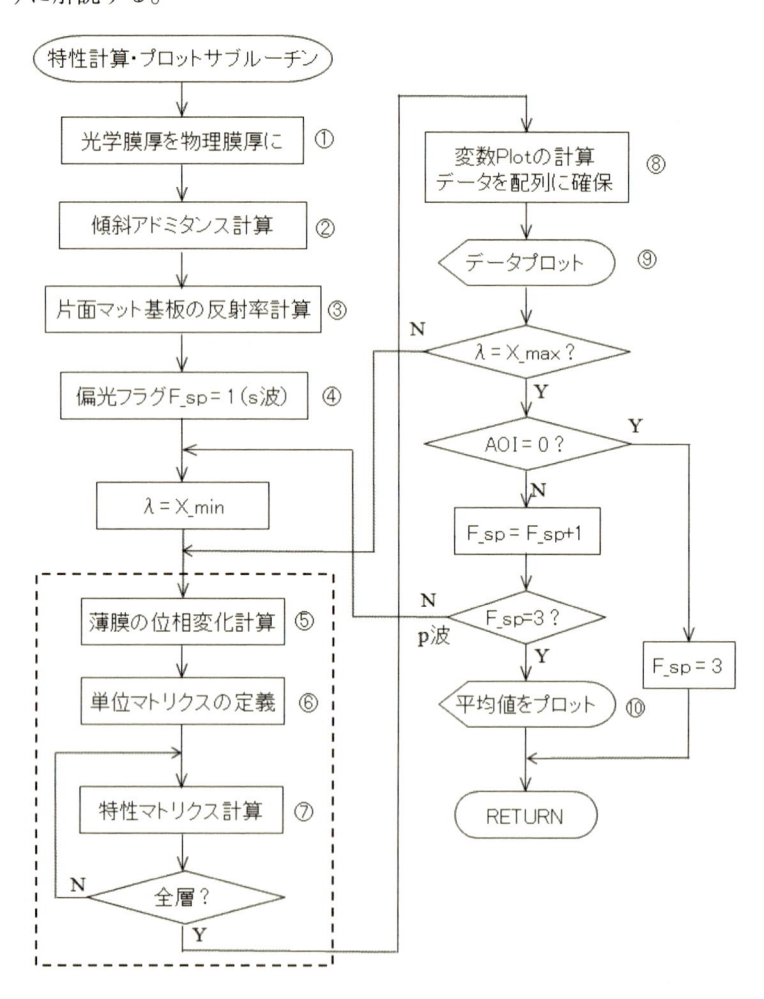

図4.14　特性計算・データプロットサブルーチンのフローチャート

① 光学膜厚を物理膜厚に変換 [13460－13530]

本プログラムでは、薄膜の膜厚をすべて物理膜厚で入力しても計算できるようにした。その際は、入力データの設計波長の変数W_designを入力しない。そのため、薄膜の位相の計算では物理膜厚（変数D（J））を使用する必要がある。

J層の膜厚をOpt_phs（J）=1として、QWOT =1とした光学膜厚Thick（J）で入力し

た場合、

$$n_j d_j = Thick_j \times \lambda_0 / 4 \quad (\text{W\_design}：\lambda_0)$$

から、

$$d_j = Thick_j \times \lambda_0 / (4 n_j) \quad [13490]$$

となる。元々物理膜厚で入力した値も、 $Thick_j \to D_j$ にしておく必要がある[13510]。

② 斜入射のときの入射媒質、薄膜、基板の傾斜アドミタンス計算 [13580－13620]
まず、単位[°]で入力した入射角Aoiを、三角関数で計算できるラジアンに変換する[13560]。入射媒質、薄膜、基板に斜入射したときの、各偏光成分に対する傾斜アドミタンスは光の波長には関係ないので、あらかじめ計算できる。傾斜アドミタンスは、

s波： $\eta_{jS} = n_j \cos\theta_j$ 　　　p波： $\eta_{jP} = n_j / \cos\theta_j$

であるから、スネルの法則 $n_0 \sin\theta_0 = n_j \sin\theta_j = n_m \sin\theta_m$ から

$$\cos_j = \left[1 - \left(\frac{n_0}{n_j}\sin\theta_0\right)^2\right]^{1/2} = \frac{1}{n_j}\left[n_j^2 - (n_0 \sin\theta_0)^2\right]^{1/2}$$

となる。すると、

$$\eta_{jS} = n_j \cos\theta_j = \left[n_j^2 - (n_0 \sin\theta_0)^2\right]^{1/2} = Z(J) = Eta(1, J) \quad [13590]$$

となる。このZ（J）を使用すると、p波の傾斜アドミタンスも

$$\eta_{jP} = \frac{n_j}{\cos\theta_j} = \frac{n_j^2}{\eta_{jS}} = \frac{n_j^2}{Z(J)} = Eta(2, J) \quad [13610]$$

となり、計算速度が速く、しかも式がすっきりする。ちなみに、配列変数Etaの括弧の中の数値は、1→s波、2→p波を表し、Jの値は空気では0、薄膜では層番号、基板ではFilm+1となる。

③ 各偏光成分の片面マット基板反射率 [13640－13680]
基板の裏面反射を考慮した反射率／透過率を計算する場合（Side2 = 1）、計算速度を速くするために、ここで各偏光成分に対する裏面の反射率を計算しておく。

④ 偏光フラグF_spの設定 [13700]とループ [13710－13860]

　フラグF_spは本プログラムの最も重要なフラグであり、F_sp = 1はs波、F_sp = 2はp波を表す。まず、F_sp = 1にして、s波に対する波長λ= X_minからX_maxまで特性を計算して（[13720－13760]）、データを配列に確保する。そして、もし入射角Aoiが0°ならば、F_sp = 3として、ループ（構文REPEAT－UNTIL）から抜けて、このs波の計算データを垂直入射のときのデータとする。Aoi≠0のときは、フラグF_spをプラス1して（F_sp = 2）、p波の各波長に対する特性を計算してメモリに確保する。そして、このs波、p波およびそれらの平均（反射率、透過率）あるいは位相差ϕp－ϕsを計算してメモリに確保する。

```
13700  F_sp=1
13710  REPEAT  （F_sp=3までループ）
13720     FOR Wave=X_min TO X_max STEP X_step
13730        GOSUB L_matrix
13740        GOSUB L_cal_property
13750        GOSUB L_plot
13760     NEXT Wave
13770     PENUP
13780     IF Aoi=0 THEN
13790        F_sp=3  （Aoi=0ならば、F_sp = 3にして、ループを抜ける準備をする）
13800     ELSE
13810        F_sp=F_sp+1  （Aoi≠0ならば、F_sp をプラス1する）
13820        IF F_sp=3 THEN （F_sp=3ならば、p波に対する計算も終了したので）
13830           GOSUB L_plot_mean   !平均値を計算してプロットする
13840        END IF
13850     END IF
13860  UNTIL F_sp=3  （F_sp=2ならば、今度はp波に対する特性計算）
13870  RETURN
```

⑤ 薄膜の特性マトリクスの計算　[13890－14150]

　まず、薄膜各層の位相変化を計算する [13910－13930]。位相変化δ_jは、新たに導入した変数Z（J）を用いると

$$\delta_j = \frac{2\pi}{\lambda} n_j d_j \cos\theta_j = \frac{2\pi}{\lambda} d_j \cdot n_j \cos\theta_j = \frac{2\pi}{\lambda} d_j Z(j) \quad [13920]$$

となる。なお、πはEXCELではPI（）、HP-BasicではPIと入力する。

⑥ 単位マトリクスの定義 [13950－13980]

　多層膜の計算では最低でも2つのマトリクスが必要である。そこで、M2（1,1）=

1、M2(1,2) = 0、M2(2,1) = 0、M2(2,2) = 1とすると、単位マトリクスは

$$\begin{bmatrix} 1 & 0 \\ 0 & 1 \end{bmatrix} = \begin{bmatrix} M2(1,1) & M2(1,2) \\ M2(2,1) & M2(2,2) \end{bmatrix}$$

となる。この単位マトリクスに、第1層のマトリクスを掛ければ、次の構文FOR－NEXTで

$$M = \begin{bmatrix} 1 & 0 \\ 0 & 1 \end{bmatrix} \begin{bmatrix} \cos\delta_1 & (i\sin\delta_1)/\eta_1 \\ i\eta_1\sin\delta_1 & \cos\delta_1 \end{bmatrix} = \begin{bmatrix} \cos\delta_1 & (i\sin\delta_1)/\eta_1 \\ i\eta_1\sin\delta_1 & \cos\delta_1 \end{bmatrix}$$

となる。これにより、多層膜の計算プログラムで単層膜の計算も行える。

⑦ 特性マトリクス計算 [13990－114140]

多層の場合は、構文FOR－NEXTで最終層まで計算を繰り返せばよい。

```
13990 FOR J=1 TO Film        ! 層数だけ計算を繰り返す。
14000     C1=COS(Delta(J))           ! cosδ_j
14010     S1=SIN(Delta(J))           ! sinδ_j
14020     M1(1,1)=C1                 ! m_11=cosδ_j
14030     M1(1,2)=S1/Eta(F_sp,J)     ! m_12=(sinδ_j)/η_j
14040     M1(2,1)=Eta(F_sp,J)*S1     ! m_21=η_j・sonδ_j
14050     M1(2,2)=C1                 ! m_22= cosδ_j
14060     P(1,1)=M2(1,1)*M1(1,1)－M2(1,2)*M1(2,1) ! (4-79)式のm_11
14070     P(1,2)=M2(1,1)*M1(1,2)+M2(1,2)*M1(2,2)          ! m_12
14080     P(2,1)=M2(2,1)*M1(1,1)+M2(2,2)*M1(2,1)          ! m_21
14090     P(2,2)=－1*(M2(2,1)*M1(1,2))+M2(2,2)*M1(2,2) ! m_22
14100     M2(1,1)=P(1,1)    ! 繰り返し計算のために、M2(1,1)～M2(2,2)に代入する。
14110     M2(1,2)=P(1,2)    ! 単位マトリクスではない。
14120     M2(2,1)=P(2,1)
14130     M2(2,2)=P(2,2)
14140 NEXT J
```

これで、(4-86)式の全層の特性マトリクスの各要素m_{11}～m_{22}が計算できた。特性マトリクスを利用した計算は、非常に簡単であることが分かる。

⑧ 変数Plotに対する目的の計算、配列に確保 [14170－14830]

以上で、計算目的の変数Plotに対する計算準備ができた。構文SELECT－CASEでPlotの値によって、個別に処理をすればよい。

```
14180 SELECT Plot
14190 CASE 1     ! 片面マット基板あるいは、裏面に完全反射防止膜が施された反射率
・・・・・・
14300 CASE 2     ! 裏面に完全反射防止膜が施された透過率
```

```
     ‥‥‥‥
14450 CASE 3    ! 反射波の位相
     ‥‥‥‥
14650 CASE 4    ! 透過波の位相
     ‥‥‥‥
14820 END SELECT
```

　反射率および透過率の計算は、それぞれ（4-80）式、（4-82）式に変数を代入すれば、簡単に計算できる。しかし、基板の裏面反射を考慮、つまり多重繰り返し反射を考えたときの反射率および透過率を（3-18）式および（3-19）式から計算する場合は、両式でR_1 = Rs（あるいはRp）、R_2 = R0s [13660]（あるいはR0p[13670]）として計算しなければならない。そこで、透過率の計算でも、[14310－14350]で反射率を計算している。

　注意しなければならないのは、位相の計算である。反射波および透過波の位相は、それぞれ（4-81）式、（4-83）式から計算できる。しかし、第2章の"[Coffee Break]アークタンジェント$\tan^{-1}$の計算"で述べたように、EXCELには、その解が$-\pi$（$-180°$）$\leq \phi \leq \pi \leq$（$180°$）となるコマンドATAN2があるが、通常のプログラム言語では、$-\pi/2$（$-90°$）$\leq \phi \leq \pi/2 \leq$（$90°$）である。ここで利用したHP-Basicプログラムでは、$\tan^{-1}$はコマンドATNであり、EXCELのATANに相当する。一般に光学フィルターでは、位相は$-\pi$（$-180°$）〜π（$180°$）で定義することが多い。したがって、**図4.15**から分かるように、座標の象限quadrantによって処理する必要がある。つまり、

第1象限：　　$\phi_1 = \mathrm{ATN}(y_1/x_1)$

第2象限：　　$\phi_2 = \mathrm{ATN}(y_2/x_2) + \pi$

第3象限：　　$\phi_3 = \mathrm{ATN}(y_3/x_3) - \pi$

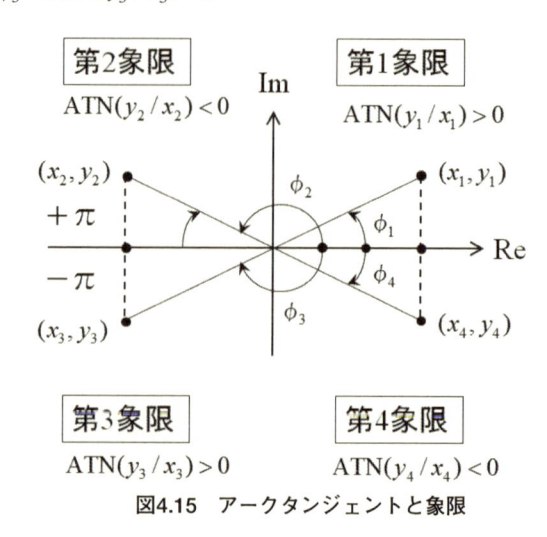

図4.15　アークタンジェントと象限

第4象限： $\phi_4 = \text{ATN}(y_4/x_4) - \pi$

とすればよい。そのためには、まず、(3-105) 式や (3-109) 式で行ったように、フレネル係数 ρ および τ の実部と虚部を分けて計算して、その符号によりその座標が第何象限にあるかを調べなければならない。それが、次のプログラムである。透過波についても同様である。

```
14460 Real_r1=(Eta(F_sp,0)*P(1,1))^2－(Eta(F_sp,Film+1)*P(2,2))^2
14470 Real_r2=(Eta(F_sp,0)*Eta(F_sp,Film+1)*P(1,2))^2-(P(2,1))^2
14480 Real_r=Real_r1+Real_r2   ! 分子の実部
14490 Imagin_r=2*Eta(F_sp,0)*((Eta(F_sp,Film+1))^2*P(1,2)*P(2,2)-(1,1)*P(2,1))
14500 !    （分子の虚部）
14510 IF Real_r>=0 THEN
14520    Fai_r=180/PI*ATN(Imagin_r/Real_r) MOD 360   ! 第1および第4象限
14530    ELSE
14540       IF Imagin_r>0 THEN
15550          Fai_r=180/PI*(PI+ATN(Imagin_r/Real_r)) MOD 360   !第2象限
14560       ELSE
14570          Fai_r=180/PI*(ATN(Imagin_r/Real_r)－PI) MOD 360   ! 第3象限
14580       END IF
14590    END IF
14600    IF F_sp=1 THEN
14610       Fai_rs(Wave)=Fai_r      ! Fai_rs：$\phi rs$、Fai_r：$\phi r$
14620    ELSE
14630       Fai_rp(Wave)=Fai_r      ! Fai_rp：$\phi rp$、Fai_r：$\phi r$
14640    END IF
```

⑨ データをプロット [14850－15430]

配列のデータをプロットする。反射率および透過率の計算で変数Side2=2のときは、基板の裏面との多重繰り返し反射を計算する。

⑩ 平均値をプロット [15450－15970]

斜入射のときは、s波→p波の計算が終了したら、特性のそれらの平均値を配列に確保してからプロットする。

$$R_m = (R_S + R_P)/2 \qquad T_m = (T_S + T_P)/2$$

、

$$\phi_{rm} = \phi_{rp} - \phi_{rs} \qquad \phi_{rm} = \phi_{rp} - \phi_{rs}$$

、

4.4.2 吸収多層膜への垂直入射

薄膜に吸収がある場合の第j層の特性マトリクスは、3.5.3項で解説したように

$$M_j = \begin{bmatrix} \cos\Delta_j & (i\sin\Delta_j)/N_j \\ iN_j\sin\Delta_j & \cos\Delta_j \end{bmatrix} = \begin{bmatrix} a(j)_{11}+ib(j)_{11} & a(j)_{12}+ib(j)_{12} \\ a(j)_{21}+ib(j)_{21} & a(j)_{22}+ib(j)_{22} \end{bmatrix} \tag{4-87}$$

ただし、

$$\begin{cases} \Delta_j = (2\pi/\lambda)N_j d_j = (2\pi/\lambda)(n_j - ik_j)d_j = \delta_j - i\gamma_j \\ a(j)_{11} = \cos\delta_j \cosh\gamma_j = a(j)_{22} \\ b(j)_{11} = \sin\delta_j \sinh\gamma_j = b(j)_{22} \\ a(j)_{12} = (n_j \cos\delta_j \sinh\gamma_j - k_j \sin\delta_j \cosh\gamma_j)/(n_j^2 + k_j^2) \\ b(j)_{12} = (n_j \sin\delta_j \cosh\gamma_j + k_j \cos\delta_j \sinh\gamma_j)/(n_j^2 + k_j^2) \\ a(j)_{21} = n_j \cos\delta_j \sinh\gamma_j + k_j \sin\delta_j \cosh\gamma_j \\ b(j)_{21} = n_j \sin\delta_j \cosh\gamma_j - k_j \cos\delta_j \sinh\gamma_j \end{cases} \tag{4-88}$$

で表される。最初の2層のマトリクスの積は

$$M_1 \cdot M_2 = \begin{bmatrix} a(1)_{11}+ib(1)_{11} & a(1)_{12}+ib(1)_{12} \\ a(1)_{21}+ib(1)_{21} & a(1)_{22}+ib(1)_{22} \end{bmatrix} \begin{bmatrix} a(2)_{11}+ib(2)_{11} & a(2)_{12}+ib(2)_{12} \\ a(2)_{21}+ib(2)_{21} & a(2)_{22}+ib(2)_{22} \end{bmatrix}$$

$$= \begin{bmatrix} a_{11}+ib_{11} & a_{12}+ib_{12} \\ a_{21}+ib_{21} & a_{22}+ib_{22} \end{bmatrix} \tag{4-89}$$

ただし、

$$\begin{cases} a_{11} = a(1)_{11}a(2)_{11} - b(1)_{11}b(2)_{11} + a(1)_{12}a(2)_{21} - b(1)_{12}b(2)_{21} \\ b_{11} = a(1)_{11}b(2)_{11} + b(1)_{11}a(2)_{11} + a(1)_{12}b(2)_{21} + b(1)_{12}a(2)_{21} \\ a_{12} = a(1)_{11}a(2)_{12} - b(1)_{11}b(2)_{12} + a(1)_{12}a(2)_{22} - b(1)_{12}b(2)_{22} \\ b_{12} = a(1)_{11}b(2)_{12} + b(1)_{11}a(2)_{12} + a(1)_{12}b(2)_{22} + b(1)_{12}a(2)_{22} \\ a_{21} = a(1)_{21}a(2)_{11} - b(1)_{21}b(2)_{11} + a(1)_{22}a(2)_{21} - b(1)_{22}a(2)_{21} \\ b_{21} = a(1)_{21}b(2)_{11} + b(1)_{21}a(2)_{11} + a(1)_{22}b(2)_{21} + b(1)_{22}a(2)_{21} \\ a_{22} = a(1)_{21}a(2)_{12} - b(1)_{21}b(2)_{12} + a(1)_{22}a(2)_{22} - b(1)_{22}b(2)_{22} \\ b_{22} = a(1)_{21}b(2)_{12} + b(1)_{21}a(2)_{12} + a(1)_{22}b(2)_{22} + b(1)_{22}a(2)_{22} \end{cases} \tag{4-90}$$

となり、単層膜の特性マトリクスと同じ形になる。この計算の規則性に注意しながら、第L層まで逐次、繰り返し計算を行えば、最終的には

$$M = \begin{bmatrix} a_{11}+ib_{11} & a_{12}+ib_{12} \\ a_{21}+ib_{21} & a_{22}+ib_{22} \end{bmatrix} \tag{4-91}$$

となる。すると、3.5.3項で述べたように、規格化された電界および磁界の振幅B, Cは

$$\begin{bmatrix} B \\ C \end{bmatrix} = \begin{bmatrix} a_{11} + ib_{11} & a_{12} + ib_{12} \\ a_{21} + ib_{21} & a_{22} + ib_{22} \end{bmatrix} \begin{bmatrix} 1 \\ n_m - ik_m \end{bmatrix}$$

$$= \begin{bmatrix} a_{11} + n_m a_{12} + k_m b_{12} + i(b_{11} - k_m a_{12} + n_m b_{12}) \\ a_{21} + n_m a_{22} + k_m b_{22} + i(b_{21} - k_m a_{22} + n_m b_{22}) \end{bmatrix} \tag{4-92}$$

となり、反射波のフレネル係数は

$$\rho = \frac{n_0 B - C}{n_0 B + C} = \frac{Q_1 - iQ_2}{Q_3 - iQ_4} \tag{4-93}$$

ただし、

$$\begin{cases} Q_1 = (a_{11} + n_m a_{12} + k_m b_{12})n_0 - (a_{21} - n_m a_{22} + k_m b_{22}) \\ Q_2 = -(b_{11} - k_m a_{12} + n_m b_{12})n_0 + b_{21} - k_m a_{22} + n_m b_{22} \\ Q_3 = (a_{11} + n_m a_{12} + k_m b_{12})n_0 + a_{21} + n_m a_{22} + k_m b_{22} \\ Q_4 = -(b_{12} - k_m a_{12} + n_m b_{12})n_0 - (b_{21} - k_m a_{22} + n_m b_{22}) \end{cases} \tag{4-94}$$

となる。したがって、反射率R、反射波の位相ϕ_r、透過率Tおよび透過波の位相ϕ_tは、おのおの（3-128）式、（3-129）式、（3-131）式および（3-132）式と全く同じで次のようになる。

$$R = \frac{Q_1^2 + Q_2^2}{Q_3^2 + Q_4^2} \tag{4-95}$$

$$\phi_r = \tan^{-1} \frac{Q_1 Q_4 - Q_2 Q_3}{Q_1 Q_3 + Q_2 Q_4} \tag{4-96}$$

$$T = \frac{4 n_0 n_m}{Q_3^2 + Q_4^2} \tag{4-97}$$

$$\phi_t = \tan^{-1}(Q_4 / Q_3) \tag{4-98}$$

4.4.3 吸収多層膜への斜入射

吸収がある多層膜への斜入射の場合の反射率も、3.5.4項および4.4.2項から簡単に求めることができる。膜面に入射角θ_0で光が入射すると、偏光成分s、pに対する各物質の屈折率は

入射媒質： $\begin{cases} \eta_{0S} = n_0 \cos\theta_0 = x_{0S} - iy_{0S} \\ \eta_{0P} = n_0 / \cos\theta_0 = x_{0P} - iy_{0P} \end{cases}$ （ただし、$y_{0S} = y_{0P} = 0$）

薄　　膜：$\begin{cases} \eta_{jS} = N_j \cos\theta_j = x_{jS} - iy_{jS} \\ \eta_{jP} = N_j / \cos\theta_j = x_{jP} - iy_{jP} \end{cases}$ (4-99)

基　　板：$\begin{cases} \eta_{mS} = N_m \cos\theta_m = x_{mS} - iy_{mS} \\ \eta_{mP} = N_m / \cos\theta_m = x_{mP} - iy_{mP} \end{cases}$

ただし、$\begin{cases} u_j = n_j^2 - k_j^2 - n_0^2 \sin^2\theta_0 \\ v_j = 2n_j k_j \\ \cos(\xi_j/2) = (1/\sqrt{2})(1 + u_j/\sqrt{u_j^2 + v_j^2})^{1/2} \\ \sin(\xi_j/2) = (1/\sqrt{2})(1 - u_j/\sqrt{u_j^2 + v_j^2})^{1/2} \\ \xi_j = \tan^{-1}(v_j/u_j) \\ x_{jS} = (u_j^2 + v_j^2)^{1/4} \cos(\xi_j/2) \\ y_{jS} = (u_j^2 + v_j^2)^{1/4} \sin(\xi_j/2) \\ x_{jP} = \{(n_j^2 - k_j^2)x_{jS} + 2n_j k_j y_{jS}\} / (x_{jS}^2 + y_{jS}^2) \\ y_{jP} = \{2n_j k_j x_{jS} - (n_j^2 - k_j^2)y_{jS}\} / (x_{jS}^2 + y_{jS}^2) \\ j = 1, 2, 3, \cdots, L, m \end{cases}$ (4-100)

となる。各層の特性マトリクスは

$$M_j = \begin{bmatrix} \cos\Delta_j & (i\sin\Delta_j)/\eta_j \\ i\eta_j \sin\Delta_j & \cos\Delta_j \end{bmatrix} = \begin{bmatrix} a(j)_{11} + ib(j)_{11} & a(j)_{12} + ib(j)_{12} \\ a(j)_{21} + ib(j)_{21} & a(j)_{22} + ib(j)_{22} \end{bmatrix}$$ (4-101)

ただし、

$$\Delta_j = (2\pi/\lambda)N_j d_j \cos\theta_j = (2\pi/\lambda)(n_j - ik_j)d_j \cos\theta_j = (2\pi/\lambda)(x_{jS} - iy_{jS})d_j$$

$$= \delta_j - i\gamma_j$$ (4-102)

と書けるので、吸収多層膜への垂直入射の場合と全く同様にして、最終的な特性マトリクスは

$$M = \begin{bmatrix} a_{11} + ib_{11} & a_{12} + ib_{12} \\ a_{21} + ib_{21} & a_{22} + ib_{22} \end{bmatrix}$$

となる。したがって、反射率R、反射波の位相ϕ_r、透過率Tおよび透過波の位相ϕ_tは、（4-95）式〜（4-98）式と同じ形になる。参考のために、マトリクスによる計算のフローチャートを**図4.16**に示す。

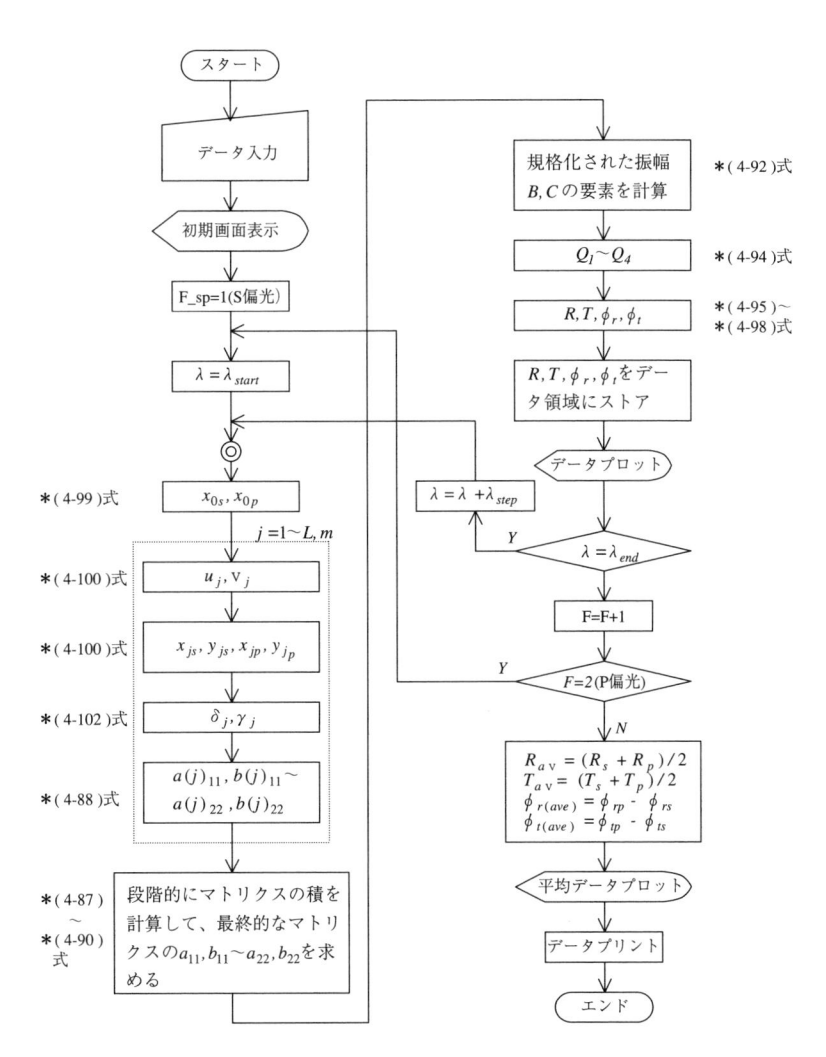

図4.16 斜入射・吸収多層膜の分光特性計算フローチャート（マトリクス）

4.4.4 特性マトリクスの性質および演算

ここで、特性マトリクスの性質および演算方法について解説しておこう。

(1) 計算の順序

既に述べたように、多層膜の特性マトリクスの演算は、光が入射する層から順に掛けていく。例えば、フィルターの膜構成が基板｜ＢＡ｜空気で、光が空気側から入射するときの特性マトリクスMは、

$$M = \begin{bmatrix} A_{11} & iA_{12} \\ iA_{21} & A_{22} \end{bmatrix} \begin{bmatrix} B_{11} & iB_{12} \\ iB_{21} & B_{22} \end{bmatrix} = \begin{bmatrix} A_{11}B_{11}-A_{12}B_{21} & i(A_{11}B_{12}+A_{12}B_{22}) \\ i(A_{21}B_{11}+A_{22}B_{21}) & -A_{21}B_{12}+A_{22}B_{22} \end{bmatrix} \quad (4\text{-}103)$$

$$= \begin{bmatrix} M_{11} & iM_{12} \\ iM_{21} & M_{22} \end{bmatrix}$$

となる。単層膜の特性マトリクスと同形で、対角要素は実数であり、非対角要素は虚数である。種々の特性の計算プログラムを作成するときは、対角要素を掛ける順序と符号の規則を守って、

$$\begin{bmatrix} B \\ C \end{bmatrix} = \begin{bmatrix} M_{11} & iM_{12} \\ iM_{22} & M_{22} \end{bmatrix} \begin{bmatrix} 1 \\ N_m \end{bmatrix}$$

から、行えばよい。この逆を計算すると

$$M = \begin{bmatrix} B_{11} & iB_{12} \\ iB_{21} & B_{22} \end{bmatrix} \begin{bmatrix} A_{11} & iA_{12} \\ iA_{21} & A_{22} \end{bmatrix} = \begin{bmatrix} A_{11}B_{11}-A_{21}B_{12} & i(A_{12}B_{11}+A_{22}B_{12}) \\ i(A_{11}B_{21}+A_{21}B_{22}) & -A_{12}B_{21}+A_{22}B_{22} \end{bmatrix}$$

となり、(4-103)式と異なる。確かにマトリクスの計算には掛ける順序を違えてはいけないことが分かる。

(2) 基板｜(HL)^P｜空気

誘電体薄膜による高反射ミラー、エッジフィルターやバンドパスフィルターでは、その基本構成はLHあるいはHLの繰り返しである。繰り返し回数Pが1で、光が空気側から入射したときの特性マトリクスは、

$$[M] = [L][H] = \begin{bmatrix} \cos\delta_L & (i/n_L)\sin\delta_L \\ in_L\sin\delta_L & \cos\delta_L \end{bmatrix} \begin{bmatrix} \cos\delta_H & (i/n_H)\sin\delta_H \\ in_H\sin\delta_H & \cos\delta_H \end{bmatrix}$$

$$= \begin{bmatrix} \cos\delta_L\cos\delta_H-(n_H/n_L)\sin\delta_L\sin\delta_H & i\{(1/n_H)\cos\delta_L\sin\delta_H+(1/n_L)\sin\delta_L\cos\delta_H\} \\ i(n_L\sin\delta_L\cos\delta_H+n_H\cos\delta_L\sin\delta_H) & \cos\delta_L\cos\delta_H-(n_L/n_H)\sin\delta_L\sin\delta_H \end{bmatrix}$$

$$= \begin{bmatrix} m_{11} & m_{12} \\ m_{21} & m_{22} \end{bmatrix}$$

となる。ただし、ここでは非対角要素m_{12}、m_{21}は虚数とする。P = 2のときは、さらに上式に[L][H]を順次、計算すればよく、その結果は

$$([L][H])^2 = \begin{bmatrix} m_{11} & m_{12} \\ m_{21} & m_{22} \end{bmatrix} \begin{bmatrix} m_{11} & m_{12} \\ m_{21} & m_{22} \end{bmatrix} = \begin{bmatrix} m_{11} & m_{12} \\ m_{21} & m_{22} \end{bmatrix}^2 = \begin{bmatrix} M_{11} & M_{12} \\ M_{21} & M_{22} \end{bmatrix}$$

と同じになる。したがって、P回繰り返すときは、

$$M = \begin{bmatrix} M_{11} & M_{12} \\ M_{21} & M_{22} \end{bmatrix} = \begin{bmatrix} m_{11} & m_{12} \\ m_{21} & m_{22} \end{bmatrix}^P \tag{4-104}$$

となる。簡単な計算例を示す。いま、H、L層の膜厚を$\lambda_0/4$とすると、中心波長λ_0に対する特性マトリクスは、

$$P=1: [L][H] = \begin{bmatrix} 0 & i/n_L \\ in_L & 0 \end{bmatrix} \begin{bmatrix} 0 & i/n_H \\ in_H & 0 \end{bmatrix} = \begin{bmatrix} -n_H/n_L & 0 \\ 0 & -n_L/n_H \end{bmatrix}$$

$$P=2: \{[L][H]\}^2 = \begin{bmatrix} -n_H/n_L & 0 \\ 0 & -n_L/n_H \end{bmatrix} \begin{bmatrix} -n_H/n_L & 0 \\ 0 & -n_L/n_H \end{bmatrix}$$

$$= \begin{bmatrix} (-n_H/n_L)^2 & 0 \\ 0 & (-n_L/n_H)^2 \end{bmatrix}$$

$\cdot$
$\cdot$

$$P=P: \{[L][H]\}^P = \begin{bmatrix} (-n_H/n_L)^P & 0 \\ 0 & (-n_L/n_H)^P \end{bmatrix} \tag{4-105}$$

となる。

しかし、基板|(H L)^P A|空気のように、繰り返し層の上にA層があるときは、[M]=[A][L][H][L][H]・・・[L][H][L][H]の順序で計算しなければいけない！面倒くさい！とまず思ってしまうが、これは以下のように簡単に計算できる。Aの特性マトリクスを

$$A = \begin{bmatrix} A_{11} & A_{12} \\ A_{21} & A_{22} \end{bmatrix}$$

とすると、全体のマトリクスNは、

$$N = \begin{bmatrix} A_{11} & A_{12} \\ A_{21} & A_{22} \end{bmatrix} \{[L][H]\}^P = \begin{bmatrix} A_{11} & A_{12} \\ A_{21} & A_{22} \end{bmatrix} \begin{bmatrix} M_{11} & M_{12} \\ M_{21} & M_{22} \end{bmatrix} \tag{4-106}$$

$$= \begin{bmatrix} A_{11}M_{11} + A_{12}M_{21} & A_{11}M_{12} + A_{12}M_{22} \\ A_{21}M_{11} + A_{22}M_{21} & A_{21}M_{12} + A_{22}M_{22} \end{bmatrix}$$

となる。例えば、基板|(H L)^P H|空気のときは、

$$N = \begin{bmatrix} 0 & i/n_H \\ in_H & 0 \end{bmatrix} \{[L][H]\}^P = \begin{bmatrix} 0 & i/n_H \\ in_H & 0 \end{bmatrix} \begin{bmatrix} (-n_H/n_L)^P & 0 \\ 0 & (-n_L/n_H)^P \end{bmatrix}$$

$$= \begin{bmatrix} 0 & i(-n_L/n_H)^P/n_H \\ i(-n_H/n_L)^P n_H & 0 \end{bmatrix} \tag{4-107}$$

となる。

(3) 対称な多層膜系

エッジフィルターやバンドパスフィルターなどでは、繰り返し数をPとしたとき、(0.5H L 0.5H)^{P}や(H L)^P Hのような対称な多層膜系を利用することが多い。いま、繰り返しの最小単位をM=A B Aとすると、

$$M = ABA$$
$$= \begin{bmatrix} \cos\delta_A & (i/n_A)\sin\delta_A \\ in_A\sin\delta_A & \cos\delta_A \end{bmatrix} \begin{bmatrix} \cos\delta_B & (i/n_B)\sin\delta_B \\ in_B\sin\delta_B & \cos\delta_B \end{bmatrix} \begin{bmatrix} \cos\delta_A & (i/n_A)\sin\delta_A \\ in_A\sin\delta_A & \cos\delta_A \end{bmatrix}$$
$$= \begin{bmatrix} M_{11} & M_{12} \\ M_{21} & M_{22} \end{bmatrix}$$

ただし、

$$M_{11} = \cos^2\delta_A\cos\delta_B - \left(\frac{n_B}{n_A}+\frac{n_A}{n_B}\right)\sin\delta_A\cos\delta_A\sin\delta_B - \sin^2\delta_A\cos\delta_B$$

$$= \cos 2\delta_A\cos\delta_B - \frac{1}{2}\left(\frac{n_B}{n_A}+\frac{n_A}{n_B}\right)\sin 2\delta_A\sin\delta_B = M_{22} \tag{4-108}$$

$$M_{12} = i\left[\frac{2}{n_A}\sin\delta_A\cos\delta_A\cos\delta_B - \frac{n_B}{n_A^2}\sin^2\delta_A\sin\delta_B + \frac{1}{n_B}\cos^2\delta_A\sin\delta_B\right]$$

$$= \frac{i}{n_A}\left[\sin 2\delta_A\cos\delta_B + \frac{1}{2}\left(\frac{n_B}{n_A}+\frac{n_A}{n_B}\right)\cos 2\delta_A\sin\delta_B + \frac{1}{2}\left(\frac{n_A}{n_B}-\frac{n_B}{n_A}\right)\sin\delta_B\right] \tag{4-109}$$

$$M_{21} = i\left[2n_A\sin\delta_A\cos\delta_A\cos\delta_B + n_B\cos^2\delta_A\sin\delta_B - \frac{n_A^2}{n_B}\sin^2\delta_A\sin\delta_B\right]$$

$$= in_A\left[\sin 2\delta_A\cos\delta_B + \frac{1}{2}\left(\frac{n_B}{n_A}+\frac{n_A}{n_B}\right)\cos 2\delta_A\sin\delta_B - \frac{1}{2}\left(\frac{n_A}{n_B}-\frac{n_B}{n_A}\right)\sin\delta_B\right] \tag{4-110}$$

であり、対角要素のM_{11}とM_{22}は実数でしかも等しく、非対角要素のM_{12}とM_{21}は虚数である。したがって、対称な多層膜系は、1つの等価な単層膜と見なせる。

(4) 行列式

連立1次方程式

$$\begin{cases} a_{11}x_1 + a_{12}x_2 = c_1 \\ a_{21}x_1 + a_{22}x_2 = c_2 \end{cases}$$

を考えよう。これを解くと、

$$x_1 = \frac{a_{22}c_1 - a_{12}c_2}{a_{11}a_{22} - a_{12}a_{21}}、\quad x_2 = \frac{a_{11}c_2 - a_{12}c_1}{a_{11}a_{22} - a_{12}a_{21}}$$

と簡単に求まる。この連立方程式をマトリクスで表すと、

$$\begin{bmatrix} a_{11} & a_{12} \\ a_{21} & a_{22} \end{bmatrix} \begin{bmatrix} x_1 \\ x_2 \end{bmatrix} = \begin{bmatrix} c_1 \\ c_2 \end{bmatrix}$$

と表されるが、解x_1およびx_2の分母には、上の行列の対角の積から非対角の積を引いた $a_{11}a_{22} - a_{12}a_{21}$ が現れているから、これを

$$D = \begin{vmatrix} a_{11} & a_{12} \\ a_{21} & a_{22} \end{vmatrix} = a_{11}a_{22} - a_{12}a_{21} \tag{4-111}$$

と書こう。このDを行列（マトリクス）

$$A = \begin{bmatrix} a_{11} & a_{12} \\ a_{21} & a_{22} \end{bmatrix}$$

の行列式（determinant）という。行列Aの行列式は｜A｜あるいはdet(A)と書く。すなわち、$D = |A| = \det(A)$ である。

特性マトリクスも行列であるから、その性質を行列式から考えてみよう。2つの特性マトリクスを

$$A = \begin{bmatrix} A_{11} & iA_{12} \\ iA_{21} & A_{22} \end{bmatrix}、\quad B = \begin{bmatrix} B_{11} & iB_{12} \\ iB_{21} & B_{22} \end{bmatrix}$$

とすると、

$$\det(A)\det(B) = (A_{11}A_{22} + A_{12}A_{21})(B_{11}B_{22} + B_{12}B_{21})$$

$$= A_{11}A_{22}B_{11}B_{22} + A_{11}A_{22}B_{12}B_{21} + A_{12}A_{21}B_{11}B_{22} + A_{12}A_{21}B_{12}B_{21}$$

$$\det(AB) = \det\begin{vmatrix} A_{11}B_{11} - A_{12}B_{21} & i(A_{11}B_{12} + A_{12}B_{22}) \\ i(A_{21}B_{11} + A_{22}B_{21}) & -A_{21}B_{12} + A_{22}B_{22} \end{vmatrix}$$

$$= A_{11}A_{22}B_{11}B_{22} + A_{11}A_{22}B_{12}B_{21} + A_{12}A_{21}B_{11}B_{22} + A_{12}A_{21}B_{12}B_{21}$$

$$= \det(A)\det(B)$$

となる。実際にAおよびBの特性マトリクスを

$$A = \begin{bmatrix} \cos\delta_1 & (i/n_1)\sin\delta_1 \\ in_1\sin\delta_1 & \cos\delta_1 \end{bmatrix}, \quad B = \begin{bmatrix} \cos\delta_2 & (i/n_2)\sin\delta_2 \\ in_2\sin\delta_2 & \cos\delta_2 \end{bmatrix}$$

とすると、$\det(AB) = 1$ となる。したがって、

$$M = M_1 M_2 M_3 \cdots M_L = \begin{bmatrix} M_{11} & M_{12} \\ M_{21} & M_{22} \end{bmatrix}$$

のとき、

$$\det(M) = \det(M_1)\det(M_2)\det(M_3)\cdots\det(M_L)$$
$$= M_{11}M_{22} - M_{12}M_{21} = 1 \tag{4-112}$$

となる。単層膜や多層膜の特性マトリクスの行列式が1であることは、誘電体薄膜による高反射ミラーやエッジフィルターの阻止帯を求めるときに重要となる。

(5) 逆行列

多層薄膜 $M = M_1 M_2 M_3 \cdots M_L$ の特性マトリクスを

$$M = \begin{bmatrix} M_{11} & M_{12} \\ M_{21} & M_{22} \end{bmatrix}$$

とするとき、その逆の膜構成 $M^{-1} = M_L \cdots M_3 M_2 M_1$ の特性マトリクスは、

$$M^{-1} = \begin{bmatrix} M_{11} & M_{12} \\ M_{21} & M_{22} \end{bmatrix}^{-1} = \begin{bmatrix} M_{22} & -M_{12} \\ -M_{21} & M_{11} \end{bmatrix} \tag{4-113}$$

となる。つまり、多層膜を逆の順序で計算しても、その多層膜の特性マトリクスは、Mの対角要素が入れ替わり、非対角要素にマイナスが付くだけである。真空蒸着装置で、光学モニターの光源が装置上部にある場合のモニター基板に成膜された多層膜の光量変化を計算するプログラムと、分光特性計算プログラムをリンクさせて作成する際などに、逆行列を利用すると便利である。

第5章
光学定数の測定

　精密な光学フィルターを作製するためには、基板および薄膜の光学定数の正確な値を知る必要がある。透明薄膜の光学定数の測定については、1950年代からAbelès [1]や多くの研究者により行われてきた。AgやAuなどの金属薄膜についてもSchulzやTangherlini [2]（反射率測定）、A.P.Lenham and D.M.Treherne [3]（偏光解析）により種々の測定装置や理論が発表されている。それらをまとめた解説書としては、O.S.Heavens [4]、吉田・矢嶋 [5]や小倉 [6]があるので参考にされたい。また、薄膜の光学定数のデータブックとしては、工藤 [7]やE.D.Palik [8]が編纂したものがある。

　基板に関しては、硝子メーカーから屈折率および内部透過率のデータが提供されているが、利用したい波長領域のデータがないこともある。また、薄膜の光学定数は、成膜方法やその条件で大きく変化してしまう。そのため、自分で光学定数を測定する必要がある。現在では、光源にレーザーを用いたエリプソメーター（偏光解析装置）やハロゲンランプなどの白色光を用いた分光エリプソメーターが開発され、それらを利用すれば薄膜の光学定数を直接、測定できる。しかし、コーティングを行っている多くの会社では、これらの高価な測定器を所有していない。本章では、通常の分光器（分光光度計、spectrometer）による基板、誘電体薄膜、金属薄膜および半導体Si薄膜の分光特性測定データから、フレネル係数を利用して光学定数を測定する方法について解説する。また、光学フィルター作製用真空蒸着装置に一般に利用されている光学モニターを利用した透明薄膜および金属薄膜の光学定数のin-situ（その場）測定についても述べる。

5.1　分光特性測定上の注意

　基板や薄膜の光学定数の測定を行うには、基板や薄膜、そして測定に利用する分光器について十分に注意を払う必要がある。まず、それらに関する一般的な注意事項を述べておこう。

5.1.1　サンプル
(1) 基板
　一般にガラス基板には種々の金属成分が含まれており、大気中の水分と基板表面近くの金属成分が反応を起こし、基板よりも低い屈折率の極く薄い層、いわゆる"ヤケ"が発生する。特に高屈折率基板ではその傾向が大きい。そのため、特に薄膜の光学定数の測定に使用する際は、あらかじめ基板を研磨するか、ヤケがないかを確認しておく必要がある。また、通常の真空蒸着法によって成膜した薄膜の表面は完全な平面ではなく、さらに基板の粗さ（roughness）によってその反射率は変化するので、研磨する必要があろう [5,9]。

(2) 薄膜

当然のことだが、薄膜にコンタミネーションがない方がよい。そのためには、一般に下記の事項に注意されたい。

- クリーンルーム

 成膜装置には油ロータリーポンプやメカニカルブースターポンプなどの駆動機構があり、ダストの原因となる。少なくとも、それらの部分はパーテーションにより仕切り、通常の成膜作業はクリーンルームにする必要がある。クリーンルームで重要なのは湿度管理である。湿度が高いと、準備してある基板にヤケが発生したり、成膜室を開けた時に内壁や各種内部機構に水分が付着し、成膜条件に影響を及ぼすので、少なくとも50％以下に保つべきである。また、作業者は、帽子および長袖の上着を着用し、手袋をするべきである。人間の皮膚からは老化した皮膚が絶えず落下しており、ピンホールの1つの要因となる。

- 成膜装置の清掃

 真空蒸着装置では、真空室には蒸発源、シールド板、膜厚分布補正機構や基板加熱ヒーターなどの種々の機構が設置されている。それらの清掃あるいは交換には注意が払われるが、基板加熱ヒーターのいわゆるヒータードームの上面の清掃は忘れられ易い。真空排気が開始した瞬間に、その上のゴミ、いわゆる蒸着カスが瞬時に舞い上がり、基板に付着する場合があるので十分に注意されたい。

- 真空排気および大気導入

 真空排気開始の際は、バイパスバルブでなるべく真空室内の擾乱を少なくしたり（スロー排気）、成膜終了後の大気導入の際もスローベントが重要である。

- 均質膜

 透明誘電体では、通常、光学モニターを利用して膜厚制御を行っている。薄膜の不均質（膜厚とともに屈折率が変化）の程度が大きいと、基板よりも薄膜の屈折率が大きい場合、その反射光量の変化は図5.1（a），（c）のようになる。膜厚を $nd = 3 \times \lambda/4$（λ は制御波長）程度成膜して、図5.1（b）のように、ほぼ元の光量値になるようにその成膜条件を見つけることが必要である。特に、可視域の反射防止膜に多く利用されている ZrO_2 膜は、基板温度が300℃では負の不均質になり易い。不均質の程度の解析については後述する。なお、分光器の45°反射率測定において、偏光フィルターを設置して、そのs波およびp波の反射率が $R_s^2 = R_p$ となれば、その薄膜は均質である[2]ことが分かる。

5.1.2 分光器

- 選定

 測定範囲・精度などの性能、オプションや価格を十分検討することは当然のことだがEXCELや市販されているデータ変換・設計ソフトウェアとの測定データの受け渡しの容易さに注意されたい。測定データから光学定数の測定をしたり、あるいは分光特性の種々のシミュレーションを行いたいことがある。測定データがアスキー形式ならば、それをフロッピーディスクにストアして利用すれば、

図5.1　不均質

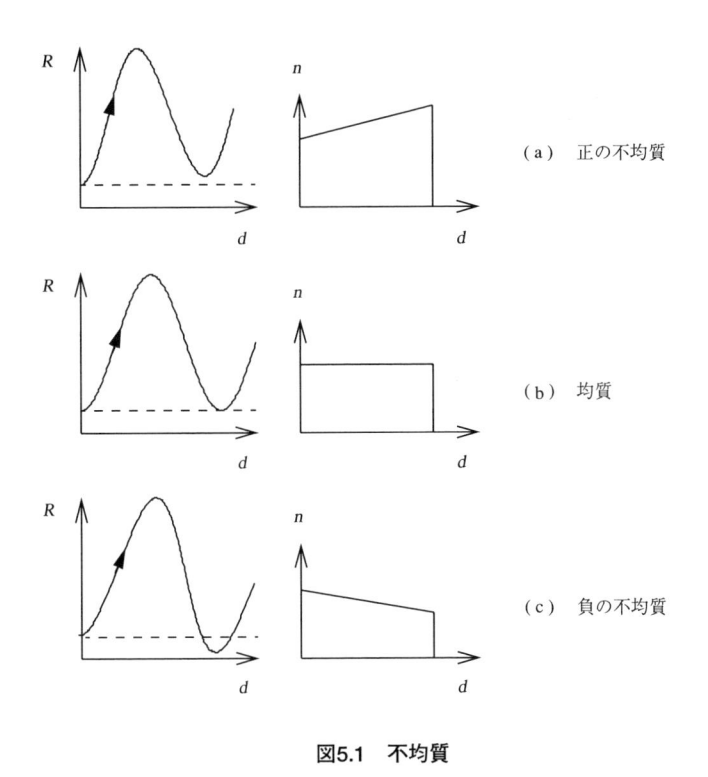

EXCELで十分に対応できる。しかし、アスキー形式ではメモリ使用量が多く、沢山のデータを1枚のディスクにストアできない。その場合はバイナリー形式でストアするとよいが、一般には分光器メーカーは測定したバイナリーデータをアスキー形式に変換するソフトウェアを公開していない。市販の分光器のバイナリーデータとアスキーデータを比較・解析して、バイナリーデータをアスキーに変換したり、市販理論ソフトウェアにそのままデータを取り込めるようにした変換ソフトウェアも市販されている[10]。

- 測定波長範囲の切り替え

　　一般に市販されている分光器は波長 λ = 350nmで光源、850nmで受光センサーの切り替えがあり、一般には測定データに段差が発生する。できるだけ、段差が起こらないように、メーカーに調整してもらうことが大切である。あるいは、光学定数が既知の基板の測定データから、後で測定データを補正する必要がある。

- ベースライン

　　分光器の電源をオンにして十分に測定回路が安定してから、ベースラインをとる。

- 反射率測定時のリファレンス・ミラー

　　ミラーの反射率を100%としてリファレンスをとるので、ミラーの劣化および交換にも注意されたい。もし、測定データに不安を抱いた場合は、ヤケが発生しにくい石英基板などの反射率を測定して、硝子メーカーから提供されているデータから計算した値との比較を行い、測定データを補正することが重要である。市販

の分光器では、通常、±0.01〜0.02％程度の測定誤差はある。

- レンズ基板の測定

　分光器の測定ビームは完全にはコリメートされていない。受光センサーも光があたる場所によって感度が異なる。特にレンズ基板の場合は、その焦点距離によって分光器のセンサーに入るビームの直径および位置が変わり、その結果、測定データは変わってくる。あらかじめ、レンズの厚みおよび焦点距離によって、正しい測定値となる基板のセット位置を決めておく必要がある。

5.2　分光器による基板の光学定数の測定

5.2.1　透明基板

　一般に多く利用されているBK7や白板（DESAG社B270）は可視域ではその消衰係数kは1×10^{-8}程度であり、基板の厚みが5mm程度では多くの場合、吸収を無視しても問題はない。他のガラスやプラスチック基板も透明基板として扱っても問題ないことが多い。また、前述したようにヤケが発生した基板の分光反射率あるいは透過率は、ヤケがない状態の基板とは異なる。また、プラスチック基板では、メーカーのカタログにはd線（587.56nm）あるいはe線（546.07nm）における屈折率のみが表記されていることが多い。プラスチック基板に広帯域の反射防止膜などを作製する場合は、基板の屈折率の波長分散を測定する必要があろう。測定結果に信憑性がない場合は、ヤケ難い石英基板を測定して、データ補正をする必要がある。

5.2.1.1　片面マット基板の反射率から

　基板の片面をサンドブラスト処理してから艶消しの黒色スプレーなどで裏面反射が無視できるように処理した基板（注：ブラスト材料や処理の仕方によっては、裏面反射が残ってしまうので注意されたい）や、基板を楔形に加工・研磨しての裏面の反射を除去して、表面の反射率R_0を分光器により測定する。

（1）垂直入射

　分光器の測定ジグが0°ならば、当然、垂直入射であるが、5°反射を使用している場合が多い。5°以内ならば、垂直入射として計算しても問題はない。入射媒質の屈折率を1、測定波長における基板の屈折率をn_mとする。その反射率R_0は、（2-63）式から

$$R_0 = |\rho|^2 = \left(\frac{1-n_m}{1+n_m}\right)^2 \tag{5-1}$$

となる。上式の括弧の中の分子は−だから、

$$-\sqrt{R_0} = \frac{1-n_m}{1+n_m}$$

$$\therefore \quad n_m = \frac{1+\sqrt{R_0}}{1-\sqrt{R_0}} \tag{5-2}$$

となり、屈折率n_mが求まる。$n_m = 1.52$では（5-1）式から$R_0 = 4.2579995\% \fallingdotseq 4.26\%$となるが、測定値が$R_0 = 4.25\%$では$n_m = 1.519384$、$R_0 = 4.27\%$では$n_m = 1.520923$となる。測定値に±0.01％の違いがあると、（5-2）式から計算される基板の屈折率には±0.05％の誤差がでる。しかし、通常の光学フィルター用の基板として設計上問題はない。基板の屈折率は、通常、Cauchy、Sellmeier、Malitson（Schott社、オハラ社データブック）などの分散式にフィットするので、数波長に対する値を求めるとよい。

(2) 斜入射

分光器の測定ジグが12°、30°、45°反射の場合は、当然、斜入射の影響がでてくるので、偏光子ユニットを設置してその偏光成分s、p波の反射率を測定する。そして、その入射角における偏光成分の反射率から基板の屈折率を求める。基板への入射角をθ_0、屈折角をθとする。空気（$n_0 = 1$）の屈折率は

$$\begin{cases} \eta_{0s} = \cos\theta_0 \\ \eta_{0p} = 1/\cos\theta_0 \end{cases} \tag{5-3}$$

基板の屈折率は、スネルの法則から

$$\begin{cases} \eta_{mS} = n_m \cos\theta = n_m\{1-(1/n_m)^2 \sin^2\theta_0\}^{1/2} = (n_m^2 - \sin^2\theta_0)^{1/2} \\ \eta_{mP} = n_m/\cos\theta = n_m^2/\eta_{mS} = n_m^2/(n_m^2 - \sin^2\theta_0)^{1/2} \end{cases} \tag{5-4}$$

となる。したがって、s波の反射率R_{0S}は

$$R_{0S} = |\rho_S|^2 = \left(\frac{\eta_{0S}-\eta_{mS}}{\eta_{0S}+\eta_{mS}}\right)^2 = \left\{\frac{\cos\theta_0 - (n_m^2-\sin^2\theta_0)^{1/2}}{\cos\theta_0 + (n_m^2-\sin^2\theta_0)^{1/2}}\right\}^2 \tag{5-5}$$

となる。上式から

$$-\sqrt{R_{0S}} = \frac{\cos\theta_0 - (n_m^2-\sin^2\theta_0)^{1/2}}{\cos\theta_0 + (n_m^2-\sin^2\theta_0)^{1/2}}$$

$$\therefore \quad n_m = \frac{(1+R_{0S}+2\sqrt{R_{0S}}\cos2\theta_0)^{1/2}}{1-\sqrt{R_{0S}}} \tag{5-6}$$

また、p波の反射率R_{0P}は

$$R_{0P} = |\rho_P|^2 = \left(\frac{\eta_{0P}-\eta_{mP}}{\eta_{0P}+\eta_{mP}}\right)^2 = \left(\frac{(n_m^2-\sin^2\theta_0)^{1/2} - n_m^2 \cos\theta_0}{(n_m^2-\sin^2\theta_0)^{1/2} + n_m^2 \cos\theta_0}\right)^2 \tag{5-7}$$

となる。したがって

$$-\sqrt{R_{0P}} = \frac{(n_m{}^2 - \sin^2\theta_0)^{1/2} - n_m{}^2 \cos\theta_0}{(n_m{}^2 - \sin^2\theta_0)^{1/2} + n_m{}^2 \cos\theta_0}$$

∴ $(1-\sqrt{R_{0P}})n_m{}^2 \cos^2\theta_0 = (1+\sqrt{R_{0P}})(n_m{}^2 - \sin^2\theta_0)^{1/2}$

両辺を2乗してn_mについて整理すると

$$(1-\sqrt{R_{0P}})^2 \cos^2\theta_0 n_m{}^4 - (1+\sqrt{R_{0P}})^2 n_m{}^2 + (1+\sqrt{R_{0P}})^2 \sin^2\theta_0 = 0$$

∴ $n_m = \left(\dfrac{b + \sqrt{b^2 - 4ac}}{2a}\right)^{1/2}$ (5-8)

ただし、$\begin{cases} a = (1-\sqrt{R_{0P}})^2 \cos^2\theta_0 \\ b = (1+\sqrt{R_{0P}})^2 \\ c = b \sin^2\theta_0 \end{cases}$ (5-9)

となる。$n_m = 1.52$、入射角$\theta_0 = 30°$とすると、(5-5)式から$R_{0S} = 6.120869\% \fallingdotseq 6.12\%$、(5-7)式から$R_{0P} = 2.707831\% \fallingdotseq 2.71\%$となる。もし、測定値が$R_{0S} = 6.11\%$とすると$n_m = 1.519366$、$R_{0S} = 6.13\%$とすると$n_m = 1.520532$となり、その誤差は±0.04%である。$R_{0P} = 2.70\%$とすると$n_m = 1.519153$、$R_{0P} = 2.72\%$とすると$n_m = 1.521314$となり、その誤差は−0.06〜0.09%である。

5.2.1.2 両面研磨基板の反射率、透過率から
(1) 垂直入射

基板片面の反射率をR_0とすると、裏面反射による多重繰り返し反射を考慮した反射率R、透過率Tは、(2-89)式から

$$R = \frac{2R_0}{1+R_0} \qquad T = \frac{1-R_0}{1+R_0} \tag{5-10}$$

となる。したがって

$$R_0 = \frac{R}{2-R} = \frac{1-T}{1+T} \tag{5-11}$$

となるから、測定反射率データRから

$$n_m = \frac{1+\sqrt{R_0}}{1-\sqrt{R_0}} = \frac{1+\sqrt{R/(2-R)}}{1-\sqrt{R/(2-R)}} \tag{5-12}$$

あるいは、透過率データTから

$$n_m = \frac{1+\sqrt{R_0}}{1-\sqrt{R_0}} = \frac{1+\sqrt{(1-T)/(1+T)}}{1-\sqrt{(1-T)/(1+T)}} \tag{5-13}$$

と求まる。誤差を考えてみよう。測定値が$R = 8.17\%$では$n_m = 1.520075$であるが、$R = 8.16$では$n_m = 1.519657$、$R = 8.18\%$では$n_m = 1.520493$となり、その誤差は±0.03%である。

(2) 斜入射

裏面反射を考慮したs、p波の反射率および透過率をR_S、R_P、T_S、T_Pとすると、(5-11)式〜(5-13)式においてs偏光では$R_0 \to R_{0S}$、$R \to R_S$、$T \to T_S$、p偏光では$R_0 \to R_{0P}$、$R \to R_P$、$T \to T_P$として計算すればよい。

5.2.2 吸収基板

CCDセンサーなどでは、その前面に近赤外域の光をカットするために吸収硝子を利用することが多い。硝子メーカーから提供されているデータは、一般に、ある厚みにおける内部透過率T_i、外部透過率Tおよびd線（587.56nm）における屈折率n_dである。しかし、硝子は短波長領域になると屈折率の波長分散が大きくなる。また、特性改善のために吸収硝子に反射防止膜や各種光学フィルターを構成したり、当然、標準の厚みとは異なる基板を利用することもある。そのためには、利用する波長領域で基板の正確な光学定数（屈折率n_m、消衰係数k_m）の分散データが必要である。可視域ではその吸収を無視できるとしたBK7でも$\lambda = 312.6$nmでは$k = 2.16 \times 10^{-6}$であり、$t = 5$mmではその透過率は58.9%（$t = 1$mmでは83.5%）になってしまう。また、メーカーから提供されているデータも離散的である。ここでは、吸収基板の光学定数を求める理論およびその実施例について述べる。この方法は、一般の光学硝子、吸収が大きいパイレックス（Pyrex、Corning社製）やテンパックス（Tempax Float、Schott社製、日本以外の商標はBorofloat）などの耐熱硝子、光通信用アイソレーターに利用されている磁性半導体単結晶、有機カラーフィルターの光学定数測定にも利用できる。

図5.2に示すように、垂直入射時の片面マット基板の反射率をR_0、厚みdの両面研磨基板の反射率をR、透過率をTとすると、(2-85)式〜(2-87)式から

$$R_0 = \frac{(1-n_m)^2 + k_m^2}{(1+n_m)^2 + k_m^2} \tag{5-14}$$

$$R = R_0 \frac{1+(1-2R_0)T_i^2}{1-T_i^2 R_0^2} \tag{5-15}$$

$$T = \frac{(1-R_0)^2 T_i}{1-T_i^2 R_0^2} \tag{5-16}$$

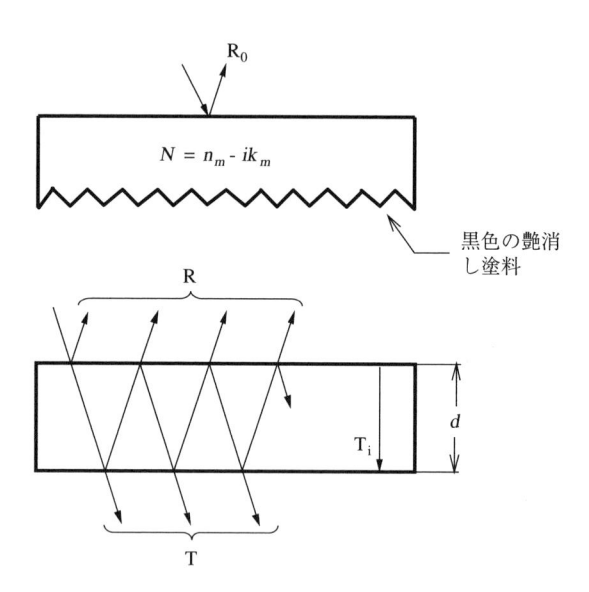

図5.2 吸収基板の分光特性測定（垂直入射）

となる。ただし、T_iは内部透過率であり、基板の吸収係数をα、厚みをdとするとランベルトの法則から

$$T_i = \exp(-\alpha d) = \exp(-4\pi k_m d / \lambda) \tag{5-17}$$

で表される。両面研磨基板のRとTの（5-15）式、（5-16）式からR_0を消去して、T_iを求めてからそれを（5-17）式に代入してk_mを求めようとしても、それでは求まらない。つまり、両面研磨基板の反射率Rと透過率Tだけからは、k_m、つまりT_iを求めることはできない。しかし、RとR_0が分かれば、（5-15）式から

$$T_i = \left(\frac{R - R_0}{R_0 (1 - 2R_0 + R_0 R)} \right)^{1/2} \tag{5-18}$$

あるいはTとR_0が分かれば、（5-16）式をT_iについての2次式と考えて整理すると

$$TR_0^2 T_i^2 + (1 - R_0)^2 T_i - T = 0$$

$$\therefore\ T_i = \frac{-(1-R_0)^2 + \sqrt{(1-R_0)^4 + 4T^2 R_0^2}}{2TR_0^2} \tag{5-19}$$

と、T_iが求まる。したがって、まず両面研磨基板の反射率Rおよび透過率Tを測定し、その後、基板の片面をサンドブラスト処理をして黒色の艶消し塗料を塗って片面マット基板の反射率R_0を測定すればよい。T_iが求まれば（5-17）式から

$$k_m = -\frac{\lambda}{4\pi d} \ln T_i \tag{5-20}$$

と k_m が求まる。k_m が求まれば、(5-14) 式を n_m についての2次式と考えて

$$(1-R_0)n_m^2 - 2(1+R_0)n_m + (1-R_0)(1+k_m^2) = 0$$

$$\therefore n_m = \frac{1+R_0+\sqrt{(1+R_0)^2-(1-R_0)^2(1+k_m^2)}}{1-R_0} \tag{5-21}$$

と求まる。

　それでは、具体例に基づき計算してみよう。厚み d = 3mmの吸収基板ISK157（五鈴精工硝子社製）の分光反射率および透過特性の測定結果を図5.3に示す。この基板の屈折率、消衰係数の計算結果を表5.1および図5.4に示す。この結果を用いれば、任意の板厚の分光特性が図5.5のように計算できる。

　光学硝子として一般に多く利用されているBK7やSF11（Schott社製）の吸収を考えてみよう。これらの光学定数はメーカーから図5.6のように提供されており、このデータを基に異なる厚みの基板の分光特性を計算すると図5.7のようになる。BK7では、厚みが10mmになっても λ = 400〜1500nmの範囲では、ほぼ吸収は無視できる。SF11では、λ = 500nm以下では吸収が大きくなり、λ = 436nmではその透過率は d = 1mmでは透過帯より約2%、d = 10mmでは約7%も減少している。ビデオカメラなどには多くの高屈折率や低屈折率のレンズが組み合わされて利用されているが、レンズの中心の厚みは5mm以上ある場合も多く、高屈折率レンズによる吸収を無視できない。一般に、基板の消衰係数が 10^{-7} より大きくなる波長範囲では、吸収に十分注意して光学レンズ設計をすることが必要である。

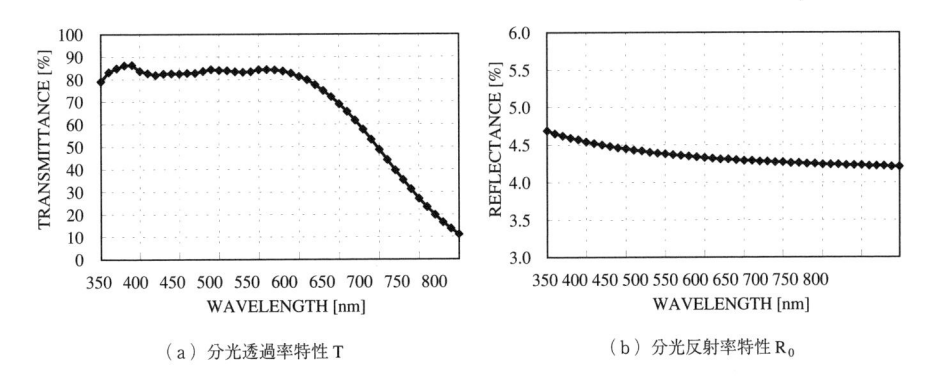

（a）分光透過率特性 T

（b）分光反射率特性 R_0

図5.3　吸収硝子 ISK157（d = 3mm）の分光特性測定結果

第5章

表5.1　吸収硝子ISK157の光学定数解析

d [mm] = 3　　3×10^6 nm：λの単位はnmなので、計算では単位を揃える　　(5-19)式　(5-20)式　　　　(5-21)式

λ [nm]	T [%]	R$_0$ [%]	Ti	k$_m$	LOG (k$_m$)	n$_m$	λ [nm]	T [%]	R$_0$ [%]	Ti	k$_m$	LOG (k$_m$)	n$_m$
350	79.10	4.69	0.8693	1.300E-06	-5.886	1.55286	580	83.70	4.31	0.9127	1.406E-06	-5.852	1.52399
360	83.20	4.65	0.9135	8.642E-07	-6.063	1.54984	590	82.70	4.30	0.9016	1.621E-06	-5.790	1.52323
370	84.90	4.62	0.9315	6.963E-07	-6.157	1.54758	600	81.20	4.29	0.8851	1.942E-06	-5.712	1.52246
380	86.20	4.59	0.9452	5.686E-07	-6.245	1.54532	610	79.80	4.29	0.8699	2.255E-06	-5.647	1.52246
390	86.40	4.57	0.9470	5.638E-07	-6.249	1.54380	620	77.60	4.28	0.8458	2.754E-06	-5.560	1.52169
400	83.70	4.54	0.9169	9.203E-07	-6.036	1.54153	630	75.00	4.28	0.8176	3.366E-06	-5.473	1.52169
410	82.70	4.52	0.9056	1.078E-06	-5.967	1.54001	640	72.20	4.27	0.7870	4.067E-06	-5.391	1.52092
420	81.90	4.50	0.8965	1.217E-06	-5.915	1.53850	650	68.90	4.27	0.7511	4.936E-06	-5.307	1.52092
430	82.50	4.48	0.9027	1.167E-06	-5.933	1.53698	660	65.60	4.26	0.7150	5.873E-06	-5.231	1.52015
440	82.60	4.46	0.9034	1.185E-06	-5.926	1.53546	670	61.70	4.26	0.6726	7.049E-06	-5.152	1.52015
450	82.50	4.45	0.9022	1.229E-06	-5.911	1.53469	680	57.70	4.25	0.6289	8.365E-06	-5.078	1.51938
460	82.80	4.43	0.9051	1.217E-06	-5.915	1.53317	690	53.20	4.25	0.5799	9.972E-06	-5.001	1.51938
470	82.80	4.42	0.9049	1.246E-06	-5.905	1.53241	700	48.70	4.24	0.5308	1.176E-05	-4.930	1.51861
480	83.60	4.40	0.9132	1.155E-06	-5.937	1.53088	710	44.20	4.24	0.4818	1.375E-05	-4.862	1.51861
490	84.40	4.39	0.9218	1.059E-06	-5.975	1.53012	720	39.60	4.24	0.4317	1.604E-05	-4.795	1.51861
500	84.00	4.38	0.9172	1.146E-06	-5.941	1.52935	730	35.30	4.23	0.3848	1.849E-05	-4.733	1.51784
510	83.90	4.37	0.9160	1.188E-06	-5.925	1.52859	740	31.20	4.23	0.3401	2.117E-05	-4.674	1.51784
520	83.40	4.36	0.9103	1.296E-06	-5.887	1.52783	750	27.00	4.23	0.2943	2.433E-05	-4.614	1.51784
530	83.20	4.35	0.9080	1.357E-06	-5.867	1.52706	760	23.30	4.22	0.2540	2.763E-05	-4.559	1.51707
540	83.40	4.34	0.9100	1.351E-06	-5.869	1.52629	770	19.80	4.22	0.2158	3.132E-05	-4.504	1.51707
550	84.30	4.33	0.9196	1.223E-06	-5.912	1.52553	780	16.50	4.22	0.1798	3.550E-05	-4.450	1.51707
560	84.30	4.32	0.9194	1.248E-06	-5.904	1.52476	790	13.70	4.21	0.1493	3.985E-05	-4.400	1.51630
570	84.20	4.31	0.9181	1.292E-06	-5.889	1.52399	800	11.10	4.21	0.1210	4.482E-05	-4.349	1.51630

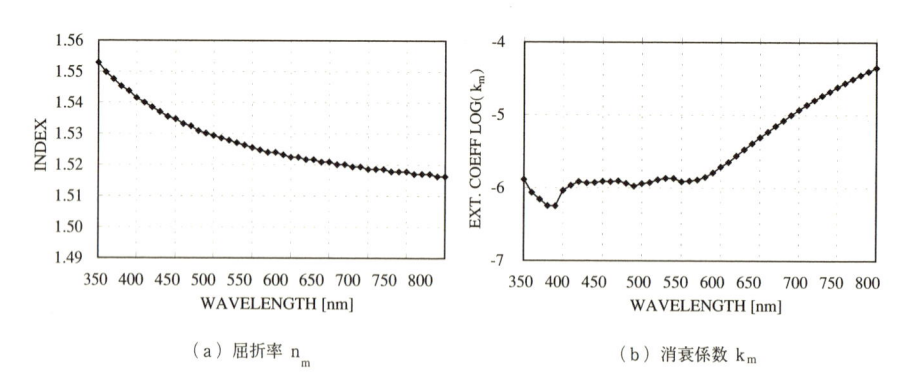

(a) 屈折率 n$_m$　　　　　　　　　　　　　(b) 消衰係数 k$_m$

図5.4　吸収基板 ISK157の光学定数

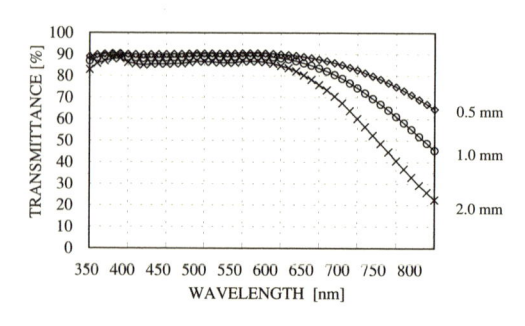

図5.5　異なる厚みの吸収硝子ISK157の分光透過率特性

（a）屈折率 n_m　　　　（b）消衰係数 k_m

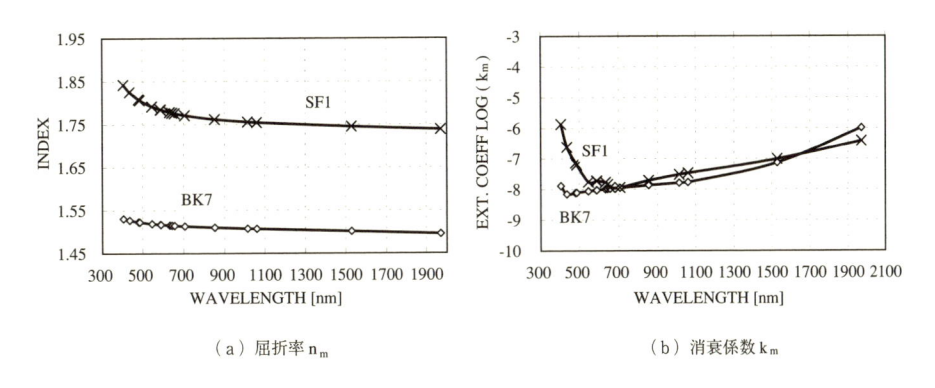

図5.6　光学硝子BK7、SF11の波長分散データ

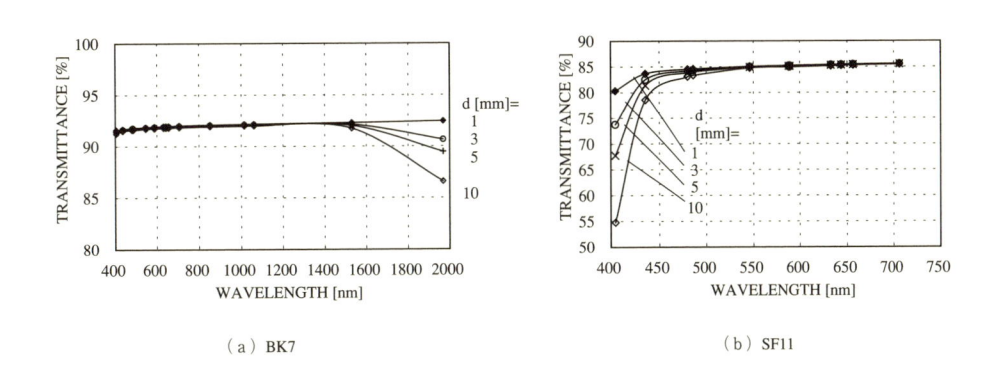

（a）BK7　　　　（b）SF11

図5.7　基板BK7、SF11の異なる板厚に対する分光透過率特性

5.3　分光器による薄膜の光学定数の測定

5.3.1　透明薄膜

透明な硝子基板にTiO$_2$やSiO$_2$などの透明な薄膜を、膜厚 $nd = q \times \lambda_0/4$（$q = 1, 3, 5 \cdots$）だけ作製してその分光反射率特性を測定すると、波長分散がない場合は**図5.8**のように λ_0、$\lambda_0 \times q/(q\pm2)$ にピークが見られる。そのピークにおける反射率や透過率の値からその波長における屈折率を求めることができる。ピーク波長における位相 δ は、$\delta = (2\pi/\lambda_0)nd = q \times \pi/2$ となるから、片面マットの基板の場合のピークの反射率 R は（3-15）式で $n_0 = 1$ として

$$R = \left(\frac{n^2 - n_m}{n^2 + n_m}\right)^2 \tag{5-22}$$

となる。したがって

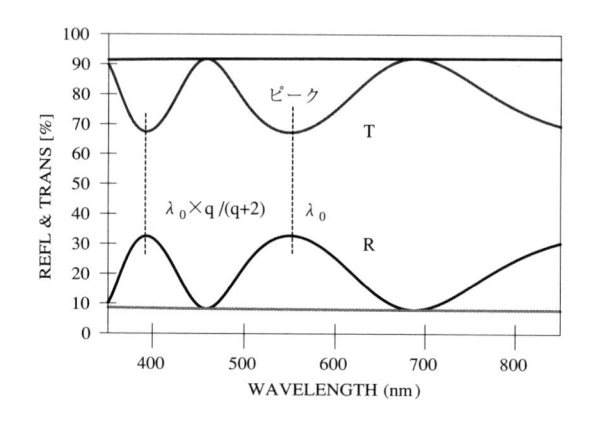

図5.8　単層薄膜の分光特性
基板1.52｜n = 2.3、nd = 5×550/4nm）｜空気
基板の裏面反射考慮

$$n > \sqrt{n_m} \text{ の時、} \quad n = \left\{\frac{n_m(1+\sqrt{R})}{1-\sqrt{R}}\right\}^{1/2} \tag{5-23}$$

$$n < \sqrt{n_m} \text{ の時、} \quad n = \left\{\frac{n_m(1-\sqrt{R})}{1+\sqrt{R}}\right\}^{1/2} \tag{5-24}$$

となる。$\sqrt{1.52} = 1.2329$ だから、一般的な基板および薄膜の場合は、(5-23) 式を採用して問題はない。両面研磨した基板の場合のピーク反射率R'およびピーク透過率T'は、(3-16) 式および (3-17) 式においてR_1をRとして

$$R' = \frac{R_0 + R - 2R_0 R}{1 - R_0 R} \qquad T' = \frac{(1-R_0)(1-R)}{1-R_0 R} \tag{5-25}$$

ただし、$R_0 = \frac{(1-n_m)^2}{(1+n_m)^2}$

となるから、これらからRを求めると

$$R = \frac{R' - R_0}{1 - 2R_0 + R_0 R'} \quad \text{または} \quad R = \frac{1 - R_0 - T'}{1 - R_0 - R_0 T'} \tag{5-26}$$

となる。これを (5-23) 式に代入すれば、薄膜の屈折率nが求まる。両面研磨基板（$n_m = 1.52$）の場合の測定誤差を評価してみよう。$R' = 34.00\%$では$n = 2.340967$であるが、$R' = 33.99\%$では$n = 2.340644$、$R' = 34.01\%$では$n = 2.341290$となり、誤差は±0.01％となる。
　しかし、分光特性の極値、いわゆるピークは波長分散の影響を受け、その大きさ

光学定数の測定

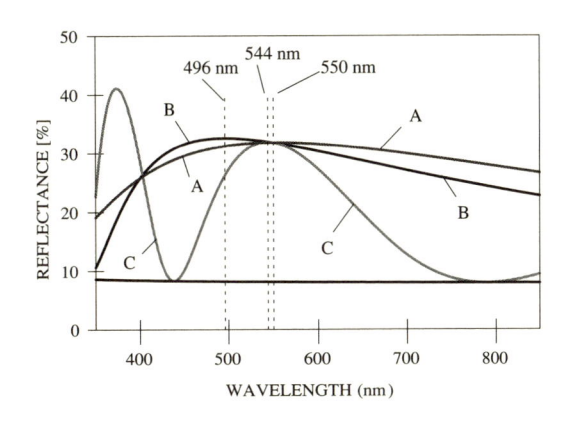

図5.9 波長分散による単層膜の分光特性のピークシフト
A：分散なし　　n = 2.27、d = 60.6nm
B：分散あり　　Sellmeier A= 3.354391、B = -58078.17、d = 60.6nm
C：分散あり　　分散は同上、d = 60.6×3nm

およびそれに対する波長はシフトする。両面研磨したBK7基板（分散式：Sellmeier、A = 1.263736、B =－9346.958）に、TiO_2単層膜（分散式：Sellmeier、A = 3.354391、B =－58078.17）を膜厚d = 60.6nm（= 550/（4×2.27）、n = 2.27は分散式に基づいたλ = 550nmにおける薄膜の屈折率）だけ成膜した場合を考えよう。薄膜に分散がない場合は、**図5.9**の曲線Aのようにλ = 550nmで極大値となるが、分散がある場合は、曲線Bのようにそれよりも54nmだけ短い波長λ = 496nmに極値がシフトしてしまう。しかも極値の大きさも変化している。この極値の反射率32.57％から（5-23）式、（5-26）式によって薄膜の屈折率nを求めると、n = 2.2959となり、分散式による計算値n = 2.32185とは大きくずれてしまう。この薄膜をd = 181.8nm（=60.6×3）だけ成膜した場合の分光特性は、曲線Cのように極値となる波長λは544nm、反射率は31.88％、屈折率は2.2723とほぼ550nmにおける値と等しくなる。つまり、3×λ_0/4だけ成膜すると、分散による影響がほぼ無くなることが分かる。さらに、q = 3, 5, 9, ・・・とすれば、極値に対する波長がより550nmに近づくが、薄膜が不均質になる恐れがあるので、筆者はこの方法ではq = 3としている。

5.3.2　若干の吸収がある均質薄膜

精密な光学フィルターでは、プラズマを利用したIAD（Ion Assisted Deposition）、RFイオンプレーティング（Radio Frequency Ion Plating）やIBS（Ion Beam SputteringあるいはIBD：Ion Beam Deposition）などの方法により、薄膜の充填密度を大きくして水分による波長シフト（wavelength shift）の低減化が行われている。しかし、それらの方法による薄膜では、長波長域では薄膜の吸収は小さいが（あるいは無視できる）、短波長域では無視できないことが多い。耐環境性に優れているとして利用されているTa_2O_5を膜厚d = 590nm（$nd ≒ 7×\lambda_0$/4、λ_0 = 740nm）だけ成膜した時の分光特性例

を図5.10に示す。短波長域（〇印）ではわずかに吸収があるが、長波長域（P1～P4）では吸収が小さいことが分かる。このような薄膜の分光特性のピーク値から光学定数n、kを求めてみよう。

図5.11のように、光が薄膜面から入射した時の測定反射率および透過率をそれぞれR、T、基板裏面からの測定反射率をR_b、光が基板から薄膜へ入射したときの反射率をR_g（薄膜上下面との多重繰り返し反射を考慮した反射率。測定不可）とする。多重繰り返し反射を考慮して

$$R = R_f + T_f^2 R_0 + T_f^2 R_0^2 R_g + T_f^2 R_0^3 R_g^2 + \cdots = R_f + \frac{T_f^2 R_0}{1 - R_0 R_g} \tag{5-27}$$

$$T = T_f(1-R_0) + T_f(1-R_0)R_0 R_g + T_f(1-R_0)R_0^2 R_g^2 + \cdots = \frac{T_f(1-R_0)}{1-R_0 R_g} \tag{5-28}$$

$$R_b = R_0 + (1-R_0)^2 R_g + (1-R_0)^2 R_g^2 R_0 + (1-R_0)^2 R_g^3 R_0^2 + (1-R_0)^2 R_g^4 R_0^3 + \cdots$$

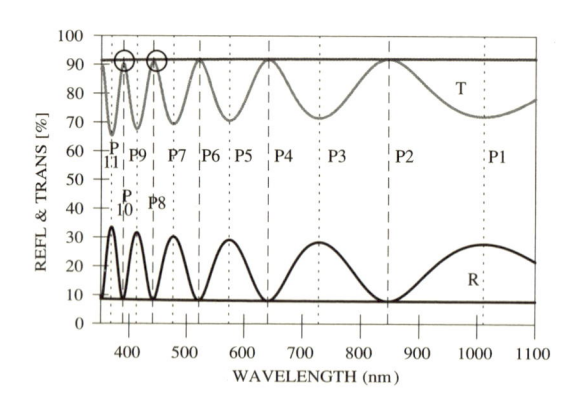

図5.10　吸収がある単層薄膜の分光特性

・薄膜：Ta_2O_5（d = 590nm）　分散式LORENK A = 3.3153, B = 1.1991, C = 246.96, D = 0.319
・基板：BK7

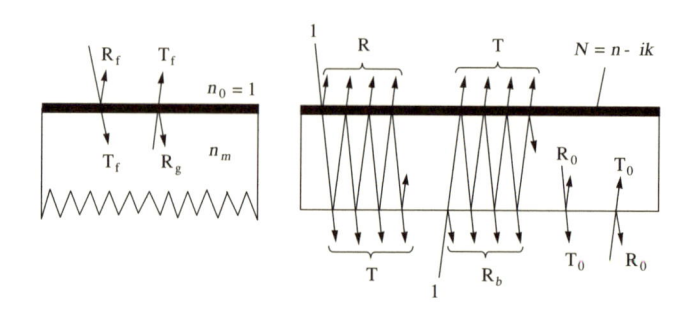

図5.11　吸収のある薄膜の分光特性測定（垂直入射）

$$= R_0 + \frac{(1-R_0)^2 R_g}{1-R_0 R_g} \tag{5-29}$$

となる。(5-29) 式から R_g は

$$R_g = \frac{R_b - R_0}{1 - 2R_0 + R_0 R_b} \tag{5-30}$$

となり、これを (5-28) 式に代入して T_f を求めると、

$$T_f = \frac{(1-R_0)T}{1-2R_0+R_0 R_b} \tag{5-31}$$

となる。(5-30) 式および (5-31) 式を (5-27) 式に代入して、R_f を求めると

$$R_f = R - \frac{R_0 T^2}{1-2R_0+R_0 R_b} \tag{5-32}$$

となる。分光器による測定値 R、T および R_b から R_f、T_f が計算できることになる。R_f および T_f は、3.3項で解析したように、(3-51) 式、(3-52) 式および (3-53) 式で表され、$n_0 = 1$、$k_m = 0$ として以下のようになる。

$$R_f = \frac{a_1 e^{2\gamma} + a_2 e^{-2\gamma} + a_3 \cos 2\delta + a_4 \sin 2\delta}{b_1 e^{2\gamma} + b_2 e^{-2\gamma} + b_3 \cos 2\delta + b_4 \sin 2\delta} \tag{5-33}$$

$$T_f = \frac{16 n_m (n^2 + k^2)}{b_1 e^{2\gamma} + b_2 e^{-2\gamma} + b_3 \cos 2\delta + b_4 \sin 2\delta} \tag{5-34}$$

ただし、

$$\begin{cases} a_1 = \{(1-n)^2 + k^2\}\{(n+n_m)^2 + k^2\} \\ a_2 = \{(1+n)^2 + k^2\}\{(n-n_m)^2 + k^2\} \\ a_3 = 2\{(1-n^2-k^2)(n^2-n_m^2+k^2) - 4n_m k^2\} \\ a_4 = -4k\{(1-n^2-k^2)n_m + (n^2-n_m^2+k^2)\} \\ b_1 = \{(1+n)^2 + k^2\}\{(n+n_m)^2 + k^2\} \\ b_2 = \{(1-n)^2 + k^2\}\{(n-n_m)^2 + k^2\} \\ b_3 = 2\{(1-n^2-k^2)(n^2-n_m^2+k^2) + 4n_m k^2\} \\ b_4 = -4k\{(1-n^2-k^2)n_m - (n^2-n_m^2+k^2)\} \end{cases} \tag{5-35}$$

$$\begin{cases} \delta = \dfrac{2\pi}{\lambda} nd \\ \gamma = \dfrac{2\pi}{\lambda} kd \end{cases} \tag{5-36}$$

第5章

図5.10の分光透過率特性の谷ピークでは、$n \gg k$、$nd = q \times \lambda/4$（$q = 1, 3, 5, \cdots$）とみなせるので、(5-35) 式および (5-36) 式は

$$\begin{cases} a_1 = (1-n)^2(n+n_m)^2 \\ a_2 = (1+n)^2(n-n_m)^2 \\ a_3 = 2(1-n^2)(n^2-n_m^2) \\ a_4 = 0 \end{cases} \quad \begin{cases} b_1 = (1+n)^2(n+n_m)^2 \\ b_2 = (1-n)^2(n-n_m)^2 \\ b_3 = 2(1-n^2)(n^2-n_m^2) \\ b_4 = 0 \end{cases} \tag{5-37}$$

$$\begin{cases} \delta = \dfrac{2\pi}{\lambda} nd = \dfrac{2\pi}{\lambda} q \dfrac{\lambda}{4} = q \dfrac{\pi}{2} \\ \gamma = \dfrac{2\pi}{\lambda} kd \end{cases} \tag{5-38}$$

と近似できる。すると R_f、T_f は次のように整理される。

$$R_f = \frac{a_1 e^{2\gamma} + a_2 e^{-2\gamma} - a_3}{b_1 e^{2\gamma} + b_2 e^{-2\gamma} - b_3} = \left(\frac{A_1 e^{\gamma} - A_2 e^{-\gamma}}{B_1 e^{\gamma} - B_2 e^{-\gamma}}\right)^2 = \left(\frac{A_1 e^{2\gamma} - A_2}{B_1 e^{2\gamma} - B_2}\right)^2 \tag{5-39}$$

$$T_f = \frac{16 n_m n^2}{b_1 e^{2\gamma} + b_2 e^{-2\gamma} - b_3} = \frac{16 n_m n^2}{(B_1 e^{\gamma} - B_2 e^{-\gamma})^2} \tag{5-40}$$

ただし、$\begin{cases} A_1 = (1-n)(n+n_m) \\ A_2 = (1+n)(n-n_m) \\ B_1 = (1+n)(n+n_m) \\ B_2 = (1-n)(n-n_m) \end{cases} \tag{5-41}$

(5-39) 式から

$$\pm\sqrt{R_f} = \frac{A_1 e^{2\gamma} - A_2}{B_1 e^{2\gamma} - B_2} \qquad (n < n_m : \text{符号は上}、n > n_m : \text{符号は下})$$

$$\therefore \quad e^{2\gamma} = \frac{A_2 \mp B_2 \sqrt{R_f}}{A_1 \mp B_1 \sqrt{R_f}} \tag{5-42}$$

となり、(5-40) 式の分母は

$$(\text{分母}) = B_1^2 e^{2\gamma} + B_2^2 e^{-2\gamma} - 2B_1 B_2 = B_1^2 \frac{A_2 \mp B_2 \sqrt{R_f}}{A_1 \mp B_1 \sqrt{R_f}} + B_2^2 \frac{A_1 \mp B_1 \sqrt{R_f}}{A_2 \mp B_2 \sqrt{R_f}} - 2B_1 B_2$$

$$= \frac{(B_1 A_2 - B_2 A_1)^2}{(A_1 \mp B_1 \sqrt{R_f})(A_2 \mp B_2 \sqrt{R_f})} = \frac{16 n^2 (n^2 - n_m^2)}{\{1 \mp \sqrt{R_f} - n(1 \pm \sqrt{R_f})\}\{1 \mp \sqrt{R_f} + n(1 \pm \sqrt{R_f})\}}$$

$$= \frac{16n^2(n^2 - n_m^2)}{(1 \mp \sqrt{R_f})^2 - n^2(1 \pm \sqrt{R_f})^2}$$

と整理される。したがって、T_fは

$$T_f = \frac{n_m\{(1 \mp \sqrt{R_f})^2 - n^2(1 \pm \sqrt{R_f})^2\}}{n^2 - n_m^2}$$

となり、これから薄膜のnは

$$n = \left(\frac{n_m^2 T_f + n_m(1 \mp \sqrt{R_f})^2}{T_f + n_m(1 \pm \sqrt{R_f})^2}\right)^{1/2} \quad (n < n_m: 符号は上、n > n_m: 符号は下) \tag{5-43}$$

と求まる。また、消衰係数kは (5-42) 式から

$$k = \frac{\lambda \gamma}{2\pi d} = \frac{\lambda}{4\pi d} \ln \frac{A_2 \mp B_2 \sqrt{R_f}}{A_1 \mp B_1 \sqrt{R_f}} \tag{5-44}$$

$$= \frac{\lambda}{4\pi d} \ln \frac{(1+n)(n-n_m) \mp (1-n)(n-n_m)\sqrt{R_f}}{(1-n)(n+n_m) \mp (1+n)(n+n_m)\sqrt{R_f}}$$

になる。ところで、(5-44) 式のkの計算には、薄膜の物理膜厚dが必要であるが、このように$n \gg k$である薄膜の場合は、分光特性の谷ピークの値から求まる。分光特性のピーク$P1$、$P2$および$P3$における波長および屈折率をおのおの (λ_1, n_1)、(λ_2, n_2)、(λ_3, n_3) とすると、qを奇数として

$$\begin{cases} P1: & n_1 d = q \times \lambda_1 / 4 \\ P2: & n_2 d = (q+1) \times \lambda_2 / 4 \\ P3: & n_3 d = (q+2) \times \lambda_3 / 4 \end{cases} \tag{5-45}$$

となる。ピーク$P2$の反射率および透過率は基板のみの値と同じになり、薄膜に関する情報は得られない。ピーク$P1$と$P3$における薄膜の屈折率n_1、n_3は (5-45) 式から求めることができるので、これを解くと

$$d = \frac{\lambda_1 \lambda_3}{2(n_3 \lambda_1 - n_1 \lambda_3)} \tag{5-46}$$

となる。
　計算の手順をここで整理しておこう。
- 透明で光学定数が既知のBK7（屈折率n_m、片面の反射率をR_0とする）などの両面研磨基板に薄膜を膜厚$nd = 7 \times \lambda_0/4$（$\lambda_0 = 600$nm）程度だけ成膜する。
- 光が薄膜面からの入射した場合の反射率Rおよび透過率Tを測定する。また、基板裏面から光が入射した場合の反射率R_bも測定する。
- 分光透過率特性の谷ピークにおけるR_0、R、T、R_bの値を (5-31) 式および (5-32)

第5章

表5.2　若干の吸収がある均質膜の光学定数計算

P1、P3から（5-46）式 ↓

ピーク	λ [nm]	シミュレーション値（d = 590nm）						計算値					
		T [%]	R [%]	R_b [%]	n_m	n	k	R_0	T_f	R_f	n	d [nm]	k
P1	1011	72.065	27.875	27.866	1.50542	2.14254	9.98560E-05	0.04070	0.74340	0.25602	2.14253	588.8	9.99630E-05
P2	846	92.018	7.865	7.850	1.50734	2.15084	1.25603E-04	0.04094					
P3	728	71.470	28.401	28.382	1.50961	2.16110	1.55239E-04	0.04123	0.73741	0.26134	2.16105		1.55624E-04
P4	641	91.787	7.978	7.948	1.51217	2.17334	1.89319E-04	0.04157					
P5	573	70.593	29.166	29.129	1.51506	2.18814	2.30079E-04	0.04194	0.72853	0.26915	2.18797		2.30675E-04
P6	521	91.449	8.128	8.071	1.51812	2.20497	2.76962E-04	0.04234					
P7	477	69.352	30.230	30.162	1.52157	2.22565	3.36262E-04	0.04278	0.71587	0.28011	2.22553		3.36918E-04
P8	442	90.975	8.289	8.186	1.52513	2.24914	4.06659E-04	0.04325					
P9	413	67.647	31.656	31.537	1.52884	2.27635	4.92907E-04	0.04373	0.69833	0.29496	2.27640		4.94426E-04
P10	389	90.305	8.460	8.278	1.53262	2.30738	5.97949E-04	0.04423					
P11	368	65.393	33.468	33.260	1.53660	2.34455	7.33750E-04	0.04475	0.67504	0.31400	2.34276		7.35970E-04

↑ ↑ ↑ ↑
（5-31）式　（5-32）式　（5-43）式　　（5-44）式

式に代入して、T_f、R_fを計算する。

- n_m、T_f、R_fの値を（5-43）式に代入して、屈折率nを計算する。ただし、$n < n_m$の場合、符号は上、$n > n_m$の場合、符号は下をとる。
- ピークP1、P3の（λ_1, n_1）、（λ_3, n_3）の値を（5-46）式に代入して、物理膜厚dを計算する。
- λ、d、n、n_mおよびR_fの値を（5-44）式に代入して、消衰係数kを計算する。ただし、$n < n_m$の場合、符号は上、$n > n_m$の場合、符号は下をとる。

図5.10の分光測定例の薄膜について、上述の理論による光学定数の解析結果を**表5.2**に示す。物理膜厚dや光学定数n、kもほぼ正確に計算でき、実用上問題がないことが分かる。また、光が膜面から入射したときの反射率Rと基板裏面からの反射率R_bは、吸収が少ない長波長域ではほぼ等しいが、吸収が大きい短波長域ではその差が大きくなることに注意されたい。

5.3.3　若干の吸収がある不均質薄膜

例えば、BK7基板への代表的な3層反射防止膜（基板｜Al_2O_3（$\lambda_0/4$）｜ZrO_2（$\lambda_0/2$）｜MgF_2（$\lambda_0/4$）｜空気）を真空蒸着法で作製した時、2層目のZrO_2の反射式光学モニターの光量変化が**図5.1**の曲線Cのように、最終膜厚$nd = \lambda_0/2$になると、開始光量を下回ってしまうことがある。その結果、分光特性は**図5.12**に示すように、ZrO_2が均質な場合に較べて反射防止は広帯域とはなるが、中心部分の反射率が大きくなってしまう。これは、負の不均質な（inhomogeneous）膜と呼ばれ、何とか均質（膜厚に対して屈折率が一定）なH物質をということで、(株)オプトロンからOH5やメルク社（独）からSubstance-1などの蒸着薬品が開発され利用されてきた。しかし、この不均質を積極的に利用すれば、従来にないマイナスフィルター[11]や偏光ビームスプリッター[12]、さらには光通信用DWDM素子の種々のフィルターが作製できるということがJ.A.Dobrowolski[13]等によって提案されている。いわゆる、Rugate Filter[14,15]

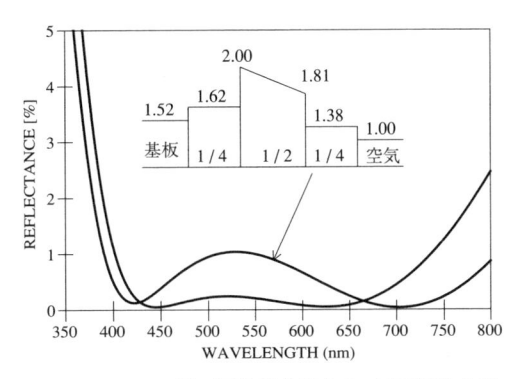

図5.12　ZrO$_2$膜が不均質な場合の3層反射防止膜

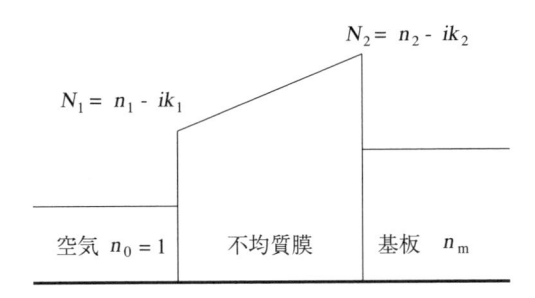

図5.13　不均質膜

である。そのような意味で、マイナスのイメージがある不均質膜という言葉ではなく屈折率傾斜膜[15]（gradient layer）と称した方が適切であろう。

　いままでの解説では薄膜は均質として扱ってきたが、屈折率が傾斜している薄膜の屈折率変化はどのようになっているのか、さらには消衰係数はどのような変化をしているのかという問題がある。TiO$_2$やTa$_2$O$_5$などのH物質の光学定数を測定しようとして、膜厚nd ≒ 6×λ_0/4程度成膜した場合、その透過率の山ピークが基板自体の値よりも大きくなったり、反射率の谷ピークが基板片面の値よりも小さくなることは、しばしば経験する。これは薄膜の不均質が原因である。また、長波長域では吸収はなさそうだが、短波長域では吸収が少々ある場合がある。**図5.13**のように屈折率および消衰消衰が小さく単調に変化した場合の光学定数の解析については、C.K.Carniglia[16]の優れた論文がある。成膜した基板の分光特性を測定して、その極値およびその包絡線から傾斜膜の光学定数を求める方法であるが、これは少々難解につき、ここではその論文に基づいて、実際に利用できるように手順にしたがって具体的に解説する。

（1）サンプル作製

短波長領域まで吸収が小さい石英の両面研磨および片面マット基板を、おのおの数個（平均をとるため）、基板ドームの同一円周上にセットする。そして、調べたい物質（TiO_2、Ta_2O_5、Sc_2O_3など）の単層膜を$nd = 7×550/4$ nm程度成膜する。

（2）分光特性測定（T^+、T^-、R^+、T^+(int) およびピーク波長λ）

成膜した両面研磨基板の透過率T、片面マット基板の反射率Rを測定する。測定した分光特性において、図5.14のように透過率の山ピーク値T^+、谷ピーク値T^-、反射率の谷ピーク値R^+とそれらに対する波長λを求める。透過率の山ピークの包絡線を描き、透過率の谷ピーク位置の波長における包絡線の値T^+(int)値（○印）をチャートから読みとる。

（3）膜厚係数 q 計算

透過率のピーク値から膜厚を計算する。吸収が少ない長波長域側の山ピーク$P1$（n_1、λ_1）と隣の谷ピーク$P2$（n_2、λ_2）から、qを偶数として

$$n_1 d = q × \lambda_1 / 4 \quad 、\quad n_2 d = (q+1) × \lambda_2 / 4 \tag{5-47}$$

となる。$n_1 ≒ n_2$だから

$$q = \lambda_2 / (\lambda_1 - \lambda_2) \tag{5-48}$$

となりqが計算できる。計算結果は小数点がでるが、偶数になるように処理すると、以後のピークは、それぞれのピーク波長において$q+1, q+2, q+3,\cdots$となる。

（4）$q = $ 偶数（$\lambda/2$波長点）における膜の吸収率A_fの計算

基板の片面の反射率R_0、裏面反射を考慮した透過率T_Cは

$$R_0 = (1-n_m)^2 / (1+n_m)^2 \quad T_c = (1-R_0)/(1+R_0) \tag{5-49}$$

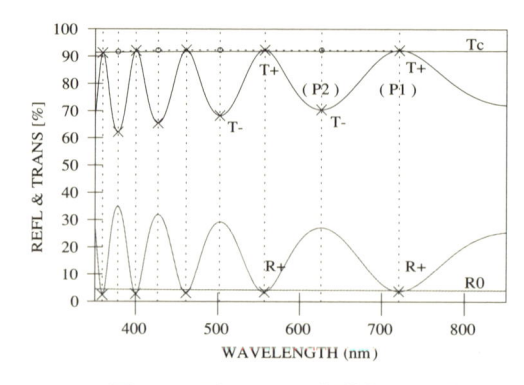

図5.14　吸収がある不均質膜の分光特性
・薄膜：TiO_2、nd≒6×730/4 nm　・基板：BK7
※透過率の極大値の波線は包絡線

だから、吸収率A_fは

$$A_f = (T_c - T^+) + (R_0 - R^+) \tag{5-50}$$

で計算できる。

(5) $q=$ 偶数（$\lambda/2$波長点）における膜の不均質係数αの計算

吸収がない場合、反射率の谷ピーク値をR_{f0}^+とすると、膜の不均質係数αは

$$\alpha^2 = \frac{n_m(1-\sqrt{R_{f0}^+})}{n_0(1+\sqrt{R_{f0}^+})} \tag{5-51}$$

で与えられる。吸収が小さな領域（$k_a < 0.003$、$A_f < 0.05$）では、R_{f0}^+の代わりに測定されたR^+の値を用いても誤差は小さい。しかし、吸収が大きい$A_f > 0.05$の領域では、$A_f < 0.05$である最後の値αを用いるのがよい。

(6) $q=$ 奇数（$\lambda/4$波長点）における膜の不均質係数αの計算

$\lambda/4$点における不均質係数αは、次式に基づいて直線補間する。山ピークの長波長側の値をλ_1、α_1、その隣の短波長側の山ピークの値をλ_2、α_2とすると、その間の不均質係数αは

$$\alpha = \alpha_2 + \frac{\alpha_1 - \alpha_2}{\lambda_1 - \lambda_2}(\lambda - \lambda_2) \tag{5-52}$$

で与えられる。

(7) $q=$ 奇数（$\lambda/4$波長点）における膜の平均屈折率$\bar{n}$の計算

不均質の程度について、感覚的に考えるために平均屈折率$\bar{n}$および差$\Delta n (= n_2 - n_1)$を導入すると

$$n_2 = \bar{n} + \Delta n/2、\qquad n_1 = \bar{n} - \Delta n/2 \tag{5-53}$$

$$\bar{n}^2 = S + (S^2 - n_m^2)^{1/2}$$

ただし、$\quad S = 2n_m(1/T^- - 1/T^+) + \{\alpha^2 + (n_m/\alpha)^2\}/2 \tag{5-54}$

となる。

(8) $q=$ 偶数（$\lambda/2$波長点）における膜の平均屈折率$\bar{n}$の計算

谷ピークの長波長側の値をλ_1、α_1、その隣の短波長側の谷ピークの値をλ_2、α_2として、その分散関数を

$$n_1 = a + b/\lambda_1^2 \qquad n_2 = a + b/\lambda_2^2 \tag{5-55}$$

とすると

$$a = \frac{n_2 \lambda_2^2 - n_1 \lambda_1^2}{\lambda_2^2 - \lambda_1^2} \qquad b = \frac{n_1 - n_2}{1/\lambda_1^2 - 1/\lambda_2^2} \tag{5-56}$$

となる。aおよびbを計算して、(5-55)式からその間の$\lambda/2$点の平均屈折率$\bar{n}$を計算する。

(9) 媒質および基板側の屈折率n_1、n_2およびそのΔnの計算

媒質および基板側の屈折率n_1、n_2およびその差Δnは

$$\begin{cases} n_1 = \bar{n}/\alpha \\ n_2 = \bar{n}\alpha \\ (\Delta n)/2 = \bar{n}(\alpha^2 - 1)/(\alpha^2 + 1) \end{cases} \tag{5-57}$$

となる。

(10) ピークにおける透過率T_{f0}^+（不均質、無吸収、裏面半反射なし）および T_0^+（不均質、無吸収、裏面反射あり）の計算

薄膜に吸収がない場合の、膜の不均質を考慮した透過率（基板の裏面反射= 0）の透過率T_{f0}^+は

$$T_{f0+} = 4n_m/(\alpha + n_m/\alpha)^2 \tag{5-58}$$

となり、基板の裏面反射を考慮した透過率T_0^+は

$$T_0^+ = T_{f0}^+(1 - R_0)/\{1 - (1 - T_{f0}^+)R_0\} \tag{5-59}$$

となる。

(11) ピークにおける吸収に関する係数γの計算

$q =$ 偶数（$\lambda/2$波長点）における吸収に関する係数γは次式で計算される。

$$\gamma = 2\ln\left[(p - q)\{(V^+)^{1/2} + (V^+ + 4pq/(p-q)^2)^{1/2}\}/(2q)\right] \tag{5-60}$$

$$\text{ただし、}\begin{cases} p = \bar{n} + n_m/\bar{n} + (\alpha + n_m/\alpha) \\ q = \bar{n} + n_m/\bar{n} - (\alpha + n_m/\alpha) \\ V^+ = T_0^+/T^+ \end{cases} \tag{5-61}$$

また、$q =$ 奇数（$\lambda/4$波長点）における吸収に関する係数γは$T^+ \fallingdotseq T_0^+ \exp(-\gamma)$から

$$\gamma = \ln(T_0^+/T^+) \tag{5-62}$$

となる。

（12）消衰係数 k の計算

消衰係数 k は、$\gamma = qk\pi / \bar{n}$ から

$$k = \bar{n}\gamma / (q\pi) \tag{5-63}$$

となる。

C.K.Carnigliaの論文では、紫外域で利用されるSc_2O_3を物理膜厚$d \fallingdotseq 450$nm、$d \fallingdotseq 220$nm程度成膜した例について解説している。ここでは、図5.14に示したTiO_2膜についてEXCELで計算してみよう。計算結果を表5.3に示す。この結果を図示すると屈折率分散は図5.15、不均質の程度（Δn）/2は図5.16、そして消衰係数は図5.17のようになる。このように計算された値の精度は、分光器の測定精度によって大きく異なるので、その校正には十分注意を払いたい。国井[17]は、TiO_2薄膜を真空蒸着法とBalzers社製イオンプレーティング法により作製して、この論文に基づきその吸収お

表5.3 不均質TiO_2膜の光学定数計算

Sub：BK7
分散式：Sellmeier　A　1.263737
　　　　　　　　　B　-9347.251

λ [nm]	T⁻ [%]	T⁺ [%]	T⁺(int) [%]	R⁺ [%]	q	n_m	R_0 (5-49)	T_c (5-49)	A_f (5-50)	α (5-52)*(5-53)	n (5-54)*(5-56) [nm]	d	n_1 (5-57)	n_2 (5-57)	Δn/2 (5-57)	T_0^+ (5-59)	γ (5-60)*(5-62)	k (5-63)
721		92.26		3.78	6	1.51224	0.0416	0.9202	0.0013	1.010	*2.163	500.0	2.142	2.185	0.021	0.92365	0.0010	0.0001
626	70.50		92.30		7	1.51480	0.0419	0.9196		*1.015	2.193	499.5	2.160	2.227	0.033	0.92485	*0.0020	0.0002
557		92.33		3.51	8	1.51756	0.0423	0.9189	0.0028	1.019	*2.225	500.6	2.183	2.268	0.042	0.92549	0.0020	0.0002
502	68.33		92.33		9	1.52066	0.0427	0.9182		*1.026	2.261	499.6	2.203	2.320	0.058	0.92703	*0.0040	0.0003
461		92.33		3.16	10	1.52377	0.0431	0.9174	0.0056	1.031	*2.303	500.5	2.233	2.375	0.071	0.92795	0.0043	0.0003
427	65.55		92.20		11	1.52710	0.0435	0.9166		*1.039	2.347	500.2	2.260	2.439	0.090	0.92945	*0.0081	0.0005
400		92.09		2.80	12	1.53041	0.0439	0.9158	0.0109	1.045	*2.400	500.1	2.297	2.507	0.105	0.93044	0.0085	0.0005
378	62.20		91.64		13	1.53369	0.0444	0.9150		*1.053	2.451	501.3	2.327	2.581	0.127	0.93206	*0.0169	0.0010
359		91.26		2.40	14	1.53706	0.0448	0.9142	0.0224	1.061						0.93327		

↑　　　　　　↑　　　　　　　　　　　　　　　　　↑
包絡線から　　P1とP2のデータを利用して、(5-48) から　　　　　　　$d = q \times \lambda / (4 \times \bar{n})$
読み取り　　　$n_1 d = q \cdot \lambda_1/4$,　$n_2 d = (q+1) \cdot \lambda_2/4$
　　　　　　　$n_1 \fallingdotseq n_2$だから
　　　　　　　$q = \lambda_2 / (\lambda_1 - \lambda_2) = 626/(721-626) = 6.59 \to 6$（山ピーク）

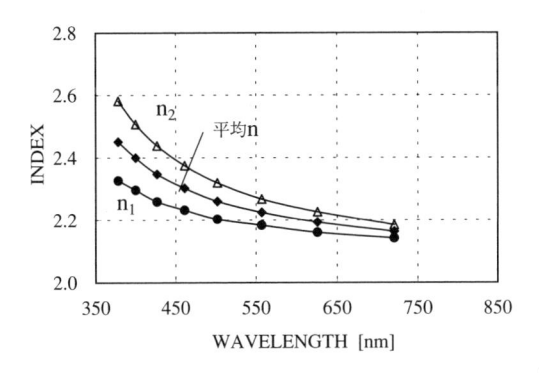

図5.15　屈折率nの波長分散

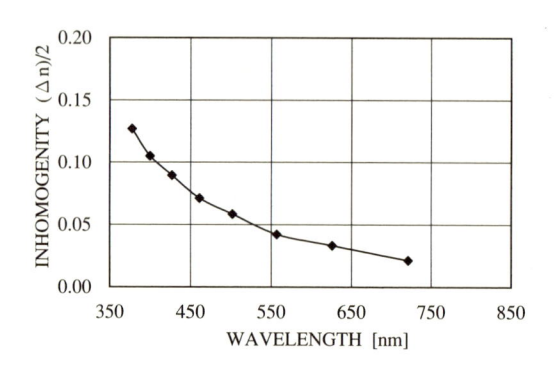

図5.16　不均質の程度　(Δn)/2の波長分散

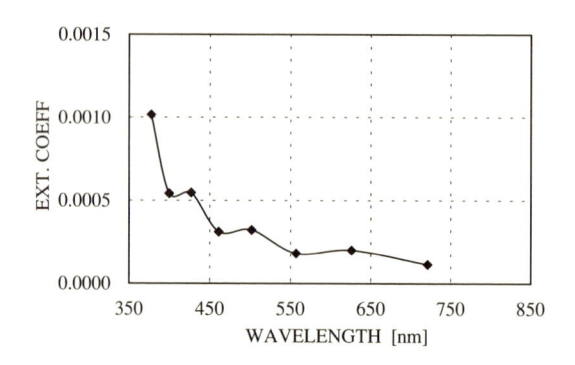

図5.17　消衰係数kの波長分散

および不均質の程度について詳細に解析を行った。その結果、真空蒸着法よりもイオンプレーティング法による薄膜は不均質の程度が格段に軽減されることを示した。

5.3.4　金属薄膜

Ag、Al、Au、Cr、Cuなどの金属薄膜は反射率が大きいので各種ミラーに利用されている。また、CD-ROMやDVDのピックアッププリズムではビームの入射角度依存性を満たすために誘電体とともにAgやSiなども利用されている。当然、フィルターの構成物質として利用するのだから、使用している装置における光学定数を知る必要がある。しかし、これらの薄膜の分光反射率・透過率特性は、誘電体のような干渉による振動は見られず、ある物理膜厚以上になるとその特性もほとんど変化しないため、光学定数を求めることは難しそうである。データブック[7,8]、測定理論や種々の測定器を利用したコンピュータによる解析[18,19]も発表されているが、ここでは、通常の分光器による簡単な測定方法について解説する。

5.3.4.1　透過率、反射率、膜厚から

例えば、BK7基板にAg薄膜を成膜すると、その透過率および反射率特性は膜厚dと

ともに**図5.18**のように変化する。また、成膜時の透過式光学モニターの光量変化は**図5.19**のようになり、いずれも、透明誘電体薄膜の場合のような光の干渉による振動は見られない。そこで、

- 光が薄膜の上面から入射し、薄膜で減衰してわずかに下面に到達はする。
- しかし、基板との界面からの反射光は上面には到達しない、つまり薄膜の上下面の多重繰り返し反射は無視できる。

としても大きな問題はなさそうである（Ag薄膜の場合、$d = 50～60$nm）。**図5.20**のように波長λの光が薄膜に垂直入射した時の各界面の反射率をR_a、R_g、R_0、透過率をT_a、T_b、薄膜の内部透過率をT_i、膜厚をdそして光学定数をn、kとする。測定した透過率Tは基板裏面との多重繰り返し反射を考えて

$$T = \frac{T_a T_i T_b (1-R_0)}{1 - R_0 R_g} \tag{5-64}$$

ただし、 $T_i = \exp(-4\pi k d / \lambda)$

となる。膜厚d_1、d_2に対する透過率をT_1、T_2、内部透過率をT_{i1}、T_{i2}とすると、膜厚

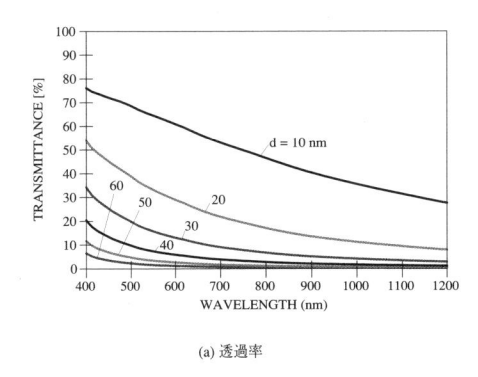

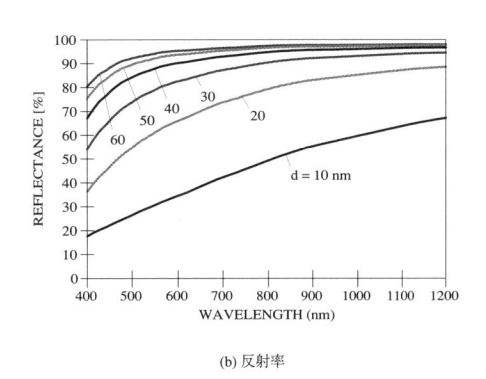

(a) 透過率

(b) 反射率

図5.18 Ag薄膜の分光特性（基板：BK7）

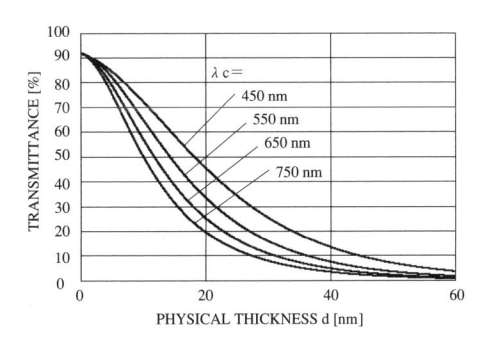

図5.19 Ag薄膜成膜時の光学モニターの透過率変化
※λcは光学モニターの制御波長

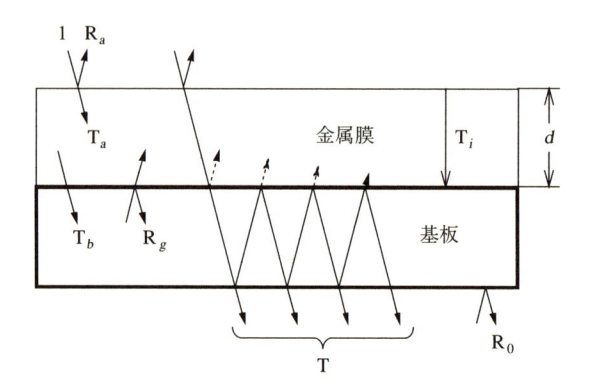

図5.20　金属薄膜の解析（透過率、反射率、膜厚から）

が異なってもR_a、T_a、T_b、R_gは等しいから

$$\frac{T_1}{T_2} = \frac{T_{i1}}{T_{i2}} = \frac{\exp(-4\pi k d_1 / \lambda)}{\exp(-4\pi k d_2 / \lambda)} = \exp\{4\pi k(d_2 - d_1)/\lambda\} \tag{5-65}$$

となる。したがって

$$k = \frac{\lambda}{4\pi(d_2 - d_1)} \ln(T_1 / T_2) \tag{5-66}$$

となり、膜厚d_1、d_2とその透過率T_1、T_2から消衰係数kが求まる。測定した透過率が0となる程度の薄膜では、その反射率Rは

$$R = \frac{(1-n)^2 + k^2}{(1+n)^2 + k^2}$$

で表されるから、これをnについて解けば、

$$n = \frac{1 + R - \sqrt{(1+R)^2 - (1-R)^2(1+k^2)}}{1 - R} \tag{5-67}$$

と屈折率nも求まる。

それでは、Ag薄膜のデータを用いて、具体的に計算してみよう。屈折率1.52の透明基板にAg薄膜を$d_1 = 50$nm、$d_2 = 60$nmおよび1μmだけ成膜した場合の計算結果を**表5.4**に示す。(5-66) 式からkを計算し、その値を (5-67) 式に代入するとn_aとなる。$d_1 = 50$nm、$d_2 = 60$nmから計算した屈折率n_aは、$d = 1\mu$mの反射率から計算した屈折率n_bに較べるとその誤差は大きい。$d_1 = 30$nm、$d_2 = 40$nmだけ成膜したAg薄膜から計算すると、その誤差は大きくなり、この方法では、測定された透過率が1％以下である事が望ましい。Au薄膜、Al薄膜でもテストしたところ、やはり$T \fallingdotseq 1$％となる膜厚（Auでは$d = 50 \sim 60$nm、Alでは$d = 30 \sim 40$nm）で良好な結果が得られた。

表 5.4　Ag薄膜の光学定数解析例

λ [nm]	n	k	d [nm]	Ti	R [%]	T [%]	k_a	k_a-k	n_a	n_a-n	R [%]	T [%]	n_b	n_b-n
400.0	0.173	1.95	50	0.047	75.45442	11.67509	1.8520	−0.0980	0.31690	0.14390	86.63688	0.00000	0.15951	−0.013
			60	0.025	80.41021	6.52487			0.24374	0.07074				
459.2	0.144	2.56	50	0.030	85.91591	6.36586	2.5133	−0.0467	0.28010	0.13610	92.67393	0.00000	0.13947	−0.005
			60	0.015	89.24123	3.20008			0.20922	0.06522				
495.9	0.130	2.88	50	0.026	89.23903	4.90085	2.8535	−0.0265	0.26188	0.13188	94.56709	0.00000	0.12787	−0.002
			60	0.013	91.94588	2.37816			0.19258	0.06258				
563.6	0.120	3.45	50	0.021	92.76240	3.21645	3.4511	0.0011	0.24348	0.12348	96.35172	0.00000	0.12007	0.000
			60	0.010	94.66005	1.49003			0.17751	0.05751				
619.9	0.131	3.88	50	0.020	93.95354	2.48091	3.8962	0.0162	0.25321	0.12221	96.79188	0.00000	0.13203	0.001
			60	0.009	95.47693	1.12614			0.18761	0.05661				
652.6	0.140	4.15	50	0.018	94.53639	2.09691	4.1740	0.0240	0.25964	0.11964	96.97659	0.00000	0.14153	0.002
			60	0.008	95.85930	0.93869			0.19513	0.05513				
688.8	0.140	4.44	50	0.017	95.23955	1.78550	4.4723	0.0323	0.25684	0.11684	97.33501	0.00000	0.14195	0.002
			60	0.008	96.38611	0.78960			0.19358	0.05358				
729.3	0.148	4.74	50	0.017	95.66475	1.54995	4.7802	0.0402	0.26500	0.11700	97.51109	0.00000	0.15042	0.002
			60	0.007	96.67989	0.68015			0.20165	0.05365				
774.9	0.143	5.09	50	0.016	96.32278	1.31966	5.1395	0.0495	0.25736	0.11436	97.89819	0.00000	0.14569	0.003
			60	0.007	97.19557	0.57345			0.19521	0.05221				
826.6	0.145	5.50	50	0.015	96.84253	1.09513	5.5580	0.0580	0.25631	0.11131	98.16228	0.00000	0.14798	0.003
			60	0.007	97.57970	0.47044			0.19557	0.05057				
885.6	0.163	5.95	50	0.015	97.09558	0.91349	6.0163	0.0663	0.27462	0.11162	98.22610	0.00000	0.16655	0.004
			60	0.006	97.72977	0.38900			0.21379	0.05079				
953.7	0.198	6.43	50	0.014	97.13941	0.78029	6.5054	0.0754	0.31502	0.11702	98.14867	0.00000	0.20257	0.005
			60	0.006	97.70486	0.33112			0.25182	0.05382				
1033.0	0.226	6.99	50	0.014	97.32111	0.65891	7.0765	0.0865	0.34753	0.12153	98.20503	0.00000	0.23152	0.006
			60	0.006	97.81618	0.27859			0.28237	0.05637				

5.3.4.2　反射率から

　上記の方法では、薄膜の膜厚を測定したり、その透過率が1%程度になるように膜厚を制御しなければならない。金属膜は吸収があるのだから、その光学定数の測定方法には膜厚および透過率測定が絶対に必要であり、それを避けるために次項（厚い金属薄膜にSiO$_2$薄膜を成膜）や5.4.2項（光学モニターによるin-situ測定）による方法しかないと考えて、筆者も長年利用してきた。しかし、本書の為にノートを整理していく内にその光学定数を何とか分光器によって簡単に測定できないだろうかと考えた。透明な基板に金属薄膜を光の透過率が0になるほど厚く成膜した場合（$d \geqq 500$nm）は、分光器で測定できる値は膜面からの反射率Rと基板裏面からの反射率R_bだけである（**図5.21**）。この2つの値から金属薄膜の光学定数を求めてみよう。光は薄膜を透過しないのだから、薄膜の上下面間の多重繰り返し反射はない。したがって

$$R = \frac{(1-n)^2 + k^2}{(1+n)^2 + k^2} \tag{5-68}$$

第5章

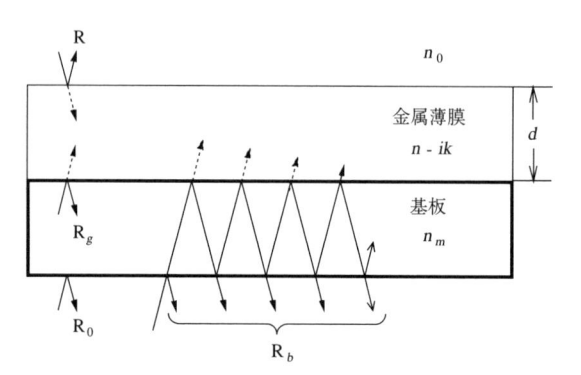

図5.21 金属薄膜の光学定数解析（反射率から）

R_bは（5-29）式から

$$R_b = R_0 + \frac{(1-R_0)^2 R_g}{1 - R_0 R_g} \qquad (5\text{-}69)$$

となる。したがって

$$R_g = \frac{R_b - R_0}{1 - 2R_0 + R_0 R_b} \qquad (5\text{-}70)$$

となり、測定値R_bと計算値（あるいは測定値）R_0から求まる。このR_gの値は測定できないが、薄膜の上下面間の多重繰り返し反射はないのだから、そのフレネル係数から

$$R_g = \frac{(n_m - n)^2 + k^2}{(n_m + n)^2 + k^2} \qquad (5\text{-}71)$$

となる。(5-68) 式から

$$k^2 = \frac{R(1+n)^2 - (1-n)^2}{1 - R} \qquad (5\text{-}72)$$

となるので、これを（5-71）式に代入して、nについて整理すると

$$2\left\{ n_m(1-R)(1+R_g) - (1+R)(1-R_g) \right\} n + (1 - n_m^2)(1-R)(1-R_g) = 0$$

ときれいに整理される。したがって

$$n = \frac{(n_m^2 - 1)(1-R)(1-R_g)}{2\left\{ n_m(1-R)(1+R_g) - (1+R)(1-R_g) \right\}} \qquad (5\text{-}73)$$

と求まる。このnの値と測定値Rを（5-72）式に代入すれば、kが求まる。この方法に

光学定数の測定

表5.5 Au薄膜の光学定数解析

n_m	R_0[%]
1.52	4.258

λ [nm]	シミュレーション値 (d = 1μm)					計算値		
	n	k	R [%]	T [%]	Rb [%]	Rg [%]	n	k
400	1.65800	1.95600	39.10512	0.00000	29.86865	27.61083	1.65800	1.95600
500	0.85500	1.89546	51.37756	0.00000	45.07523	43.69999	0.85500	1.89546
600	0.24874	2.99043	90.52600	0.00000	87.54082	87.47140	0.24874	2.99043
700	0.16111	3.95210	96.20186	0.00000	94.70193	94.68942	0.16111	3.95207
800	0.18080	5.11731	97.37792	0.00000	96.22616	96.21982	0.18079	5.11721
900	0.21550	6.00476	97.70345	0.00000	96.65134	96.64635	0.21551	6.00490
1000	0.25702	6.82032	97.86247	0.00000	96.85856	96.85416	0.25696	6.81955
1100	0.30078	7.66700	98.01054	0.00000	97.05893	97.05508	0.30072	7.66625
1200	0.35273	8.01464	97.86433	0.00000	96.83860	96.83415	0.35277	8.01511
1300	0.40814	8.30464	97.69900	0.00000	96.59113	96.58595	0.40818	8.30504
1400	0.45968	8.82680	97.70284	0.00000	96.58981	96.58463	0.45967	8.82672
1500	0.52967	9.50667	97.71489	0.00000	96.60014	96.59499	0.52962	9.50625
1600	0.58934	10.14878	97.76604	0.00000	96.67010	96.66516	0.58936	10.14895

よれば薄膜の膜厚のデータは必要なく、測定した反射率だけから金属薄膜の光学定数が簡単に求められる。ただし、基板の吸収を考慮する必要がある場合は、このようにきれいに解析はできないことに注意されたい。**表5.5**にAu薄膜の計算例を示すが、計算された値はシミュレーション値とほとんど一致する。$\lambda = 700$nmにおける反射率RおよびR_bの測定値が、約0.01だけ異なった場合の誤差は、nが±0.75%、kが±0.54%程度であるので、この測定方法は有効であることが分かる。

5.3.4.3 金属膜＋SiO₂薄膜の反射率から

基板に金属薄膜を光が透過しない膜厚だけ成膜して、さらに屈折率が既知の透明薄膜（SiO_2やMgF_2など）を膜厚$\lambda/4$だけ成膜する。そして、分光器でその反射率を測定する方法である。この方法は、基板に吸収があっても問題はなく、また金属膜の膜厚の情報も必要はない。また、十分な厚みの金属基板の光学定数解析にも応用できる。例えば、Al基板にSiO₂薄膜を膜厚$nd = \lambda_0/4$（$\lambda_0 = 600$nm）だけ成膜した時の分光反射率特性を**図5.22**に示す。この時の波長λ_0の反射率の値からAl薄膜のλ_0における光学定数n、kを求める方法である。

(1) 方法

基板に金属薄膜を$d \geqq 500$nmだけ成膜して、成膜装置から基板を取り出して、その分光反射率特性を測定する。次に新たな基板をセットして、金属薄膜を同程度の膜厚だけ成膜して、さらにその上にSiO₂を膜厚$nd = \lambda_0/4$だけ成膜する。ただし、SiO₂の屈折率の波長分散データは既知とする。モニター基板とドーム上基板の膜厚が異なる場合は、膜厚が等しくなるように、モニター基板（あるいは基板）の高さ

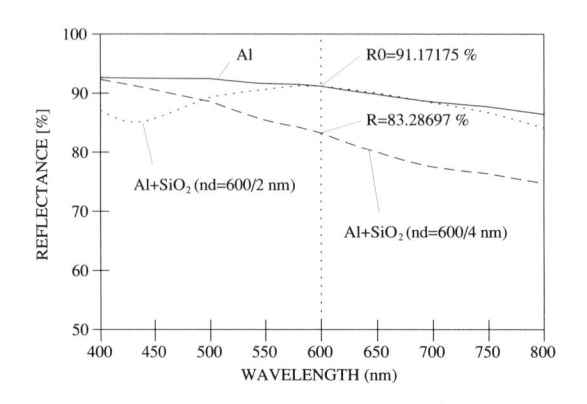

図5.22　Al膜 ＋ SiO$_2$膜の分光反射率特性

を調整したり、補正板を調整したりするか、あるいは、モニター基板とドーム上の基板とのツーリング・ファクター（物理膜厚比率）が分かっていればよい。つまり、モニター基板には膜厚$nd = 630/4$nm成膜したが、ドーム上基板には$nd = 600/4$nmだけ成膜されるということが分かっていればよい。そして、波長λ_0における反射率を分光器にて測定する。

(2) 理論

SiO$_2$膜の屈折率をn_1、金属薄膜の光学定数を$n_2 - ik_2$として図5.23のようにフレネル係数をとると

$$\rho_0 = \frac{1 - n_1}{1 + n_1} \qquad \rho_1 = \frac{n_1 - n_2 + ik_2}{n_1 + n_2 - ik_2} \tag{5-74}$$

となる。膜厚は$n_1 d_1 = \lambda_0/4$だから、位相変化δは

$$\delta = \frac{2\pi}{\lambda_0} n_1 d_1 = \frac{2\pi}{\lambda_0} \cdot \frac{\lambda_0}{4} = \frac{\pi}{2} \tag{5-75}$$

となるから、$e^{-i2\delta} = \cos\pi - i\sin\pi = -1$となる。すると、(3-7) 式から全体のフレネル係数ρは

$$\rho = \frac{\rho_0 + \rho_1 e^{-i2\delta}}{1 + \rho_0 \rho_1 e^{-i2\delta}} = \frac{\rho_0 - \rho_1}{1 - \rho_0 \rho_1} = \frac{n_2 - n_1^2 - ik_2}{n_2 + n_1^2 - ik_2} \tag{5-76}$$

したがって、反射率Rは

$$R = \frac{(n_2 - n_1^2)^2 + k_2^2}{(n_2 + n_1^2)^2 + k_2^2} \tag{5-77}$$

となる。また、波長λ_0における金属薄膜だけの面からの反射率R_0は

光学定数の測定

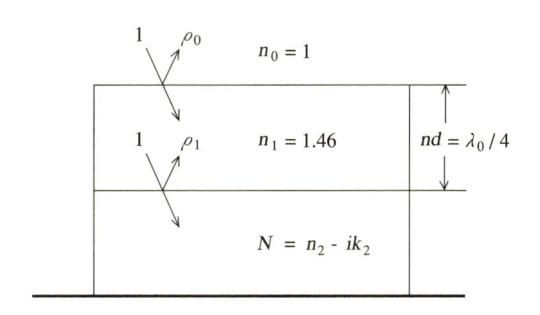

図5.23　Al ＋ SiO₂膜へ垂直入射

$$R_0 = \frac{(1-n_2)^2 + k_2^2}{(1+n_2)^2 + k_2^2} \tag{5-78}$$

である。(5-78) 式から

$$k_2^2 = \frac{R_0(1+n_2)^2 - (1-n_2)^2}{1-R_0} \tag{5-79}$$

となり、これを (5-77) 式に代入してn_2について解くと、

$$n_2 = \frac{n_1^4 - 1}{2\left\{\dfrac{n_1^2(1+R)}{1-R} - \dfrac{1+R_0}{1-R_0}\right\}} \tag{5-80}$$

となる。したがって、SiO₂の屈折率n_1、測定値Rおよび測定値R_0の値を (5-80) 式に入れればn_2が求まり、このn_2とR_0を (5-79) 式に入れればk_2が求まる。

図5.22の計算に用いたデータは、波長600nmで$n_2 = 1.20$、$k_2 = 7.26$、$n_1 = 1.46$であり、シミュレーションでは$R_0 = 91.6591\%$、$R = 83.9647\%$となる。分光器の測定精度（有効数字）による計算結果の誤差を**表5.6**に示すが、測定精度が有効数字下1桁でも光学定数の測定誤差は3％以下であることが分かる。

5.3.5　半導体Si薄膜

Si薄膜の光学定数は$\lambda = 780$nmで$n \fallingdotseq 3.91$、$k \fallingdotseq 0.03$程度で、TiO₂薄膜の吸収よりは大きいが、Ag薄膜などよりはずっと小さい。このようなSi薄膜では、その分光特性は**図5.24**、透過式光学モニターの光量変化は**図5.25**のようになり光の干渉による振動が見られる。このような薄膜の光学定数は、前述のような方法では求められないのでグラフ法やコンピュータによる最適設計によらねばならない。ここでは、それらの手法を用いてSi薄膜の光学定数の解析を具体的に解説する。

第5章

表5.6　金属薄膜 ＋ SiO₂膜による光学定数測定の誤差評価

シミュレーションデータ@ λ = 600 nm

Al	n_2	0.97
	k_2	6.33
SiO₂	n_1	1.46408
BK7	n_m	1.51573

測定反射率		計 算 結 果			
R_0 [%]	R [%]	n_2	誤差 [%]	k_2	誤差 [%]
91.2	83.3	0.99841	2.929	6.43341	1.634
91.17	83.29	0.96525	-0.490	6.31377	-0.256
91.171	83.287	0.96898	-0.105	6.32637	-0.057
91.1718	83.2870	0.97005	0.005	6.33019	0.003
91.17175	83.28697	0.97001	0.001	6.33003	0.001
		↑		↑	
		(5-80)式		(5-79)式	

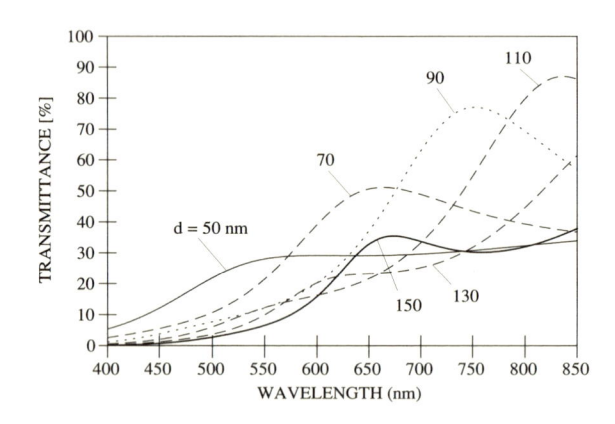

図5.24　Si薄膜の分光透過率特性

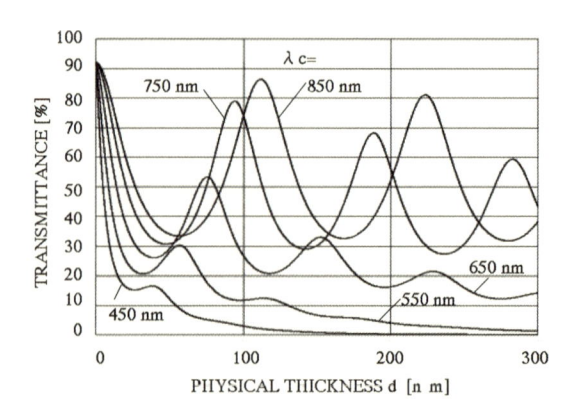

図5.25　Si薄膜成膜時の光学モニターの透過率変化
※ λcは光学モニターの制御波長

5.3.5.1 グラフ法

屈折率$n_m = 1.52$の基板に膜厚$d = 78$nmの薄膜の波長$\lambda = 780$nmに対する(n, k)座標上の反射率Rと透過率Tが一定な等高線[20]を描くと**図5.26**のようになる。複素屈折率$n - ik$の薄膜を一回通過した光は、(3-43)式から

$$\Delta = 2\pi nd/\lambda - i2\pi kd/\lambda = \delta - i\gamma \tag{5-81}$$

だけ位相変化を受けるので、d/λが一定ならば、(n, k)座標上の等高線は同じになることに注意されたい。例えば、測定した膜厚dが100nmならば、$\lambda = 1000$nmに対する等高線は、**図5.26**と同じである。この反射率曲線と透過率曲線が交差した点におけるn、kを求める光学定数であるが、R一定のT一定の曲線が2カ所以上で交差している場合がある。通常使用する蒸着物質の光学定数は、種々の資料集や論文に記載されている。それらの値は成膜装置を含む成膜条件の違いにより、若干異なることは当然であるが、それらの値と大きな差異はない。参考データを利用するか、物理的に意味があるn、kの組み合わせを選択する必要がある。$R = 45.89$%、$T = 51.26$%に対する(n, k)座標を描くと**図5.27**となり、これから$n ≒ 3.913$、$k ≒ 0.033$が分かる。この(n, k)座標図を作成するには、ひたすら計算を行うだけである。なお、計算は

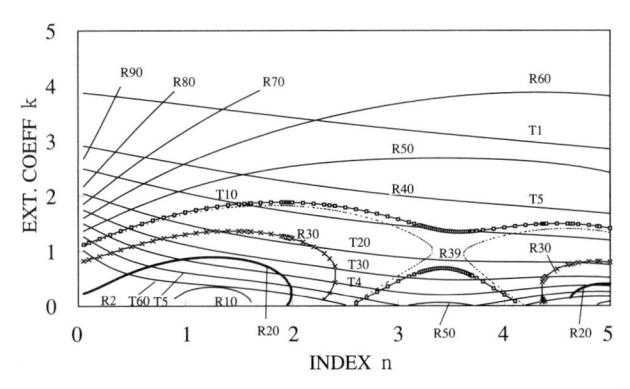

図5.26 (n, k)座標上のR、T一定曲線 ($n_m = 1.52$、$d/\lambda = 0.1$)

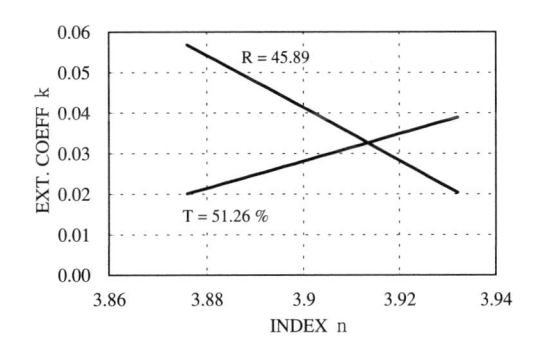

図5.27 Si薄膜の(n, k)座標図
nm = 1.52　d = 78nm　λ = 780nm (d/λ = 0.1)

5.3.2項で述べたように、基板裏面との多重繰り返し反射を考えて、以下の式から行える。

$$R = R_f + \frac{T_f^2 R_0}{1 - R_0 R_g}, \quad T = \frac{T_f(1 - R_0)}{1 - R_0 R_g} \tag{5-82}$$

$$R_f = \frac{a_1 e^{2\gamma} + a_2 e^{-2\gamma} + a_3 \cos 2\delta + a_4 \sin 2\delta}{b_1 e^{2\gamma} + b_2 e^{-2\gamma} + b_3 \cos 2\delta + b_4 \sin 2\delta} \tag{5-83}$$

$$T_f = \frac{16 n_m (n^2 + k^2)}{b_1 e^{2\gamma} + b_2 e^{-2\gamma} + b_3 \cos 2\delta + b_4 \sin 2\delta} \tag{5-84}$$

ただし、
$$\begin{cases} a_1 = \{(n_0 - n)^2 + k^2\}\{(n + n_m)^2 + k^2\} \\ a_2 = \{(n_0 + n)^2 + k^2\}\{(n - n_m)^2 + k^2\} \\ a_3 = 2\{(n_0^2 - n^2 - k^2)(n^2 - n_m^2 + k^2) - 4 n_0 n_m k^2\} \\ a_4 = -4k\{(n_0^2 - n^2 - k^2)n_m + n_0(n^2 - n_m^2 + k^2)\} \\ b_1 = \{(n_0 + n)^2 + k^2\}\{(n + n_m)^2 + k^2\} \\ b_2 = \{(n_0 - n)^2 + k^2\}\{(n - n_m)^2 + k^2\} \\ b_3 = 2\{(n_0^2 - n^2 - k^2)(n^2 - n_m^2 + k^2) + 4 n_0 n_m k^2\} \\ b_4 = -4k\{(n_0^2 - n^2 - k^2)n_m - n_0(n^2 - n_m^2 + k^2)\} \end{cases} \tag{5-85}$$

(5-85) 式において、$n_0 = 1$、$n_m = 1.52$とすれば、R_f、T_fが求まる。R_gは (5-85) 式において、$n_0 = 1.52$、$n_m = 1$として計算して、それを (5-83) 式に代入したR_fの値となる。

5.3.5.2 最適設計

グラフ法は1波長の光学定数を求めるにも、(n, k) 座標図作成に多くの時間を費やす。近年、コンピュータを利用した多くの解析ソフトウェアが市販されており、簡便に解析できる。筆者が利用している市販ソフトウェア[21]による解析例を示す。まず、薄膜の膜厚dを何らかの方法により測定する。そして、図5.24のように分光特性を測定し、それをソフトウェアの分光特性表示データに変換してストアする（筆者は分光器U-4000およびU-4100（日立製）の測定バイナリーデータをアスキーデータに自動変換するソフトウェアを作成して利用している）。そして、図5.28のように基板のファイル名および厚み、薄膜の膜厚、光学定数の初期値（文献データあるいは図5.26から求めたおおよその値でよい。ここでは$n = 4$、$k = 0$を入力して、OKを押すと、図5.29に示すように最小自乗法（DLS）により各波長毎の反射率および透過率になるように光学定数を最適化し、図5.30のように結果を表示する。このデータを用いて分光特性を計算し、測定値と大きな誤差がなければよい。Newton-Raphson法[22]やSimplex法[23]を用いた解析法に関する解説書や論文もあるが、EXCEL内の最適化ツールのソルバーを利用して自分で解析プログラムを作成するのもさほど難しくはない。

光学定数の測定

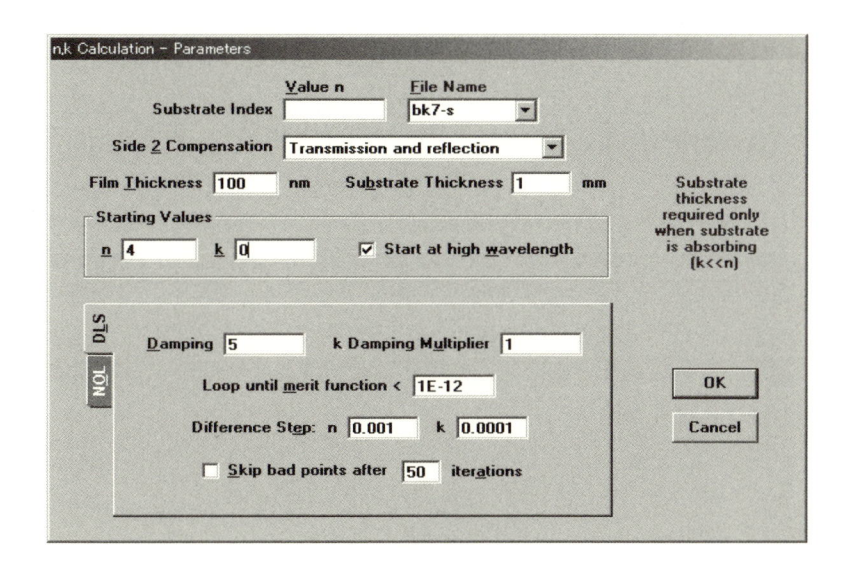

図5.28 光学定数の自動解析画面-1

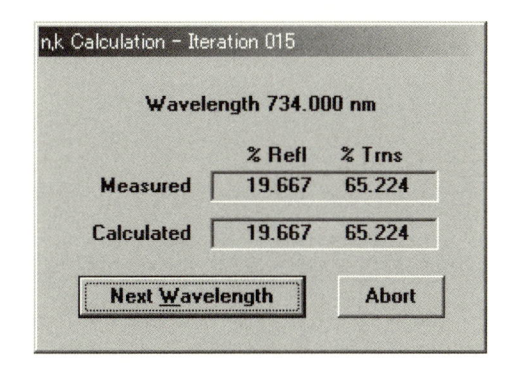

図5.29 光学定数の自動解析画面-2

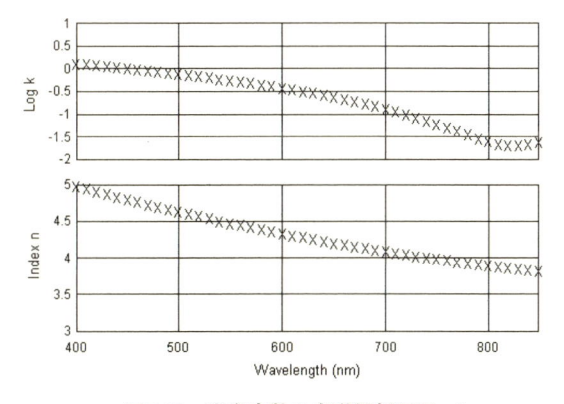

図5.30 光学定数の自動解析画面-3

5.4 光学モニターによるin-situ測定

真空蒸着法により基板温度を300℃程度に加熱して、透明誘電体薄膜を成膜した場合、その基板を大気中に取り出しても薄膜の物理膜厚 d は、ほとんど変化しない。しかし、一般に、薄膜の充填密度は1より小さいため、大気中に薄膜を取り出すと大気中の水分を吸着して屈折率が大きくなり、分光特性は長波長側にシフトする。光学フィルターを作製する場合、通常、光学モニターにより膜厚を制御している。光学モニターで制御される膜厚は、光学膜厚 nd であるので、物理膜厚 d を正確に制御するためには、成膜時の屈折率を正確に測定し、制御したい膜厚 nd を計測・制御しなければならない。

【真空中】	【大気中】
・膜厚 d →	変化なし
・屈折率 n →	水分を吸収して大きくなる
・分光特性 →	長波長にシフトしてほぼ安定

ここでは、透明薄膜や金属薄膜の成膜時(真空中)の光学定数を、光学モニターを利用して求める方法について解説する。

5.4.1 透明薄膜

第3章で成膜時の光学モニターの光量変化について詳述したが、変化の極値においては、制御波長 λ_C(干渉フィルターの波長あるいはグレーティングの波長)と極値における薄膜の屈折率 n および物理膜厚 d には、$nd = \lambda_C/4$ という関係が成立する。

(1) 片面マット基板に成膜した場合(装置下部からの反射型)

真空装置の下部に光学モニターの投光器及び受光器が設置され、モニター基板が片面マットの場合である。光学モニターの制御波長を λ_C、成膜開始光量値(初期光量設定)を R_{ST} とした時、その時のピーク光量値を R_{PK} とすると、光学モニターの出力のリニアリティーがよければ

$$\frac{R_{PK}}{R_{ST}} = \frac{R}{R_0} \tag{5-86}$$

なる関係が成立する(図5.31)。ここで、R_0 は λ_c における片面マット基板の反射率、R は(5-22)式で与えられるピークの反射率である。(5-86)式に(5-22)式を代入して、これを n について整理すると

$$(1-\alpha)n^4 - 2n_m(1+\alpha)n^2 + (1-\alpha)n_m^2 = 0 \tag{5-87}$$

ただし、 $\alpha = R_0 R_{PK} / R_{ST}$

となる。これは4次式なので、実際の n に適合するように符号を考慮して解くと

光学定数の測定

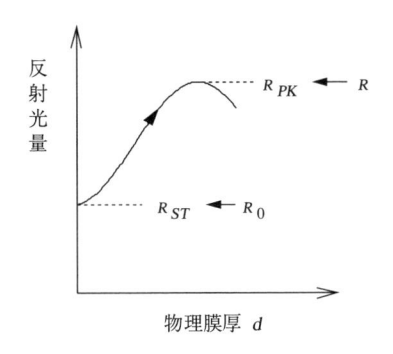

図5.31 光学モニターの初期値および極値

$$n = \left[\frac{n_m(1+\sqrt{\alpha})}{1-\sqrt{\alpha}}\right]^{1/2} \tag{5-88}$$

となる。

(2) 両面研磨基板に成膜した場合（反射型）

両面研磨基板に成膜した場合は、基板の裏面の反射率を考慮したピークの反射率 R' は（5-25）式で与えられる。この時、光学モニターの R_{ST}、R_{PK} との関係は

$$\frac{R_{PK}}{R_{ST}} = \frac{R'}{2R_0/(1+R_0)} \tag{5-89}$$

となり、(5-25) 式を代入して R について解くと

$$R = R_0 \frac{2R_{PK}-(1+R_0)R_{ST}}{(1-2R_0)(1+R_0)R_{ST}+2R_0^2 R_{PK}} \tag{5-90}$$

となる。したがって、片面マットの場合と全く同様にして

$$n = \left[\frac{n_m(1+\sqrt{\alpha})}{1-\sqrt{\alpha}}\right]^{1/2} \tag{5-91}$$

ただし、 $\alpha = R_0 \dfrac{2R_{PK}-(1+R_0)R_{ST}}{(1-2R_0)(1+R_0)R_{ST}+2R_0^2 R_{PK}} \tag{5-92}$

となる。

(3) 両面研磨基板に成膜した場合（透過型）

基板の裏面の反射率を考慮した透過率 T は $T = 1-R'$ となる。この時、光学モニターの初期光量設定値 T_{ST}、ピーク光量値 T_{PK} との関係は、

$$\frac{T_{PK}}{T_{ST}} = \frac{1-R'}{1-2R_0/(1+R_0)} \tag{5-93}$$

となり、(5-25) 式の R' を代入して R について解くと

$$R = \frac{(1+R_0)T_{ST} - T_{PK}}{(1+R_0)T_{ST} - R_0 T_{PK}} \tag{5-94}$$

となる。したがって、片面マットの場合と全く同様にして

$$n = \left[\frac{n_m(1+\sqrt{\alpha})}{1-\sqrt{\alpha}}\right]^{1/2} \tag{5-95}$$

ただし、 $\alpha = \dfrac{(1+R_0)T_{ST} - T_{PK}}{(1+R_0)T_{ST} - R_0 T_{PK}}$

となる。

【Coffee Break】真空中の透明誘電体薄膜の波長分散測定

　真空中の透明誘電体薄膜の波長分散を測定するためには、上に述べた方法ではモニター基板および制御波長を数点変えて成膜しなければならない。近年は光学モニターシステムの受光器にグレーティング、つまり分光器が使用されることが多くなっている。これを利用すれば、1回の成膜で薄膜の波長分散を求めることができる。その方法を紹介しよう。

(1) まず、分散データが既知のモニター基板の反射光量を、例えば、$\lambda = 400$ 〜800nmの範囲で1nm毎に測定する。
(2) 受光センサーは、波長感度特性があるので、その光量値を基板の分散データから校正する。つまり、波長毎の倍率を計算してメモリに保存する。
(3) 次に、モニター基板に薄膜を $nd = 3 \times \lambda/4$ だけ成膜する。
(4) そして、グレーティングの波長をスキャンして $\lambda = 400$〜800nmの光量を測定し、本来の反射率になるように各波長毎の倍率を掛けて、ハードディスクあるいはフロッピーにストアする。
(5) モニター基板に成膜された薄膜の物理膜厚を $d = (3 \times \lambda/4)/n$ から計算する。この λ は制御光の波長であり、n は分光特性のピーク（λ でピークになる）と λ における基板の屈折率から求まる。
(6) そのデータをターゲットにして、Sellmeier、CauchyやLorentzianなどの分散式に自動フィッティングして、その分散式の係数を求める。

5.4.2 金属薄膜

Ag、Al、CrやCuなどの金属を、硝子やプラスチック基板に光が透過しない膜厚をコーティングしてミラーを作製する場合、それらの蒸着膜の光学定数をin-situで知る必要がある。図5.32のように、光学モニターが装置下部からの反射測光方式の場合、モニター基板に光が透過しない程度に金属膜を作製し、続けてSiO_2などの透明薄膜を成膜した場合の光学モニターの光量変化は図5.33のようになる。この時の金属膜の飽和光量値とSiO_2膜（屈折率は既知）の極小光量値から金属膜の光学定数を求めることができる。

(1) 理論

SiO_2の屈折率をn_1、金属膜の複素屈折率をn_2-ik_2とすると、各界面のフレネル係数は第3章で述べたように

$$\rho_0 = \frac{1-n_1}{1+n_1} \qquad \delta = \frac{2\pi}{\lambda} n_1 d_1 \tag{5-96}$$

$$\rho_1 = \frac{n_1 - N_2}{n_1 + N_2} = \frac{n_1 - n_2 + ik_2}{n_1 + n_2 - ik_2} = \frac{n_1^2 - n_2^2 - k_2^2 + i2n_1k_2}{(n_1+n_2)^2 + k_2^2} = |\rho_1|e^{i\phi} \tag{5-97}$$

ただし、
$$\begin{cases} |\rho_1|^2 = \dfrac{(n_1-n_2)^2 + k_2^2}{(n_1+n_2)^2 + k_2^2} \\ \phi = \tan^{-1} \dfrac{2n_1k_2}{n_1^2 - n_2^2 - k_2^2} \end{cases} \tag{5-98}$$

となる。したがって、全体のフレネル係数ρは、(3-7) 式から

$$\rho = \frac{\rho_0 + \rho_1 e^{-i2\delta}}{1 + \rho_0 \rho_1 e^{-i2\delta}} = \frac{\rho_0 + |\rho_1|e^{i\phi}e^{-i2\delta}}{1 + \rho_0 |\rho_1|e^{i\phi}e^{-i2\delta}} = \frac{\rho_0 + |\rho_1|e^{-i(2\delta-\phi)}}{1 + \rho_0 |\rho_1|e^{-i(2\delta-\phi)}} \tag{5-99}$$

となり、反射率Rは

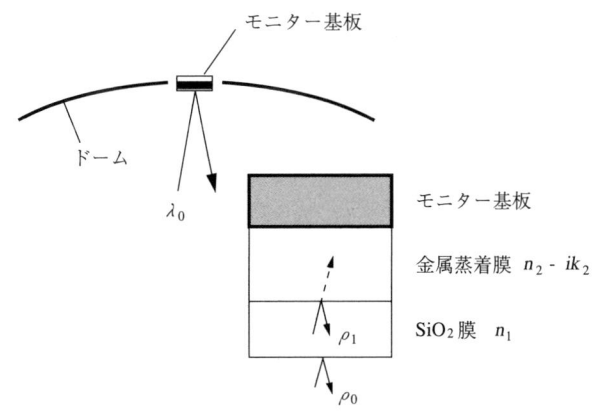

図5.32 下部からの反射測光

第5章

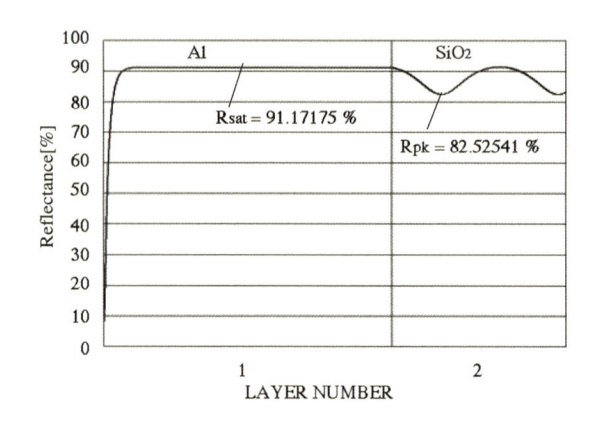

図5.33 Al ＋ SiO₂の光学モニターの反射率変化
・基板：$n_m = 1.52$　　・Al薄膜：$n_2 - ik_2 = 0.97 - i\,6.33$、$d = 500$nm
・SiO₂膜：$n_1 = 1.46$、$n_1 d_1 = 3 \times 600/4$nm

$$R = |\rho|^2 = \frac{\rho_0^2 + |\rho_1|^2 + 2\rho_0 |\rho_1| \cos(2\delta - \phi)}{1 + \rho_0^2 |\rho_1|^2 + 2\rho_0 |\rho_1| \cos(2\delta - \phi)} \tag{5-100}$$

となる。

SiO₂薄膜の成膜時の光学モニターの反射率の極小値について考えてみよう。n_2、k_2、n_1は一定だから、Rは物理膜厚d_1、つまりδの関数である。Rをδで微分すると、その分子は

$$dR/d\delta \text{の分子} = -4\rho_0 |\rho_1|(1-\rho_0^2)(1-|\rho_1|^2)\sin(2\delta - \phi)$$

となる。したがって、反射率が極値となるには$dR/d\delta = 0$だから、$\sin(2\delta - \phi) = 0$、つまり$2\delta - \phi = h\pi$（$h = 0, 1, 2, 3, \cdots$）である。

・$h = 0, 2, 4, \cdots$の時、$\cos(2\delta - \phi) = 1$となり

$$R = \left(\frac{\rho_0 + |\rho_1|}{1 + \rho_0 |\rho_1|}\right)^2 \tag{5-101}$$

・$h = 1, 3, 5, \cdots$の時、$\cos(2\delta - \phi) = -1$となり

$$R = \left(\frac{\rho_0 - |\rho_1|}{1 - \rho_0 |\rho_1|}\right)^2 \tag{5-102}$$

Rをδで2回微分すると、hが偶数では$d^2R/d\delta^2 > 0$、奇数では$d^2R/d\delta^2 < 0$となる。したがって、(5-101)式は極小値、(5-102)式は極大値になる。

Alなどの金属を$d = 500$nm程度、成膜すると、成膜時の反射光量は一定になる。その時の反射光量R_{sat}は

光学定数の測定

$$R_{sat} = \frac{(1-n_2)^2 + k_2^2}{(1+n_2)^2 + k_2^2} \tag{5-103}$$

で表される。続いて、SiO₂膜を成膜すると、光量は徐々に減少し$n_1 d_1 = \lambda_0/4$の手前で極小値となる。この極小値となる反射光量R_{PK}は（5-101）式で与えられる。これに（5-96）式および（5-98）式で表されるρ_0およびρ_1を代入して整理すると、

$$R_{PK} = \left[\frac{(1-n_1)\{(n_1+n_2)^2 + k_2^2\}^{1/2} + (1+n_1)\{(n_1-n_2)^2 + k_2^2\}^{1/2}}{(1+n_1)\{(n_1+n_2)^2 + k_2^2\}^{1/2} + (1-n_1)\{(n_1-n_2)^2 + k_2^2\}^{1/2}}\right]^2$$

$$\therefore \pm\sqrt{R_{PK}} = \frac{(1-n_1)\{(n_1+n_2)^2 + k_2^2\}^{1/2} + (1+n_1)\{(n_1-n_2)^2 + k_2^2\}^{1/2}}{(1+n_1)\{(n_1+n_2)^2 + k_2^2\}^{1/2} + (1-n_1)\{(n_1-n_2)^2 + k_2^2\}^{1/2}}$$

これをn_2について整理すると

$$a n_2^2 - (1 + a^2 n_1^2) n_2 + a(n_1^2 + k_2^2) = 0 \tag{5-104}$$

ただし、

$$a = \frac{1 \pm \sqrt{R_{PK}}}{1 \mp \sqrt{R_{PK}}} \tag{5-105}$$

となる。（5-103）式から

$$k_2^2 = \frac{-(1-R_{sat})n_2^2 + 2(1+R_{sat})n_2 - (1-R_{sat})}{1-R_{sat}} \tag{5-106}$$

となるので、これを（5-104）式に代入して整理すると

$$\{(1+a^2 n_1^2)(1-R_{sat}) - 2a(1+R_{sat})\} n_2 - a(1-R_{sat})(n_1^2 - 1) = 0$$

$$\therefore n_2 = \frac{a(1-R_{sat})(n_1^2 - 1)}{(1+a^2 n_1^2)(1-R_{sat}) - 2a(1+R_{sat})} \tag{5-107}$$

となり、金属蒸着膜の屈折率n_2が求まる。計算したn_2の値を（5-106）式に代入すれば、消衰係数k_2が求まる。

(2) 計算例

図5.33に示す反射光量変化の場合のAl蒸着膜の光学定数を求めてみよう。その計算結果を表5.7に示す。（5-107）式からn_2を求める時、（5-105）式のaの値を使用するが、±どちら側を選択するかは、計算して妥当な方を選択するとよい。金属膜のn_2、k_2は光学モニターの測定精度に大きく依存し、少なくとも下2桁の安定性が要求される。

第5章

表5.7 光学モニターによる金属蒸着膜の光学定数測定

薄膜データ（@ 600 nm）		
Al	n_2	0.97
	k_2	6.33
SiO_2	n_1	1.46

測定精度		○ a = (1+R^0.5)/(1-R^0.5)			× a = (1-R^0.5)/(1+R^0.5)	
R_{sat} [%]	R_{pk} [%]	a	n_2	k_2	a	n_2
91.2	82.5	20.8091	1.19096	7.02383	0.0481	-0.05020
91.17	82.53	20.8484	0.95223	6.27097	0.0480	-0.05063
91.172	82.525	20.8419	0.97207	6.33685	0.0480	-0.05059
91.1718	82.5254	20.8424	0.97028	6.33093	0.0480	-0.05060
91.17175	82.52541	20.8424	0.97004	6.33014	0.0480	-0.05060
		↑ (5-105)式	↑ (5-107)式	↑ (5-106)式	↑ (5-105)式	↑ (5-107)式

【Coffee Break】

金属薄膜にSiO_2膜を$\lambda_0/4$成膜したときの分光特性の極値波長

光学定数の測定とは異なるが、ここで述べたことから興味深い結果が得られる。分光反射率特性が極値となる波長λは、SiO_2薄膜の膜厚を$n_1 d_1 = q \times \lambda_0/4$とすると

$$\lambda = \frac{2\pi}{\delta} n_1 d_1 = \frac{4\pi}{h\pi + \phi} \cdot q \cdot \lambda_0 / 4 = \frac{q\pi}{h\pi + \phi} \lambda_0 \qquad (5\text{-}108)$$

となる。例えば、制御波長$\lambda = 600$nmで$n_2 = 0.97$、$k_2 = 6.33$のAl蒸着膜に屈折率が$n_1 = 1.46$のSiO_2薄膜を膜厚$n_1 d_1 = \lambda_0/4$（$\lambda_0 = 600$nm、$q = 1$）だけ成膜した場合、その分光特性の極値は**表5.8**および**図5.34**のように、$h = 0$の時はλ_0（600nm）よりも約100nmも長波長側にシフトしてしまう。

希望する波長λ_0で反射率が極値となるには、上式で$\lambda = \lambda_0$とおいて膜厚の係数qが

$$q = \frac{h\pi + \phi}{\pi} \qquad (5\text{-}109)$$

であればよいことが分かる。例えば、$\lambda = 600$nmで分光反射率特性が極値をもつためのSiO_2薄膜の膜厚は**表5.9**であり、その分光反射率特性は**図5.35**のようになる。

表5.8　反射率が極値となる波長

λ_0 [nm]	600	thickness	
n_1	1.46	1.00	= q
n_2	0.97	500	= d [nm]
k_2	6.33		

(5-98)式から ϕ [rad] = 2.697799044

h	0	1	2	3
λ [nm]	698.7	322.8	209.9	155.5

↑
(5-108)式

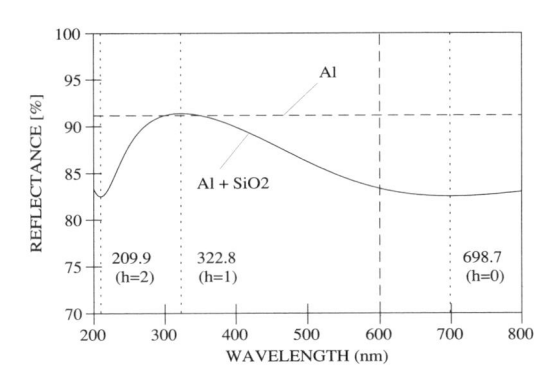

図5.34　Al ＋ SiO_2膜の分光特性の極値波長

・Al：$n_2 - ik_2$ = 0.97−i 6.33、d = 500nm　・SiO_2：n_1 = 1.46、$n_1 d_1$ = 600/4nm
・基板：n_m = 1.52

表5.9　反射率が λ_0 で極値となるSiO_2の膜厚

λ_0 [nm]	600	thickness	
n_2	0.97	500	= d [nm]
k_2	6.33		
n_1	1.46		

(5-98)式から ϕ [rad] = 2.6978

h	0	1	2	3
λ [nm]	0.859	1.859	2.859	3.859

↑
(5-109)式

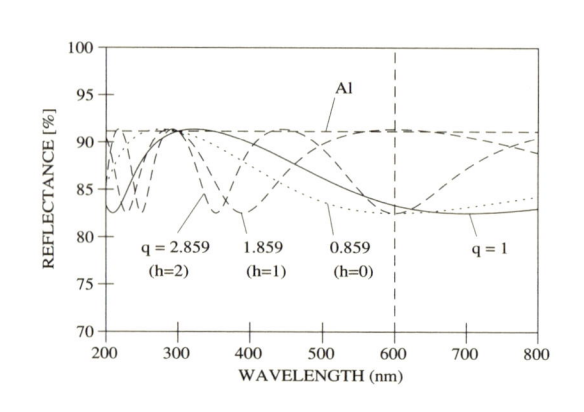

図5.35　希望する波長で極値となる膜厚
・Al：$n_2-ik_2 = 0.97-i\,6.33$、$d = 500$nm　・SiO$_2$：$n_1 = 1.46$、$n_1d_1 = $ q×600/4nm
・基板：$n_m = 1.52$

5.5　まとめ

5.5.1　分光器による基板の屈折率
（1）透明基板
　分光器の入射角が0°で、空気の屈折率を1、測定波長における基板の屈折率をn_mとする。
・片面マット基板
　　基板の裏面をサンドブラスト処理してから艶消しの黒色スプレーなどで裏面反射を無視できるように処理をする。分光器による基板表面の測定反射率をR_0とすると、

$$n_m = \frac{1+\sqrt{R_0}}{1-\sqrt{R_0}} \tag{5-108}$$

となる。ただし、R_0は測定値がパーセントのときは、$R_0/100$とする。以下、同様とする。

・両面研磨基板
　　両面研磨基板の測定反射率をR、透過率をTとすると、

$$n_m = \frac{1+\sqrt{R/(2-R)}}{1-\sqrt{R/(2-R)}} \tag{5-109}$$

$$n_m = \frac{1+\sqrt{(1-T)/(1+T)}}{1-\sqrt{(1-T)/(1+T)}} \tag{5-110}$$

となる。

(2) 吸収基板

図5.2に示す厚みdの基板の片面の測定反射率をR₀、両面研磨基板の透過率をTとすると、光学定数は以下のようになる。

内部透過率 $\quad T_i = \dfrac{-(1-R_0)^2 + \sqrt{(1+R_0)^4 + 4T^2 R_0^2}}{2TR_0^2} \tag{5-111}$

消衰係数 $\quad k_m = -\dfrac{\lambda}{4\pi d}\ln T_i \tag{5-112}$

屈折率 $\quad n_m = \dfrac{1+R_0 + \sqrt{(1+R_0)^2 - (1-R_0)^2(1+k_m^2)}}{1-R_0} \tag{5-113}$

【Coffee Break】
Sellmeier（セルマイヤー）の分散式

Schott社のデータシートを見ると、次の分散式とその係数が記載されている。

$$n^2 - 1 = \frac{B_1\lambda^2}{\lambda^2 - C_1} + \frac{B_2\lambda^2}{\lambda^2 - C_2} + \frac{B_3\lambda^2}{\lambda^2 - C_3} \quad \lambda:[\mu m] \tag{5-114}$$

Schott社のデータを見ると、代表的な光学ガラスBK7の係数は

- B_1=1.03961212
- B_2=2.31792344×10⁻¹
- B_3=1.01046945
- C_1=6.00069867×10⁻³
- C_2=2.00179144×10⁻²
- C_3=1.03560653×10²

である。（株）オハラでは、係数の記号を $A_1 \sim A_3$（Schott社の$B_1 \sim B_3$）、$B_1 \sim B_3$と（$C_1 \sim C_3$）としており、BK7の相当品S-BSL7の係数をデータシートに記載している。Schott社との係数の値が、若干、異なるが全く問題はない。Schott社のBK7の測定データを**表5.10**に示す。BK7の波長分散を（5-114）式に基づいて計算すると**図5.36**の実線のようになり、近紫外域から赤外域まで測定値と合致している。この分散式は、1871年にW.Sellmeierが透明な媒質の波

長に対する屈折率の実験式として提案したものであり、I.H.Malitsonも1967年に人工サファイアの常光線成分について同様の式と係数を示した。(5-114)式は可視域では簡略化でき、

$$n^2 - 1 \cong \frac{B_1 \lambda^2}{\lambda^2 - C_1} \rightarrow n = \sqrt{1 + \frac{B_1 \lambda^2}{\lambda^2 - C_1}} = \sqrt{1 + \frac{B_1}{1 - C_1/\lambda^2}}$$

となり、筆者が使用している市販理論ソフトウェアFILMSTARでは、

$$n = \sqrt{1 + \frac{A}{1 + B/\lambda^2}} \quad \lambda:[nm] \tag{5-115}$$

という形で、測定データを最適化して係数A、Bを自動的に求めることができる。(5-115)式をセルマイヤーの分散式と呼ぶことも多い。しかし、(5-114)式の係数B_2、C_2、B_3、C_3以降の項を省略して問題はないのかという不安はある。そこで、表5.10のλ = 334.1〜1014.0 nmの測定データを用いて、FILMSTARで可視域の分散を最適化したところ、係数A = 1.26456、B = －9241.40となり、図5.37に示すように、やはり、可視域では (5-114) 式とほとんど一致するが、λ = 850 nm以上の近赤外域になると、徐々に差が生じている。しかし、通常のIRカットフィルターなどでは、簡略化されたセルマイヤーの分散式を利用しても実用上、問題はない。

また、(5-114) 式は、後にA.Cauchy等によって展開され、可視域では次のCauchy（コーシー）の近似式も多く利用されている。

$$n = A + \frac{B}{\lambda^2} + \frac{C}{\lambda^4} \tag{5-116}$$

表5.10　Schott社 BK7の屈折率の測定データ

λ [nm]	n	λ [nm]	n
312.6	1.54860	632.8	1.51509
334.1	1.54272	643.8	1.51472
365.0	1.53627	656.3	1.51432
404.7	1.53024	706.5	1.51289
435.8	1.52668	852.1	1.50980
480.0	1.52283	1014.0	1.50731
486.1	1.52238	1060.0	1.50669
546.1	1.51872	1529.6	1.50091
587.6	1.51680	1970.1	1.49495
589.3	1.51673	2325.4	1.48921

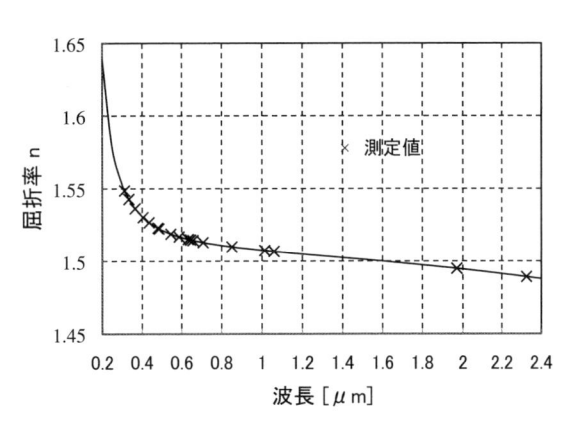

光学定数の測定

図5.36　BK7の波長分散

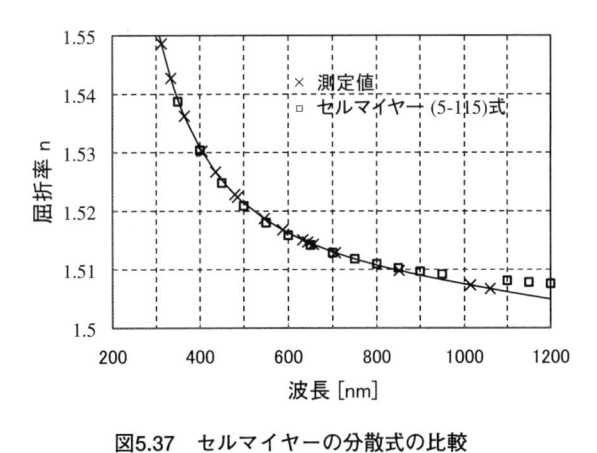

図5.37　セルマイヤーの分散式の比較

【Coffee Break】
Hartmann（ハルトマン）の分散式とSellmeierの分散式

λ の1次式

$$n = n_0 + \frac{A}{a(\lambda - \lambda_0)}$$

は、H.Hartmannが提案した分散式で、可視域で多く利用されている。ただし、n_0、A、aは物質ごとに定まる定数で実験的に求められ、一般的には次の形で利用されている。

$$n = A + \frac{C}{\lambda - B} \tag{5-117}$$

分散式の係数は3個なので3波長に対する屈折率が求まれば、連立三元一次方程式

$$\begin{cases} n_1 = A + \dfrac{C}{\lambda_1 - B} \\ n_2 = A + \dfrac{C}{\lambda_2 - B} \\ n_3 = A + \dfrac{C}{\lambda_3 - B} \end{cases}$$

を解くだけで、おのずから求めることができ、

$$\begin{cases} B = \dfrac{(n_1 - n_2)\lambda_1(\lambda_3 - \lambda_2) - (n_2 - n_3)\lambda_3(\lambda_2 - \lambda_1)}{(n_1 - n_2)(\lambda_3 - \lambda_2) - (n_2 - n_3)(\lambda_2 - \lambda_1)} \\ C = \dfrac{(n_1 - n_2)(\lambda_1 - B)(\lambda_2 - B)}{\lambda_2 - \lambda_1} \\ A = n_1 - \dfrac{C}{\lambda_1 - B} \end{cases} \tag{5-118}$$

となる。表5.10の中の$\lambda_1 = 404.7$ nm、$\lambda_2 = 480.0$ nm、$\lambda_3 = 706.5$ nmのように屈折率の傾きが大きなλ_1とλ_2の間隔を小さくとり、傾きが緩やかなλ_2とλ_3の間隔を大きくとると、(5-114)式のSellmeierの分散式による曲線と可視域でほぼ重なる。ちなみに、この場合の係数は(5-118)式からA = 1.4989、B = 161.7750、C = 7.6073となった。

また、簡略されたSellmeierの分散式(5-115)式も2波長の屈折率が分かれば、

$$\begin{cases} n_1 = \sqrt{1 + \dfrac{A}{1 + B/\lambda_1^2}} \\ n_2 = \sqrt{1 + \dfrac{A}{1 + B/\lambda_2^2}} \end{cases}$$

から係数A、Bを自明に求めることができ、

$$\begin{cases} B = \dfrac{(n_1^2 - n_2^2)\lambda_1^2 \lambda_2^2}{(n_2^2 - 1)\lambda_1^2 - (n_1^2 - 1)\lambda_2^2} \\ A = (n_1^2 - 1)\left(1 + \dfrac{B}{\lambda_1^2}\right) \end{cases} \tag{5-119}$$

となる。2波長の間隔を$\lambda_1 = 435.8$ nm、$\lambda_2 = 706.5$ nmと大きくとると、A = 1.2644、B = －9473.01となり、(5-114)式のSellmeierの分散式による曲線と可視域で重なる。Hartmannの分散式および簡略化されたSellmeierの分散式は、可視域において透明な基板や透明な光学薄膜の分散式として実際の生産現場で多く利用されている。

5.5.2 分光器による透明薄膜の屈折率
(1) 片面マット基板の場合

基板の裏面をサンドブラスト処理して、表面に単層薄膜を膜厚nd =（3/4）λ_0（λ_0：設計波長）だけ成膜し、その後、マット面を艶消しの黒色スプレーなどで裏面反射を無視できるように処理して、分光器で反射率を測定する。反射率のピークにおける基板の屈折率をn_m、ピーク反射率をRとすると、ピーク波長における薄膜の屈折率nは、n＞n_mの場合は山ピーク、n＜n_mの場合は谷ピークの反射率から、次式により薄膜の屈折率nが求まる。

$$n = \left\{ \frac{n_m(1+\sqrt{R})}{1-\sqrt{R}} \right\}^{1/2} \tag{5-120}$$

(2) 両面研磨基板の場合

両面研磨した基板の場合のピークの反射率をR'、透過率をT'とすると、

$$R = \frac{R'-R_0}{1-2R_0+R_0R'} \quad \text{または} \quad R = \frac{1-R_0-T}{1-R_0-R_0T} \tag{5-121}$$

ただし、$\quad R_0 = \frac{(1-n_m)^2}{(1+n_m)^2}$ \hfill (5-122)

となり、これを（5-120）式に代入すればよい。

5.5.3 光学モニターによる透明薄膜の屈折率
(1) 片面マット基板に成膜した場合（装置下部からの反射型）

光学モニターの制御波長をλ_C、成膜開始光量値をR_{ST}、ピーク光量値をR_{PK}とすると、制御波長λ_Cにおける薄膜の屈折率nは次式から求まる。

$$n = \left[\frac{n_m(1+\sqrt{\alpha})}{1-\sqrt{\alpha}} \right]^{1/2} \tag{5-123}$$

ただし、$\quad \alpha = R_0 R_{PK} / R_{ST}$ \hfill (5-124)

(2) 両面研磨基板に成膜した場合（反射型）

光学モニターの制御波長をλ_C、成膜開始光量値をR_{ST}、ピーク光量値をR_{PK}とすると、制御波長λ_Cにおける薄膜の屈折率nは、

$$\alpha = R_0 \frac{2R_{PK}-(1+R_0)R_{ST}}{(1-2R_0)(1+R_0)R_{ST}+2R_0^2 R_{PK}} \tag{5-125}$$

を（5-122）式に代入すれば求まる。

(3) 両面研磨基板に成膜した場合（透過型）

光学モニターの制御波長をλ_C、成膜開始光量値をT_{ST}、ピーク光量値をT_{PK}とすると、制御波長λ_Cにおける薄膜の屈折率nは、

$$\alpha = \frac{(1+R_0)T_{ST} - T_{PK}}{(1+R_0)T_{ST} - R_0 T_{PK}} \tag{5-126}$$

を（5-122）式に代入すれば求まる。

図5.38のように分散係数の計算ファイルを作成しておけば、波長とその屈折率を入力するだけで、即、HartmannあるいはSellmeierの分散式の係数が計算できる。フィルター設計や薄膜の屈折率を分光器・光学モニターにより求める際に便利である。また、**図5.39～図5.41**のような基板や薄膜の屈折率を計算するEXCELファイルを作成して、実際の生産現場で是非とも利用されたい。

波長[nm]		屈折率	
λ_1	404.7	n_1	1.53024
λ_2	480.0	n_2	1.52283
λ_3	706.5	n_3	1.51289

・Hartmann $\qquad n = A + \dfrac{C}{\lambda - B}$

B	161.7750	
C	7.6073	(5-118)式
A	1.4989	

・Sellmeier $\qquad n = \sqrt{1 + \dfrac{A}{1 + B/\lambda^2}}$

[λ_1、λ_3利用]

B	-9412.3346	(5-119)式
A	1.2645	

図5.38　基板および薄膜の分散計算（EXCEL）

A. 透明基板

波長 [nm]	700	屈折率 n_m	
片面反射率 R_0 [%]	4.16	1.5124	(5-108)式
両面反射率 R [%]	8.51	1.5342	(5-109)式
透過率 T [%]	92.00	1.5130	(5-110)式

B. 吸収基板

板厚 [mm]	3
波長 [nm]	550
反射率 R_0 [%]	4.33
透過率 T [%]	84.30

内部透過率 T_i	0.9196	(5-111)式
消衰係数 k_m	1.223E-06	(5-112)式
屈折率 n_m	1.5255	(5-113)式

図5.39　基板の光学定数計算（EXCEL）

図5.40 分光器による透明薄膜の屈折率計算（EXCEL）

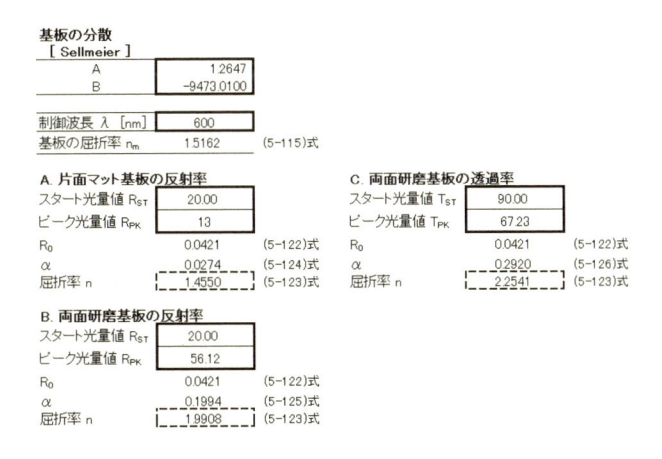

図5.41 光学モニターによる透明薄膜の屈折率計算（EXCEL）

参考文献

1) F. Abelès , J.Phys.Radium 19,327（1958）
2) L.G.Schulz and F.R.Tangherlini, J. Opt. Soc. Am. 44,362（1954）
   L.G.Schulz, J. Opt. Soc. Am. 44,357（1954）
3) A.P.Lenham and D.M.Treherne, J. Opt. Soc. Am. 56,752 （1966）
4) O.S.Heavens, "Physics of Thin Films", Vol2, Academic Press, New York, p163-239, （1964）. "Optical Properties of Thin Solid Films" , Dover Publications, New York（1991）
5) 吉田貞史・矢嶋弘義：“薄膜・光デバイス” 東京大学出版会（1994）

6) 小倉繁太郎："生産現場における光学薄膜の設計・作製・評価技術" 技術情報協会（2001）
7) 工藤恵栄："分光学的性質を主とした基礎物性図表" 共立出版（1972）
8) E.D.Palik："Handbook of Optical Constants of Solids" Academic Press（1985）
9) J.M.Bennett, L.Mattsson："Introduction to Surface Roughness and Scattering" second edition, OSA（1999）
10) SpConvert：日立製分光器U-4000、U-4100のバイナリーデータをアスキーに変換したり、理論ソフトウェアFILM*STAR（米国FTG社製）の表示データおよび最適設計の目標値に自動変換するソフトウェアであり、(株)テックウェーブから発売されている。
11) A.Thelen：Design of Optical Coatings 256（McGraw-Hill, 1995）
12) W.E.Johnson：1995 Tech. Digest 17, 8-10（1995）
13) J.A.Dobrowolski：Handbook of Optics 1, 42.3-130（McGraw-Hill, 1995）
14) B.G.Bovard：Appl.Opt.32, 5427-5442（1993）
15) 小倉繁太郎、唐駢：「光設計とシミュレーションの上手な使い方」第11章（オプトロニクス社、2000）
16) C.K.Carniglia：Method for measuring the Optical Properties of Inhomogeneous, Slightly Absorbing, Dielectric Thin Films
17) 国井弘毅：「光学多層膜の生産技術」（講習会：光学薄膜／多層薄膜の最適設計と作製技術．(株)技術情報協会 2001.10.24）
18) J.C.Manifacier, J.Gasiot, J.D.Fillard：J.Phys.E9,1002（1976）
19) J.A.Dobrowolski, F.C.Ho, A.Waldorf：Appl.22,3191（1983）
20) P.O.Nilsson：Appl. Opt., 7. 435（1968）
21) FILM*STAR ：FTG Software Associates,Princeton, U.S.A.　販売代理店：(株)テックウェーブ
22) 吉田貞史："薄膜"，培風館（1990）
23) L.Ward, A.Nag, L.Dixon：J.Phys. D,2. 301（1969）

第6章
光学モニターの光量変化

　真空蒸着法やスパッタリング法などにより光学多層フィルターを作製するためには、各層の膜厚を正確に制御する必要がある。そのためには水晶モニターや光学モニターが一般に利用されている。水晶モニターの水晶片はATカットされ、電圧を印可すると6～6.5MHzで発振するが、物質が堆積（deposit）すると徐々にその周波数が減少する。その周波数変化を物理膜厚dに変換して、薄膜の膜厚を制御するのが水晶モニターである。光学フィルターの分光特性は、物理膜厚dと薄膜の屈折率nの積である光学膜厚ndによって変化する。水晶モニターで蒸発源のパワーを制御して、その成膜レートが一定になるように制御すれば、nはほぼ一定になり、その結果、ndが一定になる。通常は1枚の水晶片にH、L物質を交互に成膜しているが、正確な光学フィルターを作製するためには、多くの実験と経験が必要である。また、水晶片に薄膜が堆積して周波数が約0.2MHz（200KHz）減少すると、発振は停止してしまい制御不可能となる。

　そこで開発されたのが薄膜のndを制御する光学モニターである。モニター基板を交換すれば、原理的には蒸着物質がある限り何層でも成膜できる。しかし、その反射光量（反射率）や透過光量（透過率）変化は、第3章で見たようにサインウェーブのようであり、蒸発源のシャッターを開いた成膜開始直後やnd = $q×λ_c/4$（$λ_c$：制御光の波長、q：正数）近辺では光量変化は極値となりndの変化に対する光量変化は小さい。つまり、膜厚誤差が大きくなってしまう。また、モニター基板としてBK7（コスト上から、安価な白板が使用されている）に、SiO_2薄膜を成膜する場合、両者の屈折率の差が小さくその光量変化は小さいため、モニター基板に高屈折率基板を使用したり2色測光方式[1,2]による制御など種々の工夫がなされている。一般には透明誘電体薄膜の膜厚制御では、水晶モニターで成膜レートを制御し、そのndは光学モニターで制御するという方式が採用されている。また、UV領域になると一般に基板や薄膜の吸収は大きくなり、光学モニターの光量変化においても、当然、これを考慮して計算しなければならない。光学フィルター設計用プログラムは多く市販されているが、光学モニターの光量変化計算プログラムは少ない。そこで、本章では吸収を考慮した光学モニターの光量変化計算のフレネル係数を利用した理論やプログラム作成上の留意点、そして、実用的なプログラムについて解説する。

6.1　光学モニター

　光量変化の理論やプログラムを解説する前に、光学モニターの概要について述べておく。筆者が以前に開発した光学モニターの設置例を図6.1（反射式2色測光）、投

第6章

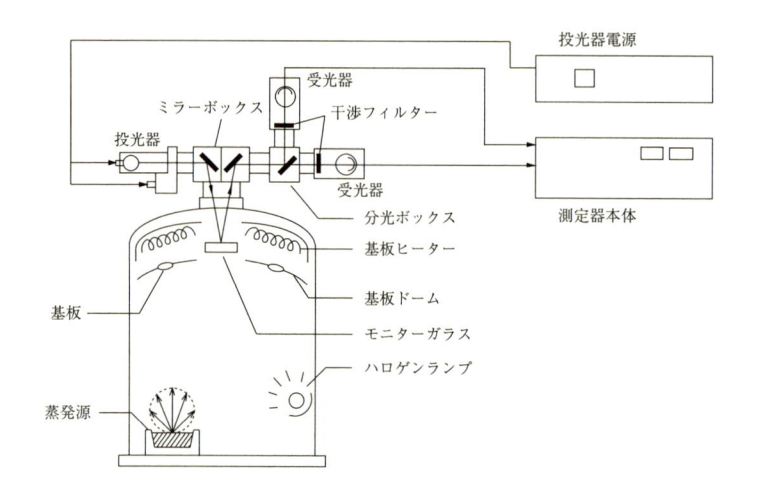

図6.1 光学モニターシステムの設置例

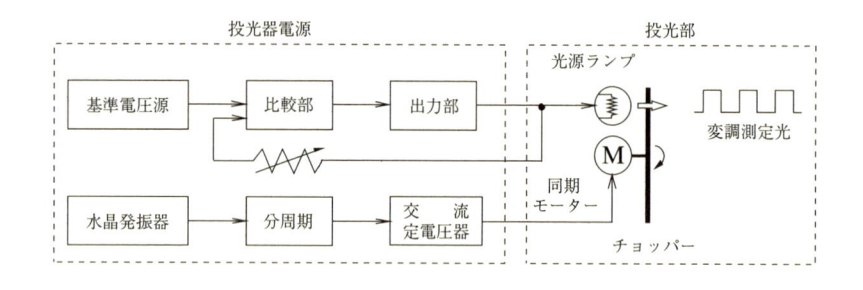

図6.2 投光器電源・投光部のブロック図

光器電源および投光部のブロック図を**図6.2**に示す。一般的な真空蒸着装置では、真空室内部の蒸発源や基板加熱ハロゲンヒーターから種々の周波数成分を含んだ有害な外部光が発生する。このような環境でS/N比を大きくして安定な膜厚制御を行うためには、まず光源ランプへ供給する電圧を安定化し、その光を安定な周波数で回転するチョッパーで外部光に同調しない周波数の測定光を作る必要がある。そのため、**図6.2**のチョッパーは商用周波数（50Hz、60Hz）、さらにはその高調波に同調しないような間隔に放電加工により正確に作製されている。また、商用周波数が異なっても問題がないように、水晶発振の周波数を分周して安定な交流定電圧を同期モーターに供給している。チョッパーを通過した光がモニター基板における光量変化を検出し、それが干渉フィルターを通過して受光部に入る。この干渉フィルターの中心波長が制御波長であり、受光部側に設置することにより有害な外部光を除去する働きも担っている。**図6.3**に光学モニター全体のブロック図を示す。受光素子からの信

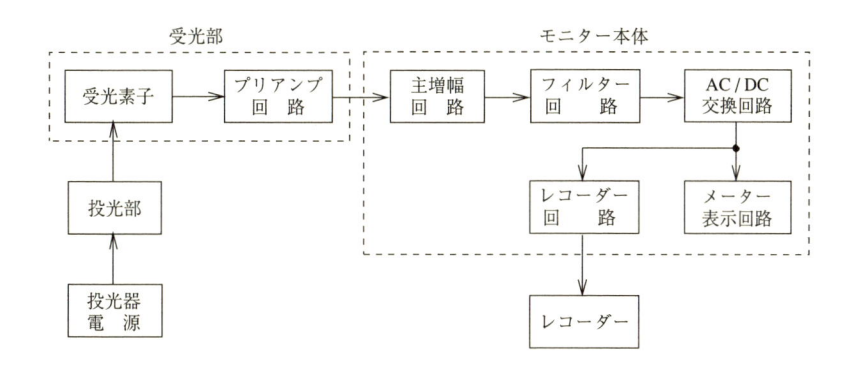

図6.3　光学モニターのブロック図

号は長さ3～5mのリード線を経由して制御盤に組み込まれているモニター本体（制御主回路）に伝達される。しかし、大電力の電子銃や基板加熱ヒーターなどのON/OFF時に大きな電気ノイズ（電磁波）が発生し、そのリード線や電気的インピーダンスが大きい回路部分に電気ノイズが乗りやすい。光電管やフォトダイオードなどの受光素子は出力インピーダンスが大きいので、受光素子とプリアンプ（信号を増幅して、出力インピーダンスを小さくする機能）は一体化されノイズが乗らないように考えられている。リード線を経由してモニター本体に入力された信号は、主増幅回路で増幅された後、Q値の大きなバンドパスフィルター（電子回路）によりチョッパー周波数の信号だけになりAC/DC変換され、そしてレコーダーやコンピュータ制御のAD変換回路に信号に送られる。このDC信号の変化を検出して薄膜の膜厚を制御している。

6.2　光量変化計算の理論

光学モニターの投光器は装置の上部あるいは下部に設置され
・装置下部からの反射率あるいは透過率測定
・装置上部からの反射率あるいは透過率測定
を行う（**図6.4**）。装置下部からの反射率測光方式では、モニター基板として片面マット基板を使用すれば反射率を直接測定できるし、また、第5章で述べたように金属薄膜の光学定数がin-situで測定できるメリットもある。しかし、多くの真空成膜装置では、装置架台のスペースや光路などの問題から、投光器は装置上部に設置されることが多い。
　いずれの測光方式でも、通常、制御光はモニター基板に対して0～5°以内で入射しているので、垂直入射として扱っても問題はない。したがって、計算は第4章の吸

第6章

(a) 下部からの反射
片面マット基板

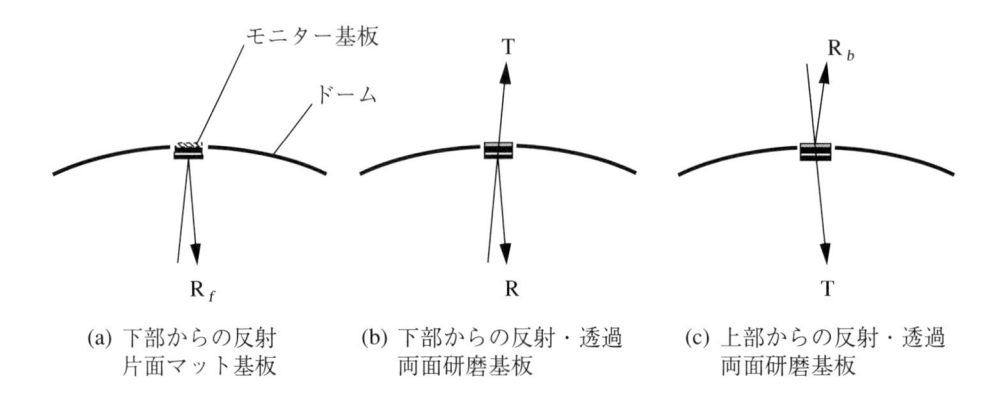

(b) 下部からの反射・透過
両面研磨基板

(c) 上部からの反射・透過
両面研磨基板

図6.4　光学モニターの測光方式

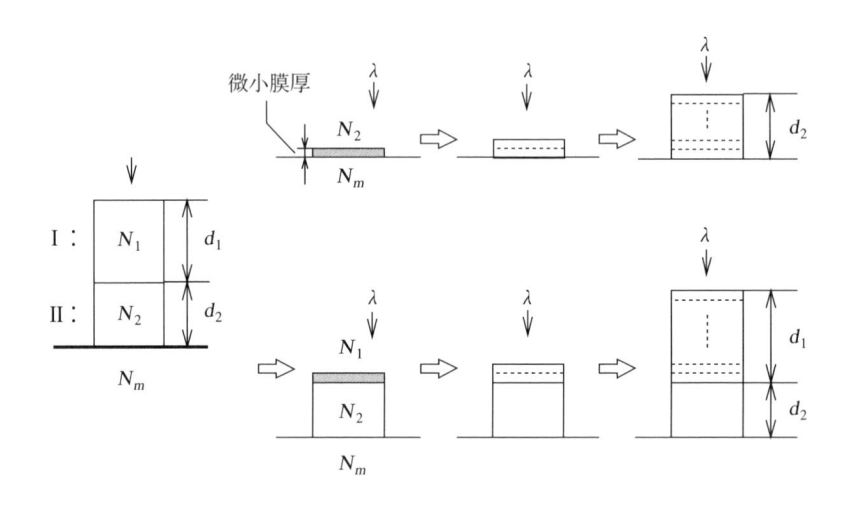

図6.5　2層膜の光量変化の考え方

収がある場合の垂直入射による各層の位相変化の（4-38）式、反射率の（4-44）式と透過率の（4-50）式、基板の内部透過率の（4-61）式、基板から薄膜への反射率の（4-70）式を計算すればよい。第4章の分光特性計算と異なるのは、各層の物理膜厚が徐々に増えていきその都度の反射率や透過率を計算するだけである。計算の基本的な考え方をまず述べる。1枚のモニター基板に2層を成膜する場合を考えよう。図6.5に示すように、屈折率N_2の薄膜の物理膜厚をある単位で徐々に大きくしていき、その都度の反射率および透過率を計算する。そして、所定の膜厚d_2だけ計算したら、その上に屈折率N_1の薄膜の膜厚を同様に徐々に物理膜厚d_1まで徐々に大きくしていけばよい。

6.2.1 装置下部からの測光方式

図6.6のように1枚のモニター基板にL層を1つの制御波長で成膜する場合を考える。各界面のフレネル係数は（4-36）式、（4-37）式、（4-63）式、各層の位相変化は（4-38）式となる。第4章で述べたように

$$\begin{cases} \rho_L = \dfrac{a(L)_1 - ib(L)_1}{a(L)_2 - ib(L)_2} = \dfrac{A_L - iB_L}{C_L - iD_L} \\ \tau_L = \dfrac{a(L)_1{'} - ib(L)_1{'}}{a(L)_2 - b(L)_2} = \dfrac{A_L{'} - iB_L{'}}{C_L - iD_L} \\ \rho_{0g} = -\dfrac{a(0)_1 - ib(0)_1}{a(0)_2 - ib(0)_2} = -\dfrac{A_0{''} - iB_0{''}}{C_0{''} - iD_0{''}} \end{cases} \tag{6-1}$$

とおくと、最終的な仮想面のフレネル係数は

$$\rho_0{'} = \dfrac{A_0 - iB_0}{C_0 - iD_0} \qquad \tau_0{'} = \dfrac{A_0{'} - iB_0{'}}{C_0 - iD_0} \qquad \rho_{Lg}{'} = -\dfrac{A_L{''} - iB_L{''}}{C_L{''} - iD_L{''}} \tag{6-2}$$

ただし、

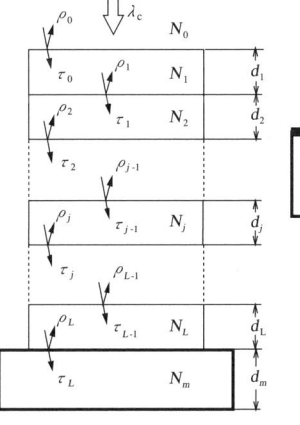

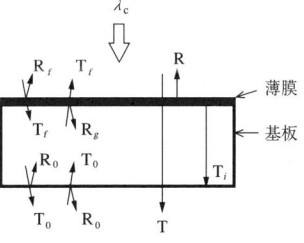

$$\begin{cases} A_0 = a(0)_1 C_1 - b(0)_1 D_1 + [\ \{a(0)_2 A_1 - b(0)_2 B_1\}\cos 2\delta_1 \\ \qquad - \{a(0)_2 B_1 + b(0)_2 A_1\}\sin 2\delta_1\ ]\ e^{-2\gamma_1} \\ B_0 = a(0)_1 D_1 + b(0)_1 C_1 + [\ \{a(0)_2 B_1 + b(0)_2 A_1\}\cos 2\delta_1 \\ \qquad + \{a(0)_2 A_1 - b(0)_2 B_1\}\sin 2\delta_1\ ]\ e^{-2\gamma_1} \\ C_0 = a(0)_2 C_1 - b(0)_2 D_1 + [\ \{a(0)_1 A_1 - b(0)_1 B_1\}\cos 2\delta_1 \\ \qquad - \{a(0)_1 B_1 + b(0)_1 A_1\}\sin 2\delta_1\ ]\ e^{-2\gamma_1} \\ D_0 = a(0)_2 D_1 + b(0)_2 C_1 + [\ \{a(0)_1 B_1 + b(0)_1 A_1\}\cos 2\delta_1 \\ \qquad + \{a(0)_1 A_1 - b(0)_1 B_1\}\sin 2\delta_1\ ]\ e^{-2\gamma_1} \end{cases} \tag{6-3}$$

図6.6　装置下部からの反射・透過測光

$$\begin{cases} A_0{'} = [\ \{\ a(0)_1{'}A_1{'} - b(0)_1{'}B_1{'}\ \}\cos\delta_1 - \{\ a(0)_1{'}B_1{'} + b(0)_1{'}A_1{'}\ \}\sin\delta_1\ ]\ e^{-\gamma_1} \\ B_0{'} = [\ \{\ a(0)_1{'}B_1{'} + b(0)_1{'}A_1{'}\ \}\cos\delta_1 + \{\ a(0)_1{'}A_1{'} - b(0)_1{'}B_1{'}\ \}\sin\delta_1\ ]\ e^{-\gamma_1} \end{cases} \quad (6\text{-}4)$$

$$\begin{cases} A_L{''} = a(L)_1 C_{L-1}{''} - b(L)_1 D_{L-1}{''} + [\ \{\ a(L)_2 A_{L-1}{''} - b(L)_2 B_{L-1}{''}\ \}\cos 2\delta_L \\ \qquad - \{\ a(L)_2 B_{L-1}{''} + b(L)_2 A_{L-1}{''}\ \}\sin 2\delta_L\ ]\ e^{-2\gamma_L} \\ B_L{''} = a(L)_1 D_{L-1}{''} + b(L)_1 C_{L-1}{''} + [\ \{\ a(L)_2 B_{L-1}{''} + b(L)_2 A_{L-1}{''}\ \}\cos 2\delta_L \\ \qquad + \{\ a(L)_2 A_{L-1}{''} - b(L)_2 B_{L-1}{''}\ \}\sin 2\delta_L\ ]\ e^{-2\gamma_L} \\ C_L{''} = a(L)_2 C_{L-1}{''} - b(L)_2 D_{L-1}{''} + [\ \{\ a(L)_1 A_{L-1}{''} - b(L)_1 B_{L-1}{''}\ \}\cos 2\delta_L \\ \qquad - \{\ a(L)_1 B_{L-1}{''} + b(L)_1 A_{L-1}{''}\ \}\sin 2\delta_L\ ]\ e^{-2\gamma_L} \\ D_L{''} = a(L)_2 D_{L-1}{''} + b(L)_2 C_{L-1}{''} + [\ \{\ a(L)_1 B_{L-1}{''} + b(L)_1 A_{L-1}{''}\ \}\cos 2\delta_L \\ \qquad + \{\ a(L)_1 A_{L-1}{''} - b(L)_1 B_{L-1}{''}\ \}\sin 2\delta_L\ ]\ e^{-2\gamma_L} \end{cases} \quad (6\text{-}5)$$

となる。したがって、**図6.4（a）**の反射率R_f、透過率T_fおよびR_gは（4-44）式、（4-50）式および（4-68）式のように

$$\begin{cases} R_f = |\rho_0{'}| = \dfrac{A_0{}^2 + B_0{}^2}{C_0{}^2 + D_0{}^2} \\ T_f = \dfrac{\text{Re}(N_m)}{\text{Re}(n_0)}|\tau_0{'}|^2 = \dfrac{n_m}{n_0}\dfrac{A_0{'}^2 + B_0{'}^2}{C_0{}^2 + D_0{}^2} \\ R_g = |\rho_{Lg}{'}|^2 = \dfrac{(A_L{''})^2 + (B_L{''})^2}{(C_L{''})^2 + (D_L{''})^2} \end{cases} \quad (6\text{-}6)$$

となる。両面研磨基板の場合の反射率Rおよび透過率T（**図6.4（b）**）は、基板による多重繰り返し反射を考慮した（4-73）式、（4-74）式のように

$$R = R_f + \frac{T_f{}^2 T_i{}^2 R_0}{1 - T_i{}^2 R_0 R_g} \qquad T = \frac{T_0 T_f T_i}{1 - T_i{}^2 R_0 R_g} \quad (6\text{-}7)$$

ただし、
$$\begin{cases} R_0 = \dfrac{(n_0 - n_m)^2 + k_m{}^2}{(n_0 + n_m)^2 + k_m{}^2} \\ T_0 = 1 - R_0 = \dfrac{4n_0 n_m}{(n_0 + n_m)^2 + k_m{}^2} \\ T_i = \exp\{\ (-4\pi/\lambda)\,k_m d_m\ \} \end{cases} \quad (6\text{-}8)$$

となる。

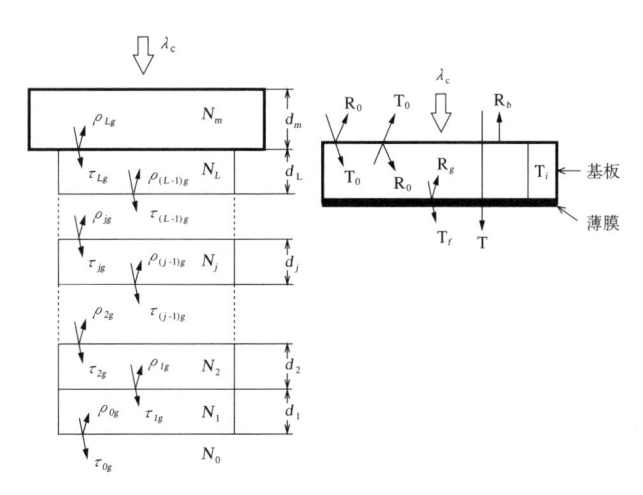

図6.7 装置上部からの反射・透過測光

6.2.2 装置上部からの測光方式

投光器が装置上部にある場合は、光はモニター基板の裏面から入射し、各界面のフレネル係数を図6.7に示すように考える。透過率Tの変化は（6-7）式と同じであるが、測定する反射率R_bは（4-75）式で表され

$$R_b = R_0 + \frac{T_0^2 T_i^2 R_g}{1 - T_i^2 R_0 R_g} \tag{6-9}$$

となる。第4章でも言及したが、基板や薄膜に吸収がある場合、光の入射方向によって反射率は異なる。

6.3 プログラム作成上の留意点

上述したように、成膜時の光学モニターの光量変化計算の理論はさほど難しくはない。しかし、実用的なプログラムを作成するためには、理論とは関係ないやや複雑なプログラムテクニックを必要とする。少なくとも、以下のことに注意してプログラムを作成する必要がある。

(1) 制御波長 λ_c

制御波長λ_cは次の事に注意されたい。第L層（成膜時は第1層目）の計算時は、例えば$\lambda_c = 550$ nmとすると第L層の位相変化$\Delta_L = \delta_L - i\gamma_L$は$\lambda_c = 550$ nmで計算する。そして、続けて第L層の上に第（L-1）層の成膜をする場合、光学モニターの光量変化を考えて490 nmの制御波長で制御したいことがある。第（L-1）層の光量変化を計算する場合、第L層と第（L-1）層ともそれらの位相変化Δ_L、Δ_{L-1}を$\lambda_c = $

490nmに対して計算しなければならない。

(2) 光学定数 n_j, k_j データ

通常、誘電体薄膜は可視域および近赤外域では、その光学定数は第1章に述べたようにいずれかの分散式でフィッティングできる。そのため、各層の制御波長を変えても問題なく、フレネル係数、位相変化および吸収を計算できる。しかし、UV領域になると、一般には分散式にフィッティングができないことが多い。また、モニター基板の屈折率n_mは分散式でフィッティングできることが多いが、消衰係数k_mは一般には式にフィッティングできない。そのため、光学モニターの光量変化計算では、分散式から各波長のデータテーブルを作成したり、あるいは測定値から離散的なデータテーブルを作成して、制御波長がそのデータ間の値の場合は直線補間するとよい。

(3) 画面表示

例えば、50層の光学フィルターの場合、全層の計算結果をコンピュータの1画面に表示すると、各層の変化を判読することはできないであろう。そこで、数層毎に表示する。しかも、横軸の幅（物理膜厚）を自動的に設定する必要がある。

(4) モニター基板の再利用

例えば、3層反射防止膜ではよく用いられる手法であるが、最初の層は1番目のモニター基板に成膜し、次の層は2番目のモニター基板に成膜する。そして最終層は1番目のモニター基板を再び使用したいということがある。したがって、光量変化計算を行う前に第何層は何番目のモニター基板でその制御波長は何nmであるかをメモリに記憶させる必要がある。

(5) 光学モニターの初期光量設定

市販されている光学モニターは、変化光量に対して出力のリニアリティーは保証されている。白板をモニター基板とした場合、裏面反射を考慮した反射率は約8%である。それを光学モニターの機能により80に設定すれば、感度は10倍になる。これが、成膜開始前の初期光量設定である。通常、1枚のモニター基板に2〜4層の薄膜を連続して成膜することが多い。そのような場合、光量変化の関係から最初の層だけ光学モニターの初期光量設定を行い、残りの層は行わないことがある。

(6) 微小膜厚の大きさ

徐々に膜厚を増やして大きくしていくときの微小膜厚変化の大きさが問題となる。例えば、それを0.01nmとすれば正確に計算はできるが、計算時間が長くなってしまう。しかし、最近のコンピュータの計算速度は速くなっているので、薄膜の物理的意味合いを考えて、0.1 nm（1Å）として計算すれば十分であろう。

光学モニターの光量変化

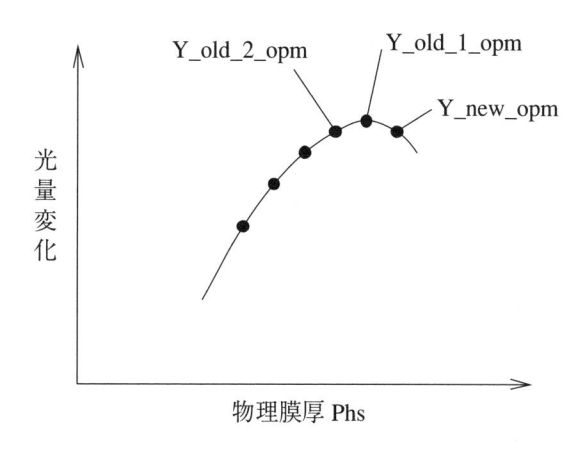

図6.8 光量変化の極値検出

（7）ピーク検出

$nd = \lambda_c/4$で光量は極値、いわゆるピークとなるが、それがピークであると認識するためにはさらに微小膜厚を加えて計算をして、その光量が減少した時に加える前の膜厚における光量がピークであったことを認識する。図6.8に示すように、今回計算した光量をY_new_opm、その1つ前の値をY_old_1_opmと2つ前の値をY_old_2_opmとする。連続した2つのデータの大小は

Sgn_old=SGN（Y_old_1_opm－Y_old_2_opm）＝1　（＋の意味）
Sgn_new=SGN（Y_new_opm－Y_old_1_opm）＝－1（－の意味）

となり、その2つの変数Sgn_old、Sgn_newの和が0になれば、Y_old_1_opmを極値とみなす。なお、通常の計算精度では、連続した2つの光量値が完全に等しくなることはないので、極値検出プログラムはこれで十分である。

（8）ツーリング・ファクター

第5章で述べたように、真空蒸着法などでTiO_2やSiO_2薄膜を成膜して大気中に取り出すと、大気中の水分が薄膜に入り込み（薄膜の密度が大→屈折率が大）、いわゆる波長シフトが発生する。そのため、実際の透明誘電体による光学フィルターの作製は以下の手順で行うとよい。

STEP-1：まず、各物質を成膜する際に、スプラッシュなどが発生しない安定な成膜条件を求める。

STEP-2：その条件で、第5章に述べたように光量変化の最初の極値から、成膜時（真空中）の制御波長λ_cに対する屈折率n_vを求める。さらに、モニター基板および制御波長を変えて、成膜時の薄膜の波長分散を求める。

第6章

STEP-3：それを大気中に取り出して、分光特性の極値に対する波長における屈折率n_Aを求める。

STEP-4：各物質のツーリング・ファクターを測定する。

STEP-5：この大気中のn_A（正確には波長分散）を用いて、光学フィルターの分光特性を設計する。つまり、各層の物理膜厚 を設計する。

STEP-6：そして、光学モニターにより、この各層の物理膜厚を真空中の屈折率n_vで制御して、光学フィルターを作製する。つまり、成膜時は光学膜厚$n_v d$を制御し、それを大気中に取り出すと、光学膜厚$n_A d$に変化して所望のフィルターになる。

　蒸発源からの分布は、各物質によって異なり、基板ドーム上の膜厚分布は一様にはならない。そのため、固定あるいは可倒式膜厚分布補正板により分布を調整している。モニター基板は基板ドームの頂点付近に設置されているが、モニター基板上の物理膜厚d_Mと基板ドーム上の物理膜厚d_Dは異なる。この比d_D/d_Mをツーリング・ファクターTF（tooling factor）と呼ぶ。例えば、TF＝0.85の場合、基板ドーム上の基板に膜厚$nd＝\lambda/4$だけ成膜するには、屈折率nが等しいとすればモニター基板には$(1/0.85)\times\lambda/4$だけ成膜しなければならない。各層のツーリング・ファクターを入力できるようにプログラミングすることが必要である。なお、分光器を利用して薄膜の物理膜厚は、(5-46) 式から求められる。

　光学フィルターの設計は、種々の薄膜の膜厚が1：1に基板ドーム上の基板に成膜できるという条件で行う。デジタルカメラのCCDセンサーに利用されるTiO_2 / SiO_2（基板：人工水晶）による40層IRカットフィルターの設計を図6.9の曲線Aに示す。しかし、実際に作製されたフィルターは曲線Bのように、$\lambda＝650nm$のカットオフ特性および不透過帯域の特性はほとんど一致するが、可視域の透過帯には大きなリップルがみられる、ということが多々ある。短波長側の分散データが間違っていたと考えそうだが、もし、そうならば$\lambda＝390nm$付近の立ち上がりもシフトするはずである。この原因は、はじめに測定したツーリング・ファクターが違っているか、成膜時の

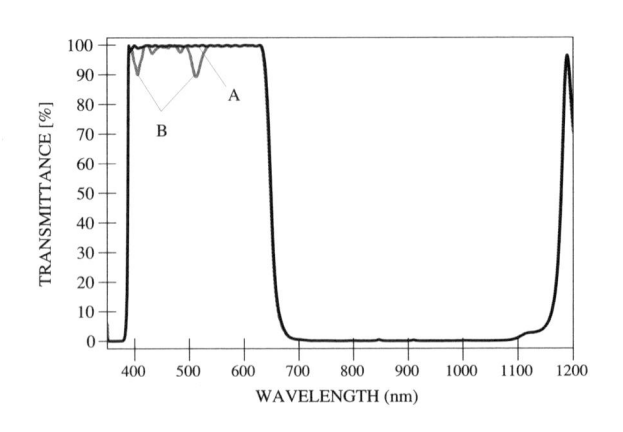

図6.9　IRカットフィルター：ツーリング・ファクターによる特性の変化

ルツボ（あるいはハースライナー）内のTiO₂の液面の高さが悪かったり、電子銃フィラメントの劣化（変形）によりSiO₂面に電子ビームが正しく入射しなかったことなどによりツーリング・ファクターが変化した、と推測される。シミュレーションによれば、曲線BはTiO₂とSiO₂の膜厚比が1.02：0.98である。

6.4　計算プログラム

　第4章と同様にフレネル係数を利用して、筆者の経験から実用的なプログラムを作成した。その計算フローを**図6.10**に示す。基板および薄膜に吸収がある場合を考慮して、それらのnおよびkを直接入力あるいは**表1.2**に示した分散式をすべて利用できるようにした。プログラムリストは**付録D**にあるので参考にされたい（ファイル名：HPMONITOR）。第4章の分光特性計算プログラムと同様にプログラムの解説を行う。

(1) 入力データ

　第4章の**図4.10**（e）の12層膜無偏光ビームスプリッターを作製する場合の入力データを例に取り、プログラムリストにある順に説明する。

- System：光学モニターの制御方式
  変数Systemの値により、**図6.4**に示した全ての制御方式に対応できるようにした。
  1＝光学モニターの投光部は装置の上部に設置されており、その反射光（**図6.4**（c）のR_b）をモニターする。したがって、基板の裏面から光が入射するREV include Side2である。市販の多くの装置がこの方式である。
  2＝投光部は装置の上部あるいは下部でもよく、その透過光（**図6.4**（b）、（c）のT）をモニターする。光通信用狭帯域バンドパスフィルター用装置では、この方式が採用されており、REV / FWD include Side2である。
  3＝投光部は装置の下部に設置されており、膜面にモニター光が入射し、その反射をモニター（**図6.4**（b）のR）する。モニター基板は両面研磨されており、FWD include Side2である。第5章で解説したようにこの方式を利用すれば、AlやAgなどの金属の光学定数n、kをin-situで測定することができる。
  4＝3と同じ方式だが、モニター基板の裏面はマット状態であり、FWD ignore Side2である。基板片面に成膜した薄膜の反射率が直接測定できる。（**図6.4**（a）のR_f）
- F_data_print：計算結果プリント時のフラグ
  0＝数値のみをプリントし、画面のコピーは行わない。
  1＝数値と現画面を連続してプリントする。
  2＝数値と現画面をページを変えてプリント。ただし、プリンターの機種によってはラインフィードの命令は異なるのでプリンターのマニュアルを参照されたい。
  （参考）EPSON PM-2200Cでは、OUTPUT Printer;CHR$ (13)
- F_disp_endpoint：光量変化のグラフ上に極値および最終光量値の表示フラグ

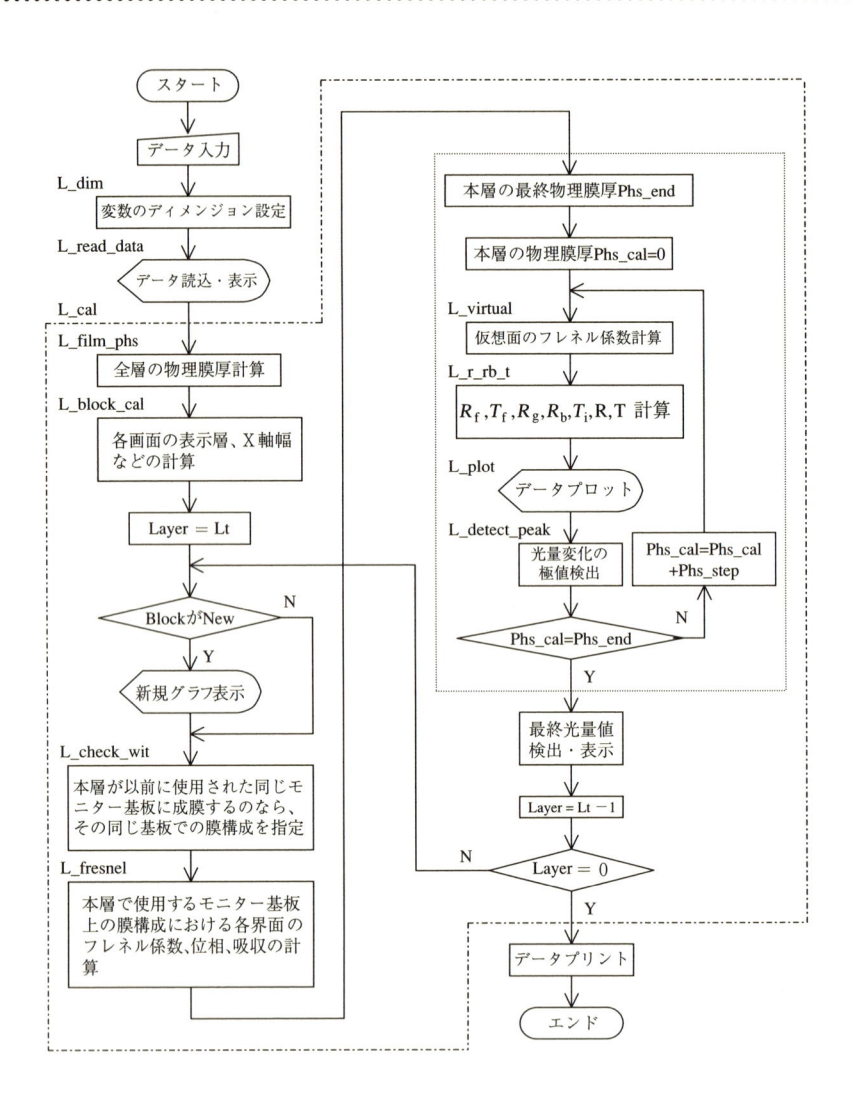

図6.10　光学モニターの光量変化計算のフローチャート

　　0＝表示しない。バンドパスフィルターやレーザーミラーなどの多層膜では、各層の膜厚が$\lambda_0/4$の整数倍であり、極値制御の場合が多い。この場合、単に光量変化の様子を見るだけでそれらの値を知る必要がなく、ラベルL_designの膜構成で指定された条件で画面表示を行う。

　　1＝表示する。
- D_sub：モニター基板の厚み[mm]
　通常、同じ形状のモニター基板を使用するので、ここでその厚みを設定する。
- X_space：グラフ表示の際の各層間の間隔[nm]。各層の膜厚が小さい時、表示される最終光量値や極値の値が重なってしまう恐れがある場合は、この値を大きくするとよい。

- Phs_step：光量変化計算時の計算物理膜厚ステップ
- W_design：フィルターの設計（中心）波長 [nm]
- Film：フィルターで使用される膜物質の個数

    何個でも登録可能であるが、はじめから順番に変数Filmで指定された薄膜を使用する。薄膜の登録は第4章の分光特性計算プログラムと同様に、Symbol、Type、Name、nおよびkにデータを入力する。
- Lt：膜層数

    基板側からLtで指定された膜構成とする。
- Layer_disp：1画面に表示する層数

    変数Ltで指定された層数を1画面毎にLayer_dispで指定された層数ずつ表示する。指定された層数の計算が終了すると、"5:NEXT"と"7:COPY"が表示される。ファンクションキー7（7:COPY）を押すと、計算された画面がプリンターにコピーされる。ファンクションキー5（5:NEXT）を押すと、次の1画面分の計算が続行される。
- 膜構成データ

    Symbol　：薄膜のシンボル

    Thickness：薄膜の膜厚

    　　　　　Type = 1 → $nd = q \times$ W_design $/ 4$のqの値

    　　　　　Type = 2 → dの値[nm]

    Filter　：光学モニターの制御光の波長[nm]

    Monitor：モニター硝子基板の番号

    Start　：光学モニターの初期光量設定値。例えば、モニター基板番号1に最初の層だけを初期光量設定を行い、その後、連続して数層を成膜する場合は、2層目以降は0を入力する。また、実際の膜厚制御には利用しないが、1枚のモニター基板に全層を成膜した場合の直接の反射率あるいは透過率を計算したいことがある。第1層目のStartを0に設定すれば、第1層で設定されたFilterを利用して、全層を1番のモニター基板に成膜した場合の光量変化を計算する。

    Tool　：ツーリング・ファクター。モニター基板の物理膜厚 d_Mに対する基板ドーム上の薄膜の物理膜厚d_Dの比率d_D/d_Mを入力する。例えば、Tooling = 0.85の場合、基板ドーム上の基板に所定の膜厚を成膜するためには、モニター基板に1/0.85倍だけ成膜するような光量変化計算をする。

(2) フローチャート各部の解説

図6.10に示したフローチャートの重要なサブルーチンについて、その概略を解説する。

- L_block_cal（行番号14810－15060）

    全層数Lt = 12、1画面の表示層数Layer_disp = 4であり、各層に対応する画面切換変数Block、横軸のフルスケールX_full（1画面に表示される層の物理膜厚と表示のための間隔X_spaceの総和）および横軸の倍率X_timesを計算する。

第6章

表6.1 サブルーチンL_check_wit（第8層目成膜時のデータ変換）

プログラムデータ順番	L_reda_dataによるデータ 屈折率n	モニター基板	モニター波長	画面表示変数	L_check_wit によるデータ Lt_new	屈折率n	モニター番号	初期光量	モニター波長	実行
					4					
基板	N_0(Lt+1)				N(5)					
DATA：1	N_0(12)	Wit_0(12)=1	Filter_0(12)=660	Block(12)=1						
DATA：2	N_0(11)	Wit_0(11)=1	Filter_0(11)=600	Block(11)=1						
DATA：3	N_0(10)	Wit_0(10)=2	Filter_0(10)=450	Block(10)=1		N(4)	2		660	
DATA：4	N_0(9)	Wit_0(9)=2	Filter_0(9)=570	Block(9)=1		N(3)	2		660	
DATA：5	N_0(8)	Wit_0(8)=3	Filter_0(8)=570	Block(8)=2						
DATA：6	N_0(7)	Wit_0(7)=2	Filter_0(7)=700	Block(7)=2		N(2)	2		660	
DATA：7	N_0(6)	Wit_0(6)=4	Filter_0(6)=630	Block(6)=2						
DATA：8	N(0(5)	Wit_0(5)=2	Filter_0(5)=660	Block(5)=2		N(1)	2	80.00	660	Plot
真空	N_0(0)				N(0)					

↑　　　　↑
第8層計算時の　第8層計算時の各層の屈折率
全層数

- L_check_wit（行番号15080－15370）

　これが本プログラムで1番重要なサブルーチンである。本層を計算する場合、本層を含めて同じモニター基板に何層成膜するかをチェックして、プログラムリストのデータが何層に対応するかをチェックする。例えば、プログラムのデータの第8層目を計算する時は、**表6.1**に示すように2番のモニター基板に計Lt_new = 4層成膜し、屈折率のデータは基板がN(5)、DATA：3がN(4)、DATA：4がN(3)、DATA：6がN(2)、DATA：8がN(1) そして真空がN(0) になる。本層の光量変化を計算する時は、同じモニター基板にこの順番に薄膜が積層されているとして、そのフレネル係数を計算すればよい。

- L_fresnel（行番号15390－15780）

　（4-36）式、（4-37）式、（4-63）式、（4-38）式に基づいて、薄膜各界面のフレネル係数および位相および吸収を計算する。

- L_virtual_plane（行番号15800－16510）

　本層の物理膜厚を少し（Phs_step）ずつ大きくした時の位相変化および吸収を計算する。そして、前層に本層を物理膜厚Phs_calだけ成膜した場合の最終的なフレネル係数を仮想面を利用して、（4-39）式～（4-43）式、（4-45）式～（4-49）式、（4-63）式～（4-69）式に基づき計算する。

- L_r_rb_t（行番号16530－16740）

　（6-6）式から反射率R_f、透過率T_fおよび反射率R_g、（6-7）式から反射率Rおよび透過率T、（6-9）式から反射率R_bを計算する。

- L_plot（行番号16760－17310）

　入力データSystemの値によってどの値（反射率、透過率）を計算するのかを決め、その値をY_new、その時の膜厚をX_newとして画面にプロットする。

光学モニターの光量変化

- L_detect_peak（行番号17330－17800）
  今回計算した光量Y_new_opm、その1つ前の値Y_old_1_opmと2つ前の値Y_old_2_opmのデータの大小により極値を検出する。そして、本層の極値の回数および最終回の値を記憶する。
- L_endpoint（行番号17820－18400）
  最終的な光量を記憶して実際の成膜時の制御値を計算する。コンピュータ制御時のデータの計算方法は装置メーカー各社で異なるが、本プログラムでは**図6.11**とした。

Phs_step=0.01、Layer_disp=4の時の1画面ごとのグラフ表示例を**図6.12**に示す。モニター基板および制御波長を適切に変えて、各層の光量変化が制御し易くなっていることが分かるであろう。また、**表6.2**に各層の極値数P.C.、開始光量Start、極値光

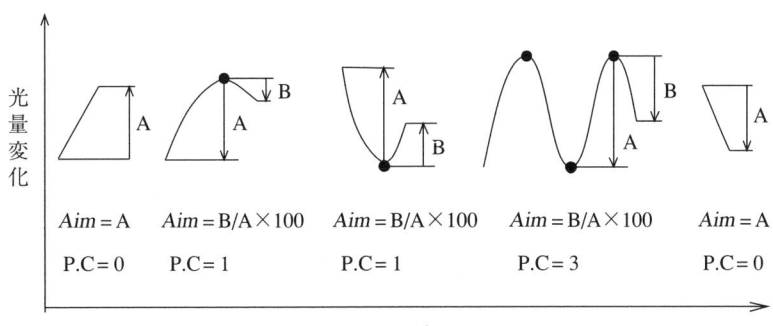

図6.11　光量制御値Aimの計算

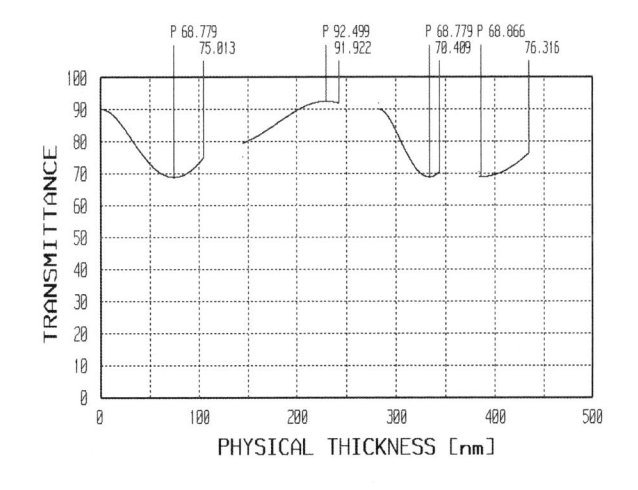

図6.12（a）　第1層～第4層の光量変化

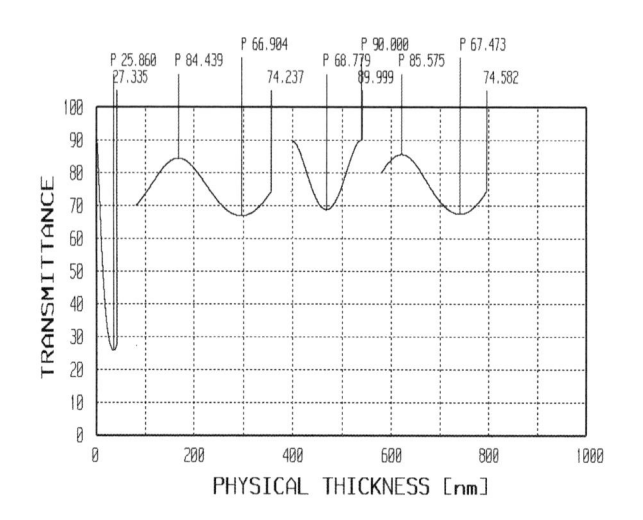

図6.12（b） 第5層～第8層の光量変化

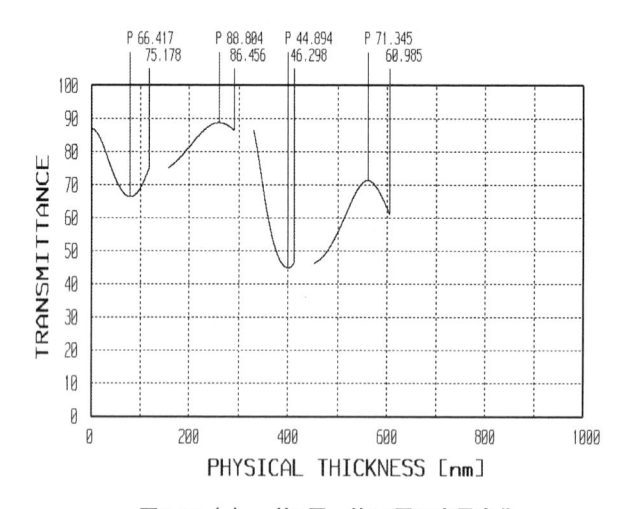

図6.12（c） 第9層～第12層の光量変化

量Peak、最終光量Endそして実際の成膜時の制御値Aimを示す。第4層のAimは非常に大きいが、これは開始直後に68.881－68.866=0.015だけ光量が小さくなり極値となるためであり、実際の成膜時はこのピークを無視して、変化が76.316－68.881=7.435だけ変化したら蒸発源のシャッターを閉じても問題はない。是非とも、本章を参考にして、自分にあった光学モニターの光量変化計算のプログラムを作成することを勧める。

表6.2　光学モニターの光量変化計算プリント例

```
* System              : Trans - upper / lowre (include Side2)
* Design Wavelength[nm]  : 660
```

[Sub]		Name	n	k	
		0	1.52000	0.000000	(1.000 mm)

[Film]	Sym	Type	Name	n	k
	H	Opt	0	2.20900	0.00000000
	L	Opt	0	1.38000	0.00000000
	M	Phs	0	4.17730	0.21340000
	S	Opt	0	1.46000	0.00000000

[Design]	Sym	Thick	Filter[nm]	Monitor	Start	Tool
1:	H	1.1940	660.0	1	90.00	0.85000
2:	L	0.7360	600.0	1	0.00	0.90000
3:	H	0.6970	450.0	2	90.00	0.85000
4:	L	0.3790	570.0	2	0.00	0.90000
5:	M	39.0000	570.0	3	90.00	0.95000
6:	L	2.0800	700.0	2	70.00	0.90000
7:	H	1.6260	630.0	4	90.00	0.85000
8:	L	1.6280	660.0	2	80.00	0.90000
9:	H	1.3490	700.0	5	0.00	0.85000
10:	L	0.9930	700.0	5	0.00	0.90000
11:	H	0.9350	700.0	5	0.00	0.85000
12:	S	1.2180	700.0	5	0.00	0.90000

[Result]

	P.C.	Start	Peak	End	Aim
1:	1	90.000	68.779	75.013	29.38
2:	1	79.484	92.499	91.922	4.43
3:	1	90.000	68.779	70.409	7.68
4:	1	69.881	68.866	76.316	48970.89
5:	1	90.000	25.860	27.335	2.30
6:	2	84.439	66.904	74.237	41.82
7:	2	68.779	90.000	89.999	0.01
8:	2	85.575	67.473	74.582	39.27
9:	1	86.909	66.417	75.178	42.75
10:	1	75.179	88.804	86.456	17.23
11:	1	86.450	44.894	46.298	3.38
12:	1	46.299	71.345	60.985	41.36

参考文献

1）沢木司：特許昭和38-9409、大阪工業試験所
2）小檜山光信：「光・薄膜技術マニュアル」p.229（オプトロニクス社、1989)

第7章
基板の面精度と面粗さ

　前章までに解説した理論は、基板は完全な平面であり、しかも表面の粗さがない、いわゆる鏡面であるという仮定の上のものである。しかし、入射する光束は有限な大きさを持ち、これらの光が光学部品や光検出器に入射した場合、ビーム径に較べて基板に大きな周期のうねりがあるときは問題がある。特にレーザー用の光学部品では、このうねりのために光の反射波面あるいは透過波面が歪んでしまう。つまり、基板の面精度が問題となる。また、基板をどんなに研磨しても、表面には光束径に較べて小さな凹凸があり、光は各点ごとに様々な方向に反射（透過）されてしまう。つまり散乱が生じてしまう。凹凸がある基板に光学薄膜を成膜すると、膜自体にも粗さがあるので、非常に高い反射率のミラーなどを作製したいときは、散乱による反射率の低下を無視できないという問題が発生する。フィルター設計や成膜条件の最適化だけでは所望の特性を得るには限界があり、基板の選定には十二分に注意を払う必要がある。

　まず、基板の面精度を測定するのに利用されているレーザー干渉計の基礎となるニュートンリングNewton's ringsについて解説する。ニュートンリングは、機械のバネの"フックの法則"で有名なフック（Robert Hooke、1635-1703）が顕微鏡による詳細な観察結果を記した有名な"Micrographia"、（1665年、ミクログラフィア）の中で初めて報告した。そして、ニュートン（Isaac Newton、1642-1727）は、1704年に出版した"光学"[1)]の中で、光の粒子説を主張していた彼は、当時は信じられていた"エーテル"の圧縮と希薄化とういう概念からこの現象を説明している。しかし、皮肉にも、ニュートンの上司であったフックが主張し、ニュートンが反発した光の波動説により光の干渉現象として自然に説明できる。

　次に、研磨された基板の面粗さについて解説する。研磨の歴史は人類が道具を作り始めた時代にまで遡る古い加工法である。ルネッサンス時代（14-16世紀）になると徐々に科学にも新風が吹き、ヨーロッパの僧侶や科学者達はレンズで視力を矯正する考えを思いついたり、レンズを組み合わせて望遠鏡を構成する可能性に気づいた。当時のヨーロッパの絵画には眼鏡をかけた修道士が描かれているものがある。そして、コペルニクス（ラテン語名Nicolaus Copernicus、ポーランド語名 Mikołaj Kopernik 1473-1543）の地動説が基になって多くの天文学者が望遠鏡を手に入れるようになった。ベネチアの住人であったガリレイ（Galileo Galilei、1564-1642）は、最初に眼鏡師から望遠鏡を入手したが、その後、ベネチアガラスで望遠鏡の自作を始めた。ニュートンも素材の銅合金を研磨材で鏡面に仕上げて反射望遠鏡を製作した。それ以降、ケプラー（Johannes Kepler、1571-1630）、ホイヘンス（Chrsitian Huygens、1629-1695）、オイラー（Leonhard Euler、1707-1783）、フラウンホーファー（Joseph Fraunhofer、1787-1826）達が天体屈折望遠鏡を作製した。それらのために、フーコー（J.B.Foucault、1819-1868）は、ガラスの凹面鏡に銀メッキをしたり、フラウンホ

ーファーは光学ガラスの製造法を確立した。ほとんどの偉大な物理学者や数学者は、宇宙に興味を持ち、望遠鏡により天体観測を行って、多くの発見・発明をした。

しかし、レンズなどの基板表面の粗さによる散乱理論は、1900年代の初期のレイリー[2]（Load Rayleigh、1842-1919）による先端的研究まで待たなければならない。その後、散乱理論は多くの研究者に達によって発展し、P.Bechmann、Spizzichino[3]は電気伝導率が無限大の粗い表面での散乱を詳しく調べ、粗さと反射率との関係を導出した。1963年に彼らが出版した"The Scattering of Electromagnetic Waves from Rough Surface"は、散乱理論のバイブルと言ってよいであろう。さらに、J.M.Eastmann[4,5]は、多層膜の分光特性を計算するために、粗さが小さな極限からの展開を行うことで計算式を導出した。また、A.V.Tikhonravov[6]らは、粗さの空間波長が入射波長に較べて長い単一界面での透過率、反射率の計算式を導出し、粗さが与える影響の違いを示した。吉田・矢嶋はその著書[7]の中で"表面の凹凸"という項を設けて、P.BeckmannやJ.M.Eastmannの計算結果を数ページにわたって解説している。J.M.Bennett、L.Mattsson[8]は、いままでの研究成果をまとめて1999年に出版し、表面粗さの基礎、理論そして測定に関して解説している。面粗さによる散乱理論の入門書としては適した書籍である。なお、Bennettは米国のThe Naval Weapons Center（現在は、The Naval Air Warefare Center）に勤務し、1986年に女性として初めてOSA（The Optical Society）の会長になった物理学者であり、2008年に長い闘病生活の後に78歳で亡くなった。BennettはAlミラーの面粗さと反射率の測定を行い、P.Beckmannらの理論式と整合する結果を得ている[8,9,10]。また、国内では、国井[11]がAlミラーの面粗さと反射率の関係について実験を行い、同様な結果を得ている。潟岡[12,13]はイオンビームスパッタリングIBSを用いて、膜のグレインサイズを極力小さくする工夫をして、損失が1.5 ppm程度の超低損失ミラーを作製した。杉浦[14]は、特にBeckmannやEastmannの論文の中の難解な式をすべて解き、種々の計算を行って考察している。ここでは、Bennett[8]と杉浦[14]の資料を基にして、面粗さの概念やその統計的処理について、できるだけ図表を多く作成し易しく解説する。資料の中の式は複雑であるので、丁寧に展開して省略しないで記載した。そして、最後に面粗さの国際規格の問題点について述べる。

7.1　基板の面精度

7.1.1　面精度の定義

図7.1に示すように光束に較べて大きなうねりがある基板に光が入射すると、その反射波面は歪んでしまう。波面がB点に達したときに、先に波面が到達して反射したA点では、位相が$\Delta\delta = (2\pi/\lambda)n_0 d$だけ進んでいる。また、当然、光は拡散してしまう。透過光の場合も同様であり、図7.2に示すように透過波面も歪んでしまう。このように基板に大きなうねりがあると、当然、種々の精密光学機器では性能に大きな問題を引き起こす。研磨した基板の有効範囲の断面を見ると、一般に大きなうねり

第7章

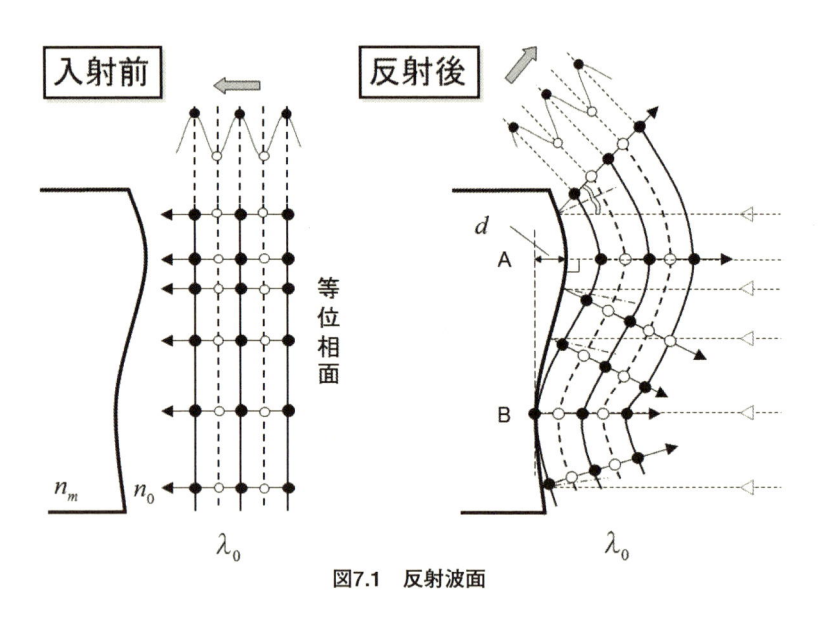

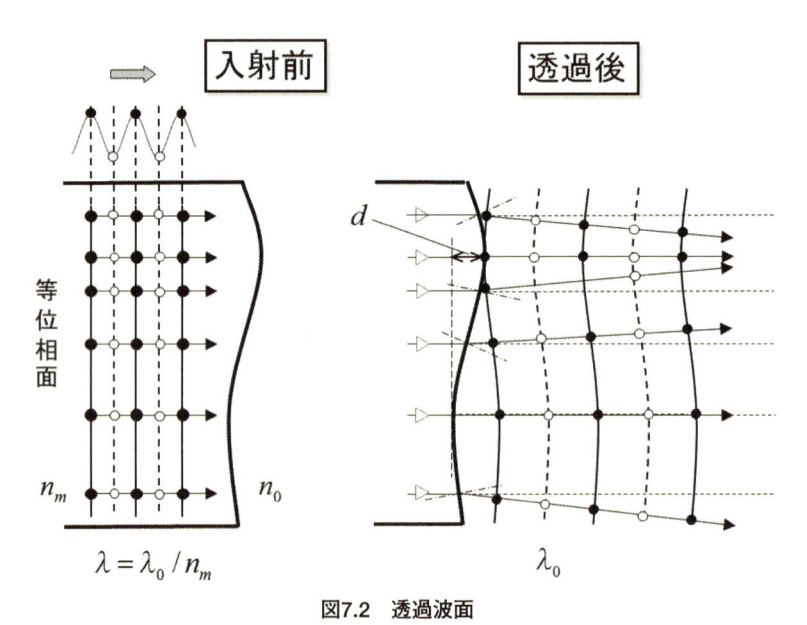

図7.1 反射波面

図7.2 透過波面

がある。**図7.3**のように一番高い所P（peak）と一番低い所V（valley）の差をPV値と呼び、その高低差dが測定波長λの何分の1かで、うねりの程度を表す。波長λは、一般にはHe-Neレーザーの赤色発振線の633nm（正確には632.8nm）である。ただし、ブルーレイ機器では405nmをλとすることがあるので注意されたい。また、この高低差を測定する市販のレーザー干渉計では、He-Neレーザーではなく他の波長の半導体レーザーが使用されているものもあるが、その波長で測定した値を自動的に

図7.3　面精度の定義

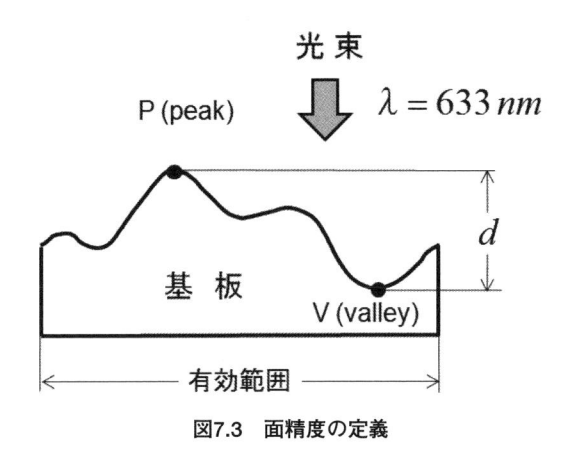

633nmに対する値に変換している。

いま、d = 63.3nmとすると、うねりの程度はa = λ/d = 633/63.3 =10 となり、面精度はλ/aであるという。ただし、aは正の整数である。いまの場合、"面精度はλ/10（10分のラムダ）"である。面精度λ/10をPV値で表示するときは0.1となる。面精度には、ここで見たように反射波面精度と透過波面精度の2つがあるが、一般には面精度とは反射波面精度を指す（以下、反射波面精度を単に面精度と呼ぶ）。

基板の両面を平面研磨したとき、**図7.4（a）**に示すように表面が凸の球面（曲率半径r、高低差d = λ/a）であると仮定する。この基板表面に直径2 xの光束が垂直に入射したとき、基板表面から距離lの観測点における光束の広がり△xを考えてみよう。曲率半径r、半径Lと高低差d（d≪Lとする）の関係は、△ABOから

$$L^2 + (r-d)^2 = r^2$$

となり、これから

$$r = \frac{L^2 + d^2}{2d} \cong \frac{L^2}{2d} \quad (\because d \ll L)$$

となる。d ≪ r, L, l だから

$$\tan\theta \cong x/r = 2xd/L^2$$

となり、広がり△xは、△CDEから

$$\Delta x = \overline{CD}\tan 2\theta \cong l\tan 2\theta = l\frac{2\tan\theta}{1-\tan\theta} = \frac{4lxd}{L^2 - (2xd/L)^2} \cong \frac{4lxd}{L^2} \tag{7-1}$$

となる。光束径を2mm（x = 1mm）、基板の直径30mm（L = 15mm）としたときに、基板から距離1mおよび10mの観測点における光束の広がり△xを、面精度に対して計

209

算すると、**図7.4（b）**のようになる。面精度が20λ（= 12.7μm）では基板から1m離れた観測点での光束の広がりは0.2mm程度であるが、10m離れると2.25mmになる。直径2mmで入射した光束が径6.5mmにもなってしまう。また、面精度がλ/20（d = 31.7nm、PV値 = 0.05）およびλ/10（d = 63.3nm、PV値 = 0.1）では、光束の広がりを無視できることも分かる。そのため、次項で述べる光学平面では、面精度をλ/20あるいはλ/10に研磨した基板が利用されている。

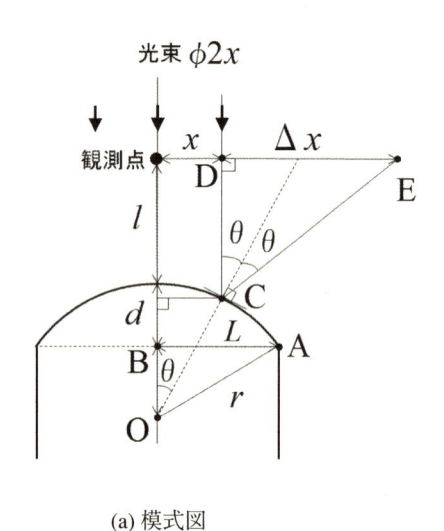

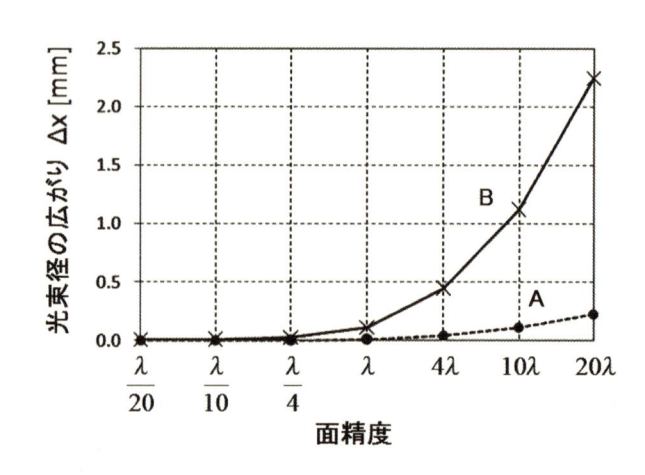

(a) 模式図

(b) 計算例

光束径：2mm（x=1mm）、基板直径30mm(L=15mm)
 A：基板から観測点までの距離1 m
 B：基板から観測点までの距離10m

図7.4　面精度による光束の広がり

7.1.2 ニュートンリング

7.1.2.1 球面の場合

　ニュートンリングを観測するための標準的な構成を**図7.5**に示す。光学的に平面な基板（光学平面、オプティカルフラット）の上に平凸レンズが置かれ、そこに単色平行光が入射するものとする。レンズの平面に垂直に入射した光束は凸面に斜入射するので、実際には真上に反射するのではなく、斜め方向に反射する。**図1.12**のホイヘンスの原理によるスネルの法則を見ると、光は界面で四方八方に広がり進んでいく。光の干渉においても光はあらゆる方向に進み、結果的に他の場所からの光と強め合ったり、弱め合うと考えるとよい。これは**図1.5**のヤングの干渉実験からも分かるであろう。したがって、ここでは、入射した光は真上に反射すると考えてよい。

　図7.5のレンズ中心からの距離x、凸レンズの曲率半径r、凸面と光学平面の間隔d（d≪rとする）の関係は

$$x^2 = r^2 - (r-d)^2 = 2rd - d^2 \cong 2rd \quad (\because d \ll r)$$

となる。凸面と光学平面の上部との光路差は、往復を考えて $2n_0 d$ となるので、$n_0 = 1$ とすると

$$2d = \frac{x^2}{r} \tag{7-2}$$

となる。最初の2つの反射光だけを考えると、光学平面表面における位相の跳び π を考慮して、明暗のリングは

$$[\text{明るいリング}] \quad 2d = \frac{x^2}{r} = \frac{\lambda}{2}(2m+1) = \left(m+\frac{1}{2}\right)\lambda \tag{7-3}$$

$$[\text{暗いリング}] \quad 2d = \frac{x^2}{r} = \frac{\lambda}{2} 2m = m\lambda \tag{7-4}$$

　　ただし　m = 0、1、2、3、・・・・

に一致するときに生じる。したがって、中心から第m番目の暗線（リング）の半径との関係は、(7-4)式から

$$x_m^2 = mr\lambda \tag{7-5}$$

となる。曲率半径rが大きいほど、つまり平面に近づくほど、干渉縞の間隔は広くなることが分かる。r = 100m、λ = 633nmとすると、中心から第3番目（m = 2）の暗線の直径は、1.11cmとなる。第（m+k）番目の暗線の半径は、

$$x_{m+k}^2 = (m+k)r\lambda$$

となる。したがって、

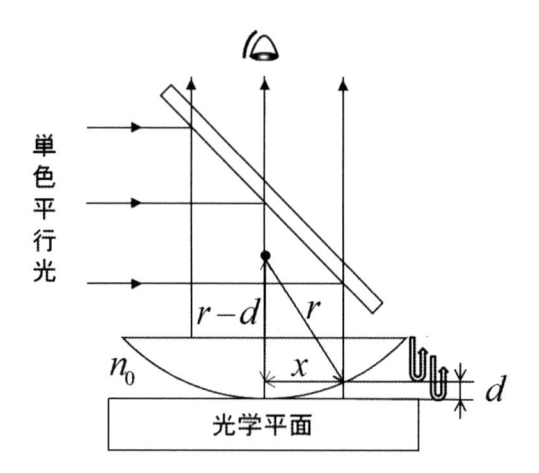

図7.5 ニュートンリングを観測するための標準的な構成

$$x_{m+k}^2 - x_m^2 = kr\lambda$$

となり、これから凸レンズの曲率半径rは

$$r = \frac{x_{m+k}^2 - x_m^2}{k\lambda} \tag{7-6}$$

と求めることができる。この式を見ると、mの項はないので数える必要はなく、第m番目から外側の暗線の数kを観測すればよい。レンズの中心はm = 0で暗くなるので、実際の測定では、図7.6に示すように、中心を見つけて第m番目の暗線の直径と第(m+k)番目の暗線の直径を測定して、この値を(7-5)式に代入するとよい。暗線の間隔Δxは、(7-5)式から

$$\Delta x = (\sqrt{m+1} + \sqrt{m})\sqrt{r\lambda}$$

となり、m = 1、2、3、・・・として計算すると、$\sqrt{r\lambda}$の0.41、0.32、0.27、・・・倍と小さくなる。図7.6のように、外側に向かうほど干渉縞の間隔が狭くなることが分かる。凹レンズの場合は、光学平面との距離dは中心部分が小さく、外側に向かうほど小さくなるので、干渉縞の間隔は凸レンズとは逆になることが分かる。

球面研磨してある凸レンズを調べると[15]、図7.7（a）のように明るいリングの横と縦の数が異なって、同芯であれば楕円状の干渉縞が現れる。これは直行する2方向で曲率が異なる球面の場合に見られ、"アス"（astigmatism、非点収差）と呼ばれている。同図では、横が3本、縦が2本なので"アスが1本"という。また、光学面の曲率半径が部分的に異なっている場合は、ニュートンリングが不規則になり、図7.7（b）のように局所的に変形し、"クセ"と呼ばれている。このようなクセのあるレンズが搭載されているカメラでは、プリントされたときに良い方にとらえるときには

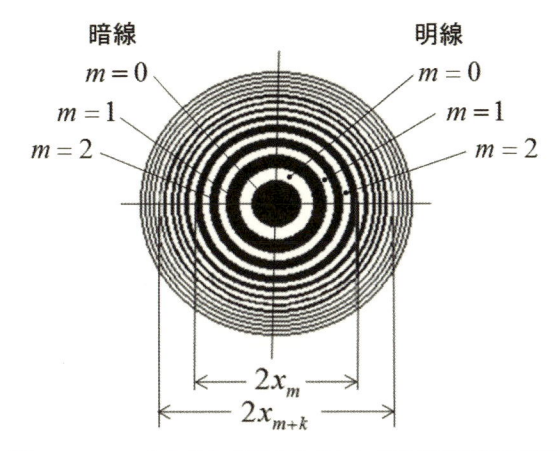

図7.6　ニュートンリングによる凸レンズの曲率半径の測定

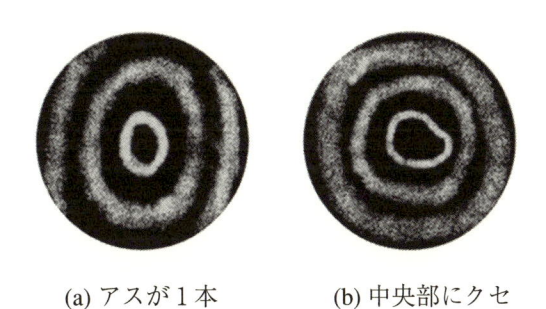

(a) アスが1本　　(b) 中央部にクセ

図7.7　球面凸レンズのアスとクセ

$$d_4 = (\lambda/2) \times 4$$

$\lambda/2$に相当

$$平面度 = \frac{\lambda}{2} \times 縞本数$$

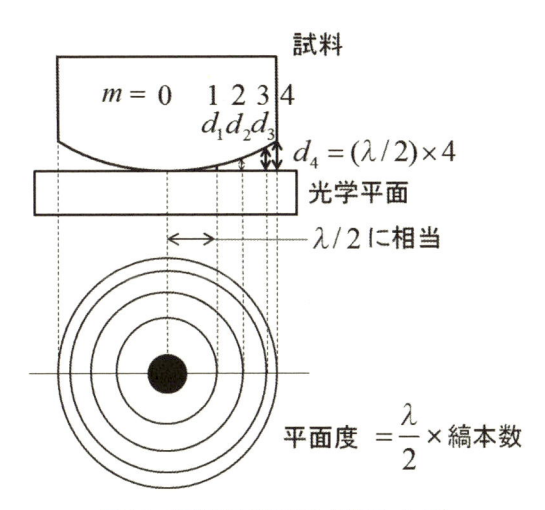

図7.8　干渉縞の実用例（球面レンズ）

「レンズの味」と表現され、悪く言うときは、「レンズのクセ」と使われることが多い。
　それでは、このニュートンリングの観察から基板の面精度、つまり平面度（平面からのずれ）を評価してみよう。暗い干渉縞の間隔dは、(7-4)式から

$$d = m\frac{\lambda}{2} \tag{7-7}$$

となり、干渉縞の間隔は$\lambda/2$に相当している。したがって、平面度は$m(\lambda/2)$となる。球面レンズで図7.8のように、暗い干渉縞が4本、つまり"ニュートンが4本"観察されたときは、m＝4であるから、平面度は2λとなる。

7.1.2.2 平面の場合

　研磨面が完全に平面である干渉縞を考える。図7.9のように基板を小さい角度θだけ傾け、作用点Aからある位置Bの距離をx、位置Bから基板までの距離をdとする。すると、(7-4)式から

$$2d = 2x\tan\theta = \frac{\lambda}{2}2m = m\lambda$$

となる。したがって、m番目の暗線の位置をx_mとすると、暗線の間隔Δxは

$$\Delta x = x_{m+1} - x_m = \frac{\lambda}{2}\frac{1}{\tan\theta} \cong \frac{\lambda}{2\theta} \tag{7-8}$$

となり、作用点Aからの距離xによらず等間隔、かつ平行な干渉縞ができることが分かる。また、2平面の間隔dを

$$\Delta d = \left[\frac{m+1}{2} - \frac{m}{2}\right]\lambda = \frac{\lambda}{2} \tag{7-9}$$

だけ、つまり半波長だけ大きくすると次の暗線ができることが分かる。

　平板基板を精度良く研磨した平坦度の良い基板の面精度や、基板にわずかな反りが発生することがある。このような基板にコーティングするときは、コーティングされる面が凸なのか、それとも凹なのか、そして、どの程度、反っているのかを調べる必要がある。しかし、このような反りは小さいので、そのニュートンリングを観察しても図7.8のようなニュートンリングの全景を表示させることはできない。凸レンズの場合、図7.10に示すように基板の一端を矢印の方向に上げると、光学平面と基板面が平行になる点は左方向に移動するため、同心円干渉縞は左方向に移動する。凹レンズの場合は、逆に右方向に移動する。これにより平板基板が反っているときの凹凸を簡単に判定できる。次に、図7.9のようにしてニュートンリングの寸法を調べる。いま、基板の被検査面（下面）を凹側として、基板を角度θだけ傾けて観察したところ、図7.11のように暗い干渉縞が2本見えたとする。この場合、基板で

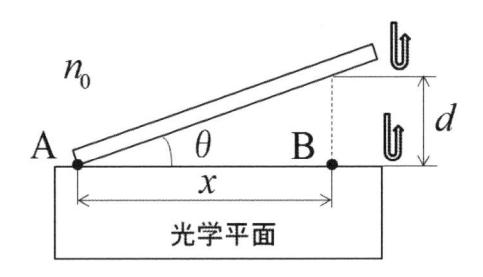

図7.9 平板のニュートンリングを観測するための模式図

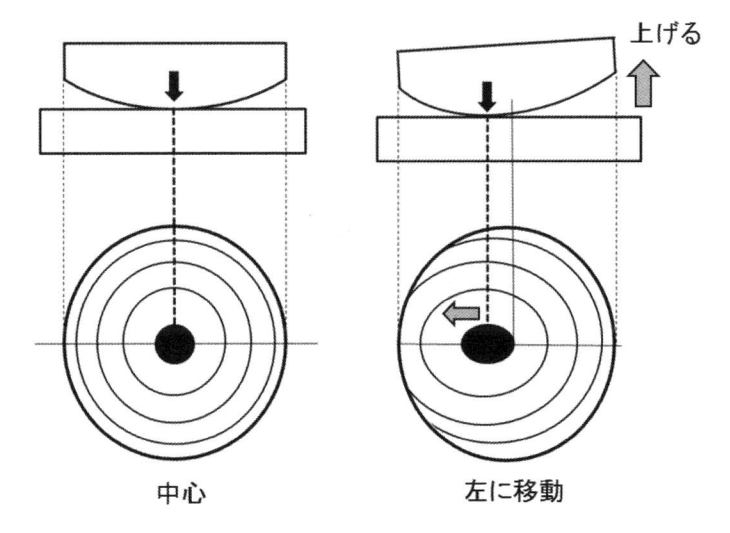

図7.10 凸レンズのニュートンリングの移動

一番高い部分は稜線H上にあり、一番低い点は稜線L（基板の端）にあることが分かる。このとき、隣り合う暗線の間隔を a、左側の暗線のずれ幅を b とする。すると、隣り合う暗線の間隔は $\lambda/2$ であるから、稜線同士の高さの差、つまりPV値を d とすると、△AB'B から

$$\tan\theta = \frac{\lambda/2}{a}$$

一方、△A'C'C から

$$\tan\theta = \frac{d}{b}$$

となる。したがって、PV値 d は

$$d = \frac{b}{a}\frac{\lambda}{2} \qquad (7\text{-}10)$$

となる。つまり、何次の暗線か分からなくても平板基板の面精度が測定できる。もし、$b/a = 1/4$のときは、$d = \lambda/8$になる。このとき、b/aの値を"ニュートンの本数"といい、この場合、0.25本となる。

上述したように、ニュートンリングを調べることによってレンズの面精度を調べることができる。しかし、高品質のレンズや平板を検査するのには、現在は市販のフィゾー干渉計やマイケルソン干渉計を用いた方がはるかに便利である。

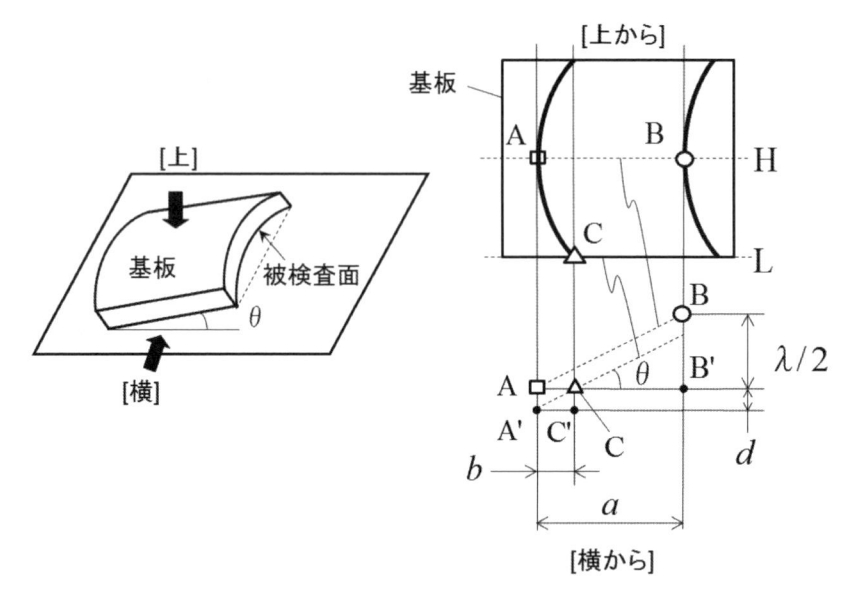

図7.11 平坦度の高い基板のニュートンリング

7.2 基板の面粗さ

7.2.1 面粗さ

基板表面のAFM（Atomic Force Microscope：原子間力顕微鏡）の3次元像を**図7.12**に示す。精密に研磨した基板でも、基板の$2\mu m \times 2\mu m$という限られた部分の表面状態をナノレベルで観察すると、まるで高さの異なる山々が連なったような状態であることが分かる。このような基板の断面のある部分を2次元で見ると、**図7.13**[8]のように横軸はスキャン距離、縦軸は高さ（表面粗さ）で表される。このような表面の

基板の面精度と面粗さ

粗さの程度を表すのに、相加平均Rave、算術平均Raおよびrms Rq（root mean square：2乗平均平方根）がある。なお、Ra、Rqの記号はISOで規定されている。横軸の座標をx、縦軸の座標をzとし、各測定点x_iのzの値をz_iとして式で表すと、それらの平均値は、それぞれ

$$Rave = \frac{1}{N}\sum_{i=1}^{N} z_i \tag{7-11}$$

$$Ra = \frac{1}{N}\sum_{i=1}^{N} |z_i - Rave| \tag{7-12}$$

$$Rq = \sqrt{\frac{1}{N}\sum_{i=1}^{N} |z_i - Rave|^2} \tag{7-13}$$

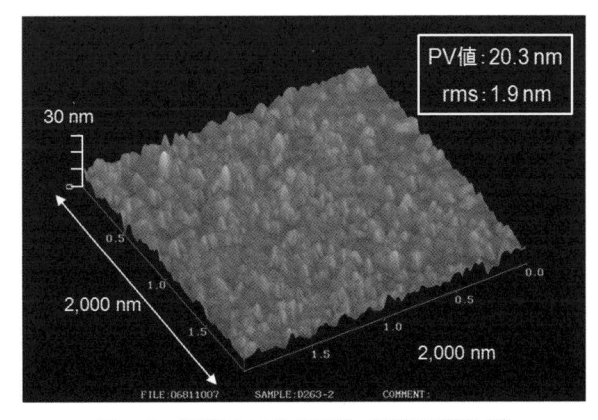

図7.12　基板D263のAFM像（東海光学提供）

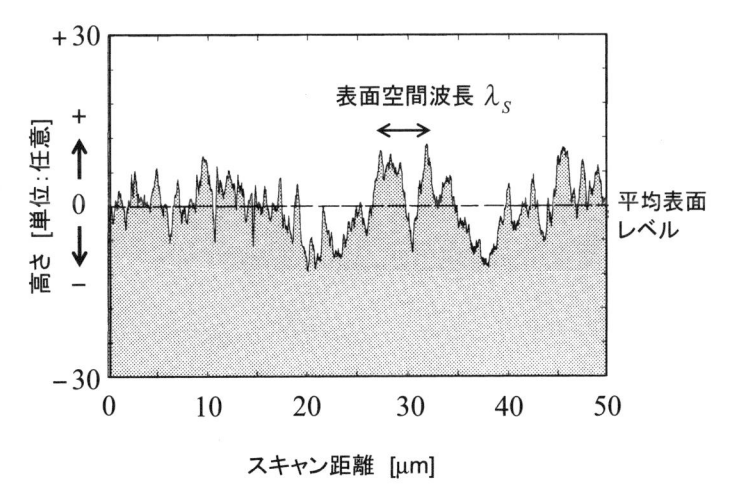

図7.13　表面粗さのプロフィールの模式図－1

で表される。Nは測定データ数である。適当なデータを模擬的に作って、これらの3つの平均の様子を見てみよう。その結果を**図7.14**に示す。スキャン間隔0.2μm、N = 60点の高さz_iのRaveは0.2809、Raは0.9812、Rqは1.2220であった。Raveは通常にいわれる平均値であり、ある高さを基準にすれば、プラス・マイナスするのだから他の平均よりは基準値に近く、プラスになることもマイナスになることもある。RaおよびRqは、実データからRaveを引いた値の絶対値を取っているのでプラスになる。このRaveが**図7.13**の平均表面レベルであり、通常、面粗さをデータ処理するときは、

$$Rave = \frac{1}{N}\sum_{i=1}^{N} z_i = 0$$

として扱う。つまり、生データz_iからRaveを引いた値を新たにデータz_iとして扱う。一般に、基板を研磨したとき、その位置やその位置における粗さの値には規則性がなく、これを処理するには統計的に処理する必要があることは容易に想像できよう。後述するが、このように粗い面に光束が入射したときの反射率を議論するときは、フレネル係数を統計的に処理する。このときに利用されるのがRqであり、このRqを一般に記号σを使って表す。rms粗さσは統計値や確率変数の散らばり具合を表し、新たなデータz_iを使って

$$\sigma = \sqrt{\frac{1}{N}\sum_{i=1}^{N} z_i^2} \tag{7-14}$$

と表される。また、**図7.13**や**図7.14**には特徴的なピークがみられ、この間隔を表面空間波長（あるいは、空間波長）surface spatial wavelengthという。これは空間的な周期をもつ構造を表すものであり、空間波長をλ_s、入射する光の波長をλとすると、通常、λ_sは数μm、λはnmレベルなので、ここでは$\lambda \ll \lambda_s$と考えて話を進める。

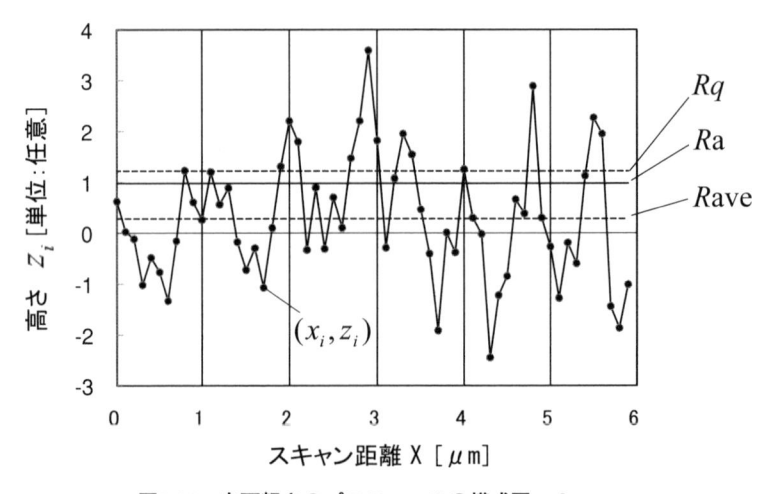

図7.14　表面粗さのプロフィールの模式図－2

なお、空間波長の逆数をν_sとすると、$\nu_s = 1/\lambda_s$は空間周波数spatial frequencyと呼ばれ、単位長に含まれる構造の繰り返しの多さを表す。(1-1)式の$v=\lambda\nu$とは異なることに注意されたい。

面粗さはランダムであるが、ある同じ大きさの新データ値z_iがどれくらい存在するのだろうか、ということを考えなくてはいけない。この様子を**図7.15**の右端に示す。このヒストグラフを見ると、相加平均Raveの大きさの粗さの個数が多く、大きな粗さの個数は少ないことが分かる。実際にダイヤモンド粒で研磨した銅の表面の粗さのヒストグラフ（横軸：粗さ、縦軸：個数）およびそれを近似した曲線[8]を**図7.16**に示す。この曲線は、平均値Rave付近にピークを持ち、しかも、Rave = 0に対して対称な曲線になっている。これが、一般に統計処理で利用されるガウス分布 Gaussian distribution（または、正規分布normal distribution）である。したがって、スキャン位置x_iにおける粗さの生データz_iを$\zeta(x_i)$、Raveを$\langle\zeta(x)\rangle$とすると、rms粗さσは

$$\sigma = \sqrt{\frac{1}{N}\sum_{i=1}^{N}(\zeta(x_i)-\langle\zeta\rangle))^2} \tag{7-15}$$

となり、ガウス分布の確率密度関数$w(\zeta)$は

$$w(\zeta) = \frac{1}{\sqrt{2\pi}\sigma}\exp\left\{-\frac{(\zeta-\langle\zeta\rangle)^2}{2\sigma^2}\right\} \tag{7-16}$$

となる。

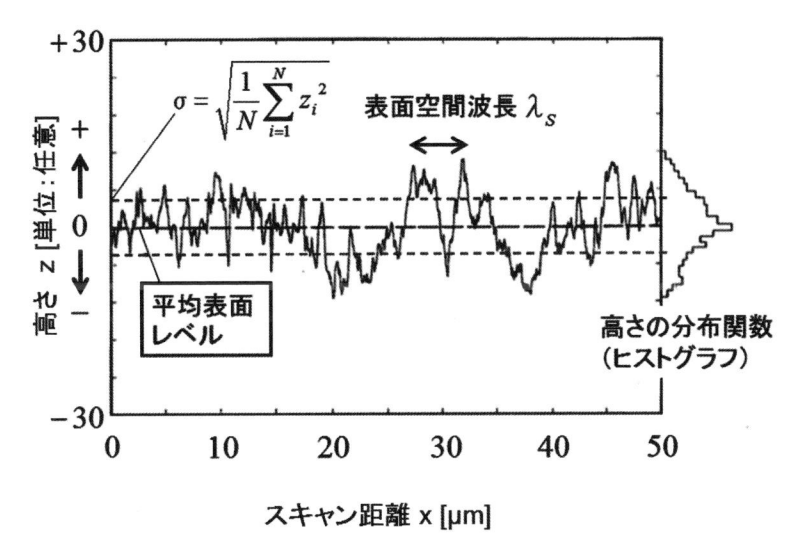

図7.15 表面粗さのプロフィールと ヒストグラフ

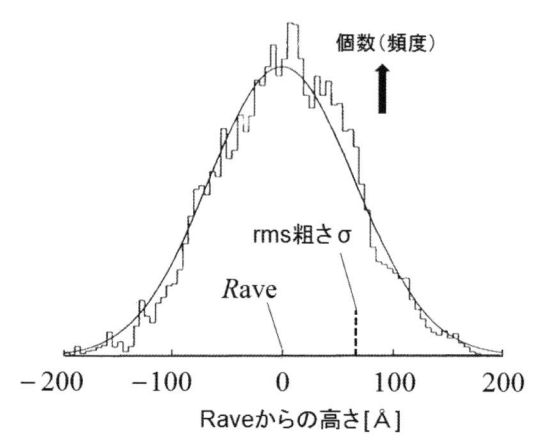

図7.16　高さの分布関数と等価ガウス分布関数[8]
（ダイヤモンド粒で銅表面を研磨）

【Coffee Break】ガウス分布

　ガウス分布は、数学的には正規分布と呼ばれている。正規分布は、面粗さの解析で利用するド・モアブルの定理

$$(\cos\theta \pm i\sin\theta)^n = \cos n\theta \pm i\sin n\theta$$

でも知られるド・モアブル（仏 Abraham de Moivre、1667-1754）によって1733年に二項分布の極限として導入された。その後、ラプラス（仏 Pierrre Simon Laplace, 1749-1827）によって拡張され、彼は正規分布を実験の誤差の解析に用いた。そして、1805年にルジャンドル（仏 Adrien Marie Legendre、1752-1833）が最小二乗法を導入し、1809年のガウス（独 Johann Carl Friedrich Gauss（独 Gauß）、1777-1855）による誤差論で詳細に論じられた。そのため、物理学ではガウス分布と呼ばれることが多い。なお、最小自乗法については、ガウスは大学生となった18歳の1795年に統計データからより正しい実験式を得る方法の1つとして最小二乗法を発見していたと言っている。

　σおよび$\langle\zeta(x)\rangle$をパラメータとした確率密度関数のグラフを図7.17に示す。$\langle\zeta(x)\rangle = 0$のとき、$\zeta(x) = 0$に対して分布の形は対称であるが、$\langle\zeta(x)\rangle = -2$のときの分布の中心は$\zeta(x) = -2$に移動している。データの個数は、計算すると$\zeta(x) = 0$からのずれが$\sigma = \pm 1$以内の範囲に含まれる確率は68.26%、$\sigma = \pm 2$以内だと95.44%、さらに$\sigma = \pm 3$以内では99.74%となる。ガウス分布は統計学や自然科学、社会科学の様々な場面で複雑な現象を簡単に表すモデルとして用いられている。例えば、実験における測定の誤差はガウス分布に従って分布すると仮定され、不確かさの評価が計算されている。したがって、

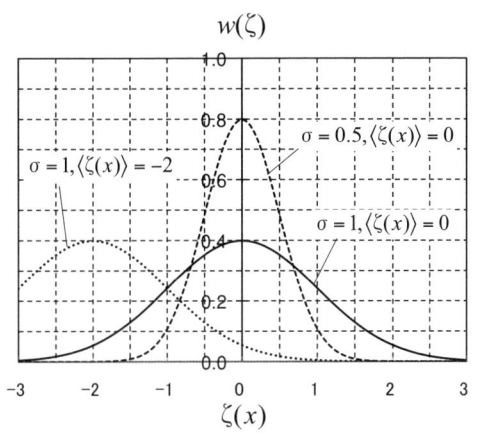

図7.17 ガウス分布

10マルク紙幣

　本章でも、基板や薄膜の表面粗さの分布がガウス分布をしていると仮定して理論を展開する。ガウス分布はこのように左右対称な釣り鐘状の曲線をしており、鐘の形に似ていることからベル・カーブ（鐘形曲線）とも呼ばれる。

　2001年にユーロ紙幣になるまでは、ドイツの紙幣には自国の著名な詩人、建築家、音楽家（クララ・シューマン）、細菌学者エールリヒ（Paul Ehrlich、1854-1915）、画家、童話作家（グリム兄弟、一番高額な1,000マルク）などの肖像画と共に、その業績を表す図画が描かれていた。1989年から10マルク紙幣[16]には、ガウスの肖像とガウス分布が印刷されていた。肖像画の左側（筆者が入れた波線円形内部）にあるベルのような形をした曲線がガウス分布曲線であるが、多くの人々は意味を理解していたのだろうか…？

　上述したように、その確率分布がまだわかっていない場合は、それがガウス分布であると仮定して推論することは珍しくない。しかし、誤った結論にたどり着いてしまう可能性もある。例えば、基板にバンプ bump（こぶ：ダストや蒸着物質のスパッタされた粒子）があるときの粗さのプロフィールは、**図7.18（b）**のようになり、

平均レベルRaveは真の値よりも少し大きくなってしまう。逆に、基板にスクラッチscratch（幅よりも長い、つまり線状のキズ）やディグdig（穴）があるときは、そのプロフィールは図7.18（c）のようになり、平均レベルは真の値よりも小さくなってしまう。いずれにしても図7.16のようなガウス分布から歪んでしまう。確率分布の非対称性を示す指標を歪度skewnessといい、

$$歪度 = \frac{1}{\sigma^3}\frac{1}{N}\sum_{i=1}^{N}\zeta_i(x)^3 \tag{7-17}$$

で表される。また、確率分布のとんがり具合を表すのを尖度kurtosisといい、

$$尖度 = \frac{1}{\sigma^4}\frac{1}{N}\sum_{i=1}^{N}\zeta_i(x)^4 \tag{7-18}$$

で表される。尖度が大きければ鋭いピークと長い尾を持った分布になり、小さければ、より丸みがかったピークと短く細い尾を持った分布となる。まず、測定データがガウス分布に近似しているかどうかを判断する必要がある。そのためには、ヒストグラフを作成したり、歪度と尖度を調べたりするべきである。

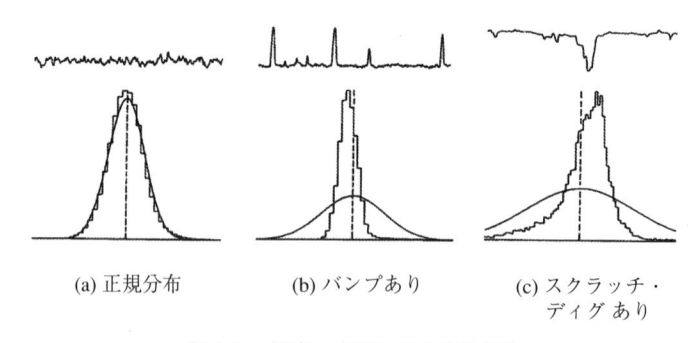

(a) 正規分布　　(b) バンプあり　　(c) スクラッチ・ディグあり

図7.18　歪度・尖度のある確率分布

7.2.2　基板の面粗さと反射率

　ランダムな凹凸のある粗い表面からの反射率は、表面の各点からの反射の和となるが、表面構造が複雑であるため、遠方での状態を予測するのは事実上不可能である。そこで凹凸の頻度分布に対して統計的扱いが行われてきた。ただし、表面は以下のキルヒホッフKirchhoffの境界条件を満たすものとする。面のrms粗さをσ、表面の空間波長をλ_s、ビームが入射する表面の長さをL、入射するビームの波長をλ、ビーム径をϕとすると、図7.19に示すように
・表面の凹凸のスロープは十分に小さい（$\sigma \ll \lambda_s$）。
・面粗さの曲率半径は、入射するビームの波長よりも十分に大きい（$\sigma \ll \lambda \ll \lambda_s$）。
・入射するビーム径および入射する表面の長さは、空間波長よりも十分に大きい（$\lambda_s \ll \phi$、L）。
つまり、$\sigma \ll \lambda \ll \lambda_s \ll \phi$、Lという条件である。一般に$\sigma$は数Å～数nm程度であり、

空間波長は**図7.13**でも分かるように数μm程度であるので、$\sigma \ll \lambda_S$である。入射するビームの波長を$\lambda = 633\text{nm} = 0.633\mu\text{m}$とすると、$\sigma \ll \lambda \ll \lambda_S$である。

この場合の表面からの反射は**図7.20**のようになるので、各点からのフレネル反射係数ρを計算すればよく、

$$R = \left\{\sum_{i=1}^{N} \rho(x_i, \zeta(x_i))\right\} \left\{\sum_{j=1}^{N} \rho(x_j, \zeta(x_j))\right\}^* \tag{7-19}$$

となる。しかし、実際にこれを計算することはできないので、まず、面粗さの頻度分布をガウス分布として、フレネル反射係数を統計平均すればよい。すると、測定点x_iのフレネル反射係数は

$$\rho(x_i) = \int_{-\infty}^{\infty} \frac{1}{\sqrt{2\pi}\sigma} \exp\left(-\frac{\zeta^2}{2\sigma^2}\right) \rho(x_i, \zeta) d\zeta \tag{7-20}$$

と表せる。この式を解いて反射率Rを求めるのは非常に複雑なので、ここではその結果だけを示すが、以下のようになる[3]。

$$R = \rho_0^2 e^{-g} + \frac{\sqrt{\pi} F^2 \lambda_S g}{2L} \exp(-v_x^2 \lambda_S^2 / 4) \tag{7-21}$$

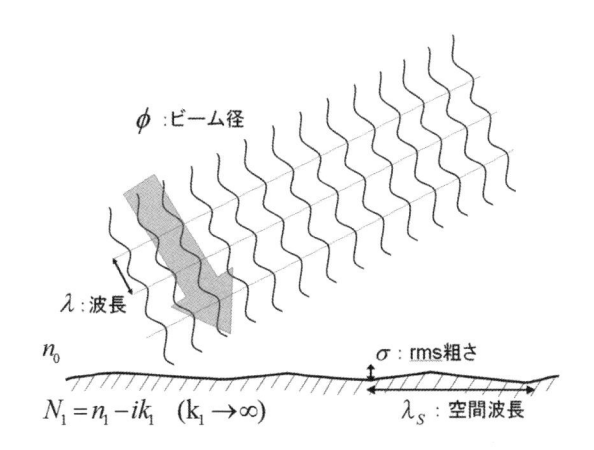

図7.19 キルヒホッフの境界条件
$\sigma \ll \lambda \ll \lambda_S \ll \phi, L$

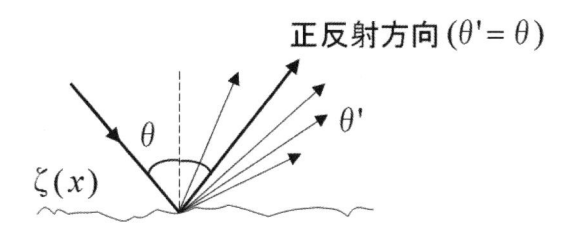

図7.20 凹凸があるときの反射光の方向

ただし、

$$\rho_0{}^2 = \left(\frac{n_0 - n_1}{n_0 + n_1}\right)^2 \quad :入射角0°における基板に粗さがないときの反射率$$

$$\upsilon_x = (2x/\lambda)(\sin\theta - \sin\theta') \tag{7-22}$$

$$F = \pm\frac{1}{\cos\theta}\frac{1+\cos(\theta+\theta')}{\cos\theta+\cos\theta'} \tag{7-23}$$

$$\rho_0 = F\frac{\sin(\upsilon_x L)}{\upsilon_x L}、ここで\frac{\sin(\upsilon_x L)}{\upsilon_x L} = \begin{cases} 1(\theta = \theta') \\ 0(\theta \neq \theta') \end{cases} \tag{7-24}$$

$$g = \upsilon_x{}^2\sigma^2 = \left\{\frac{2\pi n_0 \sigma}{\lambda}(\cos\theta + \cos\theta')\right\}^2 \tag{7-25}$$

なお、反射角 θ' が入射角 θ となる鏡面反射方向を正反射方向、その反射率を正反射率と呼ぶことにする。(7-21) 式の第1項は正反射項 ($\theta = \theta'$) を表し、入射する光の波長 λ および σ の関数になっている。第2項は散乱項 ($\theta \neq \theta'$) を表し、波長 λ、空間波長 λs および σ の関数になっている。$n_0 = 1$、$\theta = 45°$、$\lambda_s = 10\mu m$、L = 1cm として、(7-21) 式を計算してみよう。波長 λ = 633nm および λ = 405nm の相対反射率の反射角依存性を、それぞれ**図7.21（a）**、**図7.21（b）**に示す。面粗さが大きくなると、正反射方向以外の反射率は大きくなるが、正反射方向の反射率は小さくなることが分かる。入射する波長が短いと正反射率はわずかに小さくなり、散乱光の指向性が大きくなることが分かる。しかし、鏡面反射に較べて、それ以外の方向では強度が4桁以上小さくなり、この程度の凹凸では鏡面反射が支配的であることが分かる。そこで、(7-21) 式の第1項のみを考えて、

$$R = R_0 \exp(-g) = R_0 \exp\left[-\left(\frac{4\pi n_0 \sigma \cos\theta}{\lambda}\right)^2\right] \tag{7-26}$$

としてもよいだろう。また、計算結果のみを記すがフレネル透過係数 τ および透過率Tは、

$$\tau = \tau_0 \exp\left[-\frac{1}{2}\left(\frac{2\pi(n_0-n_1)\sigma\cos\theta}{\lambda}\right)^2\right] \tag{7-27}$$

$$T = T_0 \exp\left[-\left(\frac{2\pi(n_0-n_1)\sigma\cos\theta}{\lambda}\right)^2\right] \tag{7-28}$$

ただし、

基板の面精度と面粗さ

$$\begin{cases} \tau_0 = \dfrac{2n_0}{n_0 + n_1} \\ T_0 = \dfrac{4n_0 n_1}{(n_0 + n_1)^2} \end{cases} \tag{7-29}$$

となる。$n_0 = 1$のときの（7-26）式による正反射率のσ/λ依存性を**図7.22**に示す。σ/λが増加するにつれて相対反射率は減少する。これが1/eになるときのσ/λは$1/(4\pi n_0 \cos\theta)$で与えられ、入射角$\theta = 45°$のときは0.113となる。$\lambda = 633$nmとすると$\sigma = 71.5$nmに相当する。**図7.23**に横軸をλにして、σをパラメータにした正反射方向の波長依存性を$n_0 = 1$、$\theta = 0°$の場合について計算した（$\sigma = 0$のときは、波長依存性はない）。σが大きいほど反射率は小さくなり、しかも短波長になるとその

(a) $\lambda = 633$ nm

(b) $\lambda = 405$ nm

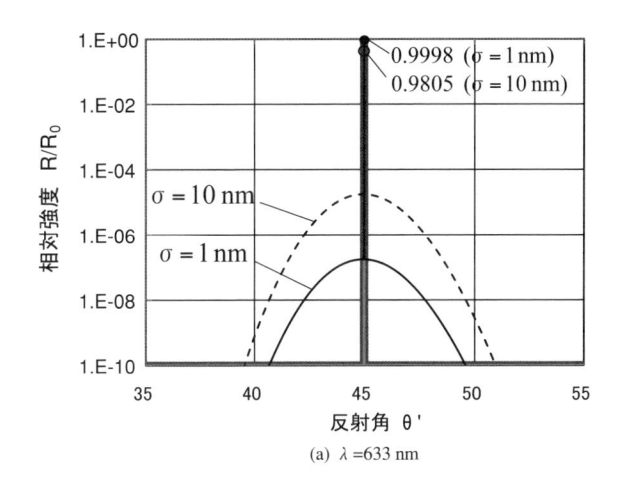

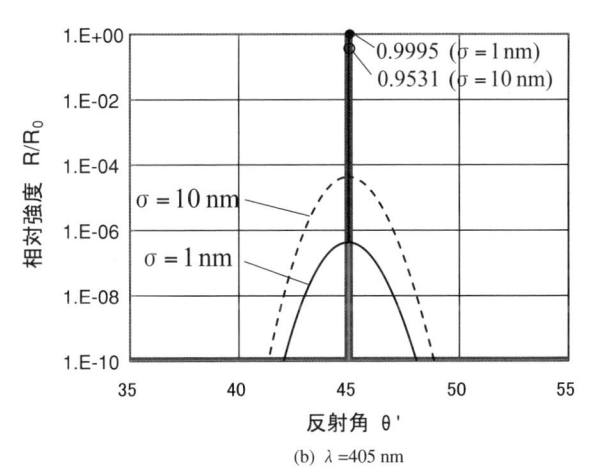

図7.21　反射率の反射角度依存性
$\theta = 45°$、$\lambda_s = 10\,\mu$m、$L = 1$ cm、$n_0 = 1$

第7章

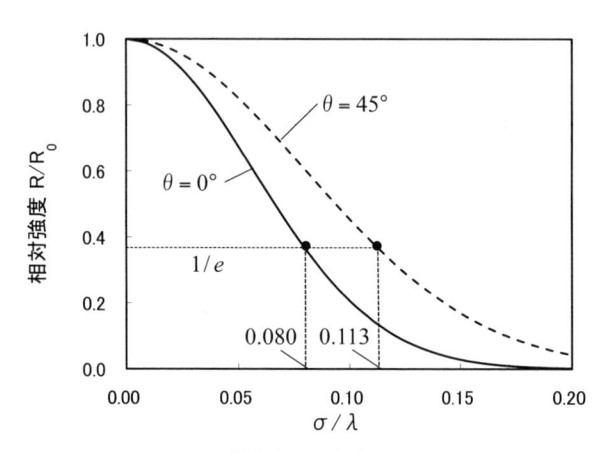

図7.22 正反射方向の反射率の σ/λ 依存性

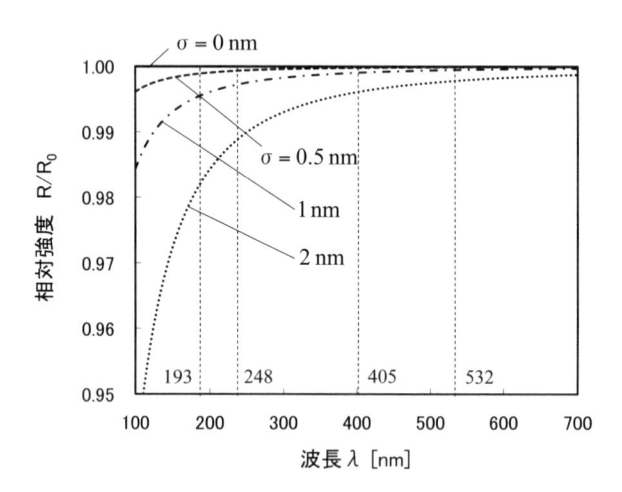

図7.23 正反射方向の反射率の波長依存性
$n_0 = 1$、$\theta = 0°$

影響を大きく受けることが分かる。ちなみに $\sigma = 0.2\text{nm} = 2\text{Å}$ のときの波長 $\lambda = 1064\text{nm}$ における相対強度は0.999994、つまり6 ppm（parts per million、100万分の1）の損失となる。

　正反射方向以外の反射率（散乱）についても調べてみよう。計算は（7-21）式の第2項、

$$R' = R_0 \frac{\sqrt{\pi} F^2 \lambda_S g}{2L} \exp\left(-v_x^2 \lambda_S^2/4\right) \tag{7-30}$$

を用いて、散乱光強度の角度分布が面粗さと空間波長 λ_S の変化によってどのように変化するのかを調べる。粗さ $\sigma = 1\text{nm}$、$L = 1\text{cm}$ の基板に波長 $\lambda = 248\text{nm}$ および633nmのビームが入射角 $\theta = 45°$ で入射した場合の λ_S/σ をパラメータとした計算結果を図

7.24に示す。同じrms粗さσでも、空間波長λsが小さい、つまり特徴的な粗さの周期の間隔が小さくなると、後方散乱が強くなることが分かる。逆に、大きくなると、散乱は正反射角に徐々に近づく。また、入射する波長λが長くなると、散乱による反射は小さくなり後方散乱が強くなることが分かる。

(a) $\lambda = 248$ nm

(b) $\lambda = 633$ nm

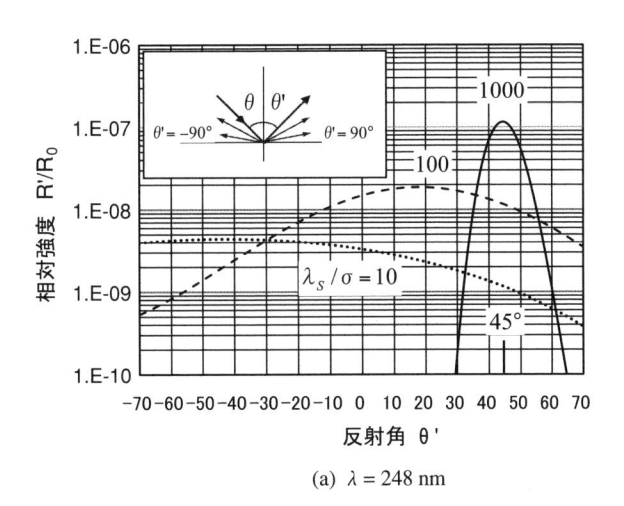

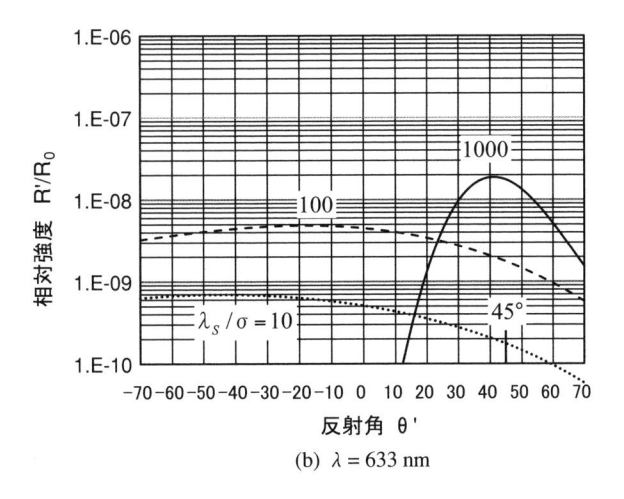

図7.24 散乱光の乱射率の角度依存性
$\theta = 45°$、L = 1cm、$n_0 = 1$

第7章

> 【Coffee Break】 表面粗さ σ=1nmとは？
> 　ϕ30mmの基板を研磨したとき、その粗さσが1nmであったとしよう。それはどの程度の粗さなのだろうか？東京ドームのグランドの面積は、13,000m^{2}である。すると、もし基板がそのグランドの面積としたときには、約1.8cm程度の粗さに相当する。

7.2.3　粗さのある透明な薄膜の反射率

7.2.3.1　薄膜の粗さの取扱いについて

　このように粗さがある基板に薄膜を形成したときは、どのように考えたら良いのだろうか。屈折率がn_iとn_jの膜の凹凸がある界面の様子を**図7.25**に示す。界面の平均の高さ（波線）に対して、薄膜は各場所xでその両側の膜厚が凹凸（$\zeta_{ij}(x)$）の分だけ微少量変化しているものとする。すると、光はそれぞれの膜内を進む距離が変化するので、界面の粗さの効果は、そこを透過または反射する光の位相の変化として取り入れることができる。**第3章**で述べたように、屈折率n、膜厚dの媒質を光が1回通過したときの位相変化はexp（$-i\delta$）（ただし、$\delta=\beta nd$、$\beta=2\pi/\lambda$）で与えられる。この場合、界面の粗さ（波線からのずれ）は場所xの関数で表されるので$z=\zeta_{ij}(x)$とする。図中に、その位相変化を示した。なお、計算する際には、そのrms粗さσが入射光の波長λに対して十分に小さい場合を考える（$\sigma \ll \lambda$）。しかし、光が界面に入射するところを局所的に見ると、粗さの存在のために界面は傾いている。そのため光は斜入射することになるが、$\sigma \ll \lambda$の場合は入射角は非常に小さいので斜入射による偏光の効果や屈折による光の進行方向の変化は無視するものとする。この考え方に基づいて、次項以降に、粗さのある基板に単層膜、そして多層膜を形成したときの反射率および透過率を調べてみよう。

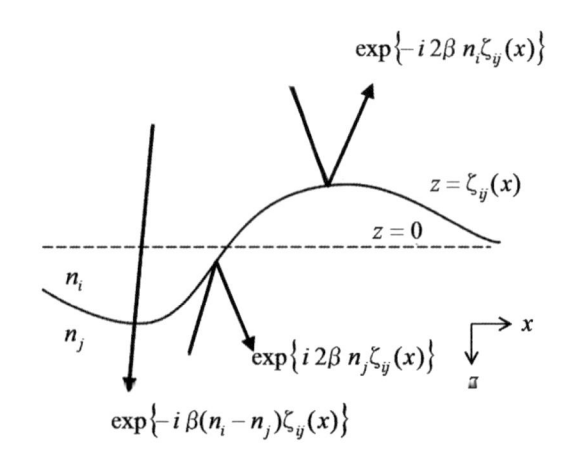

図7.25　凹凸がある薄膜の界面の様子

7.2.3.2 単層膜

凹凸のある基板に単層膜が形成された一般的な場合を考えてみよう。その様子を**図7.26**に示す。界面に粗さがない、つまり鏡面反射の場合の入射媒質・膜界面のフレネル反射係数、透過係数 ρ_{01}、τ_{01}、ρ_{10}、τ_{10}、膜・基板界面のフレネル反射係数、透過係数 ρ_{12}、τ_{12} は

$$\begin{cases} \rho_{01} = \dfrac{n_0 - n_1}{n_0 + n_1}, \quad \tau_{01} = \dfrac{2n_0}{n_0 + n_1} \\ \rho_{10} = \dfrac{n_1 - n_0}{n_0 + n_1} = -\rho_{01}, \quad \tau_{10} = \dfrac{2n_1}{n_0 + n_1} \\ \rho_{12} = \dfrac{n_1 - n_2}{n_1 + n_2}, \quad \tau_{12} = \dfrac{2n_1}{n_1 + n_2} \end{cases} \tag{7-31}$$

であるので、これらに図中の各因子をそれぞれ掛けて、**第3章**の**図3.1**および**表3.1**のように膜界面の多重繰り返し反射を考慮して計算すればよい。(3-7) 式と同様に、無限回までの繰り返し反射を考えて計算すると次のようになる。

$$\begin{aligned} \rho &= \rho_{01} \exp\{-i2\beta n_0 \zeta_{01}(x)\} + \tau_{01} \exp\{-i\beta(n_0 - n_1)\zeta_{01}(x)\} \cdot \rho_{12} \exp\{-i2\beta n_1 \zeta_{12}(x)\} \\ &\quad \cdot t_{10} \exp\{-i\beta(n_0 - n_1)\zeta_{01}(x)\} \cdot e^{-i2\delta} \\ &\quad \times \sum_{m=0}^{\infty} \left[\rho_{10} \exp\{i2\beta n_1 \zeta_{01}(x)\} \cdot \rho_{12} \exp\{-i2\beta n_1 \zeta_{12}(x)\} \cdot e^{-i2\delta} \right]^m \\ &= \rho_{01} \exp\{-i2\beta n_0 \zeta_{01}(x)\} + \tau_{01} \rho_{12} \tau_{10} e^{-i2\sigma} \\ &\quad \times \sum_{m=0}^{\infty} (\rho_{10} \rho_{12})^m e^{-i2n\delta} \exp\left[i2\beta\{nm_1 - (n_0 - n_1)\zeta_{01}(x) - (m+1)n_1 \zeta_{12}(x)\}\right] \end{aligned} \tag{7-32}$$

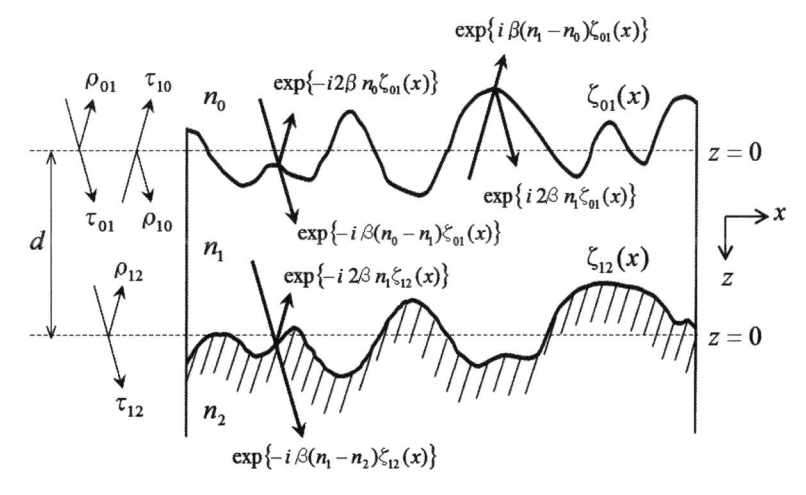

図7.26 凹凸がある基板に単層膜を形成した場合の各界面の反射と透過

通常蒸着（conventional deposition）、IP（Ion Plating）、IAD（Ion Assisted Deposition）やIBS（Ion Beam Sputtering, IBD：Ion Beam Depositionともいう）などにより基板に形成された単層膜および多層膜の断面のSEM像（Scanning Electron Microscope：走査型電子顕微鏡）やTEM像（Transmission Electron Microscope：透過型電子顕微鏡）など見ると、各界面の表面プロフィールを図7.27のような3つの状態に分けて考えてよさそうである。

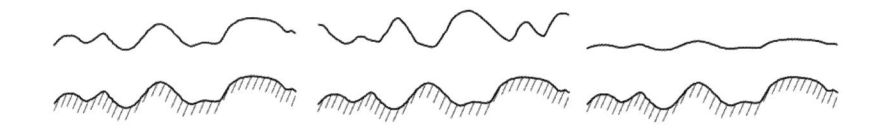

(a) 2つの界面が同一　(b) 2つの界面が独立　(c) 2つの界面のプロフィールは同じだが、大きさが異なる

図7.27　異なる界面の概念図

・各界面の表面プロフィール・大きさが同じ場合
　：$\zeta_{01}(x) = \zeta_{12}(x) = \zeta(x)$
・各界面の表面プロフィールが独立な場合
　：（$\zeta_{01}(x)$ と $\zeta_{12}(x)$ には相関が無い）
・各界面の表面プロフィールは同じだが、大きさが異なる場合
　：$\zeta_{01}(x) = \zeta_{12}(x)/f$　ただしfは定数

(7-32)式を基に界面の状態の違いによる反射率の変化を調べてみよう。

(a) 各界面の粗さのプロフィール・大きさが同じ場合

これは通常蒸着により成膜した場合に見られる界面の一般的な状態であり、薄膜は基板上に堆積するので、一般に薄膜表面の凹凸は下地面、すなわち基板面の凹凸とほぼ等しい、と考える。このとき、$z = \zeta_{01}(x) = \zeta_{12}(x) = \zeta(x)$ とすると、(7-32)式は次のようになる。

$$\begin{aligned}
\rho &= \rho_{01} \exp\{-i2\beta n_0 \zeta(x)\} \\
&\quad + \tau_{01}\rho_{12}\tau_{10}e^{-i2\delta} \sum_{m=0}^{\infty}(\rho_{10}\rho_{12})^m e^{-i2m\delta} \exp\{-i2\beta n_0 \zeta(x)\} \\
&= \left\{\rho_{01} + \tau_{01}\rho_{12}\tau_{10}e^{-2\delta} \sum_{m=0}^{\infty}(\rho_{10}\rho_{12})^m e^{-i2m\delta}\right\}\exp\{-2\beta n_0 \zeta(x)\}
\end{aligned} \quad (7\text{-}33)$$

中括弧内のΣは等比級数であり

$$\sum_{m=0}^{\infty}(\rho_{10}\rho_{12})^m e^{-i2n\delta} = \frac{1}{1 - \rho_{10}\rho_{12}e^{-i2\delta}} \quad (\because |\rho_{01}\rho_{12}e^{-i2\delta}| \ll 1)$$

となるから

$$\rho = \left\{\rho_{01} + \frac{\tau_{01}\rho_{12}\tau_{10}e^{-i2\delta}}{1+\rho_{01}\rho_{12}e^{-i2\delta}}\right\}\exp\{-i2\beta n_0\zeta(x)\} \quad (\because \rho_{10} = -\rho_{01})$$

$$= \frac{\rho_{01} + (\rho_{01}{}^2 + \tau_{01}\tau_{10})\rho_{12}e^{-i2\delta}}{1+\rho_{01}\rho_{12}e^{-i2\delta}}\exp\{-2\beta n_0\zeta(x)\}$$

$$= \frac{\rho_{01} + \rho_{12}e^{-i2\delta}}{1+\rho_{01}\rho_{12}e^{-i2\delta}}\exp\{-i2\beta n_0\zeta(x)\} \quad (\because \rho_{01}{}^2 + \tau_{01}\tau_{10} = 1) \tag{7-34}$$

となる。これは粗さがないときのフレネル係数（(3-7)式）に粗さによる指数関数の因子を掛けたものである。

しかし、$\zeta(x)$ は統計量であり、**第3章**のときのように、いきなり反射率$R = |\rho|^2$と計算することはできない。ここで役立つのが、ガウス分布およびガウス積分である。いま物理量Aを$A = e^{-ibz}$として次の積分を考える。

$$\int_{-\infty}^{\infty} A \cdot \exp(-az^2)dz = \int_{-\infty}^{\infty} e^{-ibz}\exp(-az^2)dz = \int_{-\infty}^{\infty}\exp\{-(az^2 + ibz)\}dz$$

$$= \int_{-\infty}^{\infty}\exp\left\{-a\left(z+\frac{ib}{2a}\right) - \frac{b^2}{4a}\right\}dz = \int_{-\infty}^{\infty}\exp\left\{-a\left(z+\frac{ib}{2a}\right)^2\right\}dz \times \exp\left(-\frac{b^2}{4a}\right)$$

$$= \sqrt{\frac{\pi}{a}}\exp\left(-\frac{b^2}{4a}\right) \tag{7-35}$$

ここではガウス積分の公式

$$\int_{-\infty}^{\infty}\exp(-ax^2)dx = \sqrt{\frac{\pi}{a}} \tag{7-36}$$

を利用した。$z = \zeta(x)$、$b = 2\beta n_0$、$a = 1/(2\sigma^2)$ とする、(7-35) 式は

$$\int_{-\infty}^{\infty}\exp\{-i2\beta n_0\zeta(x)\}\cdot\exp\{-z^2/(2\sigma^2)\}dz = \sqrt{2\pi}\sigma\exp(-2\beta^2 n_0{}^2\sigma^2)$$

と書ける。上式の $\exp\{-z^2/(2\sigma^2)\}$ は、ガウス分布の確率密度関数の (7-16) 式の指数関数部分と同じ形をしている。もし、これに定数 $\sqrt{2\pi}\sigma$ を掛けると、

$$\frac{1}{\sqrt{2\pi}\sigma}\sqrt{2\pi}\sigma\exp(-2\beta^2 n_0{}^2\sigma^2) = \exp(-2\beta^2 n_0{}^2\sigma^2)$$

となる。これが、面粗さ$z = \zeta(x)$がガウス分布をしているときの物理量Aの統計平均である。物理量Aの統計平均を、通常の平均$\langle A \rangle$と区別するために、本書では$\langle \bar{A} \rangle$と記すことにする。したがって、(7-33) 式の ρ の統計平均 $\langle \bar{\rho} \rangle$ は

$$\langle \bar{\rho} \rangle = \left\{\rho_{01} + \tau_{01}\rho_{12}\tau_{10}\varepsilon^{-i2\delta}\sum_{m=0}^{\infty}(\rho_{10}\rho_{12})^m e^{-i2n\delta}\right\}\exp(-2\beta^2 n_0{}^2\sigma^2) \tag{7-37}$$

となり、反射率Rは

$$R = |\langle \bar{\rho} \rangle|^2$$
$$= \left| \rho_{01} + \tau_{01}\rho_{12}\tau_{10}e^{-i2\delta} \sum_{m=0}^{\infty} (\rho_{10}\rho_{12})^m e^{-i2m\delta} \right|^2 \exp(-4\beta^2 n_0^2 \sigma^2) \quad (7\text{-}38)$$

$$= R_0 \exp\{-4(\beta n_0 \sigma)^2\} = R_0 \exp\left\{-\left(\frac{4\pi n_0 \sigma}{\lambda}\right)^2\right\} \quad (7\text{-}39)$$

となる。ただし、R_0は粗さがないときに反射を無限回まで繰り返したときの反射率

$$R_0 = \frac{\rho_{01}^2 + \rho_{12}^2 + 2\rho_{01}\rho_{12}\cos 2\delta}{1 + (\rho_{01}\rho_{12})^2 + 2\rho_{01}\rho_{12}\cos 2\delta} \quad (7\text{-}40)$$

である。rms粗さσが大きいと急激に反射率が小さくなり、同じ粗さでも波長λが短くなると反射率が小さくなることが分かる。

反射を無限回繰り返したときの反射率は、(7-39)式で与えられるが、他の表面状態の場合と比較するために、(7-38)式を利用して繰り返し回数mによる反射率の変化を調べてみよう。鏡面反射のときは、薄膜と基板との界面からの反射を2回加算すれば、ほぼ正確な反射率が得られたので、ここでも**図7.28**に示すように2回（m=1）の加算までを考える。入射媒質、薄膜、基板の屈折率をそれぞれ、n_0、n_1、n_2、薄膜の平均物理膜厚をdとする。図中の各段階における反射率は

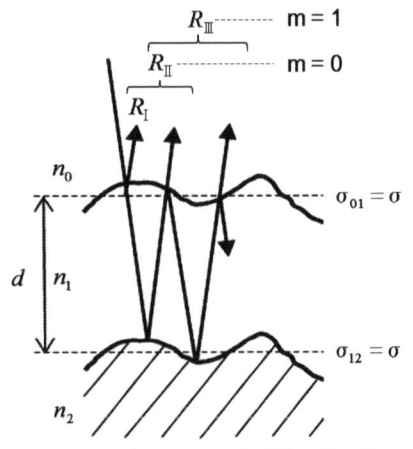

図7.28　各界面の粗さが同一な場合の繰り返し反射

$$R_{\mathrm{I}} = \rho_{01}{}^2 \exp(-4\beta^2 n_0{}^2 \sigma^2) \tag{7-41}$$

・[m = 0]

$$\begin{aligned}
R_{\mathrm{II}} &= \left|\rho_{01} + \tau_{01}\rho_{12}\tau_{10}e^{-i2\delta}\right|^2 \exp(-4\beta^2 n_0{}^2 \sigma^2) \\
&= \left\{(\rho_{01} + \tau_{01}\rho_{12}\tau_{10}\cos 2\delta)^2 + (\tau_{01}\rho_{12}\tau_{10}\sin 2\delta)^2\right\}\exp(-4\beta^2 n_0{}^2 \sigma^2) \\
&= R_{\mathrm{I}} + \left\{(\tau_{01}\rho_{12}\tau_{10})^2 + 2\rho_{01}\tau_{01}\rho_{12}\tau_{10}\cos 2\delta\right\}\exp(-4\beta^2 n_0{}^2 \sigma^2)
\end{aligned} \tag{7-42}$$

・[m = 1]

$$\begin{aligned}
R_{\mathrm{III}} &= \left|\rho_{01} + \tau_{01}\rho_{12}\tau_{10}e^{-i2\delta}(1+\rho_{10}\rho_{12}e^{-i2\delta})\right|^2 \exp(-4\beta^2 n_0{}^2 \sigma^2) \\
&= \left[\left\{\rho_{01} + \tau_{01}\rho_{12}\tau_{10}(\cos 2\delta + \rho_{10}\rho_{12}\cos 4\delta)\right\}^2 + \left\{\tau_{01}\rho_{12}\tau_{10}(\sin 2\delta + \rho_{10}\rho_{12}\sin 4\delta)\right\}^2\right] \\
&\quad \times \exp(-4\beta^2 n_0{}^2 \sigma^2) \\
&= R_{\mathrm{II}} + \left[(\tau_{01}\rho_{12}\tau_{10})^2\left\{(\rho_{10}\rho_{12})^2 + 2\rho_{10}\rho_{12}\cos 2\delta\right\} + 2\rho_{01}\tau_{01}\rho_{12}{}^2\tau_{10}\rho_{10}\cos 4\delta\right] \\
&\quad \times \exp(-4\beta^2 n_0{}^2 \sigma^2) \quad (\cos 2\delta\cos 4\delta + \sin 2\delta\sin 4\delta = \cos 2\delta を利用)
\end{aligned} \tag{7-43}$$

となる。入射媒質の屈折率n_0 = 1、薄膜の屈折率n_1 = 2.3（膜厚d = 400nm）、基板の屈折率n_2 = 1.52、rms粗さ σ =10nmとしたときの繰り返し反射の回数mによる反射率の変化を**図7.29**に示す。膜表面だけからの反射率R_{I}も若干であるが波長依存性をもつ。m = 1のときの反射率R_{III}は、無限回反射（(7-39)式）を繰り返したときの反射率R_∞とほぼ一致するが、σ = 10nmでは拡大すると差があることが分かる。それでは、次に(7-39)式を利用して、今度はσをパラメータとしたときの反射率の様子を調べ

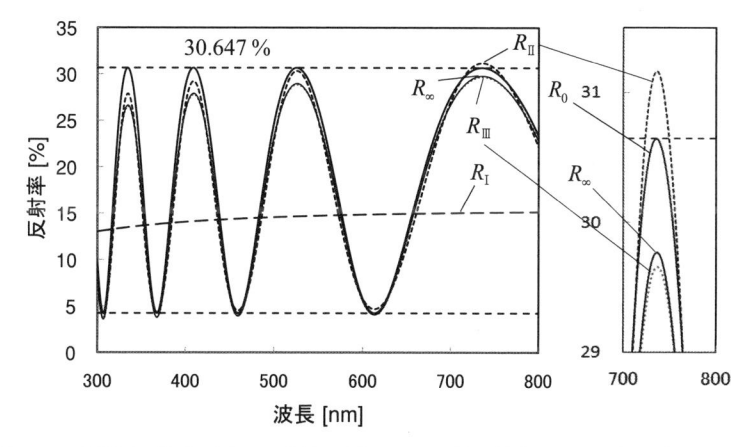

図7.29 各界面の粗さが同一の場合の繰り返し反射に対する分光反射率特性
n_0 = 1、n_1 = 2.3、 d = 400nm、 σ = 10nm、n_2 = 1.52

てみよう。**図7.30（a）**に示すように、σ=5nmではR₀と差があるが、σ=1nmになると、R₀とほぼ重なってしまう。短波長側になると、反射率はR₀から減少しているので、λ=350nm付近の縦軸を拡大して調べると、**図7.30（b）**のように、σ=1nmではR₀から約0.06%小さい。短波長域の非常に高い反射率が必要なレーザーミラーや低反射率の反射防止膜を作製するときには問題となる。本図から分かるように、少なくともσ=0.2nm=2Å程度のrms粗さσが要求されるだろう。

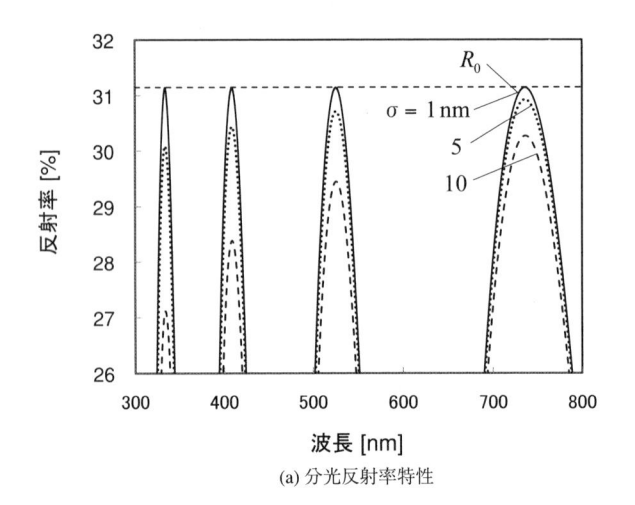

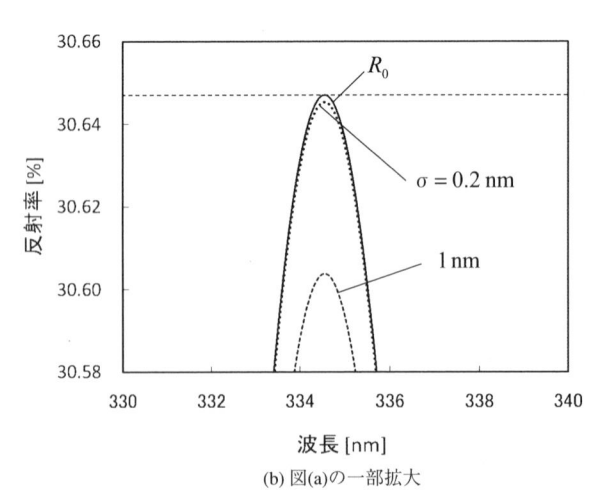

(a) 分光反射率特性

(b) 図(a)の一部拡大

図7.30 各界面の粗さが同一な場合のσをパラメータとしたときの分光反射率特性
$n_0=1$、$n_1=2.3$、$d=400nm$、$n_2=1.52$

(b) 各界面の粗さのプロフィールが互いに独立な場合

各界面の粗さのプロフィールに相関がなく、大きさも異なる場合を考える。やはり、粗さ $\zeta_{01}(x)$ と $\zeta_{12}(x)$ の統計平均をとる必要がある。いま、物理量Aを

$$A = \exp[i2\beta\{(mn_1-(n_0-n_1))\zeta_{01}(x)-(m+1)n_1\zeta_{12}(x)\}]$$

とすると、$\zeta_{01}(x)$ と $\zeta_{12}(x)$ には相関がないので

$$A = \exp[i2\beta\{(mn_1-(n_0-n_1))\zeta_{01}(x)\}] \cdot \exp[-i2\beta\{(m+1)n_1\zeta_{12}(x)\}]$$
$$= A_1 \cdot A_2$$

ただし、

$$\begin{cases} A_1 = \exp[i2\beta\{mn_1-(n_0-n_1)\}\zeta_{01}(x)] \\ A_2 = \exp[-i2\beta\{(m+1)n_1\zeta_{12}(x)\}] \end{cases}$$

として、個別に（7-35）式を利用して統計平均をとり、繰り返し回数mに関係する部分と関係しない部分を分けると、次のようになる。

$$\langle \overline{A_1} \rangle = \exp[-2\beta^2\{mn_1-(n_0-n_1)\}^2\sigma_{01}^2]$$
$$= \exp[-2\beta^2\{m^2n_1^2-2mn_1(n_0-n_1)\}\sigma_{01}^2] \cdot \exp\{-2\beta^2(n_0-n_1)^2\sigma_{01}^2\}$$
$$\langle \overline{A_2} \rangle = \exp[-2\beta^2(m+1)^2n_1^2\sigma_{12}^2]$$
$$= \exp[-2\beta^2(m^2+2m)n_1^2\sigma_{12}^2] \cdot \exp\{-2\beta^2n_1^2\sigma_{12}^2\}$$
$$\therefore \langle \overline{A} \rangle = \langle \overline{A_1} \rangle \cdot \langle \overline{A_2} \rangle$$
$$= \exp[-2\beta^2\{(m^2n_1^2-2mn_1(n_0-n_1))\sigma_{01}^2+(m^2+2m)n_1^2\sigma_{12}^2\}]$$
$$\times \exp[-2\beta^2\{(n_0-n_1)^2\sigma_{01}^2+n_1^2\sigma_{12}^2\}]$$

したがって、（7-32）式の統計平均は

$$\langle \overline{\rho} \rangle = \rho_{01}\exp(-2\beta^2n_0^2\sigma_{01}^2)$$
$$+\tau_{01}\rho_{12}\tau_{10}e^{-i2\delta}\exp[-2\beta^2\{(n_0-n_1)^2\sigma_{01}^2+n_1^2\sigma_{12}^2\}] \times \sum_{m=0}^{\infty}(\sigma_{10}\sigma_{12})^m e^{-i2m\delta}$$
$$\cdot \exp[-2\beta^2\{(m^2n_1^2-2mn_1(n_0-n_1))\sigma_{01}^2+(m^2+2m)n_1^2\sigma_{12}^2\}] \tag{7-44}$$

第7章

各界面の粗さが同一な場合のときと同様に、繰り返し反射の回数mによる反射率の波長依存性を調べてみよう。(7-44) 式を各界面のプロフィールが同一なときと同様に丁寧に解けばよい。まず、(7-44) 式中の指数関数の肩の部分に注目し、

$$\begin{cases} \sum_{b1}^{2} = (n_0 - n_1)^2 \sigma_{01}^2 + n_1^2 \sigma_{12}^2 \\ \sum_{b2}^{2} = \{n_1^2 - 2n_1(n_0 - n_1)\}\sigma_{01}^2 + 3n_1^2 \sigma_{12}^2 \quad (m=1) \end{cases} \tag{7-45}$$

とおく。

・ $R_{\mathrm{I}} = \rho_{01}^2 \exp(-4\beta^2 n_0^2 \sigma_{01}^2)$ \hfill (7-46)

・ [m = 0]

$$\langle \bar{\rho} \rangle = \rho_{01} \exp(-2\beta^2 n_0^2 \sigma_{01}^2) + \tau_{01}\rho_{12}\tau_{10} e^{-i2\delta} \exp(-2\beta^2 \sum\nolimits_{b1}^{2})$$

$$= \rho_{01} \exp(-2\beta^2 n_0^2 \sigma_{01}^2) + \tau_{01}\rho_{12}\tau_{10} \exp(-2\beta^2 \sum\nolimits_{b1}^{2}) \cdot \cos 2\delta$$

$$- i\tau_{01}\rho_{12}\tau_{10} \exp(-2\beta^2 \sum\nolimits_{b1}^{2}) \cdot \sin 2\delta$$

$$\therefore R_{\mathrm{II}} = \rho_{01}^2 \exp(-4\beta^2 n_0^2 \sigma_{01}^2) + (\tau_{01}\rho_{12}\tau_{10})^2 \exp(-4\beta^2 \sum\nolimits_{b1}^{2})$$

$$+ 2\rho_{01}\tau_{01}\rho_{12}\tau_{10} \exp(-2\beta^2 n_0^2 \sigma_{01}^2)\exp(-2\beta^2 \sum\nolimits_{b1}^{2}) \cdot \cos 2\delta$$

$$= R_{\mathrm{I}} + (\tau_{01}\rho_{12}\tau_{10})^2 \exp(-4\beta^2 \sum\nolimits_{b1}^{2})$$

$$+ 2\rho_{01}\tau_{01}\rho_{12}\tau_{10} \exp(-2\beta^2 n_0^2 \sigma_{01}^2)\exp(-2\beta^2 \sum\nolimits_{b1}^{2}) \cdot \cos 2\delta \tag{7-47}$$

・ [m = 1]

$$\langle \bar{\rho} \rangle = \rho_{01} \exp(-2\beta^2 n_0^2 \sigma_{01}^2)$$

$$+ \tau_{01}\rho_{12}\tau_{10} e^{-i2\delta} \exp(-2\beta^2 \sum\nolimits_{b1}^{2})(1 + \rho_{10}\rho_{12} e^{-i2\delta} \exp(-2\beta^2 \sum\nolimits_{b2}^{2})) \tag{7-48}$$

$$= \rho_{01} \exp(-2\beta^2 n_0^2 \sigma_{01}^2) + \tau_{01}\rho_{12}\tau_{10} \exp(-2\beta^2 \sum\nolimits_{b1}^{2}) \cdot (\cos 2\delta - i\sin 2\delta)$$

$$\times \{1 + \rho_{10}\rho_{12} \exp(-2\beta^2 \sum\nolimits_{b2}^{2}) \cdot \cos 2\delta - i\rho_{10}\rho_{12} \exp(-2\beta^2 \sum\nolimits_{b2}^{2} \cdot \sin 2\delta)\}$$

$$= \rho_{01} \exp(-2\beta^2 n_0^2 \sigma_{01}^2)$$

$$+ \tau_{01}\rho_{12}\tau_{10} \exp(-2\beta^2 \sum\nolimits_{b1}^{2})$$

$$\times \left[\{1 + \rho_{10}\rho_{12} \exp(-2\beta^2 \sum\nolimits_{b2}^{2}) \cdot \cos 2\delta\} \cdot \cos 2\delta - \rho_{10}\rho_{12} \exp(-2\beta^2 \sum\nolimits_{b2}^{2}) \cdot \sin^2 2\delta \right]$$

$$- i\tau_{01}\rho_{12}\tau_{10} \exp(-2\beta^2 \sum\nolimits_{b1}^{2})$$

$$\times \left[\{1 + \rho_{10}\rho_{12} \exp(-2\beta^2 \sum\nolimits_{b2}^{2}) \cdot \cos 2\delta\} \cdot \sin 2\delta + \rho_{10}\rho_{12} \exp(-2\beta^2 \sum\nolimits_{b2}^{2}) \cdot \sin 2\delta \cos 2\delta \right]$$

基板の面精度と面粗さ

$$\therefore R_{\mathrm{III}} = R_{\mathrm{II}}$$

$$+ (\tau_{01}\rho_{12}\tau_{10})^2 \exp(-4\beta^2 \sum\nolimits_{b1}^{2})$$

$$\times \left\{ (\rho_{10}\rho_{12})^2 \exp(-4\beta^2 \sum\nolimits_{b2}^{2}) + 2\rho_{10}\rho_{12} \exp(-2\beta^2 \sum\nolimits_{b2}^{2}) \cdot \cos 2\delta \right\}$$

$$+ 2\rho_{01}\tau_{01}\rho_{12}^{2}\tau_{10}\rho_{10} \exp(-2\beta^2 n_0^2 \sigma_{01}^{2}) \exp\left\{-2\beta^2 (\sum\nolimits_{b1}^{2} + \sum\nolimits_{b2}^{2})\right\} \cdot \cos 4\delta \qquad (7\text{-}49)$$

各界面が同一な場合のときと同じ条件で計算した繰り返し反射回数mに対する分光反射率特性を図7.31に示す。σ=10nmの場合、反射率R_{II}およびR_{III}は同じ傾向を示すが、図7.29と比較するとよく分かるように短波長側になると、その面粗さの影響が大きくなっている。また、$\sigma_{01} = \sigma_{12} = \sigma$をパラメータとして、反射率$R_{\mathrm{III}}$により計算した分光反射率特性を図7.32（a）に示す。σ=1nmになると、図7.29と同様に鏡面反射のときの反射率特性とほぼ等しくなる。σ_{12}=10nmとして、σ_{01}を変化させたときの分光反射率特性を図7.32（b）に示す。予測通り、基板の界面粗くても、もし成膜により徐々に薄膜表面の粗さが小さくなれば、反射率はR_0に近づくことが分かる。

各界面が同一な場合は、計算式が等比級数になるので、反射を無限回繰り返したときの反射率は（7-39）式で計算できたが、この場合はできない。そこで、任意の繰り返し回数mにおける分光反射率特性を計算するプログラムをHP-Basicでプログラムを作成してみた。屈折率や膜厚は図7.32と同じ条件で$\sigma_{01} = \sigma_{12} = 1$nmのときの特性を図7.33に示す。λ= 526nm近辺の反射率のピーク値はm = 1のときの反射率に較べて、その誤差はm = 2では0.12％、m = 3では0.11％であった。それ以上に繰り返し回数を増やしても、反射率の値に変化はなかった。したがって、最初に考えたように、面粗さがある場合の反射率の計算では、m = 1までの繰り返しを考えれば十分であろう。参考までにプログラムの演算部分のプログラムリストを図7.34に示す。計

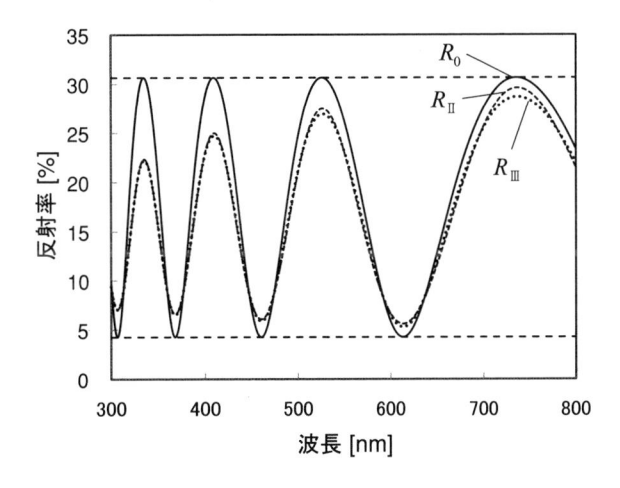

図7.31　各界面の粗さが互いに独立な場合の繰り返し反射に対する分光反射率特性
n_0 = 1、n_1 = 2.3、d = 400nm、$\sigma_{01} = \sigma_{12}$ = 10nm、n_2 = 1.52

算のアルゴリズムは、以下の通りである。まず、

$$\begin{cases} A = \rho_{01} \exp(-2\beta^2 n_0^2 \sigma_{01}^2) \\ B = \tau_{01}\rho_{12}\tau_{10} \exp(-2\beta^2 \sum_{b1}^2) \\ C_m = (\rho_{10}\rho_{12})^m \exp(-2\beta^2 \sum_m^2) \end{cases}$$

ただし、 $\sum_m^2 = (m^2 n_1^2 - 2mn_1(n_0 - n_1))\sigma_{01}^2 + (m^2 + 2m)n_1^2 \sigma_{12}^2$ (7-50)

とおくと、(7-44)式は次のように書ける。

$$\begin{aligned} \langle \overline{\rho} \rangle &= A + B(\cos 2\delta - i\sin 2\delta)\sum_{m=0}^{\infty} C_m \cdot (\cos 2m\delta - i\sin 2m\delta) \\ &= A + B(\cos 2\delta - i\sin 2\delta)\left[\sum_{m=0}^{\infty} C_m \cos 2m\delta - i\sum_{m=0}^{\infty} C_m \sin 2m\delta\right] \\ &= A + B(\cos 2\delta - i\sin 2\delta)(D_m - iE_m) \\ &= A + B(D_m \cos 2\delta - E_m \sin 2\delta) - iB(D_m \sin 2\delta + E_m \cos 2\delta) \end{aligned}$$ (7-51)

ここでD_m、E_mは

$$\begin{cases} D_0 = 1 \\ D_1 = D_0 + C_1 \cos 2\delta \\ D_2 = D_1 + C_2 \cos 4\delta \\ D_3 = D_2 + C_3 \cos 4\delta \\ \cdots\cdots\cdots\cdots\cdots \end{cases} \qquad \begin{cases} E_0 = 1 \\ E_1 = E_0 + C_1 \sin 2\delta \\ E_2 = E_1 + C_2 \sin 4\delta \\ E_3 = E_2 + C_3 \sin 4\delta \\ \cdots\cdots\cdots\cdots\cdots \end{cases}$$

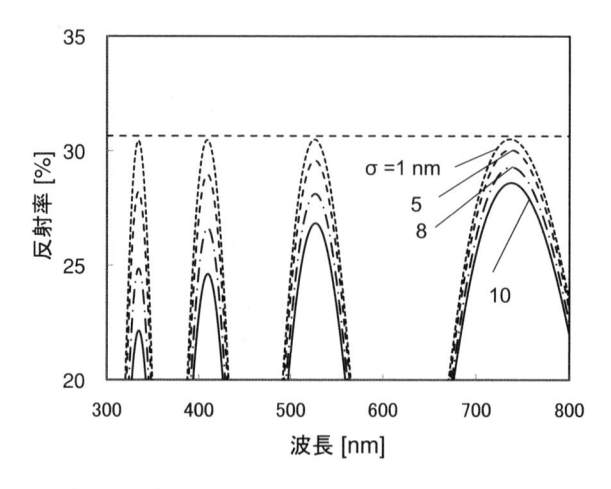

図7.32（a） 各界面の粗さが互いに独立な場合の分光反射率特性（R_{III}）
$n_0 = 1$、$n_1 = 2.3$、$d = 400\mathrm{nm}$、$n_2 = 1.52$、$\sigma_{01} = \sigma_{12} = \sigma$

という規則性をもつので、m回まで計算を繰り返せばよい（[11990－12080]のFOR M=1 to M_max・・・・NEXT M）。その結果を（7-50）式に代入して実部と虚部を個別に計算し、それぞれの二乗の和をとればよい。なお、プログラムの[12110]の反射率R_max（Wave）を配列にしているのは、計算後に数値データをプリントするためである。

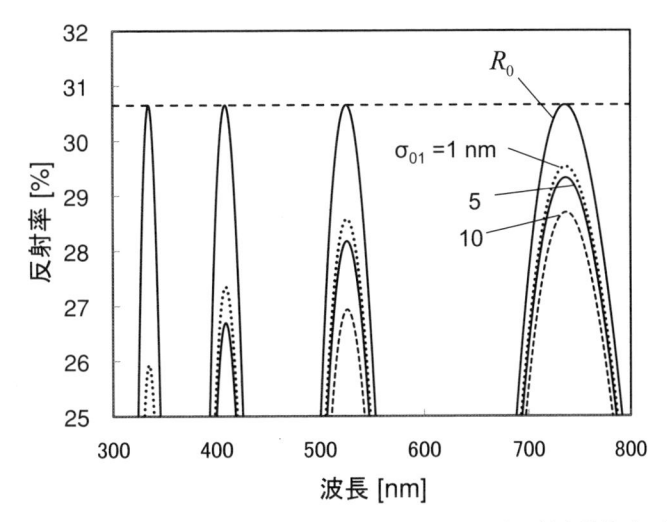

図7.32（b）　各界面の粗さが互いに独立な場合の分光反射率特性（R_{III}）
$n_0 = 1$、$n_1 = 2.3$、$d = 400nm$、$n_2 = 1.52$、$\sigma_{12} = 10$ nm

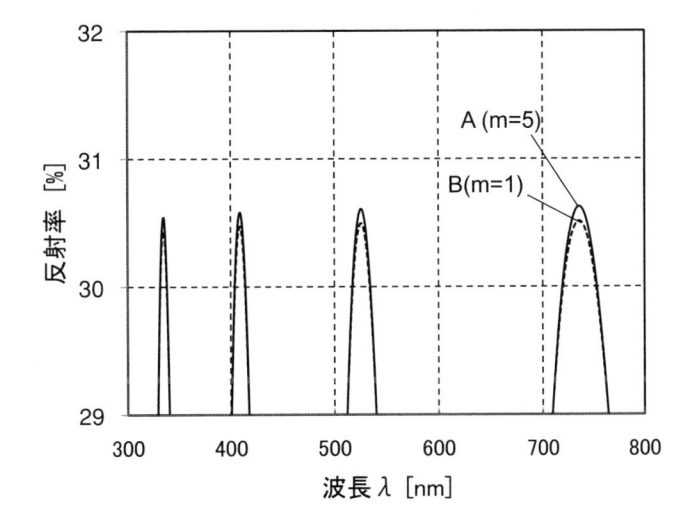

図7.33　各界面の粗さが互いに独立な場合の繰り返し回数mによる分光反射率特性
$n_0 = 1$、$n_1 = 2.3$、$d = 400nm$、$n_2 = 1.52$、$\sigma_{01} = \sigma_{12} = 1$ nm

```
11840  L_cal!
11850   M_repeat=M_max                              M_max:最大繰り返し回数
11860   Roh_01=(N0-N1)/(N0+N1)                      Roh_01:ρ₀₁
11870   Tau_01=2*N0/(N0+N1)                         Tau_01:τ₀₁
11880   Roh_10=-1*Roh_01                            Roh_10:ρ₁₀
11890   Tau_10=2*N1/(N0+N1)                         Tau_10:τ₁₀
11900   Roh_12=(N1-N2)/(N1+N2)                      Roh_12:ρ₁₂
11910   Sigma_b1=(N0-N1)^2*Sigma_01^2+N1^2*Sigma_12^2   sigma_b1:∑²ₐ₁,Sigma_01,12:σ₀₁,σ₁₂
11920   FOR Wave=X_min TO X_max STEP X_step         Wave:λ
11930    Beta=2*PI/Wave                             Beta:β=2π/λ
11940    Delta=Beta*N1*D1                           Delta:δ=βn₁d₁
11950    A=Roh_01*EXP(-2*Beta^2*N0^2*Sigma_01^2)    A:ρ₀₁exp(-2β²n₀²σ₀₁²)
11960    B=Tau_01*Roh_12*Tau_10*EXP(-2*Beta^2*Sigma_b1)  B:τ₀₁ρ₁₂τ₁₀exp(-2β²∑ₐ₁)
11970    D(0)=1                                     D(0):D₀=1
11980    E(0)=0                                     E(0):E₀=0
11990    FOR M=1 TO M_max                           ＊M_max回まで繰り返す
12000     Sigma_m_1=(M^2*N1^2-2*M*N1*(N0-N1))*Sigma_01^2   Sigma_m_1:
12010     Sigma_m_2=(M^2+2*M)*N1^2*Sigma_12^2       Sigma_m_2:
12020     Sigma_m=Sigma_m_1+Sigma_m_2               Sigma_m:∑²ₐ (7-50)式
12030     C(M)=(Roh_10*Roh_12)^M*EXP(-2*Beta^2*Sigma_m)   C(M):(ρ₁₀ρ₁₂)ᵐexp(-2β²∑ₐ)
12040     D(M)=D(M-1)+C(M)*COS(2*M*Delta)           D(M):D(m-1)+C(m)cos2mδ
12050     E(M)=E(M-1)+C(M)*SIN(2*M*Delta)           E(M):E(m-1)+C(m)sin2mδ
12060     D_cal=D(M)                                D_cal:12090,12100の計算用
12070     E_cal=E(M)                                E_cal:12090,12100の計算用
12080    NEXT M
12090    Real=A+B*(COS(2*Delta)*D_cal-SIN(2*Delta)*E_cal)   Real:(7-51)式の実部
12100    Imag=B*(COS(2*Delta)*E_cal+SIN(2*Delta)*D_cal)     Imag:(7-51)式の虚部
12110    R_max(Wave)=Real^2+Imag^2                  R_max:反射率R
12120   NEXT Wave
```

図7.34 各界面の表面プロフィールが独立な場合の分光反射率計算プログラムリスト

(c) 各界面の粗さのプロファイルは同じで、大きさが異なる場合

薄膜の表面粗さのプロファイルは基板のものと近いが、最終的な膜の粗さが小さい、つまり$\zeta_{01}(x) = \zeta_{12}(x)/f = \zeta(x)$（ただしfは定数）の場合の反射率を検討してみよう。例えば、f=2であれば膜表面の粗さは、基板の粗さの1/2になる。(7-32)式は

$$\rho = \rho_{01}\exp\{-i2\beta n_0\zeta(x)\} + \tau_{01}\rho_{12}\tau_{10}e^{-i2\delta}$$
$$\times \sum_{m=0}^{\infty}(\rho_{10}\rho_{12})^m e^{-i2m\delta}\exp[i2\beta\{mn_1-(n_0-n_1)-n_1(m+1)f\}\zeta(x)]$$
$$= \rho_{01}\exp\{-i2\beta n_0\zeta(x)\} + \tau_{01}\rho_{12}\tau_{10}e^{-i2\delta}$$
$$\times \sum_{m=0}^{\infty}(\rho_{10}\rho_{12})^m e^{-i2m\delta}\exp[i2\beta\{(m+1)(1-f)n_1-n_0\}\zeta(x)] \quad (7\text{-}52)$$

となる。(7-35)式で

$$b = 2\beta\{(m+1)(1-f)n_1-n_0\}$$

とおいて、上式の統計平均をとると

$$\langle \overline{\rho} \rangle = \rho_{01} \exp(-2\beta^2 n_0^2 \sigma_{01}^2)$$

$$+ \tau_{01}\rho_{12}\tau_{10} e^{-i2\delta} \sum_{m=0}^{\infty} (\rho_{10}\rho_{12})^m e^{-i2m\delta} \exp\left[-2\beta^2\{(m+1)(1-f)n_1 - n_0\}^2 \sigma^2\right]$$

$$= \rho_{01} \exp(-2\beta^2 n_0^2 \sigma_{01}^2)$$

$$+ \tau_{01}\rho_{12}\tau_{10} e^{-i2\delta} \exp(-2\beta^2 n_0^2 \sigma_{01}^2)$$

$$\times \sum_{m=0}^{\infty} (\rho_{10}\rho_{12})^m e^{-i2m\delta} \exp\left[-2\beta^2\{(m+1)^2(1-f)^2 n_1^2 - 2(m+1)(1-f)n_0 n_1\}\sigma^2\right]$$

$$= \exp(-2\beta^2 n_0^2 \sigma_{01}^2)\Big[\rho_{01} + \tau_{01}\rho_{12}\tau_{10} e^{-i2\delta}$$

$$\times \sum_{m=0}^{\infty} (\rho_{10}\rho_{12})^m e^{-i2m\delta} \exp\left[-2\beta^2\{(m+1)^2(1-f)^2 n_1^2 - 2(m+1)(1-f)n_0 n_1\}\sigma^2\right]\Big]$$

(7-53)

となる。他の2つの場合と同様に、繰り返し反射の回数mによる反射率の波長依存性を調べてみよう。まず、

$$\begin{cases} \sum_{c1}^{2} = \{(1-f)^2 n_1^2 - 2(1-f)n_0 n_1\}\sigma^2 & (m=0) \\ \sum_{c2}^{2} = [(1-f)^2 n_1^2 + 2(1-f)n_1\{(1-f)n_1 - n_0\}]\sigma^2 & (m=1) \end{cases}$$

(7-54)

とおく。

・[m = 0]

$$\langle \overline{\rho} \rangle = \exp(-2\beta^2 n_0^2 \sigma_{01}^2)\Big[\rho_{01} + \tau_{01}\rho_{12}\tau_{10} e^{-i2\delta} \exp(-2\beta^2 \sum\nolimits_{c1}^{2})\Big]$$

$$\therefore R_{\mathrm{II}} = \exp(-4\beta^2 n_0^2 \sigma^2)\Big[\rho_{01}^2 + (\tau_{01}\rho_{12}\tau_{10})^2 \exp(-4\beta^2 \sum\nolimits_{c1}^{2})$$

$$+ 2\rho_{01}\tau_{01}\rho_{12}\tau_{10} \exp(-2\beta^2 \sum\nolimits_{c1}^{2}) \cdot \cos 2\delta\Big]$$

(7-55)

・[m = 1]

$$\langle \overline{\rho} \rangle = \exp(-2\beta^2 n_0^2 \sigma_{01}^2)\Big[\rho_{01}$$

$$+ \tau_{01}\rho_{12}\tau_{10} e^{-i2\delta}\big\{\exp(-2\beta^2 \sum\nolimits_{c1}^{2}) + \rho_{10}\rho_{12} e^{-i2\delta} \exp(-2\beta^2 \sum\nolimits_{c1}^{2})\exp(-2\beta^2 \sum\nolimits_{c2}^{2})\big\}\Big]$$

$$= \exp(-2\beta^2 n_0^2 \sigma_{01}^2)\Big[\rho_{01}$$

$$+ \tau_{01}\rho_{12}\tau_{10} e^{-i2\delta} \exp(-2\beta^2 \sum\nolimits_{c1}^{2})\big\{1 + \rho_{10}\rho_{12} e^{-i2\delta} \exp(-2\beta^2 \sum\nolimits_{c2}^{2})\big\}\Big]$$

この式は (7-48) 式と同様な形をしているので次のようになる。

$$R_{\mathrm{III}} = \exp(-4\beta^2 n_0^2 \sigma^2)\Big[\rho_{01}^2 + (\tau_{01}\rho_{12}\tau_{10})^2 \exp(-4\beta^2 \sum\nolimits_{c1}^2)$$
$$+2\rho_{01}\tau_{01}\rho_{12}\tau_{10} \exp(-2\beta^2 \sum\nolimits_{c1}^2)\cdot \cos 2\delta$$
$$+(\tau_{01}\rho_{12}\tau_{10})^2 \exp(-4\beta^2 \sum\nolimits_{c1}^2)$$
$$\times \Big\{(\rho_{10}\rho_{12})^2 \exp(-4\beta^2 \sum\nolimits_{C2}^2) + 2\rho_{10}\rho_{12} \exp(-2\beta^2 \sum\nolimits_{C2}^2)\cdot \cos 2\delta\Big\}$$
$$+2\rho_{01}\tau_{01}\rho_{12}^2\tau_{10}\rho_{10} \exp\{-2\beta^2(\sum\nolimits_{C1}^2 + \sum\nolimits_{C2}^2)\}\cdot \cos 4\delta\Big]$$
$$= R_{\mathrm{II}} + \exp(-4\beta^2 n_0^2 \sigma^2)\Big[(\tau_{01}\rho_{12}\tau_{10})^2 \exp(-4\beta^2 \sum\nolimits_{c1}^2)$$
$$\times \Big\{(\rho_{10}\rho_{12})^2 \exp(-4\beta^2 \sum\nolimits_{C2}^2) + 2\rho_{10}\rho_{12} \exp(-2\beta^2 \sum\nolimits_{C2}^2)\cdot \cos 2\delta\Big\}$$
$$+2\rho_{01}\tau_{01}\rho_{12}^2\tau_{10}\rho_{10} \exp\{-2\beta^2(\sum\nolimits_{C1}^2 + \sum\nolimits_{C2}^2)\}\cdot \cos 4\delta\Big] \tag{7-56}$$

この式で、ファクター f を1にすると、各界面の粗さが同一な場合の（7-43）式と同じになることが分かる。基板の粗さを $\sigma_{12} = 10\mathrm{nm}$ として、ファクター f をパラメータにした分光反射率特性を図7.35に示す。ファクターfと σ_{01} の関係は、

f = 1 →	σ_{01} = 10nm
2	5
3	3.3333
5	2
10	1
100	0.1

である。互いの界面が独立な場合と同様に"基板表面が粗くても、成膜によって徐々に薄膜表面の粗さが小さくなれば、反射率は徐々に大きくなるだろう！"と単純に思っていたが、そうではなかった。図のように、その一部を拡大してみると、f = 1（$\sigma_{10} = \sigma_{12} = 10\mathrm{nm}$）のときは、各界面が同一な場合の（7-43）式で計算したR_{III}と同じ値になり、確かに、fを2まで徐々に大きくしていくと、反射率は大きくなった。しかし、ほぼf = 2で反射率は極大となり、f = 3 → 5 → 10 → 100と薄膜の表面の粗さを徐々に小さくするのにしたがって反射率は小さくなってしまった。これは繰り返し反射には、基板の界面の粗さ σ_{12} と薄膜表面の粗さ σ_{01} の大きさに反射率が最大となる最適な関係があり、それ以上に薄膜表面の粗さが小さくなると、繰り返し反射による効果が小さくなってしまうためと考えられる。

図7.36に、上述した3つの界面の状態の違いによる反射率特性の違いを1つのグラフに示す。計算条件は、曲線Aおよび曲線Bは $\sigma_{01} = \sigma_{12} = 10\mathrm{nm}$、曲線Cは $\sigma_{01} = 5\mathrm{nm}$、$\sigma_{12} = 10\mathrm{nm}$（f = 2）である。曲線Aは無限回繰り返し反射の（7-39）式で計算し、曲線BおよびCはそれぞれのR_{III}で計算した。図7.35でみたように、f = 2の曲線Cは最もR_0の値に近く、次は曲線Aである。やはり、最も差が大きいのは各界面の粗さが独立な場合の曲線Bであった。

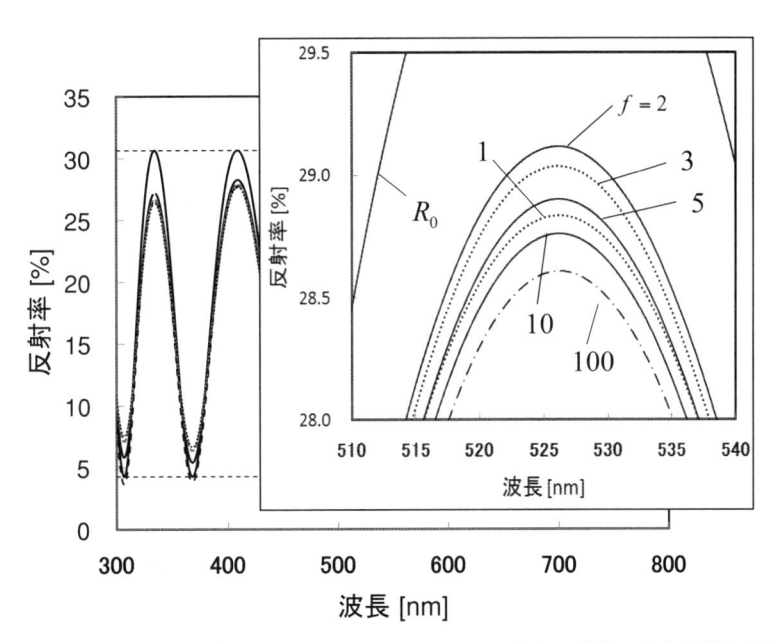

図7.35 各界面の粗さのプロフィールが同じで、大きさが異なる場合の分光反射率変化
$n_0 = 1$、$n_1 = 2.3$、$d = 400nm$、$n_2 = 1.52$、$\sigma_{01} = \sigma_{12} / f$、$\sigma_{12} = 10nm$

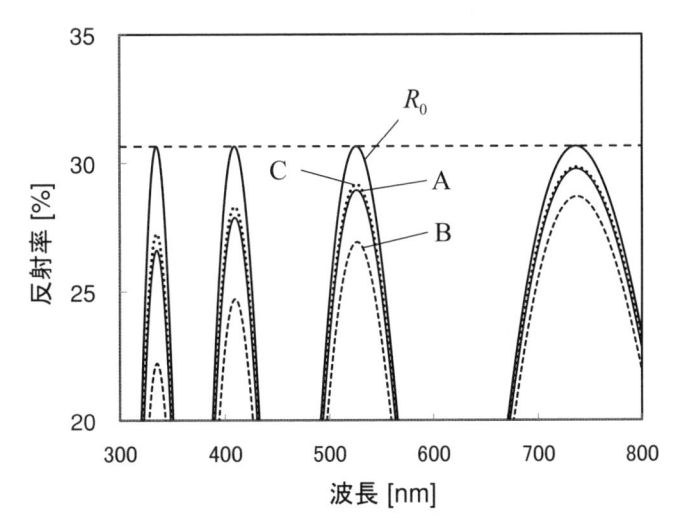

図7.36 各界面の粗さの状態による分光反射率の比較
A：同一 $\sigma = 10nm$、B:独立 $\sigma_{01} = \sigma_{12} = 10nm$、C：プロフィールは同じ $\sigma_{01} = 5nm$、$\sigma_{12} = 10nm$
$n_0 = 1$、$n_1 = 2.3$、$d = 400nm$、$n_2 = 1.52$

7.2.3.3 各界面の粗さが同一な多層膜

J.M. Eastmannは、1974年Rochester大学の学位取得論文 "Surface Scattering in Optical Interference Coatings," [5] および、その後の1978年の著著[4]で多層膜の光学特性を計算する際に、電界マトリクス（E^+, E^-）を用いて界面の粗さの効果を取り込み、定式化している。この定式化において、それをそのまま多層膜の各界面における反射・透

過に適用することで多層膜全体のフレネル係数を計算している。その手法は非常に複雑であり、紙面の関係上、紹介するのを割愛する。ここでは各界面の粗さがすべて同一な多層膜の場合について、簡単な考察により粗さの効果を考えてみよう。

まず、2層膜を考える。図7.26に示した各界面における反射・透過による位相の変化に従うと、第1層膜の繰り返し反射による図7.37の第1層部分の各部の光の位相変化のみに注目したとき次にようになる。

①: $\exp\{-i\beta(n_0 - n_1)\zeta(x)\}$

②: $\exp\{-i2\beta n_1\zeta(x)\}$

③: $\exp\{-i\beta(n_1 - n_0)\zeta(x)\}$

④: $\exp\{i2\beta n_1\zeta(x)\}$ （m = 1以上の繰り返し反射）

⑤: $\exp\{-i2\beta n_1\zeta(x)\}$ （m = 1以上の繰り返し反射）

したがって、第1層内の繰り返し反射を考えた光の位相変化は

$$①+②+③+\sum_{m=1}^{\infty}\{④+⑤\}$$

$$= \exp\left[-i\beta(n_0-n_1)\zeta(x) - i2\beta n_1\zeta(x) + i\beta(n_1-n_0)\zeta(x) + \sum_{m=1}^{\infty}\{i2\beta n_1\zeta(x) - i2\beta n_1\zeta(x)\}\right]$$

$$= \exp\{-i2\beta n_1\zeta(x)\}$$

となる。第1層の上面と下面における反射によって生じる位相の変化は互いに打ち消し合い、結果として最表面における反射のときに生じる位相の変化と等しくなることが分かる。同様にして、第2層膜の繰り返し反射による図7.37の第2層部分の各部の光の位相変化は次のようになる。

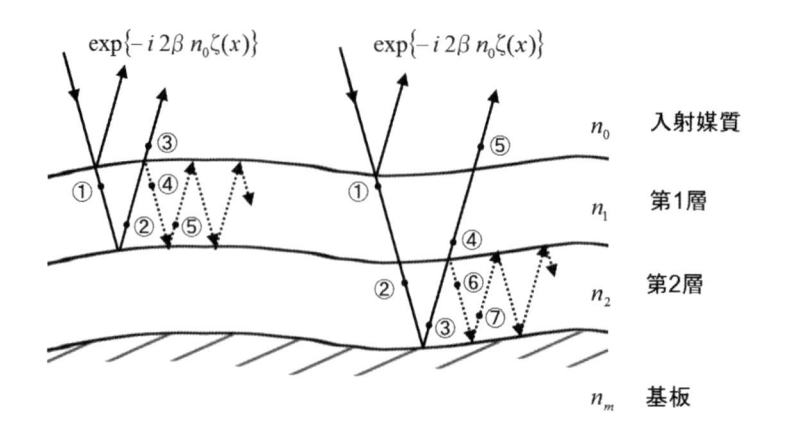

図7.37　各界面が同一な場合の多層膜の位相

① : $\exp\{-i\beta(n_0 - n_1)\zeta(x)\}$

② : $\exp\{-i\beta(n_1 - n_2)\zeta(x)\}$

③ : $\exp\{-i2\beta n_2 \zeta(x)\}$

④ : $\exp\{-i\beta(n_2 - n_1)\zeta(x)\}$

⑤ : $\exp\{-i\beta(n_1 - n_0)\zeta(x)\}$

⑥ : $\exp\{i2\beta n_2 \zeta(x)\}$ （m = 1以上の繰り返し反射）

⑦ : $\exp\{-i2\beta n_2 \zeta(x)\}$ （m = 1以上の繰り返し反射）

したがって、第2層内の繰り返し反射を考えた光の位相変化は

$$①+②+③+④+⑤+\sum_{m=1}^{\infty}\{⑥+⑦\} = \exp\{-i2\beta n_0 \zeta(x)\}$$

となる。以上のことから、この2層膜に入射した光の多重繰り返し反射の各項は、すべてこの位相因子でくくることができるので、フレネル反射係数は次のように書くことができる。

$$\rho = \rho_0 \exp\{-i2\beta n_0 \zeta(x)\}$$

ただし、ρ_0は粗さのない2層膜のフレネル反射係数である。上記の内容は2層膜以上にも適用できるので、各層の界面の粗さが同一な場合のフレネル反射係と、その統計平均は

$$\rho = \rho_0 \exp\{-i2\beta n_0 \zeta(x)\} \tag{7-57}$$

$$\langle \bar{\rho} \rangle = \rho_0 \exp(-2\beta^2 n_0^2 \sigma^2) \tag{7-58}$$

としてよいだろう。ρ_0は粗さのない多層膜のフレネル反射係数である。したがって、反射率は（7-26）式と同じに、

$$R = |\langle \bar{\rho} \rangle|^2 = R_2 \exp(-4\beta^2 n_0^2 \sigma^2) = R_0 \exp\left[-\left(\frac{4\pi n_0 \sigma}{\lambda}\right)^2\right] \tag{7-59}$$

となる。ただし、R_0は粗さのない多層膜の反射率である。多層膜の第1層（最表面層）への入射角θを考慮したときは

$$R = R_0 \exp\left[-\left(\frac{4\pi n_0 \sigma \cos\theta}{\lambda}\right)^2\right] \tag{7-60}$$

となる。また、計算結果のみを記すが、フレネル透過係数τおよび透過率Tは、

$$\tau = \tau_0 \exp\left[-\frac{1}{2}\left(\frac{2\pi(n_0 - n_m)\sigma\cos\theta}{\lambda}\right)^2\right] \tag{7-61}$$

$$T = T_0 \exp\left[-\left(\frac{2\pi(n_0 - n_m)\sigma\cos\theta}{\lambda}\right)^2\right] \tag{7-62}$$

ただし、τ_0、T_0およびn_mは、それぞれ粗さがない多層膜のフレネル透過係数、透過率および基板の屈折率である。(7-62) 式は粗さのある基板に対する透過率の (7-26) 式と同じ形をしている。(7.26) 式では、もし、入射媒質の屈折率n_0と基板の屈折率n_mが等しいときは、指数関数の肩が0になり$T = T_0$になる。同じ媒質内では反射がないので理解できる。しかし、(7-62) 式は粗さのある基板に多層膜を形成したときの透過率であるが、このときも、同様に$T = T_0$になってしまう。粗さのある基板に多層膜を形成し、その上に粗さが基板と全く同じ基板を重ねることは、現実的に不可能である。しかし、光ファイバー通信用の、いわゆる基板レス・バンドパスフィルターは基板にフィルターを成膜した後に、基板から薄膜を剥離する。すると、その薄膜のみの透過率を測定したときには、$n_m = n_0$となり、面粗さの影響が透過率に影響を及ぼさないことになってしまう。検討が必要であろう。

反射率と透過率に及ぼす面粗さの影響は、どのような違いがあるのかを調べてみよう。(7-60) 式および (7-62) 式を次のように変換する。

$$\ln(R/R_0) = -(4\pi n_0 \cos\theta)^2 (\sigma/\lambda)^2 \tag{7-63}$$

$$\ln(T/T_0) = -\{2\pi(n_0 - n_m)\cos\theta\}^2 (\sigma/\lambda)^2 \tag{7-64}$$

これらの式を見ると、$\ln(R/R_0)$ および$\ln(T/T_0)$ は $(\sigma/\lambda)^2$に対して1次曲線、つまり直線的に変化することが分かるが、$n_0 = 1$、$n_m = 1.52$、$\theta = 0°$ として、ここでは利用し易いようにσ/λに対するR/R_0およびT/T_0の変化を**図7.38**に示した。同じ波長、面粗さであれば、透過率よりも反射率の方が粗さの影響を大きく受けることが分かる。

それでは、多層膜の各界面の粗さを同一とした場合、σが誘電体ミラーやフィルターの分光特性に及ぼす影響を検討してみよう。$n_H = 2.2$、$n_L = 1.46$の26層のミラーの分光反射率特性を**図7.39**に示す。入射角が0°のときはσの値が大きくなると徐々に反射率が小さくなり、$\sigma = 3$nmでは、粗さがないときの反射率R_0から約1.6%も小さくなっていることが分かる。しかし、入射角が45°になると、$\theta = 0°$のときに較べて、その影響は小さいことが分かる。図中に示したように、$\theta = 0°$のときの膜構成は基板側から (H L)[13]であるが、$\theta = 45°$のときは (1.06H 1.14L)[13]になっている、斜入射のときの分光特性を垂直入射とほぼ合わせるためには、一般には設計波長を長くするか（この場合は350nm→383nm）、あるいは同じ設計波長で各層の光学膜厚ndを大きくすればよい。ここでは、後者の方法をとった。

n_0　：入射媒質の屈折率
n_i　：i層の薄膜の屈折率

θ ：入射角

θ_i ：i層膜への入射角

q_{0i} ：入射角 $\theta = 0°$ のときの薄膜の光学膜厚（$n_i d_i = q_{0i} \times \lambda_0 / 4$）

$q_{\theta i}$ ：入射角 $\theta \neq 0°$ のときの薄膜の光学膜厚

とすると、スネルの法則　$n_0 \sin\theta = n_i \sin\theta_i$ から

$$\theta_i = \sin^{-1}\left(\frac{n_0 \sin\theta}{n_i}\right)$$

となる。したがって、斜入射のときは薄膜の光学膜厚を

$$q_{0i} \quad \rightarrow \quad q_{\theta i} = q_{0i} / \cos\theta_i$$

と変換してやればよい。ちなみに、前者の方法でも斜入射のときの σ に対する反射率の変化は同様であった。

次に、水晶基板に対する一般的なIRカットフィルターの透過率特性に及ぼすrms粗さ σ の影響を調べてみよう。IADによるTiO$_2$/SiO$_2$の41層膜の分光透過率特性を図7.40に示す。図から分かるように、σ が10nm程度では透過帯の透過率はT_0から約1%程度小さくなるだけだが、σ = 25nmになると数%も小さくなってしまう。コーティングされる水晶基板は、水晶基板メーカーから支給されるため、いわゆるコーティングハウスでは、あまり基板の面精度や面粗さを気にすることは少ないようである。しかし、本図からも分かるように、基板の面精度だけでなく面粗さにも十分に注意されたい。

以上で、1960年代および1970年代に展開されたBeckmannおよびEastmannの理論を基に、基板や薄膜の面粗さの理論展開を試みた。確かに、基板に微粒子などの異物

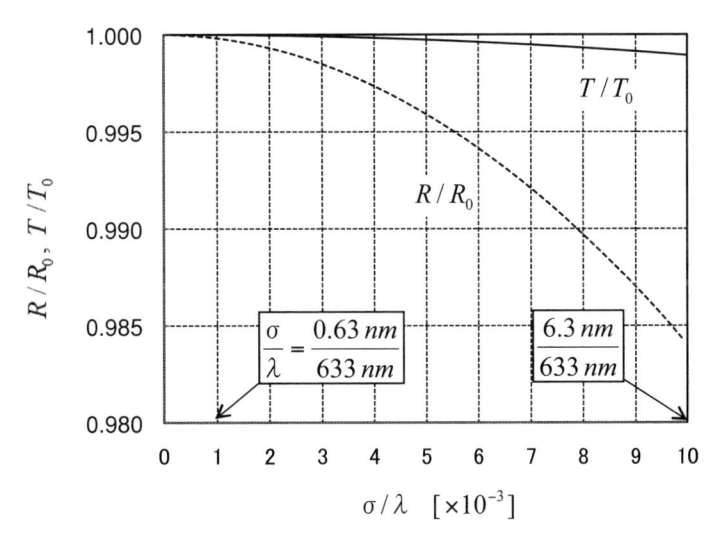

図7.38　各界面の粗さが同一の場合のrms粗さが反射率、透過率に及ぼす影響（AOI=0°）
n_0 = 1、n_m = 1.52

第7章

や成膜途中に発生するノジュール nodule といわれる突起などがあると、**図7.41**[17] に示すように、その形状に沿うようなプロフィールで多層膜が形成されていることが分かる。当時は抵抗加熱や電子ビーム蒸発減による通常蒸着が主流であった。

その後、主に金属膜作製に利用されていたスパッタ装置により、誘電体多層膜フィルターの作製が試みられた。ターゲットからスパッタされた材料物質の粒子（原子あるいは分子）の平均運動エネルギーは数10eVあり、通常蒸着に較べて2桁以上大きい。そのため、基板に入射した粒子のマイグレーション（移動）の促進により膜面の平滑化や成長核の形成などの効果がある。当然、基板上に成膜される粒子は、

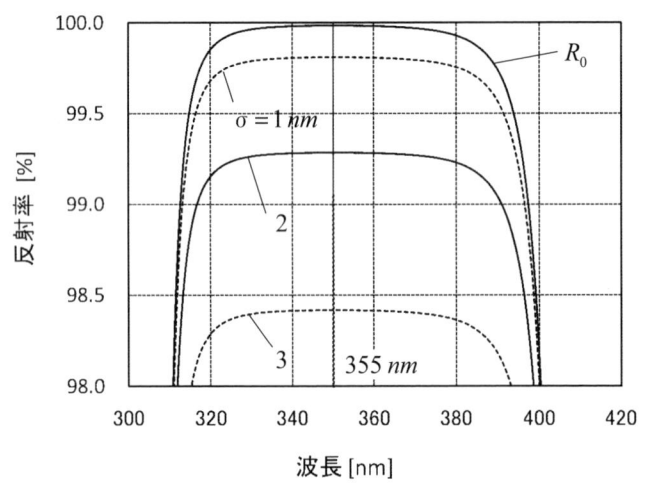

(a) AOI=0°、基板｜(H L)^{13}｜空気、λ_0=350 nm

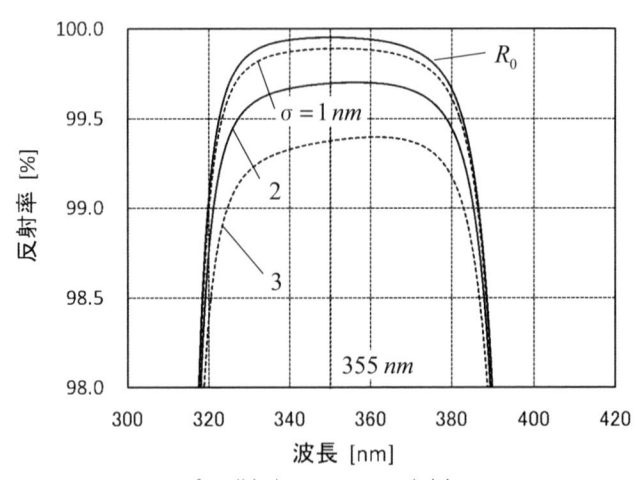

(b) AOI = 45°、基板｜(1.06H 1.14 L)^{13}｜空気、λ_0 = 350 nm

図7.39 各界面の粗さが同一の場合の誘電体多層膜ミラーの分光反射率特性
n_0 = 1、n_m = 1.52、n_H = 2.2、n_L = 1.46

基板の面精度と面粗さ

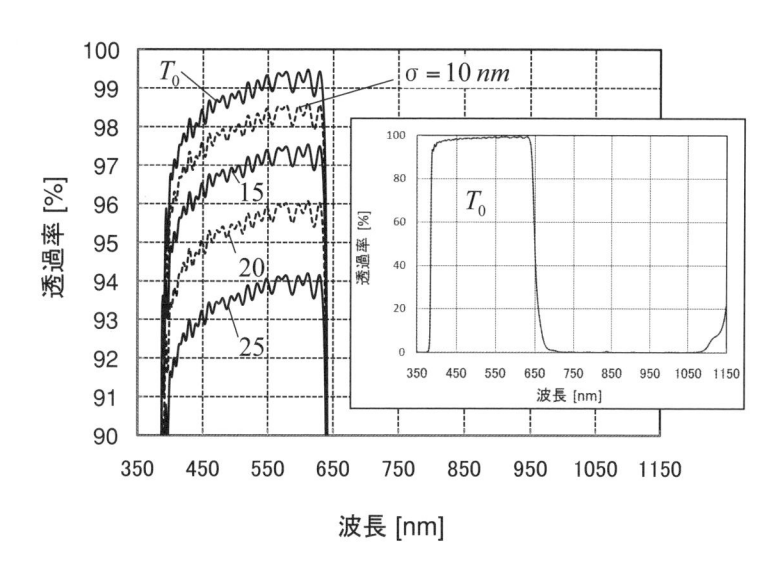

図7.40　各界面の粗さが同一の場合のIRカットフィルターの分光透過率特性（41層、AOI=0°）

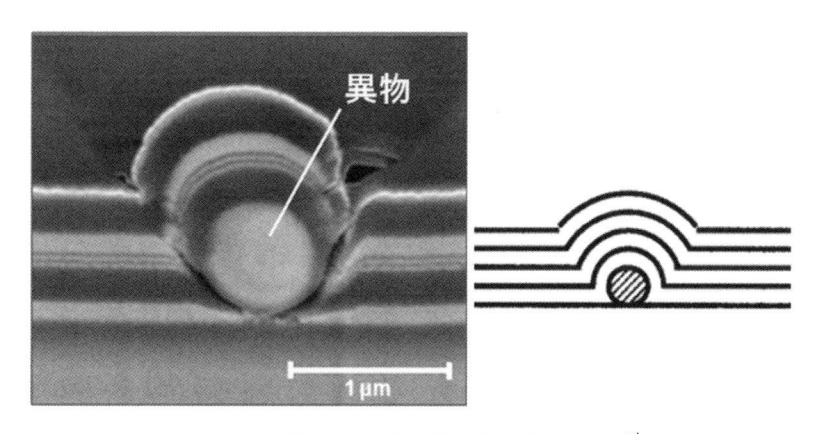

図7.41　異物がある場合の多層膜の断面SEM像[17]

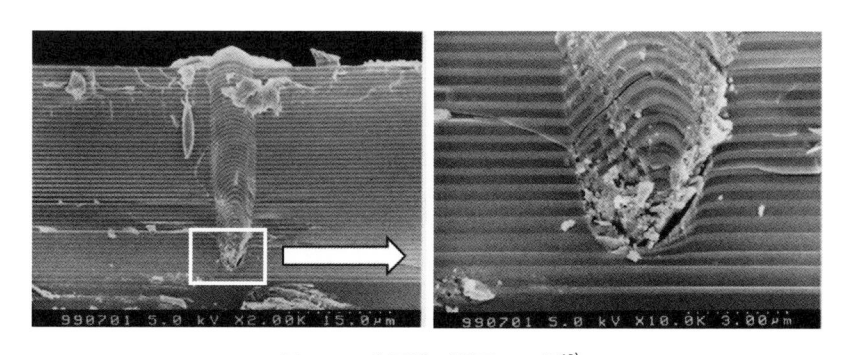

図7.42　多層膜の断面SEM像[18]
・エッジフィルタ　　基板＝BK7
　層数＝90　H／L：Ta_2O_5／SiO_2

既に存在する粒子をスパッタして表面欠陥を起こすが、スパッタとデポジション（堆積）との競合関係になっている。しかし、スパッタ装置では、放電によりプラズマを起こす場所と、スパッタおよび成膜を行う場所が分離されていないこと、そして成膜中の真空圧が通常蒸着と較べて低いため、導入ガスにより粒子が散乱されたり、チャンバー内壁からの"カス"が飛散して基板や成膜中の薄膜に付着してしまい、いわゆる"外観が悪い"という問題があった。また、成膜できる薄膜材料も限定されてしまう。そこで、登場したのがIADである。基板に成膜された粒子に真空チャンバーとは別室のイオンソースで生成された重いArやO₂イオンを照射して、アモルファス（無定形）な薄膜を形成するものである。イオンソースも初期のカウフマン型から大きく改良されて、コンタミネーションの少ない良質なフィルターを作製できるようになった。作製した多層膜の断面のSEM像を見ると、ほとんど平坦である。波長シフト（大気中の水分による分光特性のシフト）のほとんどない一般的な各種光学フィルターや光ファイバー通信用の狭帯域バンドパスフィルターなどの作製に利用されてきた。笠原[18]が報告したIADによる90層エッジフィルター（Ta_2O_5/SiO_2）の断面のSEM像を図7.42に示す。白枠で囲んだ部分以外の各層の界面のプロフィールは、まるで基板の粗さに関係ないように平坦になっている。しかし、白枠の部分には損傷があるように見える。IADでは、基板上の誘電体に＋イオンを照射すると同時に、その＋電荷を中和するために電子を基板にシャワー状に照射するニュートラライザーを使用する。このとき、＋イオンの蓄積量と照射される電子の量のバランスが悪いと、成膜中に局所的な異常放電が起こり、このようなノジュールが発生するという。だが、そのノジュールの上に形成された多層膜の界面を見ると、同じようなプロフィールであることが分かる。

さらに、図7.43（a）に示すような構成例のIBSが開発された。成膜速度は遅いが、成膜中の真空度が10^{-2}～10^{-3}Paと通常のスパッタプロセスよりも高い、成膜される基板がプラズマに曝されない、低温で成膜できるなどの優れた特徴がある。高いエ

(a) IBS法の構成例

(b) Mo/Si 多層膜のTEM像[20]
（Mo/Siの周期：6.9 nm）

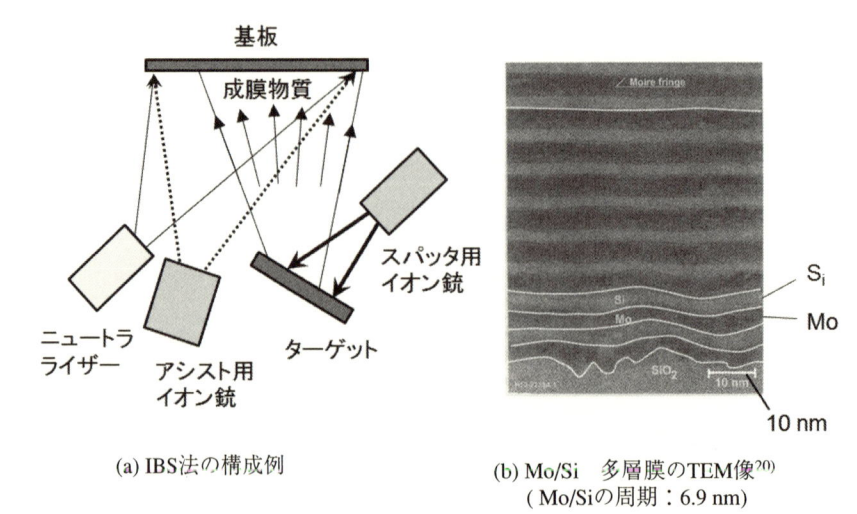

図7.43　IBS法の構成例およびMo/Si多層膜のTEM像

ネルギーを持った粒子（原子または分子）が基板に入射すると、スパッタと同様に基板上の粒子のマイグレーションが促進され、さらには、薄膜を無定形等方組織にして散乱および吸収による損失が少なくでき、従来には達成できなかったUV領域から近赤外領域用の優れたフィルターが作製できるようになった。潟岡[19]、小川[20]は、ASET（技術研究組合 超先端電子技術開発機構）における研究成果の1つとして、EUV（Extreme UV）リソグラフィ用多層膜の基板粗さと多層膜の成膜状態との相関について調べ、IBSを利用した多層膜では、薄膜の界面のプロフィールが徐々に平坦になってくるという報告をしている。まず、マグネトロンスパッタにより基板に微小な粗さのSiO_2膜を作製し、そのSiO_2表面を模擬ガラス基板として、その上にIBSにより周期が6.9nmのMo/Si層対を40回成膜している。図7.43（b）に示すように、Mo/Si多層膜の断面TEM像を見ると、反射率への影響が少ない最初の10層対以内の多層膜の高さ5nm程度の粗さまでに、その表面が平坦化していることが分かる。なお、本図には界面のプロフィールが分かり易いように、筆者が線を入れた。また、関根[21]も表面のrms粗さが0.210nmの基板に、IBSによりMo/Siの20層対の多層膜を形成して、成膜後のAFM像をとり、そのrms粗さが0.098nmであったことを報告している。しかし、残念ながら、いまのところ、IBS装置は他の装置に較べて、コーティング製品の量産性が悪く、しかも装置が高価なためにIBS装置を所有している企業や研究期間は少数である。

7.3 面粗さの規格

7.3.1 MIL規格

不適切な取扱いは別にしても、通常の表面研磨 polishingによって光学部品表面には数10nm～数10μmの幅のスクラッチが発生する。これは、大きいものでは肉眼で見ることができ、細かいときは光学顕微鏡、さらには電子顕微鏡で観察できる。数本の細かいスクラッチが重なって、基板表面の全体に観察されることもある。また、研磨の前工程の研削 grinding（荒摺りともいう）用研削材のために、研磨後も基板表面に直径0.1mm～0.5mm程度のディグ dig（穴）が観察されることがある。日本ではスクラッチをキズ、スジ、ディグをブツと呼ぶこともある。光学用基板を販売しているメーカーの仕様を見ると、"スクラッチ－ディグ：80－50"などと記載されているが、これはMIL規格に基づいての表記である。光学ガラス用基板のスクラッチおよびディグに関するMIL規格には、

・MIL-O-13830　　（1954年）[22]
・MIL-O-13830A（1963年、MIL-O-13830の改訂版）[23]
・MIL-F-48616　　（1977年）[24]
・MIL-C-48497A　（1980年）[25]
・MIL-PRF-13830B（1997年、MIL-O-13830Aの改訂版）[26]

があり、現在ではMIL-PRF-13830Bが一般に採用されている（いまだにMIL-O-

第7章

13830Aと仕様に記載しているメーカーも多々ある）。MIL-PRF-13830Bの"6.3 Definitions"を見ると、スクラッチには
  ―ブロックリークBlock reek：研磨中に形成された鎖状のスクラッチ
  ―ルナーカット runner cut：研磨中に起きた曲線状のスクラッチ
  ―スリーク sleek：ヘアライン状のスクラッチ
  ―クラッシュ（ラブ）crush（rub）：表面の取扱いミスによるスクラッチ
があり、ディグは
  ―研磨、あるいは硝子内部の泡（bubble）に起因するものではなく、研削によって発生し、研磨後も表面に残って観察される穴
とある。

ディグは最大円の直径で表すが、変形しているときは、（横幅＋縦幅）/2を数値で表し、単位は1/100mm、つまり、$10\mu m$である。例えば、ディグ数50は最大径0.5mmである。しかし、スクラッチの幅を表す解釈には問題があるようだ。確かに、光学基板を販売している海外メーカーの仕様を見ると、スクラッチ数80を$8\mu m$、あるいは$80\mu m$と、わざわざ注意書きでマイクロンの単位をつけている会社がある。そこで、調べてみたところ、どちらとも取れるようであることがわかった。改訂前のMIL-O-13830Aは、J.H.MacLeod、W.T.Sherwood[27]の論文を基に制定されたものであり、その論文には"スクラッチ数は目視外観の為であり、測定幅の間とは何ら相関関係がない。"とある。さらには米国陸軍弾薬工場Frankford Arsenal（1816－1977）の当時の資料には、"これらの数値の単位は任意であって、スクラッチの幅を示すものとして考えてはいけない。"とある。この規格の本文には、その単位は記載されていないが、参照図面番号**C 7641866**（日付：1945年1月、"Optical Quality Standards for Optical Elements Scratch and Dig"）があり、その図中には、"Scratch standards are defined as follows: scratches shall have a substantially rectangular cross section with the width no greater than 10microns."の後に"Standard scratch No. 10, No.20,・・・, No.80"という注意書きがある。これを読むと、ガラス基板のスクラッチ数は$10\mu m$を超えてはいけないとあるが、図面の中のある面のスクラッチ数は80と記入されている。そのため、この80という数値を$8\mu m$と理解しても仕方がないだろう（筆者の解釈）。しかし、その後の改訂図面**C 7641866, Revision H**（1974年作成）では、図面の中にスクラッチ数の単位はミクロンと明記されている。すると、スクラッチ数80は$80\mu m$となる。これにより混乱が生じてしまったのでは、と推測する。

1977年に制定された**MIL-F-48616**では、スクラッチおよびディグの大きさをmm単位で**表7.1**のようにアルファベットで表し、それに対する数値をmm単位で記載している。1980年に改訂された**MIL-C-48497A**では、同じ文字でスクラッチ幅をμmで表している。それらは、例えば、従来の"80-50"を"F-F"と表すというものである。そして、1997年に、現在、一般的に使用されている**MIL-PRF-13830B**に改訂された。問題となった図面C 7641866は、2010年、ARRADCOM（the U.S. Army Armament, Research and Development Command）により**Revision R**として原案が示さ

基板の面精度と面粗さ

表7.1 MIL-F-48616によるスクラッチとディグの規定

	スクラッチ			ディグ
	幅			径
文字	[mm]	[μm]	文字	[mm]
A	0.005	5	A	0.05
B	0.010	10	B	0.10
C	0.020	20	C	0.20
D	0.040	40	D	0.30
E	0.060	60	E	0.40
F	0.080	80	F	0.50
G	0.120	120	G	0.70
			H	1.00

れた。これには、スクラッチの検査は目視であり、スクラッチの限界見本と比較するものであってスクラッチの幅を表しているものではないとある。一方、ディグのサイズは、その実測値で規定され、従来通り、50は50/100 = 0.5mmである。一般に、スクラッチとディグを**表7.2**のような基準で基板を選定すると良い、と推奨している。しかし、それでは光学用基板を供給しているメーカーやユーザーは困るのではないだろうかと、筆者は思う。

表7.2 MIL-PRF-13830Bによるスクラッチとディグの規定

スクラッチ-ディグ	
80 – 50	通常の光学部品の外観
60 – 40	多くの民生用レンズの外観
40 – 50	軍の望遠鏡用レンズの中心部分の外観
40 – 20	低出力レーザーパワー用部品の外観
20 – 10	中出力レーザーパワー用部品の外観
10 – 5	高出力レーザーパワー用部品の外観

7.3.2 ANSI/OEOSC規格

そこで、2006年、ANSI（American National Standards Institute、米国規格協会・米国標準協会）とOEOSC（Committee for Optics and Electro-Optical Instruments）は、MIL規格をきちんとしようと行動を開始し、2006年に最初の規格**ANSI/OEOSC OP1.002-2009**[28]を制定した。その中で、外観を目的とする場合と、機能を目的として寸法で表す場合の2通りの表記方法を規定した。外観目的ではMIL-PRF-13830Bを綺麗に整理したものであり、同じ2個の数値で指示し、ARRADCOMの原案に基づいているが、曖昧さをなくし、その検査方法を明確にした。スクラッチ検査については、検査員の主観で目視するものである。一方、寸法で表す方法は数値だけではなく、文字を併用して表すものである。文字およびそれに対応する値は、MIL-C-48497Aから採用したので、スクラッチ幅の測定が必要ではあるが、以前のMIL規格を使用していた企業には受け入れ易いであろう。その表記補法を**表7.3**に示す。例えば、"F−F"は外観では"80−50"を指す。もし、最大スクラッチ幅が2μm、最大ディグ径が20μmの仕様の基板が必要なときは、この表の最下段にしたがって"A2−A20"と表せる。

253

第7章

表7.3　ANSI/OEOSC OP1.002によるスクラッチとディグの規定

スクラッチ		ディグ	
最大幅[μm]	文字	最大径[μm]	文字
120	G	700	G
80	F	500	F
60	E	400	E
40	D	300	D
20	C	200	C
10	B	100	B
5	A	50	A
n	An	n	An

【Coffee Break】MILスペック：
"スクラッチとディグに関する真実"

　2010年6月に開催されたOptical Fabrication and Testing（OF&T）2010で、米国Savvy Optics社のDavid M.Aikensが"スクラッチとディグに関する真実（The Truth About Scratch and Dig）"[29] というタイトルで講演をした。MIL規格でスクラッチを表す数値は、
・スクラッチーディグの基準は目視であって、実際の幅ではない。
・スクラッチ数はミクロンあるいはミクロンの10分の1の幅ではない。
と強く主張している。MILの混迷振りを赤裸々に報告している。

7.3.3　ISO規格

　1996年、ISOはドイツ規格 DIN 3140をベースに、**ISO 10110**を制定し、それ以来、この規格が日本、ドイツ、フランス、ロシアや他の国々で採用されている。現在のバージョンは 2008年に改訂された**ISO 10110-7**[30] である。その中には、ディグやスクラッチも記述されており、ディグの最大径やスクラッチの最大幅と共に、それらの個数も数値で表すようになっている。例えば、

　　5/N×A ；LN"×A"

と記載する[31]。それぞれの意味は
ー5　：表面品質の指定を表すヘッダーであり、表面欠陥を表す。
ーN　：Aで指定された大きさのディグの最大個数
ーA　：最も大きなディグの直径、単位[mm]
ーL　：長いスクラッチを表すヘッダー
ーN"：A"で指定された幅をもつスクラッチの最大本数
ーA"：最も長いスクラッチの幅、単位[mm]
である。とても合理的な規格であると、筆者は考える。高性能な光学顕微鏡や電子

顕微鏡が普及している現在では、光学基板供給メーカーやユーザーにとっても便利であろう。しかし残念ながら、米国ではいまだあまり採用している会社は少ないようである。

【Coffee Break】キズ・ブツ標本セット

　MIL-PRE-13830Bの目視検査用の標本セットは、国内ではカタログ販売のEdmund Optics社から入手できる。そのHP[31]を見ると、"キズ・ブツ標本セット"という欄があり、その外観および詳細な仕様が記載されている。これは、**図面7641866、Revision-R**に準じて作られて、透過用光学素子の表面仕上げのみを評価するためのキズ標本セット（#10、#20、#40、#60、#80の5種類）とブツ標本セット（#5、#10、#20、#40、#50の5種類）の中から各1種類を選んだベーシックセット品が定価￥383,500-（2010年9月30日現在）で販売されている。ミラー等の反射用光学素子を評価したい場合は、アルミコートセットが定価￥461,500-で販売されている。定価￥4,600-という安価なプラスチック製の簡易判定プレートもある。

　また、ISO用は、ISO 1499のガイドラインに沿って光学素子の表面品質を定量化するための標準版が定価￥120,300-で販売されている。

参考文献

1) Isaac Newton：OPTICKS：or, a TREATISE of the REFLEXIONS, REFRACTIONS, INFLEXIONS and COLOURS of LIGHT also two TREATISES of the SPECIES and MAGNITUDE of Curvilinear Figures
 ニュートン："光学"、島尾永康訳、岩波文庫（1983）、"Optiks" 第3版（1721）の翻訳
2) Load Raylegh："O the dynamic theory of gratings" Proc. R. London Ser A 79, 399-416（1907）
3) P.Bechmann, A.Spizzichino："The Scattering of Electromagnetic Wave from Rough Surface", Pergamon Press, Oxford（1963）
4) J.M.Eastmann："Physics of Thin Films", Vool.10, Academic Press, New York（1978）
5) J.M.Eastmann：Ph. D. Thesis：Univ. of Rochester, New York（1974）
 J.M.Eastman: "Surface Scattering in Optical Interference Coatings," Ph.D. Thesis, U. Rochester, New York（1974）.
6) V.Tikhonravov, M.K.Trubetskow, A.Duparré：OIC 2004 , ThB5-1（2004）
7) 吉田貞史・矢嶋弘義："薄膜・光デバイス"東京大学出版会（1994）p.37-42
8) J.M.Bennett, L.Mattsson ：Introduction to Surface Roughness and Scattering"second edition , OSA（1999）
9) H.E.Bennett, J.O.Porteus：J. Opt. Soc. Amer., 51（1961）123
10) H.E.Bennett：J. Opt. Soc. Amer., 53（1963）1389
11) 国井弘毅：「光学多層膜の生産技術」（講習会：光学薄膜／多層薄膜の最適設計と作製技術．（株）技術情報協会2001.10.24）
12) 潟岡泉、伊藤和彦、関根啓一、江藤和幸、西田美恵子：応用物理 66（1997）1345
13) 潟岡泉、米満敏浩：真空 34（1991）439
14) 杉浦宗男："表面粗さについての考察"、東海光学（株）技術資料（2007）
15) http://www.lensya.co.jp/007/9.html
16) http://www.ee.toyota-ct.ac.jp/~sugi/d_mark2euro.html
17) 日本板硝子テクノリサーチ（株）HP
 http://www.nsg-ntr.com/column/g_univ/univ12.html
18) 笠原一郎："光通信光学薄膜の特性と成膜技術"技術情報協会講習会（2000）
19) 小川、鉾、高橋、伊藤、山梨、星野、平野、千葉、岡崎、関根、潟岡："EUVLマスク用多層膜における下地基板上欠陥の平坦高価"第47回応用物理学会関係連合講演会講演会予稿集、No.2（2000）703
20) 小川太郎："リソグラフィの反射マスク用多層膜"光秘術コンタクト Vol.39（2001）
21) 関根啓一："極端紫外線露光マスク基板用多層膜の開発" 日本航空電子工業 航空電子技報 No.23（2000）

22) MIL-O-13830：Optical Components for Fire Control Instruments; General Specification Governing the Manufacture, Assembly, and Inspection of（1954）
23) MIL-O-13830A：Optical Components for Fire Control Instruments; General Specification Governing the Manufacture, Assembly, and Inspection of（1963）
24) MIL-F-48616：Filter（Coatings）, Infrared Interference: General Specification for（1977）
25) MIL-C-48797A：Coating, Single or Multilayer, Interference：Durability Requirements for the Department of Defense（1980）
26) MIL-PRF-13830B：Optical Components for Fire Control Instruments; General Specification Governing the Manufacture, Assembly, and Inspection of"（1997）
27) J.H.MacLeod, W.T.Sherwood："A proposed method of specifying appearance defects on optical parts" J. Opt. Soc. Am. Vol35, pp136-138（1945）
28) ANSI/OEOSC OP1.002：American National Standard for Optics and Electro － Optical Instruments －Optical Elements and Assemblies － Appearance Imperfections.
29) David M.Aikins："The Truth About Scratch and Dig" Optical Fabrication and Testing（OF&T）2010
30) ISO 10110 7：Optical drawing standard, Surface imperfections
31) R.E.Parks, University of Arizona
http://www.optics.arizona.edu/optomech/Fall08/Notes/11%20ISO%2010110.pdf
31) Edmund Optics：
http://www.edmundoptics.com/onlinecatalog/displayproduct.cfm?productID=2562

付録 A フレネル係数による分光特性計算プログラムリスト

```
10000   ! ================================================================
10010   !          Spectral & Phase Property
10020   !                                                  File:HPDESIGN
10030   !         (Note) considered :
10040   !              1. dispersion : including the extinction coefficient
10050   !              2. oblique incidence
10060   !              3. film structure : groups editor      by TECWAVE CORPORATION
10070   ! ================================================================
10080   Printer=10         ! printer address for Windows
10090   !
10100   L_parameters:!
10110   ! * Parameters *
10120   Plot=2
10130                      ! 1:Reflectance
10140                      ! 2:Transmittance
10150                      ! 3:Reflected phase    (P-S)
10160                      ! 4:Transmitted phase  (P-S)
10170                      ! (3,4 : automatically select Side2=1,i.e. FWD ignore Side2)
10180   Side2=1
10190                      ! 1: FWD ignore Side2
10200                      ! 2: FWD include Side2
10210                      ! 3: REV ignore Side2
10220                      ! 4: REV include Side2
10230                      ! * FWD(forward) denotes light incident on the film surface.
10240                      ! * REV(reverse) denotes light incident on the uncoated surface.
10250   D_sub=1
10260                      ! [mm] thickness of substrate
10270   ! ================================================================
10280   ! * Graph axes *
10290   ! = Wavelength [nm] =
10300   X_min=400
10310   X_max=800
10320   X_step=1           ! Integer
10330   X_label=50         ! min.=0.01
10340   ! = Y-axis =
10350   Y_min=0
10360   Y_max=100
10370   Y_label=10         ! min.=0.001
10380   ! ================================================================
10390   ! * Angle of Incidence & Design wavelength *
10400   Aoi=45
10410                      ! [deg] incident angle
10420   W_design=490
10430                      ! [nm] design wavelength
10440   ! ================================================================
10450   ! * Film indices *
10460   L_air_index:!   =[Air]=
10470   !                              Name         n
10480   DATA                            0,        1.00
10490   ! ----------------------------------------------------------------
10500   L_sub_index:!   =[Substrate]=
10510   !                              Name         n            k
10520   DATA                            BK7,      0.00000,     0.000000
10530   ! ----------------------------------------------------------------
10540   L_film_index:!  =[Film]=
10550   Film=2
10560   !        Symbol    Type     Name        n            k
10570   DATA      H,        1,      OS50,     2.30000,     0.00000
10580   DATA      L,        1,       0,       1.46000,     0.00000
10590   DATA      M,        1,       0,       1.38000,     0.00000
10600   DATA      A,        1,       0,       1.62000,     0.00000
10610   DATA       ,         ,        ,         ,
```

```
10620  DATA         ,         ,         ,         ,
10630  DATA         ,         ,         ,         ,
10640  DATA         ,         ,         ,         ,
10650  ! ------------------------------------------------------------
10660  ! (Note) "Symbol"  : -one large alphabetic character
10670  !                   -cannot use the same character
10680  !         "Type"   : 1=optical thickness,  2=physical thickness
10690  !         "Name"   : When ignoring the dispersion, "Name" must be "0".
10700  !         "n", "k" : If inputting the material name into "Name", the values
10710  !                    in "n" and "k" are ignored.
10720  ! ------------------------------------------------------------
10730  L_design:!  =[Design]=
10740  Layer=12
10750  !         Iteration  Group   Symbol  Opt/Phs   Thickness
10760  DATA         1,       0,       H,       1,       0.429   ! 1st: from the sub.
10770  DATA         1,       0,       L,       1,       0.817   ! 2nd
10780  DATA         2,       A,       H,       1,       0.914   ! 3
10790  DATA         2,       A,       L,       1,       0.916   ! 4
10800  DATA         2,       B,       H,       1,       0.992   ! 5
10810  ! ------------------------------------------------------------
10820  DATA         2,       B,       L,       1,       0.990   ! 6
10830  DATA         1,       0,       H,       1,       0.888   ! 7
10840  DATA         1,       0,       L,       1,       1.088   ! 8
10850  DATA         3,       A,       H,       1,       1.016   ! 9
10860  DATA         3,       A,       L,       1,       0.932   !10
10870  ! ------------------------------------------------------------
10880  DATA         1,       0,       H,       1,       0.802   !11
10890  DATA         1,       0,       L,       1,       1.987   !12
10900  DATA         ,         ,         ,         ,             !13
10910  DATA         ,         ,         ,         ,             !14
10920  DATA         ,         ,         ,         ,             !15
10930  ! ------------------------------------------------------------
10940  DATA         ,         ,         ,         ,             !16
10950  DATA         ,         ,         ,         ,             !17
10960  DATA         ,         ,         ,         ,             !18
10970  DATA         ,         ,         ,         ,             !19
10980  DATA         ,         ,         ,         ,             !20
10990  ! ------------------------------------------------------------
11000  !   (Note)
11010  ! "Iteration" : integer >=1
11020  ! "Group"     : one large alphabetic character
11030  ! "Thickness" : Opt/Phs=1 --> layer optical thickness convention  QWOT=1
11040  !               Opt/Phs=2 --> physical thickness in [nm] < 10000
11050  !================================================================
11060  !
11070  L_air_data: !    ** Registration of Air **
11080  No_air=5
11090  ! -----------------------------------------------------------------------------
11100  !      | Name  | Func  |  Acf     |  Bcf     |  Ccf    |  Dcf   |  Ecf   |  Fcf   |  Gcf   |
11110  ! -----------------------------------------------------------------------------
11120  DATA  |BK7    |SELL   |1.263736  |-9346.958 |0        |0       |0       |0       |0       |!0
11130  DATA  |       |       |0         |0         |0        |0       |0       |0       |0       |!1
11140  DATA  |       |       |0         |0         |0        |0       |0       |0       |0       |!2
11150  DATA  |       |       |0         |0         |0        |0       |0       |0       |0       |!3
11160  DATA  |       |       |0         |0         |0        |0       |0       |0       |0       |!4
11170  ! -----------------------------------------------------------------------------
11180  !
11190  L_sub_data: !   ** Registration of Substrates **
11200  No_sub=5
11210  ! -----------------------------------------------------------------------------
11220  !      | Name  | Func  |  Acf     |  Bcf     |  Ccf    |  Dcf   |  Ecf   |  Fcf   |  Gcf   |
11230  ! -----------------------------------------------------------------------------
```

付録A

```
11240  DATA  |BK7     |SELL    |1.263736 |-9346.958 |0       |0        |0        |0        |0        |!0
11250  DATA  |SF15    |SELL    |1.772582 |-20905.63 |0       |0        |0        |0        |0        |!1
11260  DATA  |XTAL    |SELL    |1.346873 |-9149.84  |0       |0        |0        |0        |0        |!2
11270  DATA  |PMMA    |HART    |1.446    |-59.234   |27.449  |0        |0        |0        |0        |!3
11280  DATA  |        |        |0        |0         |0       |0        |0        |0        |0        |!4
11290  ! ---------------------------------------------------------------------------
11300  !
11310  L_film_data: !  ** Registration of Films **
11320  No_film=15
11330  ! ---------------------------------------------------------------------------
11340  !     | Name   | Func   | Acf     | Bcf      | Ccf    | Dcf     | Ecf     | Fcf     | Gcf     |
11350  ! ---------------------------------------------------------------------------
11360  DATA  |OS50    |SELL    |3.3544050|-58077.45 |0       |0        |0        |0        |0        |!0
11370  DATA  |SIO2    |SELL    |1.1092750|-10782.29 |0       |0        |0        |0        |0        |!1
11380  DATA  |AL2O3   |SELL    |1.5942140|-14433.26 |0       |0        |0        |0        |0        |!2
11390  DATA  |MGF2    |SELL    |0.8628688|-11548.72 |0       |0        |0        |0        |0        |!3
11400  DATA  |ZRO2    |SELL    |2.7148500|-45132.04 |0       |0        |0        |0        |0        |!4
11410  DATA  |OH5     |SELL    |3.1068690|-28111.10 |0       |0        |0        |0        |0        |!5
11420  DATA  |TA2O5   |SELL    |3.3288990|-23830.11 |0       |0        |0        |0        |0        |!6
11430  DATA  |OS50-K  |LORENK  |4.377264 |0.4468575 |354.3989|0.5975225|0        |0        |0        |!7
11440  DATA  |TA2O5-K |LORENK  |3.3153   |1.1991    |246.96  |0.319    |0        |0        |0        |!8
11450  DATA  |        |        |0        |0         |0       |0        |0        |0        |0        |!9
11460  DATA  |        |        |0        |0         |0       |0        |0        |0        |0        |!10
11470  DATA  |        |        |0        |0         |0       |0        |0        |0        |0        |!11
11480  DATA  |        |        |0        |0         |0       |0        |0        |0        |0        |!12
11490  DATA  |        |        |0        |0         |0       |0        |0        |0        |0        |!13
11500  DATA  |        |        |0        |0         |0       |0        |0        |0        |0        |!14
11510  ! ===========================================================================
11520  L_main: !
11530  GOSUB L_dim              ! dimension and memory allocation
11540  GOSUB L_read_data        ! read data
11550  GOSUB L_check_design     ! display film indices and design
11560  GOSUB L_graphics         ! graph axes
11570  GOSUB L_cal              ! calculation
11580  BEEP
11590  ! function keys
11600  FOR I=1 TO 8
11610      ON KEY I LABEL "" GOSUB L_dummy
11620  NEXT I
11630  L_loop:!
11640  ON KEY 1 LABEL "1STOP" GOTO L_stop
11650  ON KEY 2 LABEL "2PAUSE" GOSUB L_pause
11660  ON KEY 5 LABEL "5COPY" GOSUB L_dump_g
11670  ON KEY 7 LABEL "7SPECTRA" GOSUB L_print_data
11680  ON KEY 8 LABEL "8DESIGN" GOSUB L_print
11690  WAIT .2
11700  GOTO L_loop
11710  STOP
11720  ! ---------------------------------------------------------------------------
11730  L_dim:!
11740  OPTION BASE 0
11750  PRINTER IS CRT
11760  COM Wave_n,Acf,Bcf,Dcf,Ecf,Fcf,Gcf,N_10,K_10
11770  DIM Symbol_0$(24)[1],Opt_phs_0(25),Name_0$(26)[8],N_0(26),K_0(26)
11780  DIM Group$(300)[1],Iteration(300),Symbol_1$(300)[1],Opt_phs_1(301),D_1(301)
11790  DIM Name_1$(302)[8],N_1(302),K_1(302)
11800  DIM Symbol_2$(300)[1],Opt_phs_2(301),D_2(301)
11810  DIM Name_2$(102)[8],N_2(302),K_2(302)
11820  DIM Symbol$(300)[1],Opt_phs(301),D(301),Name$(102)[8],N(302),K(302),Phs(301)
11830  DIM Count_cycle(300)
11840  DIM List$(100)[89],List_air$(100)[89],List_sub$(100)[89],List_film$(100)[89]
11850  !
```

フレネル係数による分光特性計算プログラムリスト

```
11860   DIM U(300),V(300),Eta_x(2,300),Eta_y(2,300)
11870   DIM Ajr(150),Bjr(150),Cjr(150),Djr(150),Ajt(150),Bjt(150)
11880   DIM A0(150),B0(150),C0(150),D0(150),A1(150),B1(150)
11890   DIM Ar(150),Br(150),Cr(150),Dr(150),At(150),Bt(150)
11900   DIM Delta(300),Gamma(300),Gr(300),Gt(300)
11910   DIM Ag(150),Bg(150),Cg(150),Dg(150)
11920   DIM M0$[50],M1$[50],M2$[50],M3$[50],M4$[50],M5$[50],M6$[50],M7$[50],M8$[50],M9$[50]
11930   !
11940   ! memory allocation
11950   ALLOCATE REAL R_s(X_min:X_max),R_p(X_min:X_max),R_m(X_min:X_max)
11960   ALLOCATE REAL T_s(X_min:X_max),T_p(X_min:X_max),T_m(X_min:X_max)
11970   ALLOCATE REAL Fai_rs(X_min:X_max),Fai_rp(X_min:X_max),Fai_rm(X_min:X_max)
11980   ALLOCATE REAL Fai_ts(X_min:X_max),Fai_tp(X_min:X_max),Fai_tm(X_min:X_max)
11990   RETURN
12000   ! --------------------------------------------------------------------
12010 L_read_data:!
12020   ! air data
12030   RESTORE L_air_index
12040   READ Name_air$,N_air
12050   Name_air$=UPC$(Name_air$)
12060   K_air=0
12070   ! substrate data
12080   RESTORE L_sub_index
12090   READ Name_sub$,N_sub,K_sub
12100   Name_sub$=UPC$(Name_sub$)
12110   ! films data
12120   RESTORE L_film_index
12130   FOR I2=1 TO Film
12140       READ Symbol_0$(I2),Opt_phs_0(I2),Name_0$(I2),N_0(I2),K_0(I2)
12150       Symbol_0$(I2)=UPC$(Symbol_0$(I2))
12160       Name_0$(I2)=UPC$(Name_0$(I2))
12170   NEXT I2
12180   ! design data
12190   RESTORE L_design
12200   FOR I2=1 TO Layer
12210       READ Iteration(I2),Group$(I2),Symbol_1$(I2),D_1(I2)
12220       Group$(I2)=UPC$(Group$(I2))
12230       IF Group$(I2)="0" THEN
12240           Group$(I2)=""
12250       END IF
12260       Symbol_1$(I2)=UPC$(Symbol_1$(I2))
12270       FOR I3=1 TO Film
12280           IF Symbol_1$(I2)=Symbol_0$(I3) THEN
12290               Name_1$(I2)=Name_0$(I3)
12300               Opt_phs_1(I2)=Opt_phs_0(I2)
12310               N_1(I2)=N_0(I3)
12320               K_1(I2)=K_0(I3)
12330               I3=Film
12340           END IF
12350       NEXT I3
12360   NEXT I2
12370   Lt=SUM(Iteration)      ! the number of total layers
12380   ! change groups data to layers data
12390   ! check the number of continuous layers "Count_cycle"
12400   FOR I2=1 TO Layer
12410       IF Iteration(I2)=1 THEN
12420           Count_cycle(I2)=1
12430       ELSE
12440           Count_cycle(I2)=1
12450           FOR I3=1 TO Layer-I2
12460               IF Group$(I2)=Group$(I2+I3) THEN
12470                   Count_cycle(I2)=Count_cycle(I2)+1
```

付録A

```
12480              ELSE
12490                  Count_cycle(I2)=0
12500              END IF
12510              I3=Layer-I2
12520           NEXT I3
12530        END IF
12540  NEXT I2
12550  !
12560  ! convert the data permutation from the iteration (from substrate)
12570  New_layer=0
12580  FOR I2=1 TO Layer
12590     IF Count_cycle(I2)<>0 THEN
12600        IF Count_cycle(I2)=1 THEN
12610           New_layer=New_layer+1
12620           Symbol_2$(New_layer)=Symbol_1$(I2)
12630           Opt_phs_2(New_layer)=Opt_phs_1(I2)
12640           D_2(New_layer)=D_1(I2)
12650           Name_2$(New_layer)=Name_1$(I2)
12660           N_2(New_layer)=N_1(I2)
12670           K_2(New_layer)=K_1(I2)
12680        ELSE
12690           FOR I3=1 TO Iteration(I2)
12700              I4=I2
12710              FOR I5=1 TO Count_cycle(I2)
12720                 New_layer=New_layer+1
12730                 Symbol_2$(New_layer)=Symbol_1$(I4)
12740                 Opt_phs_2(New_layer)=Opt_phs_1(I4)
12750                 D_2(New_layer)=D_1(I4)
12760                 Name_2$(New_layer)=Name_1$(I4)
12770                 N_2(New_layer)=N_1(I4)
12780                 K_2(New_layer)=K_1(I4)
12790                 I4=I4+1
12800              NEXT I5
12810           NEXT I3
12820        END IF
12830     END IF
12840  NEXT I2
12850  !
12860  ! Convert the permutation for calculatuin( from air, top layer = 1)
12870  FOR I2=1 TO Lt
12880     Symbol$(I2)=UPC$(Symbol_2$(Lt-I2+1))
12890     Opt_phs(I2)=Opt_phs_2(Lt-I2+1)
12900     D(I2)=D_2(Lt-I2+1)
12910     Name$(I2)=UPC$(Name_2$(Lt-I2+1))
12920     N(I2)=N_2(Lt-I2+1)
12930     K(I2)=K_2(Lt-I2+1)
12940  NEXT I2
12950  Name$(0)=Name_air$
12960  N(0)=N_air
12970  K(0)=K_air
12980  Name$(Lt+1)=Name_sub$
12990  N(Lt+1)=N_sub
13000  K(Lt+1)=K_sub
13010  D(Lt+1)=D_sub
13020  !
13030  REDIM Symbol_0$(Film),Opt_phs_0(Film),Name_0$(Film),N_0(Film),K_0(Film)
13040  REDIM Group$(Layer),Iteration(Layer),Symbol_1$(Layer),Opt_phs_1(Layer),D_1(Layer)
13050  REDIM Name_1$(Layer),N_1(Layer),K_1(Layer)
13060  REDIM Symbol_2$(Layer),Opt_phs_2(Layer),D_2(Layer)
13070  REDIM Name_2$(Layer),N_2(Layer),K_2(Layer)
13080  REDIM Symbol$(Lt),Opt_phs(Lt+1),D(Lt+1),Name$(Lt+2),N(Lt+2),K(Lt+2),Phs(Lt+1)
13090  REDIM Count_cycle(Layer)
```

フレネル係数による分光特性計算プログラムリスト

```
13100    !
13110    REDIM U(Lt+2),V(Lt+2),Eta_x(2,Lt+2),Eta_y(2,Lt+2)
13120    REDIM Ajr(Lt/2+2),Bjr(Lt/2+2),Cjr(Lt/2+2),Djr(Lt/2+2),Ajt(Lt/2+2),Bjt(Lt/2+2)
13130    REDIM A0(Lt+2),B0(Lt+2),C0(Lt+2),D0(Lt+2),A1(Lt+2),B1(Lt+2)
13140    REDIM Ar(Lt+2),Br(Lt+2),Cr(Lt+2),Dr(Lt+2),At(Lt+2),Bt(Lt+2)
13150    REDIM Delta(Lt+2),Gamma(Lt+2),Gr(Lt+2),Gt(Lt+2)
13160    REDIM Ag(Lt+2),Bg(Lt+2),Cg(Lt+2),Dg(Lt+2)
13170    RETURN
13180    ! ------------------------------------------------------------------
13190    L_check_design:!
13200    SELECT Plot
13210    CASE 1
13220        M1$="Reflectance"
13230    CASE 2
13240        M1$="Transmittance"
13250    CASE 3
13260        M1$="Reflected Phase"
13270    CASE 4
13280        M1$="Transmitted Phase"
13290    END SELECT
13300    IF Plot<3 THEN
13310        SELECT Side2
13320        CASE 1
13330            M2$="FWD ignore Side2"
13340        CASE 2
13350            M2$="FWD include Side2"
13360        CASE 3
13370            M2$="REV ignore Side2"
13380        CASE 4
13390            M2$="REV include Side2"
13400        END SELECT
13410    ELSE
13420        M2$="FWD ignore Side2"
13430    END IF
13440    CLEAR SCREEN
13450    GINIT
13460    PRINTALL IS Printer
13470    SELECT Plot
13480    CASE 1
13490        M0$="***  Spectral Property  ***"
13500    CASE 2
13510        M0$="***  Spectral Property  ***"
13520    CASE 3
13530        M0$="***  Reflected Phase  ***"
13540    CASE 4
13550        M0$="***  Transmitted Phase  ***"
13560    END SELECT
13570    PRINT TABXY(30,6);M0$
13580    PRINT TABXY(11,8);"* Parameters"
13590    PRINT TABXY(38,8);"="
13600    PRINT TABXY(40,8);M1$&" : "&M2$
13610    PRINT TABXY(11,9);"* Design Wavelength [nm]"
13620    PRINT TABXY(38,9);"="
13630    PRINT TABXY(40,9);W_design
13640    PRINT TABXY(11,10);"* Angle of Incidence [deg]"
13650    PRINT TABXY(38,10);"="
13660    PRINT TABXY(40,10);Aoi
13670    FOR I2=1 TO 73
13680        PRINT TABXY(10+I2,12);"-"
13690    NEXT I2
13700    PRINT USING L_10;"[Indices]","Sym","Type","Name","n","k"
13710    L_10:   IMAGE 10X,9A,5X,3A,5X,4A,5X,4A,12X,1A,13X,1A
```

付録A

```
13720   FOR I2=1 TO 63
13730       PRINT TABXY(20+I2,14);"-"
13740   NEXT I2
13750   PRINT USING L_20;"Air",Name_air$,N_air
13760 L_20: IMAGE 24X,3A,15X,8A,5X,2D.5D
13770   PRINT USING L_21;"Sub",Name_sub$,N_sub,K_sub
13780 L_21: IMAGE 24X,3A,15X,8A,5X,2D.5D,5X,2D.8D
13790   FOR I2=1 TO Film
13800       M1$=Symbol_0$(I2)
13810       IF Opt_phs_0(I2)=1 THEN
13820           M2$="Opt"
13830       ELSE
13840           M2$="Phs"
13850       END IF
13860       M3$=Name_0$(I2)
13870       M4=N_0(I2)
13880       M5=K_0(I2)
13890       PRINT USING L_30;M1$,M2$,M3$,M4,M5
13900 L_30: IMAGE 25X,1A,7X,3X,6X,8A,5X,2D.5D,5X,2D.8D
13910   NEXT I2
13920   PRINT
13930   FOR I2=1 TO 73
13940       PRINT TABXY(10+I2,18+Film);"-"
13950   NEXT I2
13960   M1$="[Designs]"
13970   M2$="Ite."
13980   M3$="Group"
13990   M4$="Sym"
14000   M5$="Thickness"
14010   M6$="(from substrate)"
14020   PRINT USING L_40;M1$,M2$,M3$,M4$,M5$,M6$
14030 L_40:   IMAGE 10X,9A,4X,4A,4X,5A,4X,3A,4X,9A,3X,16A
14040   FOR I2=1 TO 63
14050       PRINT TABXY(20+I2,20+Film);"-"
14060   NEXT I2
14070   FOR I2=1 TO Layer
14080       M1=I2
14090       M2$=":"
14100       M3=Iteration(I2)
14110       M4$=Group$(I2)
14120       M5$=Symbol_1$(I2)
14130       M6=D_1(I2)
14140       PRINT USING L_50;M1,M2$,M3,M4$,M5$,M6
14150 L_50: IMAGE 14X,2D,1A,7X,2D,7X,1A,7X,1A,3X,5D.5D
14160   NEXT I2
14170   PRINT
14180   PRINT
14190   PRINT TABXY(16,22+Film+Layer);"* the number of layers =";Lt
14200   FOR I2=1 TO 8
14210       ON KEY I2 LABEL "" GOSUB L_beep
14220   NEXT I2
14230   USER 1 KEYS
14240   ON KEY 1 LABEL "1:STOP" GOTO L_stop
14250   ON KEY 5 LABEL "5:OK" GOSUB L_ok_key
14260   ! wait for a key press
14270   F_ok_key=0
14280   LOOP
14290       KEY LABELS ON
14300   EXIT IF F_ok_key
14310   END LOOP
14320   RETURN
14330   ! ----------------------------------------------------------------
```

フレネル係数による分光特性計算プログラムリスト

```
14340 L_graphics:!
14350   CLEAR SCREEN
14360   GRAPHICS ON
14370   WINDOW -100,600,-50,150
14380   AREA PEN 1
14390   MOVE -100,-50
14400   RECTANGLE 700,200,FILL,EDGE
14410   AREA PEN 6
14420   IF Aoi<>0 THEN
14430     CSIZE 3
14440     PEN 6
14450     MOVE 400,110
14460     DRAW 430,110
14470     MOVE 440,107
14480     LABEL "S-wave"
14490     PEN 2
14500     MOVE 400,105
14510     DRAW 430,105
14520     MOVE 440,102
14530     LABEL "P-wave"
14540     PEN 7
14550     MOVE 400,115
14560     DRAW 430,115
14570     MOVE 440,112
14580     IF Plot<3 THEN
14590       LABEL "Random"
14600     ELSE
14610       LABEL "P-S"
14620     END IF
14630   END IF
14640   PEN 0
14650   LINE TYPE 1
14660   MOVE 0,0
14670   DRAW 500,0
14680   DRAW 500,100
14690   DRAW 0,100
14700   DRAW 0,0
14710   PENUP
14720   MOVE -1,-.2
14730   DRAW 501,-.2
14740   DRAW 501,100.2
14750   DRAW -1,100.2
14760   DRAW -1,-.2
14770   PENUP
14780   LINE TYPE 4
14790   ! [Y-axis]
14800   Y_full=Y_max-Y_min
14810   Y_times=100/Y_full
14820   Y_no=INT(Y_full/Y_label)
14830   FOR I2=1 TO Y_no
14840     IF I2*Y_label*Y_times<100 THEN
14850       MOVE 0,I2*Y_label*Y_times
14860       DRAW 500,I2*Y_label*Y_times
14870     END IF
14880   NEXT I2
14890   !
14900   ! [X-axis]
14910   X_full=X_max-X_min
14920   X_times=500/(X_max-X_min)
14930   X_no=X_full/X_label
14940   FOR I2=1 TO X_no
14950     IF I2*X_label*X_times<500 THEN
```

付録A

```
14960        MOVE I2*X_label*X_times,0
14970        DRAW I2*X_label*X_times,100
14980        PENUP
14990      END IF
15000   NEXT I2
15010   ! [Y-label]
15020   PEN 6
15030   CSIZE 3.5,.4
15040   LINE TYPE 1
15050   FOR I2=0 TO Y_no
15060      Y_value=Y_min+Y_label*I2
15070      Y_axis=Y_label*I2*Y_times
15080      Y_label_mod=Y_label MOD 1
15090      Last=LEN(VAL$(Y_label_mod))-1
15100      SELECT Last
15110      CASE 0
15120         MOVE -35,Y_axis-4
15130         LABEL USING "4D";Y_value
15140      CASE 1
15150         MOVE -50,Y_axis-4
15160         LABEL USING "4D.D";Y_value
15170      CASE 2
15180         MOVE -57,Y_axis-4
15190         LABEL USING "4D.2D";Y_value
15200      CASE 3
15210         MOVE -65,Y_axis-4
15220         LABEL USING "4D.3D";Y_value
15230      END SELECT
15240   NEXT I2
15250   ! [Y-title]
15260   CSIZE 4
15270   CLIP OFF
15280   LINE TYPE 1
15290   LDIR PI/2
15300   SELECT Plot
15310   CASE 1
15320      M1$=" REFLECTANCE [%]"
15330   CASE 2
15340      M1$="TRANSMITTANCE [%]"
15350   CASE 3
15360      M1$="REFL PHASE [deg]"
15370   CASE 4
15380      M1$="TRANS PHASE [deg]"
15390   END SELECT
15400   FOR I2=-.3 TO .3 STEP .1
15410      SELECT Last
15420      CASE 0
15430         MOVE -40,10+I2
15440      CASE 1
15450         MOVE -55,10+I2
15460      CASE 2
15470         MOVE -62,10+I2
15480      CASE 3
15490         MOVE -70,10+I2
15500      END SELECT
15510      LABEL M1$
15520   NEXT I2
15530   ! [X-label]
15540   PEN 6
15550   CSIZE 3.5,.4
15560   LINE TYPE 1
15570   LDIR 0
```

フレネル係数による分光特性計算プログラムリスト

```
15580  FOR I2=0 TO X_no
15590     X_value=X_min+X_label*I2
15600     X_axis=X_label*I2*X_times
15610     X_label_mod=X_label MOD 1
15620     Last=LEN(VAL$(X_label_mod))-1
15630     SELECT Last
15640     CASE 0
15650        MOVE X_axis-17,-10
15660        LABEL USING "4D";X_value
15670     CASE 1
15680        MOVE X_axis-22,-10
15690        LABEL USING "4D.D";X_value
15700     CASE 2
15710        MOVE X_axis-10,-10
15720        LABEL USING "4D.2D";X_value
15730     END SELECT
15740  NEXT I2
15750  CSIZE 4
15760  FOR I2=-.6 TO .6 STEP .1
15770     MOVE 165+I2,-20
15780     LABEL "WAVELENGTH [nm]"
15790  NEXT I2
15800  RETURN
15810  !------------------------------------------------------------------
15820 L_cal:!
15830  RAD
15840  Aoi=Aoi/180*PI
15850  IF Plot>2 THEN
15860     Side2=1
15870  END IF
15880  GOSUB L_film_phs            ! convert thickness from optical thick. to physical thick.
15890  !
15900  F_sp=1                      ! F_sp: 1=s-wave, 2=p-wave
15910  REPEAT
15920     FOR Wave=X_min TO X_max STEP X_step
15930        GOSUB L_eta_xy         ! calculate complex index of each layer
15940        GOSUB L_sub_thick      ! calculate sub. thickness in case of oblique incidence
15950        GOSUB L_virtual_plane  ! calculate Fresnel coefficients of virtual planes
15960        IF Plot>2 THEN
15970           GOSUB L_phase       ! calculate phase
15980        END IF
15990        GOSUB L_rg             ! calculate Fresnel coefficients of Rg
16000        GOSUB L_r_rb_t         ! calculate R,Rb and T
16010        GOSUB L_plot           ! plot data
16020     NEXT Wave
16030     PENUP
16040     IF Aoi=0 THEN
16050        F_sp=3
16060     ELSE
16070        F_sp=F_sp+1
16080        IF F_sp=3 THEN
16090           GOSUB L_plot_mean   ! plot mean values
16100        END IF
16110     END IF
16120  UNTIL F_sp=3
16130  RETURN
16140  !------------------------------------------------------------------
16150 L_film_phs:! convert thickness from optical thick. to physical thick.
16160  Wave_n=W_design     ! for calculation of dispersion
16170  ! read dispersion data
16180  REDIM List_air$(No_air-1),List_sub$(No_sub-1),List_film$(No_film-1)
16190  RESTORE L_air_data
```

付録A

```
16200    READ List_air$(*)
16210    RESTORE L_sub_data
16220    READ List_sub$(*)
16230    RESTORE L_film_data
16240    READ List_film$(*)
16250    !
16260    F_material=2
16270    FOR I2=1 TO Lt
16280       IF Name$(I2)="0" THEN
16290          IF Opt_phs(I2)=1 THEN
16300             Phs(I2)=D(I2)*Wave_n/(4*N(I2))
16310          ELSE
16320             Phs(I2)=D(I2)
16330          END IF
16340       ELSE
16350          Name_10$=Name$(I2)
16360          GOSUB L_cal_disp
16370          N(I2)=N_10
16380          IF Opt_phs(I2)=1 THEN
16390             Phs(I2)=D(I2)*Wave_n/(4*N(I2))
16400          ELSE
16410             Phs(I2)=D(I2)
16420          END IF
16430       END IF
16440    NEXT I2
16450    RETURN
16460    ! -----------------------------------------------------------------------
16470    L_cal_disp:! calculate
16480    SELECT F_material
16490    CASE 1 ! air
16500       J10=0
16510       F_exit=0
16520       LOOP
16530          EXIT IF J10>No_air-1 OR F_exit
16540          M1$=TRIM$(UPC$(List_air$(J10)[2,9]))
16550          IF M1$=Name_10$ THEN
16560             Function$=TRIM$(UPC$(List_air$(J10)[11,18]))
16570             Acf=VAL(List_air$(J10)[20,28])
16580             Bcf=VAL(List_air$(J10)[30,38])
16590             Ccf=VAL(List_air$(J10)[40,48])
16600             Dcf=VAL(List_air$(J10)[50,58])
16610             Ecf=VAL(List_air$(J10)[60,68])
16620             Fcf=VAL(List_air$(J10)[70,78])
16630             Gcf=VAL(List_air$(J10)[80,88])
16640             J10=No_air
16650             F_exit=1
16660          END IF
16670          J10=J10+1
16680       END LOOP
16690    CASE 2 ! films
16700       J10=0
16710       F_exit=0
16720       LOOP
16730          EXIT IF J10>No_film-1 OR F_exit
16740          M1$=TRIM$(UPC$(List_film$(J10)[2,9]))
16750          IF M1$=Name_10$ THEN
16760             Function$=TRIM$(UPC$(List_film$(J10)[11,18]))
16770             Acf=VAL(List_film$(J10)[20,28])
16780             Bcf=VAL(List_film$(J10)[30,38])
16790             Ccf=VAL(List_film$(J10)[40,48])
16800             Dcf=VAL(List_film$(J10)[50,58])
16810             Ecf=VAL(List_film$(J10)[60,68])
```

```
16820              Fcf=VAL(List_film$(J10)[70,78])
16830              Gcf=VAL(List_film$(J10)[80,88])
16840              F_exit=1
16850           END IF
16860           J10=J10+1
16870        END LOOP
16880     CASE 3 ! substrate
16890        J10=0
16900        F_exit=0
16910        LOOP
16920           EXIT IF J10>No_sub-1 OR F_exit
16930           M1$=TRIM$(UPC$(List_sub$(J10)[2,9]))
16940           IF M1$=Name_10$ THEN
16950              Function$=TRIM$(UPC$(List_sub$(J10)[11,18]))
16960              Acf=VAL(List_sub$(J10)[20,28])
16970              Bcf=VAL(List_sub$(J10)[30,38])
16980              Ccf=VAL(List_sub$(J10)[40,48])
16990              Dcf=VAL(List_sub$(J10)[50,58])
17000              Ecf=VAL(List_sub$(J10)[60,68])
17010              Fcf=VAL(List_sub$(J10)[70,78])
17020              Gcf=VAL(List_sub$(J10)[80,88])
17030              F_exit=1
17040           END IF
17050           J10=J10+1
17060        END LOOP
17070     END SELECT
17080     !
17090     SELECT Function$
17100     CASE "BUCH"
17110        S_buch(Wave_n,Acf,Bcf,Ccf,Dcf,N_10,K_10)
17120     CASE "CAUCHY"
17130        S_cauchy(Wave_n,Acf,Bcf,Ccf,N_10,K_10)
17140     CASE "HART"
17150        S_hart(Wave_n,Acf,Bcf,Ccf,N_10,K_10)
17160     CASE "LOREN"
17170        S_loren(Wave_n,Acf,Bcf,Ccf,N_10,K_10)
17180     CASE "LORENK"
17190        S_lorenk(Wave_n,Acf,Bcf,Ccf,Dcf,N_10,K_10)
17200     CASE "QUAD"
17210        S_quad(Wave_n,Acf,Bcf,N_10,K_10)
17220     CASE "QUADS"
17230        S_quads(Wave_n,Acf,Bcf,Ccf,N_10,K_10)
17240     CASE "QUADSK"
17250        S_quadsk(Wave_n,Acf,Bcf,Ccf,Dcf,Ecf,Fcf,N_10,K_10)
17260     CASE "SELL"
17270        S_sell(Wave_n,Acf,Bcf,N_10,K_10)
17280     CASE "SELLG"
17290        S_sellg(Wave_n,Acf,Bcf,Ccf,Dcf,Ecf,Fcf,N_10,K_10)
17300     CASE "FUNC01"
17310        S_func01(Wave_n,Acf,Bcf,Ccf,Dcf,Ecf,Fcf,Gcf,N_10,K_10)
17320     CASE "FUNC02"
17330        S_func02(Wave_n,Acf,Bcf,Ccf,Dcf,Ecf,Fcf,Gcf,N_10,K_10)
17340     CASE "FUNC03"
17350        S_func04(Wave_n,Acf,Bcf,Ccf,Dcf,Ecf,Fcf,Gcf,N_10,K_10)
17360     CASE "FUNC04"
17370        S_func04(Wave_n,Acf,Bcf,Ccf,Dcf,Ecf,Fcf,Gcf,N_10,K_10)
17380     CASE "FUNC05"
17390        S_func05(Wave_n,Acf,Bcf,Ccf,Dcf,Ecf,Fcf,Gcf,N_10,K_10)
17400     END SELECT
17410     RETURN
17420  ! ------------------------------------------------------------------
17430  L_eta_xy:! calculate complex index of materials
```

付録A

```
17440  Wave_n=Wave
17450  !
17460  ! [Air]
17470  F_material=1
17480  IF Name$(0)<>"0" AND F_sp=1 THEN
17490     Name_10$=UPC$(Name$(0))
17500     GOSUB L_cal_disp
17510     N(0)=N_10
17520     K(0)=0
17530  END IF
17540  Eta_x(1,0)=N(0)*COS(Aoi)! x0s  [eq.(4-51)]
17550  Eta_y(1,0)=0              ! y0s
17560  Eta_x(2,0)=N(0)/COS(Aoi)! x0p
17570  Eta_y(2,0)=0              ! y0p
17580  !
17590  ! [Film]
17600  F_material=2
17610  FOR I2=1 TO Lt
17620     IF Name$(I2)<>"0" AND F_sp=1 THEN
17630        Name_10$=Name$(I2)
17640        GOSUB L_cal_disp
17650        N(I2)=N_10
17660        K(I2)=K_10
17670     END IF
17680     U(I2)=N(I2)^2-K(I2)^2-(N(0)*SIN(Aoi))^2  ! [eq.(4-55)]
17690     V(I2)=2*N(I2)*K(I2)
17700     M1=U(I2)^2+V(I2)^2
17710     Eta_x(1,I2)=M1^(1/4)*(1+U(I2)/M1^.5)^.5/2^.5
17720     Eta_y(1,I2)=M1^(1/4)*(ABS(1-U(I2)/M1^.5))^.5/2^.5
17730     M2=N(I2)^2-K(I2)^2
17740     M3=Eta_x(1,I2)^2+Eta_y(1,I2)^2
17750     Eta_x(2,I2)=(M2*Eta_x(1,I2)+2*N(I2)*K(I2)*Eta_y(1,I2))/M3
17760     Eta_y(2,I2)=(2*N(I2)*K(I2)*Eta_x(1,I2)-M2*Eta_y(1,I2))/M3
17770  NEXT I2
17780  !
17790  ! [Substrate]
17800  F_material=3
17810  IF Name$(Lt+1)<>"0" AND F_sp=1 THEN
17820     Name_10$=Name$(Lt+1)
17830     GOSUB L_cal_disp
17840     N(Lt+1)=N_10
17850     K(Lt+1)=K_10
17860  END IF
17870  U(Lt+1)=N(Lt+1)^2-K(Lt+1)^2-(N(0)*SIN(Aoi))^2  ! [eq.(4-55)]
17880  V(Lt+1)=2*N(Lt+1)*K(Lt+1)
17890  M1=U(Lt+1)^2+V(Lt+1)^2
17900  Eta_x(1,Lt+1)=M1^(1/4)*(1+U(Lt+1)/M1^.5)^.5/2^.5
17910  Eta_y(1,Lt+1)=M1^(1/4)*(ABS(1-U(Lt+1)/M1^.5))^.5/2^.5
17920  M2=N(Lt+1)^2-K(Lt+1)^2
17930  M3=Eta_x(1,Lt+1)^2+Eta_y(1,Lt+1)^2
17940  Eta_x(2,Lt+1)=(M2*Eta_x(1,Lt+1)+2*N(Lt+1)*K(Lt+1)*Eta_y(1,Lt+1))/M3
17950  Eta_y(2,Lt+1)=(2*N(Lt+1)*K(Lt+1)*Eta_x(1,Lt+1)-M2*Eta_y(1,Lt+1))/M3
17960  RETURN
17970  ! ------------------------------------------------------------
17980  L_sub_thick:!
17990  IF Aoi=0 THEN
18000     H=D(Lt+1)
18010  ELSE
18020     H1=(N(Lt+1)^2+K(Lt+1)^2)/(Eta_x(1,Lt+1)^2+Eta_y(1,Lt+1)^2)  ! [eq.(4-G1),(4-G2)]
18030     H=D(Lt+1)*H1^.5
18040  END IF
18050  RETURN
```

フレネル係数による分光特性計算プログラムリスト

```
18060   ! ------------------------------------------------------------------
18070   L_virtual_plane:!
18080     FOR I2=0 TO Lt               ! Rho & Tau at actual surfaces  [eq.(4-56),(4-57)]
18090       A0(I2)=Eta_x(F_sp,I2)-Eta_x(F_sp,I2+1)
18100       B0(I2)=Eta_y(F_sp,I2)-Eta_y(F_sp,I2+1)
18110       C0(I2)=Eta_x(F_sp,I2)+Eta_x(F_sp,I2+1)
18120       D0(I2)=Eta_y(F_sp,I2)+Eta_y(F_sp,I2+1)
18130       A1(I2)=2*Eta_x(F_sp,I2)
18140       B1(I2)=2*Eta_y(F_sp,I2)
18150     NEXT I2
18160     ! reflectance from non-coated surface of substrate  [eq.(2-84)]
18170     R1=(Eta_x(F_sp,0)-Eta_x(F_sp,Lt+1))^2+(Eta_y(F_sp,0)-Eta_y(F_sp,Lt+1))^2
18180     R2=(Eta_x(F_sp,0)+Eta_x(F_sp,Lt+1))^2+(Eta_y(F_sp,0)+Eta_y(F_sp,Lt+1))^2
18190     R0=R1/R2
18200     ! Delta & Gamma of each layer   [eq.(4-59)]
18210     FOR I2=1 TO Lt
18220       Delta(I2)=2*PI*Eta_x(1,I2)*Phs(I2)/Wave
18230       Gamma(I2)=2*PI*Eta_y(1,I2)*Phs(I2)/Wave
18240     NEXT I2
18250     ! FWD Rho
18260     Ar(Lt)=A0(Lt)                ! [eq.(4-39),(4-45)]
18270     Br(Lt)=B0(Lt)
18280     Cr(Lt)=C0(Lt)
18290     Dr(Lt)=D0(Lt)
18300     At(Lt)=A1(Lt)
18310     Bt(Lt)=B1(Lt)
18320     FOR J=Lt-1 TO 0 STEP -1      ! [eq.(4-39)-(4-43),(4-45)-(4-49)]
18330       Gr(J+1)=EXP(-2*Gamma(J+1))
18340       Ar1=A0(J)*Cr(J+1)-B0(J)*Dr(J+1)
18350       Ar2=(C0(J)*Ar(J+1)-D0(J)*Br(J+1))*COS(2*Delta(J+1))
18360       Ar3=(C0(J)*Br(J+1)+D0(J)*Ar(J+1))*SIN(2*Delta(J+1))
18370       Ar(J)=Ar1+(Ar2-Ar3)*Gr(J+1)
18380       !
18390       Br1=A0(J)*Dr(J+1)+B0(J)*Cr(J+1)
18400       Br2=(C0(J)*Br(J+1)+D0(J)*Ar(J+1))*COS(2*Delta(J+1))
18410       Br3=(C0(J)*Ar(J+1)-D0(J)*Br(J+1))*SIN(2*Delta(J+1))
18420       Br(J)=Br1+(Br2+Br3)*Gr(J+1)
18430       !
18440       Cr1=C0(J)*Cr(J+1)-D0(J)*Dr(J+1)
18450       Cr2=(A0(J)*Ar(J+1)-B0(J)*Br(J+1))*COS(2*Delta(J+1))
18460       Cr3=(A0(J)*Br(J+1)+B0(J)*Ar(J+1))*SIN(2*Delta(J+1))
18470       Cr(J)=Cr1+(Cr2-Cr3)*Gr(J+1)
18480       !
18490       Dr1=C0(J)*Dr(J+1)+D0(J)*Cr(J+1)
18500       Dr2=(A0(J)*Br(J+1)+B0(J)*Ar(J+1))*COS(2*Delta(J+1))
18510       Dr3=(A0(J)*Ar(J+1)-B0(J)*Br(J+1))*SIN(2*Delta(J+1))
18520       Dr(J)=Dr1+(Dr2+Dr3)*Gr(J+1)
18530       !
18540       Gt(J+1)=EXP(-Gamma(J+1))
18550       At1=(A1(J)*At(J+1)-B1(J)*Bt(J+1))*COS(Delta(J+1))
18560       At2=(A1(J)*Bt(J+1)+B1(J)*At(J+1))*SIN(Delta(J+1))
18570       At(J)=(At1-At2)*Gt(J+1)
18580       !
18590       Bt1=(A1(J)*Bt(J+1)+B1(J)*At(J+1))*COS(Delta(J+1))
18600       Bt2=(A1(J)*At(J+1)-B1(J)*Bt(J+1))*SIN(Delta(J+1))
18610       Bt(J)=(Bt1+Bt2)*Gt(J+1)
18620     NEXT J
18630     Rf=(Ar(0)^2+Br(0)^2)/(Cr(0)^2+Dr(0)^2)           ! [eq.(4-44),(4-50)]
18640     Tf=Eta_x(F_sp,Lt+1)/Eta_x(F_sp,0)*(At(0)^2+Bt(0)^2)/(Cr(0)^2+Dr(0)^2)
18650   RETURN
18660   ! ------------------------------------------------------------------
18670   L_phase:!
```

付録A

```
18680   ! Reflected Phase [eq.(4-44)]
18690   Real_r=Ar(0)*Cr(0)+Br(0)*Dr(0)
18700   Imagin_r=Ar(0)*Dr(0)-Br(0)*Cr(0)
18710   !
18720   IF Real_r>=0 THEN
18730       Fai_r=180/PI*ATN(Imagin_r/Real_r) MOD 360
18740   ELSE
18750       IF Imagin_r>0 THEN
18760           Fai_r=180/PI*(PI+ATN(Imagin_r/Real_r)) MOD 360
18770       ELSE
18780           Fai_r=180/PI*(ATN(Imagin_r/Real_r)-PI) MOD 360
18790       END IF
18800   END IF
18810   ! Transmitted Phase [eq.(4-48)]
18820   Real_t=At(0)*Cr(0)+Bt(0)*Dr(0)
18830   Imagin_t=At(0)*Dr(0)-Bt(0)*Cr(0)
18840   IF Real_t>=0 THEN
18850       Fai_t=180/PI*ATN(Imagin_t/Real_t) MOD 360
18860   ELSE
18870       IF Imagin_t>0 THEN
18880           Fai_t=180/PI*(PI+ATN(Imagin_t/Real_t)) MOD 360
18890       ELSE
18900           Fai_t=180/PI*(ATN(Imagin_t/Real_t)-PI) MOD 360
18910       END IF
18920   END IF
18930   RETURN
18940   ! ----------------------------------------------------------------------
18950   L_rg:!
18960   ! Rg
18970   Ag(0)=A0(0)        ! [eq.(4-63)]
18980   Bg(0)=B0(0)
18990   Cg(0)=C0(0)
19000   Dg(0)=D0(0)
19010   FOR J=1 TO Lt     ! [eq.(4-71)-(4-71)]
19020       Ag1=A0(J)*Cg(J-1)-B0(J)*Dg(J-1)
19030       Ag2=(C0(J)*Ag(J-1)-D0(J)*Bg(J-1))*COS(2*Delta(J))
19040       Ag3=(C0(J)*Bg(J-1)+D0(J)*Ag(J-1))*SIN(2*Delta(J))
19050       Ag(J)=Ag1+(Ag2-Ag3)*Gr(J)
19060       !
19070       Bg1=A0(J)*Dg(J-1)+B0(J)*Cg(J-1)
19080       Bg2=(C0(J)*Bg(J-1)+D0(J)*Ag(J-1))*COS(2*Delta(J))
19090       Bg3=(C0(J)*Ag(J-1)-D0(J)*Bg(J-1))*SIN(2*Delta(J))
19100       Bg(J)=Bg1+(Bg2+Bg3)*Gr(J)
19110       !
19120       Cg1=C0(J)*Cg(J-1)-D0(J)*Dg(J-1)
19130       Cg2=(A0(J)*Ag(J-1)-B0(J)*Bg(J-1))*COS(2*Delta(J))
19140       Cg3=(A0(J)*Bg(J-1)+B0(J)*Ag(J-1))*SIN(2*Delta(J))
19150       Cg(J)=Cg1+(Cg2-Cg3)*Gr(J)
19160       !
19170       Dg1=C0(J)*Dg(J-1)+D0(J)*Cg(J-1)
19180       Dg2=(A0(J)*Bg(J-1)+B0(J)*Ag(J-1))*COS(2*Delta(J))
19190       Dg3=(A0(J)*Ag(J-1)-B0(J)*Bg(J-1))*SIN(2*Delta(J))
19200       Dg(J)=Dg1+(Dg2+Dg3)*Gr(J)
19210   NEXT J
19220   Rg=(Ag(Lt)^2+Bg(Lt)^2)/(Cg(Lt)^2+Dg(Lt)^2)   ! [eq.(4-75)]
19230   RETURN
19240   ! ----------------------------------------------------------------------
19250   L_r_rb_t:!
19260   ! R,Rb,T including Side2
19270   IF -4*PI*K(Lt+1)*H*1000000/Wave<-708 THEN
19280       Ti=0
19290   ELSE
```

フレネル係数による分光特性計算プログラムリスト

```
19300      Ti=EXP(-4*PI*K(Lt+1)*H*1000000/Wave) ! [eq.(4-59)]
19310      IF Ti<10^(-100) THEN
19320         Ti=0
19330      END IF
19340   END IF
19350   R=Rf+Tf^2*Ti^2*R0/(1-Ti^2*R0*Rg)          ! [eq.(4-69)]
19360   Rb=R0+(1-R0)^2*Ti^2*Rg/(1-Ti^2*R0*Rg)     ! [eq.(4-70)]
19370   T=(1-R0)*Tf*Ti/(1-Ti^2*R0*Rg)             ! [eq.(4-71)]
19380   RETURN
19390   ! -------------------------------------------------------------
19400 L_plot:!
19410   IF F_sp=1 THEN
19420      PEN 6
19430      SELECT Side2
19440      CASE 1
19450         R_s(Wave)=Rf
19460         T_s(Wave)=Tf*Ti
19470         Fai_rs(Wave)=Fai_r
19480         Fai_ts(Wave)=Fai_t
19490         SELECT Plot
19500         CASE 1
19510            Y=R_s(Wave)
19520         CASE 2
19530            Y=T_s(Wave)
19540         CASE 3
19550            Y=Fai_rs(Wave)
19560         CASE 4
19570            Y=Fai_ts(Wave)
19580         END SELECT
19590      CASE 2
19600         R_s(Wave)=R
19610         T_s(Wave)=T
19620         IF Plot=1 THEN
19630            Y=R_s(Wave)
19640         ELSE
19650            Y=T_s(Wave)
19660         END IF
19670      CASE 3
19680         R_s(Wave)=Rg*Ti^2
19690         T_s(Wave)=Tf*Ti
19700         IF Plot=1 THEN
19710            Y=R_s(Wave)
19720         ELSE
19730            Y=T_s(Wave)
19740         END IF
19750      CASE 4
19760         R_s(Wave)=Rb
19770         T_s(Wave)=T
19780         IF Plot=1 THEN
19790            Y=R_s(Wave)
19800         ELSE
19810            Y=T_s(Wave)
19820         END IF
19830      END SELECT
19840   ELSE
19850      PEN 2
19860      LINE TYPE 4
19870      SELECT Side2
19880      CASE 1
19890         R_p(Wave)=Rf
19900         T_p(Wave)=Tf*Ti
19910         Fai_rp(Wave)=Fai_r
```

付録A

```
19920        Fai_tp(Wave)=Fai_t
19930        SELECT Plot
19940        CASE 1
19950            Y=R_p(Wave)
19960        CASE 2
19970            Y=T_p(Wave)
19980        CASE 3
19990            Y=Fai_rp(Wave)
20000        CASE 4
20010            Y=Fai_tp(Wave)
20020        END SELECT
20030     CASE 2
20040        R_p(Wave)=R
20050        T_p(Wave)=T
20060        IF Plot=1 THEN
20070            Y=R_p(Wave)
20080        ELSE
20090            Y=T_p(Wave)
20100        END IF
20110     CASE 3
20120        R_p(Wave)=Rg*Ti^2
20130        T_p(Wave)=Tf*Ti
20140        IF Plot=1 THEN
20150            Y=R_p(Wave)
20160        ELSE
20170            Y=T_p(Wave)
20180        END IF
20190     CASE 4
20200        R_p(Wave)=Rb
20210        T_p(Wave)=T
20220        IF Plot=1 THEN
20230            Y=R_p(Wave)
20240        ELSE
20250            Y=T_p(Wave)
20260        END IF
20270     END SELECT
20280  END IF
20290  !
20300  X=(Wave-X_min)*X_times
20310  IF Plot<3 THEN
20320     Y=(Y*100-Y_min)*Y_times
20330  ELSE
20340     Y=ABS(Y-Y_min)*Y_times
20350  END IF
20360  IF Y<0 THEN
20370     Y=0
20380     PEN 0
20390  END IF
20400  IF Y>100 THEN
20410     Y=100
20420     PEN 0
20430  END IF
20440  PLOT X,Y
20450  RETURN
20460  ! --------------------------------------------------------------------
20470  L_plot_mean:!
20480  PEN 7
20490  LINE TYPE 7
20500  IF Plot<3 THEN
20510     FOR Wave=X_min TO X_max STEP X_step
20520        R_m(Wave)=(R_s(Wave)+R_p(Wave))/2
20530        T_m(Wave)=(T_s(Wave)+T_p(Wave))/2
```

フレネル係数による分光特性計算プログラムリスト

```
20540          IF Plot=1 THEN
20550              Y=R_m(Wave)
20560          ELSE
20570              Y=T_m(Wave)
20580          END IF
20590          X=(Wave-X_min)*X_times
20600          Y=(Y*100-Y_min)*Y_times
20610          IF Y<0 THEN
20620              Y=0
20630              PEN 0
20640          END IF
20650          IF Y>100 THEN
20660              Y=100
20670              PEN 0
20680          END IF
20690          PLOT X,Y
20700      NEXT Wave
20710  ELSE
20720      FOR Wave=X_min TO X_max STEP X_step
20730          Fai_rm(Wave)=Fai_rp(Wave)-Fai_rs(Wave)
20740          Fai_tm(Wave)=Fai_tp(Wave)-Fai_ts(Wave)
20750          IF Y_min<0 THEN
20760              IF Fai_rm(Wave)<-180 AND Fai_rm(Wave)>-360 THEN
20770                  Fai_rm(Wave)=Fai_rm(Wave)+360
20780              END IF
20790              IF Fai_rm(Wave)>180 AND Fai_rm(Wave)<360 THEN
20800                  Fai_rm(Wave)=Fai_rm(Wave)-360
20810              END IF
20820              IF Fai_tm(Wave)<-180 AND Fai_tm(Wave)>-360 THEN
20830                  Fai_tm(Wave)=Fai_tm(Wave)+360
20840              END IF
20850              IF Fai_tm(Wave)>180 AND Fai_tm(Wave)<360 THEN
20860                  Fai_tm(Wave)=Fai_tm(Wave)-360
20870              END IF
20880          ELSE
20890              IF Fai_rm(Wave)<0 THEN
20900                  Fai_rm(Wave)=Fai_rm(Wave)+360
20910              END IF
20920              IF Fai_tm(Wave)<0 THEN
20930                  Fai_tm(Wave)=Fai_tm(Wave)+360
20940              END IF
20950          END IF
20960          IF Plot=3 THEN
20970              Y=Fai_rm(Wave)
20980          ELSE
20990              Y=Fai_tm(Wave)
21000          END IF
21010          X=(Wave-X_min)*X_times
21020          Y=ABS(Y-Y_min)*Y_times
21030          IF Y<0 THEN
21040              Y=0
21050              PEN 0
21060          END IF
21070          IF Y>100 THEN
21080              Y=100
21090              PEN 0
21100          END IF
21110          PLOT X,Y
21120      NEXT Wave
21130  END IF
21140  RETURN
21150  !------------------------------------------------------------
```

付録A

```
21160  L_dump_g:!
21170    FOR I2=1 TO 8
21180      ON KEY I2 LABEL "" GOSUB L_beep
21190    NEXT I2
21200    DUMP GRAPHICS #Printer
21210    PRINT CHR$(13)
21220  RETURN
21230  ! ------------------------------------------------------------------
21240  L_print:!
21250    PRINTER IS Printer
21260    OUTPUT Printer
21270    SELECT Side2
21280    CASE 1
21290      M1$="FWD ignore Side2"
21300    CASE 2
21310      M1$="FWD include Side2"
21320    CASE 3
21330      IF Plot<3 THEN
21340        M1$="REV ignore Side2"
21350      ELSE
21360        M1$="FWD ignore Side2"
21370      END IF
21380    CASE 4
21390      IF Plot<3 THEN
21400        M1$="REV include Side2"
21410      ELSE
21420        M1$="FWD ignore Side2"
21430      END IF
21440    END SELECT
21450    PRINT "* Side 2 compensation      :";M1$
21460    PRINT "* Design Wavelength   [nm]:";W_design
21470    PRINT "* Incident Angle      [deg]:";180*Aoi/PI
21480    PRINT "       ================================================="
21490    PRINT
21500    PRINT USING L_100;"[Indices]","Sym","Type","Name","n","k"
21510  L_100:   IMAGE 10X,9A,5X,3A,5X,4A,5X,4A,12X,1A,13X,1A
21520    PRINT "       ---------------------------------------------------------"
21530    PRINT USING L_200;"Air",Name_air$,N_air
21540  L_200:   IMAGE 24X,3A,15X,8A,4X,2D.5D
21550    PRINT USING L_210;"Sub",Name_sub$,N_sub,K_sub,"(",D_sub,"mm)"
21560  L_210:   IMAGE 24X,3A,15X,8A,4X,2D.5D,5X,2D.8D,2X,1A,2D.3D,1X,3A
21570    FOR I2=1 TO Film
21580      M1$=Symbol$(I2)
21590      IF Opt_phs_0(I2)=1 THEN
21600        M2$="Opt"
21610      ELSE
21620        M2$="Phs"
21630      END IF
21640      M3$=Name_0$(I2)
21650      M4=N_0(I2)
21660      M5=K_0(I2)
21670      PRINT USING L_300;M1$,M2$,M3,M4,M5
21680  L_300:   IMAGE 25X,1A,7X,8A,4X,2D.5D,5X,2D.8D
21690    NEXT I2
21700    PRINT "       ---------------------------------------------------------"
21710    M1$="[Design]"
21720    M2$="Ite."
21730    M3$="Group"
21740    M4$="Sym"
21750    M5$="Thick."
21760    M6$="(from the substrate)"
21770    PRINT USING L_400;M1$,M2$,M3$,M4$,M5$,M6$
```

フレネル係数による分光特性計算プログラムリスト

```
21780 L_400: IMAGE 10X,8A,4X,4A,2X,5A,4X,3A,4X,6A,3X,20A
21790   PRINT "        ---------------------------------------------------------"
21800   !
21810   FOR I2=1 TO Layer
21820     M1=I2
21830     M2$=":"
21840     M3=Iteration(I2)
21850     M4$=Group$(I2)
21860     M5$=Symbol_1$(I2)
21870     M6=D_1(I2)
21880     PRINT USING L_500;M1,M2$,M3,M4$,M5$,M6
21890 L_500: IMAGE 14X,3D,1A,4X,3D,6X,1A,6X,1A,7X,4D.3D
21900   NEXT I2
21910   PRINT
21920   PRINT TABXY(16,22+Film+Layer);"* the number of total layers =";Lt
21930   RETURN
21940   ! ---------------------------------------------------------------
21950 L_print_data:!
21960   PRINTER IS Printer
21970   SELECT Plot
21980   CASE 1
21990     M1$="Reflectance"
22000   CASE 2
22010     M1$="Transmittance"
22020   CASE 3
22030     M1$="Reflected Phase"
22040   CASE 4
22050     M1$="Transmitted Phase"
22060   END SELECT
22070   SELECT Side2
22080   CASE 1
22090     M2$="FWD ignore Side2"
22100   CASE 2
22110     M2$="FWD include Side2"
22120   CASE 3
22130     M2$="REV ignore Side2"
22140   CASE 4
22150     M2$="REV include Side2"
22160   END SELECT
22170   PRINT "    * "&M1$&" - "&M2$
22180   PRINT
22190   PRINT
22200   IF Plot<3 THEN    ! spectral property
22210     IF Aoi=0 THEN
22220       PRINT USING "5X,3A";"[%]"
22230       PRINT "       ---------------------------------"
22240       PRINT USING "5X,8A,7X,1A,10X,1A";"Wave[nm]","R","T"
22250       PRINT "       ---------------------------------"
22260     ELSE
22270       PRINT USING "5X,3A";"[%]"
22280       PRINT "       ---------------------------------------------------------------------"
22290       PRINT USING "7X,4A,8X,2A,10X,2A,10X,2A,10X,2A,10X,2A";"Wave","Rs","Rp","Rm","Ts","Tp","Tm"
22300       PRINT "       ---------------------------------------------------------------------"
22310     END IF
22320   ELSE              ! phase
22330     IF Aoi=0 THEN
22340       PRINT USING "31X,5A";"[deg]"
22350       PRINT "       ---------------------------------"
22360       PRINT USING "5X,8A,6X,5A,7X,5A";"Wave[nm]","Fai_R","Fai_T"
22370       PRINT "       ---------------------------------"
22380     ELSE
22390       PRINT USING "80X,5A";"[deg]"
```

付録A

```
22400         PRINT "  ----------------------------------------------------------------------"
22410         M3$="Wave [nm] "
22420         M4$="Phase_Rs"
22430         M5$="Phase_Rp"
22440         M6$="  (P-S)  "
22450         M7$="Phase_Ts"
22460         M8$="Phase_Tp"
22470         M9$="  (P-S)  "
22480         PRINT USING L_p_t4;M3$,M4$,M5$,M6$,M7$,M8$,M9$
22490 L_p_t4: IMAGE 5X,8A,4X,8A,4X,8A,4X,8A,4X,8A,4X,8A,4X,8A
22500         PRINT "  ----------------------------------------------------------------------"
22510       END IF
22520    END IF
22530    !
22540    FOR Wave=X_min TO X_max STEP X_step
22550       IF Aoi=0 THEN
22560          M1=Wave
22570          M2=R_s(Wave)*100
22580          M3=T_s(Wave)*100
22590          M4=Fai_rs(Wave)
22600          M5=Fai_ts(Wave)
22610          IF Plot<3 THEN
22620             PRINT USING "4X,5D.2D,4X,3D.5D,4X,3D.5D";M1,M2,M3
22630          ELSE
22640             PRINT USING "4X,5D.2D,5X,4D.2D,5X,4D.2D";M1,M4,M5
22650          END IF
22660       ELSE
22670          M1=Wave
22680          M2=R_s(Wave)*100
22690          M3=R_p(Wave)*100
22700          M4=R_m(Wave)*100
22710          M5=T_s(Wave)*100
22720          M6=T_p(Wave)*100
22730          M7=T_m(Wave)*100
22740          M8=Fai_rs(Wave)
22750          M9=Fai_rp(Wave)
22760          M10=Fai_rm(Wave)
22770          M11=Fai_ts(Wave)
22780          M12=Fai_tp(Wave)
22790          M13=Fai_tm(Wave)
22800          IF Plot<3 THEN
22810             PRINT USING L_p_t5;M1,M2,M3,M4,M5,M6,M7
22820 L_p_t5: IMAGE 4X,5D.2D,3X,3D.5D,4X,3D.5D,4X,3D.5D,4X,3D.5D,4X,3D.5D,4X,3D.5D
22830          ELSE
22840             PRINT USING L_p_t6;M1,M8,M9,M10,M11,M12,M13
22850 L_p_t6: IMAGE 4X,5D.2D,5X,4D.2D,5X,4D.2D,5X,4D.2D,5X,4D.2D,5X,4D.2D,5X,4D.2D
22860          END IF
22870       END IF
22880    NEXT Wave
22890    PRINT CHR$(13)
22900    RETURN
22910    ! --------------------------------------------------------------------
22920 L_beep:!
22930    BEEP
22940    RETURN
22950    !
22960 L_dummy: RETURN
22970    !
22980 L_ok_key:!
22990    F_ok_key=1
23000    RETURN
23010    !
```

フレネル係数による分光特性計算プログラムリスト

```
23020  L_stop:!
23030    BEEP
23040    DISP "** STOP **"
23050    PRINTER IS Printer
23060    STOP
23070  !
23080  L_pause:!
23090    BEEP
23100    DISP " *** PAUSE ***"
23110    PAUSE
23120    RETURN
23130  !
23140  END
23150  !===================================================================
23160  !
23170  ! ** Dispersion Equations **
23180  ! ------------------------------------------------------------------
23190  ! BUCH (k=0)
23200  SUB S_buch(Wave_n,Acf,Bcf,Ccf,Dcf,N_10,K_10)
23210    X1=.11*(Wave_n-Dcf)
23220    X2=X1/(1+2.5*X1)
23230    N_10=Acf+X2*(Bcf*X2*Ccf)
23240    K_10=0
23250  SUBEND
23260  ! ------------------------------------------------------------------
23270  ! CAUCHY (k=0)
23280  SUB S_cauchy(Wave_n,Acf,Bcf,Ccf,N_10,K_10)
23290    N_10=Acf+Bcf/Wave_n^2+Ccf/Wave_n^4
23300    K_10=0
23310  SUBEND
23320  ! ------------------------------------------------------------------
23330  ! HART (k=0)
23340  SUB S_hart(Wave_n,Acf,Bcf,Ccf,N_10,K_10)
23350    N_10=Acf+Ccf/(Wave_n-Bcf)
23360    K_10=0
23370  SUBEND
23380  ! ------------------------------------------------------------------
23390  ! LOREN (k=0)
23400  SUB S_loren(Wave_n,Acf,Bcf,Ccf,N_10,K_10)
23410    X1=Wave_n^2-Ccf^2
23420    N_10=SQR(Acf+Bcf*Wave_n^2/X1)
23430    K_10=0
23440  SUBEND
23450  ! ------------------------------------------------------------------
23460  ! LORENK (k<>0)
23470  SUB S_lorenk(Wave_n,Acf,Bcf,Ccf,Dcf,N_10,K_10)
23480    X1=Wave_n^2-Ccf^2
23490    X2=X1^2+Dcf^2*Wave_n^2
23500    X3=Acf+Bcf*Wave_n^2*X1/X2
23510    X4=.5*Bcf*Dcf*Wave_n^3/X2
23520    N_10=((X3+SQR(X3^2+4*X4^2))/2)^.5
23530    K_10=X4/N_10
23540  SUBEND
23550  ! ------------------------------------------------------------------
23560  ! QUAD (k=0)
23570  SUB S_quad(Wave_n,Acf,Bcf,N_10,K_10)
23580    N_10=Acf+Bcf/Wave_n^2
23590    K_10=0
23600  SUBEND
23610  ! ------------------------------------------------------------------
23620  ! QUADS (k=0)
23630  SUB S_quads(Wave_n,Acf,Bcf,Ccf,N_10,K_10)
```

付録A

```
23640      N_10=Acf+Bcf*Wave_n+Ccf*Wave_n^2
23650      K_10=0
23660   SUBEND
23670   ! ---------------------------------------------------------------
23680   ! QUADSK (k<>0)
23690   SUB S_quadsk(Wave_n,Acf,Bcf,Ccf,Dcf,Ecf,Fcf,N_10,K_10)
23700      N_10=Acf+Bcf*Wave_n+Ccf*Wave_n^2
23710      K_10=Dcf+Ecf*Wave_n+Fcf*Wave_n^2
23720   SUBEND
23730   ! ---------------------------------------------------------------
23740   ! SELL (k=0)
23750   SUB S_sell(Wave_n,Acf,Bcf,N_10,K_10)
23760      N_10=SQR(1+Acf/(1+Bcf/Wave_n^2))
23770      K_10=0
23780   SUBEND
23790   ! ---------------------------------------------------------------
23800   ! SELLG (k=0)
23810   SUB S_sellg(Wave_n,Acf,Bcf,Ccf,Dcf,Ecf,Fcf,N_10,K_10)
23820      Ww=(.001*Wave_n)^2
23830      N_10=SQR(1+Acf/(1+Dcf/Ww)+Bcf/(1+Ecf/Ww)+Ccf/(1+Fcf/Ww))
23840      K_10=0
23850   SUBEND
23860   ! ===============================================================
23870   ! for general equation
23880   ! ---------------------------------------------------------------
23890   SUB S_func01(Wave_n,Acf,Bcf,Ccf,Dcf,Ecf,Fcf,Gcf,N_10,K_10)
23900   SUBEND
23910   ! ---------------------------------------------------------------
23920   SUB S_func02(Wave_n,Acf,Bcf,Ccf,Dcf,Ecf,Fcf,Gcf,N_10,K_10)
23930   SUBEND
23940   ! ---------------------------------------------------------------
23950   SUB S_func03(Wave_n,Acf,Bcf,Ccf,Dcf,Ecf,Fcf,Gcf,N_10,K_10)
23960   SUBEND
23970   ! ---------------------------------------------------------------
23980   SUB S_func04(Wave_n,Acf,Bcf,Ccf,Dcf,Ecf,Fcf,Gcf,N_10,K_10)
23990   SUBEND
24000   ! ---------------------------------------------------------------
24010   SUB S_func05(Wave_n,Acf,Bcf,Ccf,Dcf,Ecf,Fcf,Gcf,N_10,K_10)
24020   SUBEND
24030   ! ---------------------------------------------------------------
```

付録 B フレネル係数による分光特性計算プログラムの主な変数解説

1. 入力データ

プログラム	文章内	メモ	式番号
Aoi	θ_0	媒質から薄膜への入射角	
Aoi	θ_0	光の入射角（Angle of Incidence）[deg]	
D_sub	dm	基板の厚み	
Film		フィルター設計の膜データ個数	
Layer		フィルター設計の層数：（H L）5も2層と計算	
Lt	L	薄膜の全層数。300層以内	
Plot		縦軸 1：Reflectance（反射率） 2：Transwmittance（透過率） 3：Reflected Phase（反射光の位相：P、S、P-S） 4：Transmitted Phase（透過光の位相：P、S、P-S） ＊位相の計算の際は、基板の裏面反射は自動的に0とする。	
Side2		光の入射面および基板の裏面反射の有無 1：光は膜面から入射し、基板の裏面反射は0 2：光は膜面から入射し、基板の裏面反射を考慮 3：光は基板の裏面から入射し、基板の裏面反射は0 4：光は基板の裏面から入射し、基板の裏面反射を考慮	
W_design	λ_0	フィルターの設計波長 [nm]	
X_label		横軸の値の表示間隔 [nm]	
X_max	λ end	横軸（波長）の最大波長値 [nm]	
X_min	λ start	横軸（波長）の最小波長値 [nm]	
Phs_step	λ step	波長の計算間隔 [nm]	
Y_label		縦軸の値の表示間隔	
Y_max		縦軸の最大値	
Y_min		縦軸の最小値	

2. 計算変数（アルファベット順）

プログラム	文章内	メモ	式番号
A0(J)〜D0(J)	$a(j)_{s1}, b(j)_{s1}, a(j)_{s2}, b(j)_{s2}$; $a(j)_{p1}, b(j)_{p1}, a(j)_{p2}, b(j)_{p2}$	各界面の反射波のフレネル係数 $\rho_{j,s}$、$\rho_{j,p}$ の各成分	(4-56)
A1(J)、B1(J)	$a(j)_{s1}', b(j)_{s1}'$; $a(j)_{p1}', b(j)_{p1}'$	各界面の透過波のフレネル係数 $\tau_{j,s}$、$\tau_{j,p}$ の分子成分	(4-57)
Ag(J)〜Dg(J)	$a(j)_1, b(j)_1, a(j)_2, b(j)_2$	光が基板裏面から入射した場合の各仮想面のフレネル係数 $\rho_{j,g}$ の各成分	(4-63)
Ag1〜Ag3		Ag(J)計算時の変数（=Ag1+(Ag2-Ag3)*Gr(J))	(4-67)
Ar(J)〜Dr(J)	$a(j)_1, b(j)_1, a)j)_2, b(j)_2$	仮想面の反射波のフレネル係数 $\rho_{j,s}'$、$\rho_{j,p}'$ の各成分	(4-36)
Ar1〜Ar3		Ar(J)計算時の変数（=Ar1+(Ar2-Ar3)*Gr(J+1)	
At(J)、Bt(J)	$a(j)_1', b(j)_1'$	仮想面の透過波のフレネル係数 $\tau_{j,s}'$、$\tau_{j,p}'$ の分子成分	(4-37)
At1、At2		At(J)計算時の変数（=At1-At2)*Gt(J+1)	
Bg1〜Bg3		Bg(J)計算時の変数（=Bg1+(Bg2+Bg3)*Gr(J))	(4-67)
Br1〜Br3		Br(J)計算時の変数（=Br1+(Br2+Br3)*Gr(J+1)	
Bt1、Bt2		Bt(J)計算時の変数（=Bt1+Bt2)*Gt(J+1)	
Cg1〜Cg3		Cg(J)計算時の変数（=Cg1+(Cg2-Cg3)*Gr(J))	(4-67)
Cr1〜Cr3		Cr(J)計算時の変数（=Cr1+(Cr2-Cr3)*Gr(J+1)	
D(J)	d_j	薄膜 [nm] および基板[mm] の物理膜厚	
Delta(J)	δ_j	各層の位相 $\delta_j = (2\pi/\lambda) \cdot n_j d_j$、(4-42)式	(4-59)

付録B

Dg1～Dg3		Dg(J)計算時の変数 （=Dg1+(Dg2+Dg3)*Gr(J))	(4-67)
Dr1～Dr3		Dr(J)計算時の変数 （=Dr1+(Dr2+Dr3)*Gr(J+1)	
Eta_x(1,J)	x_{js}	斜入射時のS成分の屈折率の実数部	(4-54)
Eta_x(2,J)	x_{jp}	斜入射時のP成分の屈折率の実数部	(4-54)
Eta_y(1JI)	y_{jp}	斜入射時のS成分の屈折率の虚数部	(4-54)
Eta_y(2,J)	y_{jp}	斜入射時のP成分の屈折率の虚数部	(4-54)
F_SP		計算時の偏光（S, P）のフラグ：1 = S偏光、2 = P偏光、3 =平均反射率、透過率、$\phi_P - \phi_S$	
Fai_r		計算ループ内の反射波の位相	
Fai_r_ps(Wave)		= $\phi rp - \phi rs$	
Fai_rp(Wave)	ϕ_{rp}	入射光に対する反射光のP成分の位相	
Fai_rs(Wave)	ϕ_{rs}	入射光に対する反射光のS成分の位相差	
Fai_t		計算ループ内の透過波の位相、F=1：Fai_ts(Wave)、F=2：Fai_tp(Wave)	
Fai_t_ps(Wave)		= $\phi_{tp} - \phi_{ts}$	
Fai_tp(Wave)	ϕ_{tp}	入射光に対する透過光のP成分の位相	
Fai_ts(Wave)	ϕ_{ts}	入射光に対する透過光のS成分の位相差	
Gamma(J)	γ_j	各層の吸収の係数 $\gamma_j = (2\pi/\lambda) \cdot k_j d_j$	(4-59)
Gr(J)		= exp(-2・Gamma(J))	
Gt(J)		= exp(-Gamma(J))	
H	|h|	斜入射を考慮した基板の厚み	(4-62)
Im_r		フィルターの反射波のフレネル係数の虚数部（位相計算時）	
Im_t		フィルターの透過波のフレネル係数の虚数部（位相計算時）	
K(J)	k_j	入射媒質、薄膜および基板の消衰係数	
N(J)	n_j	入射媒質、薄膜および基板の屈折率	
Nd(J)		薄膜の光学膜厚 $n_j d_j$	
Opt_phs_0(J)		薄膜の膜厚の入力フラグ ："1" は光学膜厚nd、"2" は物理膜厚	
R	R	光が膜面から入射した場合の反射率（基板の裏面反射を考慮）	(4-73)
R0		基板のみの反射率	
R1、R2		R0計算時の変数（= R1/R2)	
Rb	R_b	光が基板の裏面から入射した場合の膜面からの反射率（基板の裏面反射を考慮）	(4-75)
Re_t		フィルターの透過波のフレネル係数の実数部（位相計算時）	
Ref_p(Wave)		光のP成分の反射率	
Ref_r		フィルターの反射波のフレネル係数の実数部（位相計算時）	
Ref_s(Wave)		光のS成分の反射率	
Rf	R_f	光が膜面から入射した場合の反射率（基板の裏面反射を無視）	
Rg	R_g	光が基板の裏面から入射した場合の膜面からの反射	
T	T	光が膜面から入射した場合の透過率（基板の裏面反射を考慮）	(4-74)
Tf	T_f	光が膜面から入射した場合の透過率（基板の裏面反射を無視）	
Ti	T_i	基板の内部透過率	(4-61)
Trans_p(Wave)		光のP成分の透過率	
Trans_s(Wave)		光のS成分の透過率	
U(J)	u_j		(4-55)
V(J)	v_j		(4-55)
Wave	λ	分光特性計算時の波長	
Wave_n		波長分散計算時の一時的波長	

付録 C 特性マトリクスによる分光特性計算プログラムリスト

```
10000 ! ===============================================================
10010 !       Spectral & Phase Property by MATRIX
10020 !                                   File:"SP_matrix"
10030 !       (Note) considered :
10040 !            * oblique incidence        by TECWAVE CORPORATION
10050 ! ===============================================================
10060 Printer=10      ! printer address for Windows
10070 !
10080 ! * Parameters *
10090 Plot=1
10100 ! 1:Reflectance
10110 ! 2:Transmittance
10120 ! 3:Reflected phase   (P-S)
10130 ! 4:Transmitted phase (P-S)
10140 Side2=1
10150 ! 1: FWD ignore Side2
10160 ! 2: FWD include Side2
10170 !   (Plot=3,4 : automatically select Side2=1,i.e. FWD ignore Side2)
10180 ! ===============================================================
10190 ! * Graph axes *
10200 !  = Wavelength [nm] =
10210 X_min=400       ! minimum of wavelength
10220 X_max=800       ! maximum of wavelength
10230 X_step=1        ! calculation interval
10240 X_label=50      ! graph label of wavelength
10250 !  = Y-axis =
10260 Y_min=0         ! minimum of Y-axis
10270 Y_max=4         ! maximum of Y-axis
10280 Y_label=.5      ! graph label of Y-axis
10290 ! Plot=3, 4 (pahse):
10300 !  (recommended)  first of all,  Y_min=-180, Y_max=180, Y_step=30
10310 ! ===============================================================
10320 ! * Angle of Incidence & Design wavelength *
10330 Aoi=30
10340 ! [deg] AOI: Angle of Incidence
10350 W_design=520
10360 ! [nm] design wavelength
10370 ! ===============================================================
10380 ! * Film indices *
10390 !  =[Air]=
10400 N_air=1.00      ! index of incident medium
10410 !  =[Substrate]=
10420 N_sub=1.52      ! index of substrate
10430 ! -------------------------------------------------------------
10440 L_design:!  =[Film]=
10450 Film=3 ! Total layers
10460 !          Index      Type      thickness
10470 DATA    1.62000,    1,          1         ! 1'st layer (from sibstrate)
10480 DATA    2.00000,    1,          2         ! 2'nd layer
10490 DATA    1.38000,    2,         94.2       ! 3'rd layer
10500 DATA             ,         ,
10510 DATA             ,         ,
10520 DATA             ,         ,
10530 DATA             ,         ,
10540 DATA             ,         ,
10550 DATA             ,         ,
10560 DATA             ,         ,
10570 DATA             ,         ,
10580 DATA             ,         ,
10590 DATA             ,         ,
10600 ! -------------------------------------------------------------
10610 ! (Note)
10620 !          "Index"  : film index
```

付録C

```
10630 !          "Type"   : 1= optical thickness [QWOT=1]
10640 !                   2: physical thickness [nm]
10650 ! ================================================================
10660 L_main: !
10670 GOSUB L_dim            ! dimension and memory allocation
10680 GOSUB L_read_data      ! read data
10690 GOSUB L_check_design   ! display film indices and design
10700 GOSUB L_graphics       ! graph axes
10710 GOSUB L_cal            ! calculation
10720 !
10730 ! function keys
10740 FOR I=1 TO 8
10750    ON KEY I LABEL "" GOSUB L_dummy
10760 NEXT I
10770 L_loop:!
10780 ON KEY 1 LABEL "1STOP" GOTO L_stop
10790 ON KEY 2 LABEL "2PAUSE" GOSUB L_pause
10800 ON KEY 5 LABEL "5COPY" GOSUB L_dump_g       ! CRT dump
10810 ON KEY 7 LABEL "7 DATA" GOSUB L_print_data  ! print calculated values
10820 ON KEY 8 LABEL "8DESIGN" GOSUB L_structure  ! print film structure
10830 WAIT .2
10840 GOTO L_loop
10850 STOP
10860 ! -----------------------------------------------------------------
10870 L_dim:!
10880 DIM N(102),Opt_phs(100),Thick(100)
10890 DIM D(100),Delta(100),Z(102),Eta(2,102)
10900 DIM M1(2,2),M2(2,2),P(2,2)   ! matrix
10910 DIM M0$[50],M1$[50],M2$[50],M3$[50],M4$[50]
10920 DIM M5$[50],M6$[50],M7$[50],M8$[50],M9$[50]
10930 ! memory allocation
10940 ALLOCATE REAL Rs(X_min:X_max),Rp(X_min:X_max)
10950 ALLOCATE REAL Rm(X_min:X_max),Ts(X_min:X_max)
10960 ALLOCATE REAL Tp(X_min:X_max),Tm(X_min:X_max)
10970 ALLOCATE REAL Fai_rs(X_min:X_max),Fai_rp(X_min:X_max)
10980 ALLOCATE REAL Fai_rm(X_min:X_max),Fai_ts(X_min:X_max)
10990 ALLOCATE REAL Fai_tp(X_min:X_max),Fai_tm(X_min:X_max)
11000 RETURN
11010 ! -----------------------------------------------------------------
11020 L_read_data:!
11030 ! design data
11040 RESTORE L_design
11050 FOR J=Film TO 1 STEP -1
11060    READ N(J),Opt_phs(J),Thick(J)
11070 NEXT J
11080 !
11090 N(0)=N_air
11100 N(Film+1)=N_sub
11110 ! if Plot=3 or 4, automatically Side2=1 is selected
11120 IF Plot>2 THEN
11130    Side2=1
11140 END IF
11150 RETURN
11160 ! -----------------------------------------------------------------
11170 L_check_design:! check the strucure on CRT before calculating property
11180 SELECT Plot
11190 CASE 1
11200    M1$="Reflectance"
11210 CASE 2
11220    M1$="Transmittance"
11230 CASE 3
11240    M1$="Reflected Phase"
11250 CASE 4
```

特性マトリクスによる分光特性計算プログラムリスト

```
11260       M1$="Transmitted Phase"
11270    END SELECT
11280    IF Plot<3 THEN
11290       SELECT Side2
11300       CASE 1
11310          M2$="FWD ignore Side2"
11320       CASE 2
11330          M2$="FWD include Side2"
11340       END SELECT
11350    ELSE
11360       M2$="FWD ignore Side2"
11370    END IF
11380    CLEAR SCREEN
11390    GINIT
11400    SELECT Plot
11410    CASE 1
11420       M0$="***  Spectral Property  ***"
11430    CASE 2
11440       M0$="***  Spectral Property  ***"
11450    CASE 3
11460       M0$="***  Reflected Phase  ***"
11470    CASE 4
11480       M0$="***  Transmitted Phase  ***"
11490    END SELECT
11500    PRINT TABXY(30,6);M0$
11510    PRINT TABXY(11,8);"* Parameters"
11520    PRINT TABXY(38,8);"="
11530    PRINT TABXY(40,8);M1$&" : "&M2$
11540    PRINT TABXY(11,9);"* Design Wavelength [nm]"
11550    PRINT TABXY(38,9);"="
11560    PRINT TABXY(40,9);W_design
11570    PRINT TABXY(11,10);"* Angle of Incidence [deg]"
11580    PRINT TABXY(38,10);"="
11590    PRINT TABXY(40,10);Aoi
11600    FOR J2=1 TO 73
11610       PRINT TABXY(10+J2,12);"-"
11620    NEXT J2
11630    PRINT USING L_10;"[Design]"
11640    L_10:   IMAGE 10X,8A
11650    PRINT USING L_15;"Index","Type","Thickness"
11660    L_15:   IMAGE 25X,5A,8X,4A,5X,9A
11670    PRINT USING L_20;"Air",N_air
11680    L_20: IMAGE 12X,3A,8X,2D.5D
11690    PRINT USING L_21;"Sub",N_sub
11700    L_21: IMAGE 12X,3A,8X,2D.5D
11710    FOR J=1 TO 23
11720       PRINT TABXY(10+J,17);"-"
11730    NEXT J
11740    PRINT USING L_22;"( from substrate )"
11750    L_22: IMAGE 12X,20A
11760    !
11770    FOR J=Film TO 1 STEP -1
11780       IF Opt_phs(J)=1 THEN
11790          M0$="Opt"
11800       ELSE
11810          M0$="Phs"
11820       END IF
11830       PRINT USING L_30;Film-J+1,":",N(J),M0$,Thick(J)
11840       L_30: IMAGE 14X,2D,1A,6X,2D.4D,8X,3A,5X,5D.3D
11850    NEXT J
11860    !
11870    FOR J2=1 TO 8
11880       ON KEY J2 LABEL "" GOSUB L_beep
```

付録C

```
11890  NEXT J2
11900  USER 1 KEYS
11910  ON KEY 1 LABEL "1:STOP" GOTO L_stop
11920  ON KEY 5 LABEL "5:OK" GOSUB L_ok_key
11930  ! wait for a key press
11940  F_ok_key=0
11950  LOOP
11960     KEY LABELS ON
11970  EXIT IF F_ok_key
11980  END LOOP
11990  RETURN
12000  ! ----------------------------------------------------------------
12010  L_graphics:!
12020  CLEAR SCREEN
12030  GRAPHICS ON
12040  WINDOW -100,600,-50,150
12050  AREA PEN 1
12060  MOVE -100,-50
12070  RECTANGLE 700,200,FILL,EDGE
12080  AREA PEN 6
12090  IF Aoi<>0 THEN
12100     CSIZE 3
12110     PEN 6
12120     MOVE 400,110
12130     DRAW 430,110
12140     MOVE 440,107
12150     LABEL "S-wave"
12160     PEN 2
12170     MOVE 400,105
12180     DRAW 430,105
12190     MOVE 440,102
12200     LABEL "P-wave"
12210     PEN 0
12220     MOVE 400,115
12230     DRAW 430,115
12240     MOVE 440,112
12250     IF Plot<3 THEN
12260        LABEL "Random"
12270     ELSE
12280        LABEL "P-S"
12290     END IF
12300  END IF
12310  PEN 0
12320  LINE TYPE 1
12330  MOVE 0,0
12340  DRAW 500,0
12350  DRAW 500,100
12360  DRAW 0,100
12370  DRAW 0,0
12380  PENUP
12390  !
12400  LINE TYPE 4
12410  ! [Y-axis]
12420  Y_full=Y_max-Y_min
12430  Y_times=100/Y_full
12440  Y_no=INT(Y_full/Y_label)
12450  FOR J2=1 TO Y_no
12460     IF J2*Y_label*Y_times<100 THEN
12470        MOVE 0,J2*Y_label*Y_times
12480        DRAW 500,J2*Y_label*Y_times
12490     END IF
12500  NEXT J2
12510  !
```

```
12520     ! [X-axis]
12530     X_full=X_max-X_min
12540     X_times=500/(X_max-X_min)
12550     X_no=X_full/X_label
12560     FOR J2=1 TO X_no
12570        IF J2*X_label*X_times<500 THEN
12580           MOVE J2*X_label*X_times,0
12590           DRAW J2*X_label*X_times,100
12600           PENUP
12610        END IF
12620     NEXT J2
12630     ! [Y-label]
12640     PEN 6
12650     CSIZE 3.5,.4
12660     LINE TYPE 1
12670     FOR J2=0 TO Y_no
12680        Y_value=Y_min+Y_label*J2
12690        Y_axis=Y_label*J2*Y_times
12700        Y_label_mod=Y_label MOD 1
12710        Last=LEN(VAL$(Y_label_mod))-1
12720        SELECT Last
12730        CASE 0
12740           MOVE -35,Y_axis-4
12750           LABEL USING "4D";Y_value
12760        CASE 1
12770           MOVE -50,Y_axis-4
12780           LABEL USING "4D.D";Y_value
12790        CASE 2
12800           MOVE -57,Y_axis-4
12810           LABEL USING "4D.2D";Y_value
12820        CASE 3
12830           MOVE -65,Y_axis-4
12840           LABEL USING "4D.3D";Y_value
12850        END SELECT
12860     NEXT J2
12870     ! [Y-title]
12880     CSIZE 4
12890     CLIP OFF
12900     LINE TYPE 1
12910     LDIR PI/2
12920     SELECT Plot
12930     CASE 1
12940        M1$=" REFLECTANCE [%]"
12950     CASE 2
12960        M1$="TRANSMITTANCE [%]"
12970     CASE 3
12980        M1$="REFL PHASE [deg]"
12990     CASE 4
13000        M1$="TRANS PHASE [deg]"
13010     END SELECT
13020     FOR J2=-.3 TO .3 STEP .1
13030        SELECT Last
13040        CASE 0
13050           MOVE -40,10+J2
13060        CASE 1
13070           MOVE -55,10+J2
13080        CASE 2
13090           MOVE -62,10+J2
13100        CASE 3
13110           MOVE -70,10+J2
13120        END SELECT
13130        LABEL M1$
13140     NEXT J2
```

付録C

```
13150  ! [X-label]
13160  PEN 6
13170  CSIZE 3.5,.4
13180  LINE TYPE 1
13190  LDIR 0
13200  FOR J2=0 TO X_no
13210     X_value=X_min+X_label*J2
13220     X_axis=X_label*J2*X_times
13230     X_label_mod=X_label MOD 1
13240     Last=LEN(VAL$(X_label_mod))-1
13250     SELECT Last
13260     CASE 0
13270        MOVE X_axis-17,-10
13280        LABEL USING "4D";X_value
13290     CASE 1
13300        MOVE X_axis-22,-10
13310        LABEL USING "4D.D";X_value
13320     CASE 2
13330        MOVE X_axis-10,-10
13340        LABEL USING "4D.2D";X_value
13350     END SELECT
13360  NEXT J2
13370  !
13380  CSIZE 4
13390  FOR J2=-.6 TO .6 STEP .1
13400     MOVE 165+J2,-20
13410     LABEL "WAVELENGTH [nm]"
13420  NEXT J2
13430  RETURN
13440  ! ----------------------------------------------------------
13450  L_cal:!
13460  ! convert from physical thickness to optical
13470  FOR J=1 TO Film
13480     IF Opt_phs(J)=1 THEN
13490        D(J)=Thick(J)*W_design/(4*N(J))
13500     ELSE
13510        D(J)=Thick(J)
13520     END IF
13530  NEXT J
13540  !
13550  ! oblique admittance
13560  Angle=Aoi/180*PI
13570  RAD
13580  FOR J=0 TO Film+1
13590     Z(J)=(N(J)^2-(N(0)*SIN(Angle))^2)^.5
13600     Eta(1,J)=Z(J)               ! η_js
13610     Eta(2,J)=N(J)^2/Z(J)        ! η_jp
13620  NEXT J
13630  !
13640  ! reflectance from back side of substrate: for FWD include Side2
13650  IF Side2=2 THEN
13660     R0s=((Eta(1,0)-Eta(1,Film+1))/(Eta(1,0)+Eta(1,Film+1)))^2 ! s-wave
13670     R0p=((Eta(2,0)-Eta(2,Film+1))/(Eta(2,0)+Eta(2,Film+1)))^2 ! p-wave
13680  END IF
13690  !
13700  F_sp=1                         ! F_sp: 1 = s-wave, 2 = p-wave
13710  REPEAT
13720     FOR Wave=X_min TO X_max STEP X_step
13730        GOSUB L_matrix           ! calculate elements of Matrix
13740        GOSUB L_cal_property     ! calculater property dependant on variable "Plot"
13750        GOSUB L_plot             ! plot
13760     NEXT Wave
13770     PENUP
```

特性マトリクスによる分光特性計算プログラムリスト

```
13780     IF Aoi=0 THEN
13790        F_sp=3
13800     ELSE
13810        F_sp=F_sp+1
13820        IF F_sp=3 THEN
13830           GOSUB L_plot_mean
13840        END IF
13850     END IF
13860  UNTIL F_sp=3
13870  RETURN
13880  !-------------------------------------------------------------------
13890  L_matrix:!
13900  ! phase calculation
13910  FOR J=1 TO Film
13920     Delta(J)=2*PI*D(J)*Z(J)/Wave      !$\delta_j$
13930  NEXT J
13940  !
13950  M2(1,1)=1  ! unit matrix
13960  M2(1,2)=0
13970  M2(2,1)=0
13980  M2(2,2)=1
13990  FOR J=1 TO Film
14000     C1=COS(Delta(J))
14010     S1=SIN(Delta(J))
14020     M1(1,1)=C1
14030     M1(1,2)=S1/Eta(F_sp,J)
14040     M1(2,1)=Eta(F_sp,J)*S1
14050     M1(2,2)=C1
14060     P(1,1)=M2(1,1)*M1(1,1)-M2(1,2)*M1(2,1)
14070     P(1,2)=M2(1,1)*M1(1,2)+M2(1,2)*M1(2,2)
14080     P(2,1)=M2(2,1)*M1(1,1)+M2(2,2)*M1(2,1)
14090     P(2,2)=-1*(M2(2,1)*M1(1,2))+M2(2,2)*M1(2,2)
14100     M2(1,1)=P(1,1)
14110     M2(1,2)=P(1,2)
14120     M2(2,1)=P(2,1)
14130     M2(2,2)=P(2,2)
14140  NEXT J
14150  RETURN
14160  ! -------------------------------------------------------------------
14170  L_cal_property:! in case of back side-reflectance = 0
14180  SELECT Plot
14190  CASE 1  ! Reflectance
14200     R1=Eta(F_sp,0)*P(1,1)-Eta(F_sp,Film+1)*P(2,2)
14210     R2=Eta(F_sp,0)*Eta(F_sp,Film+1)*P(1,2)-P(2,1)
14220     R3=Eta(F_sp,0)*P(1,1)+Eta(F_sp,Film+1)*P(2,2)
14230     R4=Eta(F_sp,0)*Eta(F_sp,Film+1)*P(1,2)+P(2,1)
14240     R=(R1^2+R2^2)/(R3^2+R4^2)                         ! Reflectance   (4-80)
14250     IF F_sp=1 THEN
14260        Rs(Wave)=R
14270     ELSE
14280        Rp(Wave)=R
14290     END IF
14300  CASE 2 ! Transmittance
14310     R1=Eta(F_sp,0)*P(1,1)-Eta(F_sp,Film+1)*P(2,2)
14320     R2=Eta(F_sp,0)*Eta(F_sp,Film+1)*P(1,2)-P(2,1)
14330     R3=Eta(F_sp,0)*P(1,1)+Eta(F_sp,Film+1)*P(2,2)
14340     R4=Eta(F_sp,0)*Eta(F_sp,Film+1)*P(1,2)+P(2,1)
14350     R=(R1^2+R2^2)/(R3^2+R4^2)
14360     IF F_sp=1 THEN
14370        Rs(Wave)=R
14380        T=4*Eta(F_sp,0)*Eta(F_sp,Film+1)/(R3^2+R4^2)
14390        Ts(Wave)=T
14400     ELSE
```

付録C

```
14410        Rp(Wave)=R        ! in preparation for Side2 calculation
14420        T=4*Eta(F_sp,0)*Eta(F_sp,Film+1)/(R3^2+R4^2)
14430        Tp(Wave)=T
14440     END IF
14450  CASE 3 ! Reflected phase
14460     Real_r1=(Eta(F_sp,0)*P(1,1))^2-(Eta(F_sp,Film+1)*P(2,2))^2
14470     Real_r2=(Eta(F_sp,0)*Eta(F_sp,Film+1)*P(1,2))^2-(P(2,1))^2
14480     Real_r=Real_r1+Real_r2
14490     Imagin_r=2*Eta(F_sp,0)*((Eta(F_sp,Film+1))^2*P(1,2)*P(2,2)-P(1,1)*P(2,1))
14500     !
14510     IF Real_r>=0 THEN
14520        Fai_r=180/PI*ATN(Imagin_r/Real_r) MOD 360         ! 1'st & 4'th quadrants
14530     ELSE
14540        IF Imagin_r>0 THEN
14550           Fai_r=180/PI*(PI+ATN(Imagin_r/Real_r)) MOD 360  ! 2'nd quadrant
14560        ELSE
14570           Fai_r=180/PI*(ATN(Imagin_r/Real_r)-PI) MOD 360  ! 3'rd quadrant
14580        END IF
14590     END IF
14600     IF F_sp=1 THEN
14610        Fai_rs(Wave)=Fai_r
14620     ELSE
14630        Fai_rp(Wave)=Fai_r
14640     END IF
14650  CASE 4 ! Transmitted Phase
14660     Real_t=Eta(F_sp,0)*P(1,1)+Eta(F_sp,Film+1)*P(2,2)
14670     Imagin_t=-1*(Eta(F_sp,0)*Eta(F_sp,Film+1)*P(1,2)+P(2,1))
14680     IF Real_t>=0 THEN
14690        Fai_t=180/PI*ATN(Imagin_t/Real_t) MOD 360         ! 1'st & 4'th quadrants
14700     ELSE
14710        IF Imagin_t>0 THEN
14720           Fai_t=180/PI*(PI+ATN(Imagin_t/Real_t)) MOD 360  ! 2'nd quadrant
14730        ELSE
14740           Fai_t=180/PI*(ATN(Imagin_t/Real_t)-PI) MOD 360  ! 3'rd quadrant
14750        END IF
14760     END IF
14770     IF F_sp=1 THEN
14780        Fai_ts(Wave)=Fai_t
14790     ELSE
14800        Fai_tp(Wave)=Fai_t
14810     END IF
14820  END SELECT
14830  RETURN
14840  ! ----------------------------------------------------------------
14850  L_plot:!
14860  CLIP 0,500,0,100
14870  LINE TYPE 1
14880  IF F_sp=1 THEN ! s-wave
14890     PEN 6 ! blue color
14900     IF Side2=1 THEN
14910        SELECT Plot
14920        CASE 1             ! reflectance
14930           Y=Rs(Wave)
14940        CASE 2             ! s-wave transmittance
14950           Y=Ts(Wave)
14960        CASE 3             ! reflected pahse
14970           Y=Fai_rs(Wave)
14980        CASE 4             ! transmitted phase
14990           Y=Fai_ts(Wave)
15000        END SELECT
15010     ELSE ! include Side2
15020        SELECT Plot
15030        CASE 1
```

特性マトリクスによる分光特性計算プログラムリスト

```
15040          Rs(Wave)=(R0s+Rs(Wave)-2*R0s*Rs(Wave))/(1-R0s*Rs(Wave))   ! (3-18)
15050          Y=Rs(Wave)
15060        CASE 2
15070          Ts(Wave)=(1-R0s)*(1-Rs(Wave))/(1-R0s*Rs(Wave))             ! (3-19)
15080          Y=Ts(Wave)
15090        END SELECT
15100      END IF
15110  ELSE ! p-wave
15120    PEN 2 ! red color
15130    IF Side2=1 THEN
15140      SELECT Plot
15150      CASE 1             ! reflectance
15160          Y=Rp(Wave)
15170      CASE 2             ! transmittance
15180          Y=Tp(Wave)
15190      CASE 3             ! reflected phase
15200          Y=Fai_rp(Wave)
15210      CASE 4             ! transmitted phase
15220          Y=Fai_tp(Wave)
15230      END SELECT
15240    ELSE ! include Side2
15250      SELECT Plot
15260      CASE 1
15270          Rp(Wave)=(R0p+Rp(Wave)-2*R0p*Rp(Wave))/(1-R0p*Rp(Wave))   ! (3-18)
15280          Y=Rp(Wave)
15290      CASE 2
15300          Tp(Wave)=(1-R0p)*(1-Rp(Wave))/(1-R0p*Rp(Wave))             ! (3-19)
15310          Y=Tp(Wave)
15320      END SELECT
15330    END IF
15340  END IF
15350  !
15360  X=(Wave-X_min)*X_times
15370  IF Plot<3 THEN
15380    Y=(Y*100-Y_min)*Y_times
15390  ELSE
15400    Y=ABS(Y-Y_min)*Y_times
15410  END IF
15420  PLOT X,Y
15430  RETURN
15440  ! ------------------------------------------------------------------
15450  L_plot_mean:! in case of oblique oncidence, calculate random property
15460  PEN 0   ! black color
15470  IF Plot<3 THEN
15480    FOR Wave=X_min TO X_max STEP X_step
15490      Rm(Wave)=(Rs(Wave)+Rp(Wave))/2
15500      Tm(Wave)=(Ts(Wave)+Tp(Wave))/2
15510      IF Plot=1 THEN
15520          Y=Rm(Wave)
15530      ELSE
15540          Y=Tm(Wave)
15550      END IF
15560      X=(Wave-X_min)*X_times
15570      Y=(Y*100-Y_min)*Y_times
15580      PEN 0
15590      PLOT X,Y
15600    NEXT Wave
15610  ELSE
15620    FOR Wave=X_min TO X_max STEP X_step
15630      Fai_rm(Wave)=Fai_rp(Wave)-Fai_rs(Wave)
15640      Fai_tm(Wave)=Fai_tp(Wave)-Fai_ts(Wave)
15650      IF Y_min<0 THEN
15660        IF Fai_rm(Wave)<-180 AND Fai_rm(Wave)>-360 THEN
```

付録C

```
15670              Fai_rm(Wave)=Fai_rm(Wave)+360
15680           END IF
15690           IF Fai_rm(Wave)>180 AND Fai_rm(Wave)<360 THEN
15700              Fai_rm(Wave)=Fai_rm(Wave)-360
15710           END IF
15720           IF Fai_tm(Wave)<-180 AND Fai_tm(Wave)>-360 THEN
15730              Fai_tm(Wave)=Fai_tm(Wave)+360
15740           END IF
15750           IF Fai_tm(Wave)>180 AND Fai_tm(Wave)<360 THEN
15760              Fai_tm(Wave)=Fai_tm(Wave)-360
15770           END IF
15780        ELSE
15790           IF Fai_rm(Wave)<0 THEN
15800              Fai_rm(Wave)=Fai_rm(Wave)+360
15810           END IF
15820           IF Fai_tm(Wave)<0 THEN
15830              Fai_tm(Wave)=Fai_tm(Wave)+360
15840           END IF
15850        END IF
15860        IF Plot=3 THEN
15870           Y=Fai_rm(Wave)
15880        ELSE
15890           Y=Fai_tm(Wave)
15900        END IF
15910        X=(Wave-X_min)*X_times
15920        Y=ABS(Y-Y_min)*Y_times
15930        PEN 0
15940        PLOT X,Y
15950     NEXT Wave
15960 END IF
15970 RETURN        14
15980 !------------------------------------------------------------------
15990 L_dump_g:! output screen to printer
16000 FOR J2=1 TO 8
16010    ON KEY J2 LABEL "" GOSUB L_beep
16020 NEXT J2
16030 DUMP GRAPHICS #Printer
16040 PRINT CHR$(13) ! linefeed
16050 RETURN
16060 !------------------------------------------------------------------
16070 L_structure:! output film structure to printer
16080 FOR J2=1 TO 8
16090    ON KEY J2 LABEL "" GOSUB L_beep
16100 NEXT J2
16110 PRINTER IS Printer
16120 OUTPUT Printer
16130 SELECT Plot
16140 CASE 1
16150    M1$="Reflectance :"
16160 CASE 2
16170    M1$="Transmittance :"
16180 CASE 3
16190    M1$="Reflected Phase :"
16200 CASE 4
16210    M1$="Transmitted Phase :"
16220 END SELECT
16230 IF Plot<3 THEN
16240    SELECT Side2
16250    CASE 1
16260       M2$="FWD ignore Side2"
16270    CASE 2
16280       M2$="FWD include Side2"
16290    END SELECT
```

特性マトリクスによる分光特性計算プログラムリスト

```
16300   ELSE
16310       M2$="FWD ignore Side2"
16320   END IF
16330   SELECT Plot
16340   CASE 1
16350       M0$="***  Spectral Property  ***"
16360   CASE 2
16370       M0$="***  Spectral Property  ***"
16380   CASE 3
16390       M0$="***  Reflected Phase  ***"
16400   CASE 4
16410       M0$="***  Transmitted Phase  ***"
16420   END SELECT
16430   PRINT "*** ";M0$;" *** "
16440   PRINT
16450   PRINT "* Parameters = ";M1$;M2$
16460   PRINT "* Design Wavelength [nm ] = ";W_design
16470   PRINT "* Angle of Incidence [deg] = ";Aoi
16480   PRINT "      ----------------------------------------------------"
16490   PRINT USING L_210;"[Design]"
16500   L_210:  IMAGE 10X,8A
16510   PRINT USING L_220;"Index","Type","Thickness"
16520   L_220:  IMAGE 25X,5A,8X,4A,5X,9A
16530   PRINT USING L_230;"Air",N_air
16540   L_230: IMAGE 12X,3A,8X,2D.5D
16550   PRINT USING L_240;"Sub",N_sub
16560   L_240: IMAGE 12X,3A,8X,2D.5D
16570   PRINT "      ----------------------------------------------------"
16580   PRINT USING L_250;"( from substrate )"
16590   L_250: IMAGE 12X,20A
16600   !
16610   FOR J=Film TO 1 STEP -1
16620       IF Opt_phs(J)=1 THEN
16630           M0$="Opt"
16640       ELSE
16650           M0$="Phs"
16660       END IF
16670       PRINT USING L_260;Film-J+1,":",N(J),M0$,Thick(J)
16680       L_260: IMAGE 14X,2D,1A,6X,2D.4D,8X,3A,5X,5D.3D
16690   NEXT J
16700   !
16710   FOR J2=1 TO 8
16720       ON KEY J2 LABEL "" GOSUB L_beep
16730   NEXT J2
16740   PRINT CHR$(13)  ! linefeed
16750   RETURN
16760   ! ----------------------------------------------------------------
16770   L_print_data:! output calculated values to printer
16780   FOR J2=1 TO 8
16790       ON KEY J2 LABEL "" GOSUB L_beep
16800   NEXT J2
16810   PRINTER IS Printer
16820   OUTPUT Printer
16830   SELECT Plot
16840   CASE 1
16850       M1$="Reflectance"
16860   CASE 2
16870       M1$="Transmittance"
16880   CASE 3
16890       M1$="Reflected Phase"
16900   CASE 4
16910       M1$="Transmitted Phase"
16920   END SELECT
```

付録C

```
16930  IF Side2=1 THEN
16940      M2$="FWD ignore Side2"
16950  ELSE
16960      M2$="FWD include Side2"
16970  END IF
16980  PRINT "    * "&M1$&" - "&M2$
16990  PRINT
17000  PRINT
17010  IF Plot<3 THEN     ! spectral property
17020      IF Angle=0 THEN
17030          PRINT USING "5X,3A";"[%]"
17040          PRINT "    ---------------------------------"
17050          PRINT USING "5X,8A,7X,1A,10X,1A";"Wave[nm]","R","T"
17060          PRINT "    ---------------------------------"
17070      ELSE
17080          PRINT USING "5X,3A";"[%]"
17090          PRINT "    ---------------------------------------------"
17100          IF Plot=1 THEN
17110              PRINT USING "5X,8A,6X,2A,10X,2A,12X,2A";"Wave[nm]","Rs","Rp","Rm"
17120          ELSE
17130              PRINT USING "5X,8A,6X,2A,10X,2A,12X,2A";"Wave[nm]","Ts","Tp","Tm"
17140          END IF
17150          PRINT "    ---------------------------------------------"
17160      END IF
17170  ELSE                ! phase
17180      IF Angle=0 THEN
17190          PRINT USING "5X,5A";"[deg]"
17200          PRINT "    ---------------------------------"
17210          PRINT USING "5X,8A,6X,5A,7X,5A";"Wave[nm]","Fai_R","Fai_T"
17220          PRINT "    ---------------------------------"
17230      ELSE
17240          PRINT USING "5X,5A";"[deg]"
17250          PRINT "    ------------------------------------------------"
17260          M3$="Wave[nm]"
17270          M4$="Fai_rs"
17280          M5$="Fai_rp"
17290          M6$="(P-S)"
17300          M7$="Fai_ts"
17310          M8$="Fai_tp"
17320          IF Plot=3 THEN
17330              PRINT USING L_p_t4;M3$,M4$,M5$,M6$
17340          ELSE
17350              PRINT USING L_p_t4;M3$,M7$,M8$,M6$
17360          END IF
17370          L_p_t4: IMAGE 5X,8A,4X,6A,7X,6A,6X,5A
17380          PRINT "    ------------------------------------------------"
17390      END IF
17400  END IF
17410  !
17420  FOR Wave=X_min TO X_max STEP X_step
17430      IF Aoi=0 THEN
17440          G1=Wave
17450          G2=Rs(Wave)*100
17460          G3=Ts(Wave)*100
17470          G4=Fai_rs(Wave)
17480          G5=Fai_ts(Wave)
17490          IF Plot<3 THEN
17500              PRINT USING "4X,5D.2D,4X,3D.5D,4X,3D.5D";G1,G2,G3
17510          ELSE
17520              PRINT USING "4X,5D.2D,5X,4D.2D,5X,4D.2D";G1,G4,G5
17530          END IF
17540      ELSE
17550          G1=Wave
```

```
17560        G2=Rs(Wave)*100
17570        G3=Rp(Wave)*100
17580        G4=Rm(Wave)*100
17590        G5=Ts(Wave)*100
17600        G6=Tp(Wave)*100
17610        G7=Tm(Wave)*100
17620        G8=Fai_rs(Wave)
17630        G9=Fai_rp(Wave)
17640        G10=Fai_rm(Wave)
17650        G11=Fai_ts(Wave)
17660        G12=Fai_tp(Wave)
17670        G13=Fai_tm(Wave)
17680        SELECT Plot
17690        CASE 1
17700           PRINT USING L_p_t5;G1,G2,G3,G4
17710        CASE 2
17720           PRINT USING L_p_t5;G1,G5,G6,G7
17730        CASE 3
17740           PRINT USING L_p_t5;G1,G8,G9,G10
17750        CASE 4
17760           PRINT USING L_p_t5;G1,G11,G12,G13
17770        END SELECT
17780     END IF
17790     L_p_t5:  IMAGE 4X,5D.2D,3X,3D.5D,4X,3D.5D,4X,3D.5D
17800  NEXT Wave
17810  PRINT CHR$(13)
17820  RETURN
17830  ! ----------------------------------------------------------------
17840  L_beep:!
17850  BEEP
17860  RETURN
17870  !
17880  L_dummy: RETURN
17890  !
17900  L_ok_key:!
17910  F_ok_key=1
17920  RETURN
17930  !
17940  L_stop:!
17950  BEEP
17960  DISP "** STOP **"
17970  STOP
17980  !
17990  L_pause:!
18000  BEEP
18010  DISP " *** PAUSE ***"
18020  PAUSE
18030  RETURN
18040  END
```

付録 D 光学モニターの光量変化計算プログラムリスト

```
10000 ! ================================================================="
10010 !             Monitoring by Optical Monitor
10020 !                                               File : HPMONITOR
10030 !   (Note) considered: - dispersion
10040 !                      - extinction coefficients      by TECWAVE CORPORATION
10050 ! ================================================================="
10060  Printer=10        ! printer address for Windows
10070 !
10080 L_parameter:!
10090                    !   *** Parameters ***
10100  System=2
10110                    ! [Light Source]
10120                    ! 1:Reflectance      - upper -      REV include Side2
10130                    ! 2:Transmittance    - upper/lower - REV/FWD include Side2
10140                    ! 3:Reflectance      - lower -      FWD include Side2
10150                    ! 4:Reflectance      - lower -      FWD ignore Side2
10160                    ! * FWD(forward) denotes light incident on the film surface.
10170                    ! * REV(reverse) denotes light incident on the uncoated surface.
10180  F_data_print=0
10190                    ! 0: don't dump CRT when printing
10200                    ! 1: don't seperate DATA and CRT
10210                    ! 2: separate DATA and CRT
10220  F_disp_endpoint=1
10230                    ! 0: don't show the peak and endpoint values
10240                    ! 1: show the peak and endpoint values
10250  D_sub=1
10260                    ! [mm] thickness of monitor glass
10270 ! -----------------------------------------------------------------
10280 ! * Graph X-axis *
10290  X_space=40
10300                    ! [nm] interval in physical thickness between continuous layers
10310  Phs_step=.01
10320                    ! [nm] calculation step in physical thickness
10330 ! -----------------------------------------------------------------
10340 ! * Design Wavelength *
10350  W_design=660
10360                    ! [nm]
10370 ! =================================================================
10380 ! * Film indices *
10390 L_sub_index:!   =[Substrate]=
10400 !                    Name          n              k
10410  DATA                 0,        1.52000,      0.000000
10420 ! -----------------------------------------------------------------
10430 L_film_index:!   =[Films]=
10440  Film=4
10450 !         Symbol   Type    Name        n             k
10460  DATA      H,      1,       0,      2.20900,     0.000000
10470  DATA      L,      1,       0,      1.38000,     0.000000
10480  DATA      M,      2,       0,      4.17730,     0.213400
10490  DATA      S,      1,       0,      1.46000,     0.000000
10500  DATA      ,       ,        ,         ,
10510  DATA      ,       ,        ,         ,
10520  DATA      ,       ,        ,         ,
10530 ! -----------------------------------------------------------------
10540 !   (note) "Symbol"  : - one large alphabetic character
10550 !                     - can't use the same character
10560 !          "Type"    : 1=optical thickness, 2=physical thickness
10570 !          "Name"    : When ignoring the dispersion, "Name" must be "0".
10580 !          "n", "k"  : If inputting the material name into "Name", the values
10590 !                      in "n" and "k" are ignored.
10600 ! -----------------------------------------------------------------
10610 L_design:! * Design * ( from the substrate )
10620 !            Symbol   Thickness   Filter   Monitor   Start    Tool
```

光学モニターの光量変化計算プログラムリスト

```
10630  Lt=12
10640  Layer_disp=4
10650  DATA        H,   1.194,   660,   1,   90.00,   0.850  ! 1st
10660  DATA        L,   0.736,   600,   1,   00.00,   0.900  ! 2nd
10670  DATA        H,   0.697,   450,   2,   90.00,   0.850  ! 3rd
10680  DATA        L,   0.379,   570,   2,   00.00,   0.900  ! 4th
10690  DATA        M,  39.000,   570,   3,   90.00,   0.950  ! 5
10700  ! ----------------------------------------------------------
10710  DATA        L,   2.080,   700,   2,   70.00,   0.900  ! 6
10720  DATA        H,   1.626,   630,   4,   90.00,   0.850  ! 7
10730  DATA        L,   1.628,   660,   2,   80.00,   0.900  ! 8
10740  DATA        H,   1.349,   700,   5,   00.00,   0.850  ! 9
10750  DATA        L,   0.993,   700,   5,   00.00,   0.900  !10
10760  ! ----------------------------------------------------------
10770  DATA        H,   0.935,   700,   5,   00.00,   0.850  !11
10780  DATA        S,   1.218,   700,   5,   00.00,   0.900  !12
10790  DATA         ,   0.000,   550,   1,   00.00,   1.000  !13
10800  DATA         ,   0.000,   550,   1,   40,      1.000  !14
10810  DATA         ,   0.000,   550,   1,   40,      1.000  !15
10820  ! ----------------------------------------------------------
10830  DATA         ,   0.000,   550,   1,   40,      1.000  !16
10840  DATA         ,   0.000,   550,   1,   40,      1.000  !17
10850  DATA         ,   0.000,   550,   1,   40,      1.000  !18
10860  DATA         ,   0.000,   550,   1,   40,      1.000  !19
10870  DATA         ,   0.000,   550,   1,   40,      1.000  !20
10880  ! ----------------------------------------------------------
10890  ! (note)   "Lt"         : the number of total layers
10900  !          "Layer_disp" : the number of layers for each display
10910  !          "Symbol"     : one large character in alphabet, cannot use the same character
10920  !
10930  !          "Thickness"  : Opt/Phs=1 --> layer optical thickness convention  QWOT=1
10940  !                         Opt/Phs=2 --> physical thickness [nm] < 10000
10950  !          "Filter"     : control wavelength [nm]
10960  !          "Monitor"    : witness chip number
10970  !          "Start"      : starting value. Input "0" in case of continuously control.
10980  !          "Tool"       : tooling factor
10990  ! ==================================================================
11000  !
11010  L_sub_data: !   **  Registration of Substrates  **
11020  No_sub=5
11030  ! ----------------------------------------------------------
11040  !      | Name | Func | Acf      | Bcf       | Ccf | Dcf | Ecf | Fcf | Gcf |
11050  ! ----------------------------------------------------------
11060  DATA   |BK7   |SELL  |1.263736  |-9346.958  |0    |0    |0    |0    |0    |!0
11070  DATA   |SF15  |SELL  |1.772582  |-20905.63  |0    |0    |0    |0    |0    |!1
11080  DATA   |      |      |0         |0          |0    |0    |0    |0    |0    |!2
11090  DATA   |      |      |0         |0          |0    |0    |0    |0    |0    |!3
11100  DATA   |      |      |0         |0          |0    |0    |0    |0    |0    |!4
11110  ! ----------------------------------------------------------
11120  !
11130  L_film_data: !  **  Registration of Films  **
11140  No_film=15
11150  ! ----------------------------------------------------------
11160  !      | Name  | Func  | Acf      | Bcf       | Ccf      | Dcf       | Ecf | Fcf | Gcf |
11170  ! ----------------------------------------------------------
11180  DATA   |OS50   |SELL   |3.3544050 |-58077.45  |0         |0          |0    |0    |0    |!0
11190  DATA   |SIO2   |SELL   |1.1092750 |-10782.29  |0         |0          |0    |0    |0    |!1
11200  DATA   |AL2O3  |SELL   |1.5942140 |-14433.26  |0         |0          |0    |0    |0    |!2
11210  DATA   |MGF2   |SELL   |0.8628688 |-11548.72  |0         |0          |0    |0    |0    |!3
11220  DATA   |ZRO2   |SELL   |2.7148500 |-45132.04  |0         |0          |0    |0    |0    |!4
11230  DATA   |OH5    |SELL   |3.1068690 |-28111.10  |0         |0          |0    |0    |0    |!5
11240  DATA   |TA2O5  |SELL   |3.3288990 |-23830.11  |0         |0          |0    |0    |0    |!6
11250  DATA   |OS50-K |LORENK |4.377264  |0.4468575  |354.3989  |0.5975225  |0    |0    |0    |!7
```

付録D

```
11260  DATA  |TA2O5-K |LORENK  |3.3153   |1.1991   |246.96   |0.319    |0        |0        |0        |0        |!8
11270  DATA  |        |        |0        |0        |0        |0        |0        |0        |0        |0        |!9
11280  DATA  |        |        |0        |0        |0        |0        |0        |0        |0        |0        |!10
11290  DATA  |        |        |0        |0        |0        |0        |0        |0        |0        |0        |!11
11300  DATA  |        |        |0        |0        |0        |0        |0        |0        |0        |0        |!12
11310  DATA  |        |        |0        |0        |0        |0        |0        |0        |0        |0        |!13
11320  DATA  |        |        |0        |0        |0        |0        |0        |0        |0        |0        |!14
11330  ! =========================================================================
11340  L_main: !
11350  GOSUB L_dim              ! dimension and memory allocation
11360  GOSUB L_read_data        ! read data
11370  GOSUB L_check_design
11380  GOSUB L_cal              ! calculation
11390  BEEP
11400  ! function keys
11410  FOR I=1 TO 8
11420       ON KEY I LABEL "" GOSUB L_dummy
11430  NEXT I
11440  L_loop:!
11450  ON KEY 1 LABEL "1:STOP" GOTO L_stop
11460  ON KEY 2 LABEL "2:PAUSE" GOSUB L_pause
11470  ON KEY 5 LABEL "5:COPY" GOSUB L_dump_g
11480  ON KEY 8 LABEL "8:PRINT" GOSUB L_print
11490  WAIT .5
11500  GOTO L_loop
11510  STOP
11520  ! ------------------------------------------------------------------------
11530  L_dim:!
11540  OPTION BASE 0
11550  PRINTER IS CRT
11560  COM Wave_n,Acf,Bcf,Dcf,Ecf,Fcf,Gcf,N_10,K_10
11570  DIM Symbol_0$(24)[1],Opt_phs_0(25),Name_0$(26)[8],N_0(26),K_0(26)
11580  DIM Symbol_1$(300)[1],Opt_phs_1(300),D_1(301),Phs_1(301)
11590  DIM Filter_1(300),Wit_1(300),Start_1(300),Tool_1(300)
11600  DIM Name_1$(301)[8],N_1(302),K_1(302)
11610  DIM Symbol$(300)[1],Name$(301)[8],Opt_phs(300),D(301),N(302),K(302),Phs(301)
11620  DIM Filter(300),Wit(300),Start(300),Tool(300),Wit_same(300)
11630  DIM List_sub$(50)[89],List_film$(50)[89]
11640  DIM Block(300),X_full(300),X_times(300)
11650  DIM A0(302),B0(302),C0(302),D0(302),A1(302),B1(302)
11660  DIM Ar(302),Br(302),Cr(302),Dr(302),At(302),Bt(302)
11670  DIM Ag(302),Bg(302),Cg(302),Dg(302)
11680  DIM Delta(300),Gamma(300),Gr(300),Gt(300)
11690  DIM Opm_start(300),Opm_peak(300),Opm_end(300)
11700  DIM Opm_aim(300),Peak_count(300),X_end(300)
11710  DIM M0$[50],M1$[50],M2$[50],M3$[50],M4$[50],M5$[50],M6$[50],M7$[50],M8$[50],M9$[50]
11720  !
11730  REDIM Symbol_0$(Film),Opt_phs_0(Film+1),Name_0$(Film+2),N_0(Film+2),K_0(Film+2)
11740  REDIM Symbol_1$(Lt),Opt_phs_1(Lt),D_1(Lt+1),Phs_1(Lt+1)
11750  REDIM Filter_1(Lt),Wit_1(Lt),Start_1(Lt),Tool_1(Lt)
11760  REDIM Name_1$(Lt+1),N_1(Lt+2),K_1(Lt+2)
11770  REDIM Symbol$(Lt),Name$(Lt+1),Opt_phs(Lt),D(Lt+1),N(Lt+2),K(Lt+2),Phs(Lt+1)
11780  REDIM Filter(Lt),Wit(Lt),Start(Lt),Tool(Lt),Wit_same(Lt)
11790  REDIM List_sub$(No_sub),List_film$(No_film)
11800  REDIM Block(Lt),X_full(Lt),X_times(Lt)
11810  REDIM A0(Lt+2),B0(Lt+2),C0(Lt+2),D0(Lt+2),A1(Lt+2),B1(Lt+2)
11820  REDIM Ar(Lt+2),Br(Lt+2),Cr(Lt+2),Dr(Lt+2),At(Lt+2),Bt(Lt+2)
11830  REDIM Ag(Lt+2),Bg(Lt+2),Cg(Lt+2),Dg(Lt+2)
11840  REDIM Delta(Lt),Gamma(Lt),Gr(Lt),Gt(Lt)
11850  REDIM Opm_start(Lt),Opm_peak(Lt),Opm_end(Lt)
11860  REDIM Opm_aim(Lt),Peak_count(Lt),X_end(Lt)
11870  RETURN
11880  ! ------------------------------------------------------------------------
```

光学モニターの光量変化計算プログラムリスト

```
11890 L_read_data:!
11900   ! substrate datum
11910   RESTORE L_sub_index
11920   READ Name_sub$,N_sub,K_sub
11930   Name_sub$=UPC$(Name_sub$)
11940   ! films data
11950   RESTORE L_film_index
11960   FOR I=1 TO Film
11970     READ Symbol_0$(I),Opt_phs_0(I),Name_0$(I),N_0(I),K_0(I)
11980     Symbol_0$(I)=UPC$(Symbol_0$(I))
11990     Name_0$(I)=UPC$(Name_0$(I))
12000   NEXT I
12010   ! design data
12020   RESTORE L_design
12030   FOR I=Lt TO 1 STEP -1
12040     READ Symbol_1$(I),D_1(I),Filter_1(I),Wit_1(I),Start_1(I),Tool_1(I)
12050     Symbol_1$(I)=UPC$(Symbol_1$(I))
12060     FOR I2=1 TO Film
12070       IF Symbol_1$(I)=Symbol_0$(I2) THEN
12080         Name_1$(I)=Name_0$(I2)
12090         Opt_phs_1(I)=Opt_phs_0(I2)
12100         N_1(I)=N_0(I2)
12110         K_1(I)=K_0(I2)
12120       END IF
12130     NEXT I2
12140   NEXT I
12150   ! direct monitoring
12160   IF Start_1(Lt)=0 THEN
12170     FOR I=Lt TO 1 STEP -1
12180       Filter_1(I)=Filter_1(Lt)
12190       Wit_1(I)=1
12200       Start_1(I)=0
12210     NEXT I
12220   END IF
12230   !
12240   N_1(0)=1
12250   K_1(0)=0
12260   Name_1$(Lt+1)=Name_sub$
12270   N_1(Lt+1)=N_sub
12280   K_1(Lt+1)=K_sub
12290   Phs_1(Lt+1)=D_sub
12300   IF Start_1(Lt)=0 THEN
12310     Start_direct=1
12320   END IF
12330   RETURN
12340 ! -----------------------------------------------------------------
12350 L_check_design:!
12360   SELECT System
12370   CASE 1
12380     M1$="Reflectance - upper : include Side2"
12390   CASE 2
12400     M1$="Transmittance - upper/lower : include Side2"
12410   CASE 3
12420     M1$="Reflectance - lower : include Side2"
12430   CASE 4
12440     M1$="Reflectance - lower : ignore Side2"
12450   END SELECT
12460   CLEAR SCREEN
12470   GINIT
12480   PRINTALL IS Printer
12490   PRINT TABXY(11,3);"* System"
12500   PRINT TABXY(36,3);"="
12510   PRINT TABXY(40,3);M1$
```

付録D

```
12520  PRINT TABXY(11,5);"* Design Wavelength [nm]"
12530  PRINT TABXY(36,5);"="
12540  PRINT TABXY(39,5);W_design
12550  FOR I=1 TO 73
12560      PRINT TABXY(10+I,7);"-"
12570  NEXT I
12580  PRINT USING L_10;"[Indices]","Sym","Type","Name","n","k"
12590  L_10: IMAGE 10X,9A,5X,3A,6X,4A,5X,4A,12X,1A,13X,1A
12600  FOR I=1 TO 50
12610      PRINT TABXY(22+I,9);"-"
12620  NEXT I
12630  FOR I=1 TO Film
12640      M1$=Symbol_0$(I)
12650      IF Opt_phs_0(I)=1 THEN
12660          M2$="Opt"
12670      ELSE
12680          M2$="Phs"
12690      END IF
12700      M3$=Name_0$(I)
12710      M4=N_0(I)
12720      M5=K_0(I)
12730      PRINT USING L_20;M1$,M2$,M3$,M4,M5
12740  L_20: IMAGE 25X,1A,7X,3A,6X,8A,5X,2D.5D,5X,2D.8D
12750  NEXT I
12760  FOR I=1 TO 50
12770      PRINT TABXY(22+I,10+Film);"-"
12780  NEXT I
12790  M1$="[sub]"
12800  M2$=Name$(Lt+1)
12810  M3=N(Lt+1)
12820  M4=K(Lt+1)
12830  M5$=" (d="
12840  M6=D(Lt+1)
12850  M7$="[mm])"
12860  PRINT USING L_30;M1$,M2$,M3,M4,M5$,M6,M7$
12870  L_30: IMAGE 23X,5A,4X,8A,5X,2D.4D,6X,2D.8D,2X,3A,3D.2D,5A
12880  FOR I=1 TO 90
12890      PRINT TABXY(10+I,12+Film);"-"
12900  NEXT I
12910  PRINT USING L_40;"[Design]","Sym","Thick","Filter","Wit","Start","Tool","(from sub.)"
12920  L_40: IMAGE 10X,8A,6X,3A,5X,5A,6X,6A,4X,3A,4X,5A,6X,4A,2X,11A
12930  FOR I=1 TO 78
12940      PRINT TABXY(22+I,14+Film);"-"
12950  NEXT I
12960  FOR I=Lt TO 1 STEP -1
12970      I2=Lt-I+1
12980      M1$=":"
12990      M2$=Symbol_1$(I)
13000      M3=D_1(I)
13010      M4=Filter_1(I)
13020      M5=Wit_1(I)
13030      M6=Start_1(I)
13040      M7=Tool_1(I)
13050      PRINT USING L_50;I2,M1$,M2$,M3,M4,M5,M6,M7
13060  L_50: IMAGE 17X,3D,1A,4X,1A,3X,4D.4D,3X,5D.D,4X,3D,4X,3D.2D,4X,D.4D
13070  NEXT I
13080  USER 1 KEYS
13090  ON KEY 1 LABEL "1:STOP" GOTO L_stop
13100  ON KEY 5 LABEL "5:OK" GOSUB L_ok_key
13110  ! wait for a key press
13120  F_ok_key=0
13130  LOOP
13140      KEY LABELS ON
```

光学モニターの光量変化計算プログラムリスト

```
13150   EXIT IF F_ok_key
13160   END LOOP
13170   RETURN
13180   ! ------------------------------------------------------------------
13190 L_cal:!
13200   RAD
13210   FOR I=1 TO 8
13220      ON KEY I LABEL " " GOSUB L_beep
13230   NEXT I
13240   ON KEY 1 LABEL "1:STOP" GOTO L_stop
13250   ON KEY 2 LABEL "2:PAUSE" GOSUB L_pause
13260   !
13270   GOSUB L_film_phs          ! calculate the physical thickness of thin films
13280   GOSUB L_block_cal         ! calculate the block when using same witness chips
13290   FOR Layer=Lt TO 1 STEP -1
13300      IF Block(Layer)<>Block_old THEN
13310         BEEP
13320         Block_old=Block(Layer)
13330         IF Layer=Lt THEN
13340            GOSUB L_graphics
13350            GOSUB L_x_axis
13360         ELSE
13370            ON KEY 1 LABEL "1:STOP" GOTO L_stop
13380            ON KEY 2 LABEL "2:PAUSE" GOSUB L_pause
13390            ON KEY 5 LABEL "5:NEXT" GOSUB L_ok_key
13400            ON KEY 7 LABEL "7:COPY" GOSUB L_dump_g
13410            F_ok_key=0
13420            REPEAT
13430            UNTIL F_ok_key
13440               GOSUB L_graphics
13450               GOSUB L_x_axis
13460               OFF KEY 5
13470               OFF KEY 7
13480               FOR I=1 TO 8
13490                  ON KEY I LABEL " " GOSUB L_beep
13500               NEXT I
13510         END IF
13520         Phs_sum=0
13530      END IF
13540      GOSUB L_check_wit
13550      GOSUB L_fresnel
13560      F_opm_new_layer=0  ! flag : deciding the staring value of optical monitor
13570      F_opm_start=0      ! flag : deciding the starting value when Start(I)=0
13580      Phs_end=Phs(1)
13590      Phs_cal=0
13600      Peak_count(Layer)=0
13610      REPEAT
13620         ON KEY 4 LABEL "L:"&VAL$(Lt-Layer+1) GOSUB L_dummy
13630         GOSUB L_virtual_plane
13640         GOSUB L_r_rb_t
13650         GOSUB L_plot
13660         GOSUB L_detect_peak
13670         Y_old_2_opm=Y_old_1_opm
13680         Y_old_1_opm=Y_new_opm
13690         Phs_cal=Phs_cal+Phs_step
13700      UNTIL Phs_cal>Phs_end+Phs_step
13710      GOSUB L_endpoint
13720      Phs_sum=Phs_sum+Phs(1)+X_space
13730   NEXT Layer
13740   RETURN
13750   ! ------------------------------------------------------------------
13760 L_film_phs:!
13770   ! read dispersion data
```

付録D

```
13780  REDIM List_sub$(No_sub-1),List_film$(No_film-1)
13790  RESTORE L_sub_data
13800  READ List_sub$(*)
13810  RESTORE L_film_data
13820  READ List_film$(*)
13830  !
13840  Wave_n=W_design
13850  F_material=1
13860  FOR I=1 TO Lt
13870     IF Name_1$(I)="0" THEN
13880        IF Opt_phs_1(I)=1 THEN
13890           Phs_1(I)=INT(D_1(I)*Wave_n/(4*N_1(I))/Tool_1(I)*100+.5)/100
13900        ELSE
13910           Phs_1(I)=INT(D_1(I)/Tool_1(I)*100+.5)/100
13920        END IF
13930     ELSE
13940        Name_10$=Name_1$(I)
13950        GOSUB L_cal_disp
13960        N_1(I)=N_10
13970        IF Opt_phs_1(I)=1 THEN
13980           Phs_1(I)=INT(D_1(I)*Wave_n/(4*N_1(I))/Tool_1(I)*1000+.5)/1000
13990        ELSE
14000           Phs_1(I)=INT(D_1(I)/Tool_1(I)*1000+.5)/1000
14010        END IF
14020     END IF
14030  NEXT I
14040  RETURN
14050  ! -------------------------------------------------------------------
14060  L_cal_disp:! calculate the dispersion
14070  SELECT F_material
14080  CASE 1 ! films
14090     J10=0
14100     F_exit=0
14110     LOOP
14120        EXIT IF J10>No_film-1 OR F_exit
14130        M1$=TRIM$(UPC$(List_film$(J10)[2,9]))
14140        IF M1$=Name_10$ THEN
14150           Function$=TRIM$(UPC$(List_film$(J10)[11,18]))
14160           Acf=VAL(List_film$(J10)[20,28])
14170           Bcf=VAL(List_film$(J10)[30,38])
14180           Ccf=VAL(List_film$(J10)[40,48])
14190           Dcf=VAL(List_film$(J10)[50,58])
14200           Ecf=VAL(List_film$(J10)[60,68])
14210           Fcf=VAL(List_film$(J10)[70,78])
14220           Gcf=VAL(List_film$(J10)[80,88])
14230           F_exit=1
14240        END IF
14250        J10=J10+1
14260     END LOOP
14270  CASE 2 ! substrate
14280     J10=0
14290     F_exit=0
14300     LOOP
14310        EXIT IF J10>No_sub-1 OR F_exit
14320        M1$=TRIM$(UPC$(List_sub$(J10)[2,9]))
14330        IF M1$=Name_10$ THEN
14340           Function$=TRIM$(UPC$(List_sub$(J10)[11,18]))
14350           Acf=VAL(List_sub$(J10)[20,28])
14360           Bcf=VAL(List_sub$(J10)[30,38])
14370           Ccf=VAL(List_sub$(J10)[40,48])
14380           Dcf=VAL(List_sub$(J10)[50,58])
14390           Ecf=VAL(List_sub$(J10)[60,68])
14400           Fcf=VAL(List_sub$(J10)[70,78])
```

光学モニターの光量変化計算プログラムリスト

```
14410           Gcf=VAL(List_sub$(J10)[80,88])
14420             F_exit=1
14430         END IF
14440       J10=J10+1
14450     END LOOP
14460 END SELECT
14470 SELECT Function$
14480 CASE "BUCH"
14490     S_buch(Wave_n,Acf,Bcf,Ccf,Dcf,N_10,K_10)
14500 CASE "CAUCHY"
14510     S_cauchy(Wave_n,Acf,Bcf,Ccf,N_10,K_10)
14520 CASE "HART"
14530     S_hart(Wave_n,Acf,Bcf,Ccf,N_10,K_10)
14540 CASE "LOREN"
14550     S_loren(Wave_n,Acf,Bcf,Ccf,N_10,K_10)
14560 CASE "LORENK"
14570     S_lorenk(Wave_n,Acf,Bcf,Ccf,Dcf,N_10,K_10)
14580 CASE "QUAD"
14590     S_quad(Wave_n,Acf,Bcf,N_10,K_10)
14600 CASE "QUADS"
14610     S_quads(Wave_n,Acf,Bcf,Ccf,N_10,K_10)
14620 CASE "QUADSK"
14630     S_quadsk(Wave_n,Acf,Bcf,Ccf,Dcf,Ecf,Fcf,N_10,K_10)
14640 CASE "SELL"
14650     S_sell(Wave_n,Acf,Bcf,N_10,K_10)
14660 CASE "SELLG"
14670     S_sellg(Wave_n,Acf,Bcf,Ccf,Dcf,Ecf,Fcf,N_10,K_10)
14680 CASE "FUNC01"
14690     S_func01(Wave_n,Acf,Bcf,Ccf,Dcf,Ecf,Fcf,Gcf,N_10,K_10)
14700 CASE "FUNC02"
14710     S_func02(Wave_n,Acf,Bcf,Ccf,Dcf,Ecf,Fcf,Gcf,N_10,K_10)
14720 CASE "FUNC03"
14730     S_func04(Wave_n,Acf,Bcf,Ccf,Dcf,Ecf,Fcf,Gcf,N_10,K_10)
14740 CASE "FUNC04"
14750     S_func04(Wave_n,Acf,Bcf,Ccf,Dcf,Ecf,Fcf,Gcf,N_10,K_10)
14760 CASE "FUNC05"
14770     S_func05(Wave_n,Acf,Bcf,Ccf,Dcf,Ecf,Fcf,Gcf,N_10,K_10)
14780 END SELECT
14790 RETURN
14800 !------------------------------------------------------------------
14810 L_block_cal:! calculate X_full(X-axes) and X_times for each display
14820 IF Lt MOD Layer_disp=0 THEN
14830     Layer_block=Lt/Layer_disp
14840 ELSE
14850     Layer_block=INT(Lt/Layer_disp)+1
14860 END IF
14870 FOR I=1 TO Layer_block
14880     M1=0
14890     M2=Lt-Layer_disp*(I-1)
14900     M3=Lt-Layer_disp*I+1
14910     IF M3<0 THEN
14920         M3=1
14930     END IF
14940     I3=0
14950     FOR I2=M2 TO M3 STEP -1
14960         I3=I3+1
14970         M1=M1+Phs_1(I2)+X_space
14980         Block(I2)=I
14990     NEXT I2
15000     FOR I2=M2 TO M3 STEP -1
15010         X_full(I2)=500*(INT(M1/500)+1)
15020         X_times(I2)=X_full(I2)/500
15030     NEXT I2
```

付録D

```
15040  NEXT I
15050  Block_old=0
15060  RETURN
15070  !--------------------------------------------------------------------
15080  L_check_wit:!
15090  Total_wit_same=0
15100  FOR I=Lt TO Layer STEP -1
15110     IF Wit_1(I)=Wit_1(Layer) THEN
15120        Total_wit_same=Total_wit_same+1
15130        Wit_same(Total_wit_same)=I
15140     END IF
15150  NEXT I
15160  Lt_new=Total_wit_same
15170  !
15180  Name$(Lt_new+1)=Name_1$(Lt+1)
15190  N(Lt_new+1)=N_1(Lt+1)
15200  K(Lt_new+1)=K_1(Lt+1)
15210  Phs(Lt_new+1)=Phs_1(Lt+1)
15220  N(0)=1
15230  K(0)=0
15240  !
15250  FOR I=1 TO Lt_new
15260     I2=Lt_new-I+1
15270     Symbol$(I2)=Symbol_1$(Wit_same(I))
15280     Name$(I2)=Name_1$(Wit_same(I))
15290     Opt_phs(I2)=Opt_phs_1(Wit_same(I))
15300     Symbol$(I2)=Symbol_1$(Wit_same(I))
15310     N(I2)=N_1(Wit_same(I))
15320     K(I2)=K_1(Wit_same(I))
15330     Phs(I2)=Phs_1(Wit_same(I))
15340     Filter(I2)=Filter_1(Wit_same(I))
15350     Start(I2)=Start_1(Wit_same(I))
15360  NEXT I
15370  RETURN
15380  ! --------------------------------------------------------------------
15390  L_fresnel: !
15400  Wave_n=Filter(1)
15410  F_material=1
15420  FOR I=1 TO Lt_new
15430     IF Name$(I)<>"0" THEN
15440        Name_10$=Name$(I)
15450        GOSUB L_cal_disp
15460        N(I)=N_10
15470        K(I)=K_10
15480     END IF
15490  NEXT I
15500  F_material=2
15510  IF Name$(Lt_new+1)<>"0" THEN
15520     Name_10$=Name$(Lt_new+1)
15530     GOSUB L_cal_disp
15540     N(Lt_new+1)=N_10
15550     K(Lt_new+1)=K_10
15560  END IF
15570  !
15580  FOR I=0 TO Lt_new
15590     A0(I)=N(I)-N(I+1)
15600     B0(I)=K(I)-K(I+1)
15610     C0(I)=N(I)+N(I+1)
15620     D0(I)=K(I)+K(I+1)
15630     A1(I)=2*N(I)
15640     B1(I)=2*K(I)
15650     Ag(I)=A0(I)
15660     Bg(I)=B0(I)
```

光学モニターの光量変化計算プログラムリスト

```
15670       Cg(I)=C0(I)
15680       Dg(I)=D0(I)
15690   NEXT I
15700   !
15710   ! Delta & Gamma of each layer
15720   FOR I=1 TO Lt_new
15730       Delta(I)=2*PI*N(I)*Phs(I)/Filter(1)
15740       Gamma(I)=2*PI*K(I)*Phs(I)/Filter(1)
15750       Gr(I)=EXP(-2*Gamma(I))
15760       Gt(I)=EXP(-Gamma(I))
15770   NEXT I
15780   RETURN
15790   ! ------------------------------------------------------------------
15800   L_virtual_plane:!
15810   Delta(1)=2*PI*N(1)*Phs_cal/Filter(1)
15820   Gamma(1)=2*PI*K(1)*Phs_cal/Filter(1)
15830   Gr(1)=EXP(-2*Gamma(1))
15840   Gt(1)=EXP(-Gamma(1))
15850   !
15860   Ar_new=A0(Lt_new)
15870   Br_new=B0(Lt_new)
15880   Cr_new=C0(Lt_new)
15890   Dr_new=D0(Lt_new)
15900   At_new=2*N(Lt_new)
15910   Bt_new=2*K(Lt_new)
15920   Ag_new=A0(0)
15930   Bg_new=B0(0)
15940   Cg_new=C0(0)
15950   Dg_new=D0(0)
15960   ! for Rf, Tf
15970   FOR I=Lt_new TO 1 STEP -1
15980       Ar1=A0(I-1)*Cr_new-B0(I-1)*Dr_new
15990       Ar2=(C0(I-1)*Ar_new-D0(I-1)*Br_new)*COS(2*Delta(I))
16000       Ar3=(C0(I-1)*Br_new+D0(I-1)*Ar_new)*SIN(2*Delta(I))
16010       Ar0=Ar1+(Ar2-Ar3)*Gr(I)
16020       Br1=A0(I-1)*Dr_new+B0(I-1)*Cr_new
16030       Br2=(C0(I-1)*Br_new+D0(I-1)*Ar_new)*COS(2*Delta(I))
16040       Br3=(C0(I-1)*Ar_new-D0(I-1)*Br_new)*SIN(2*Delta(I))
16050       Br0=Br1+(Br2+Br3)*Gr(I)
16060       Cr1=C0(I-1)*Cr_new-D0(I-1)*Dr_new
16070       Cr2=(A0(I-1)*Ar_new-B0(I-1)*Br_new)*COS(2*Delta(I))
16080       Cr3=(A0(I-1)*Br_new+B0(I-1)*Ar_new)*SIN(2*Delta(I))
16090       Cr0=Cr1+(Cr2-Cr3)*Gr(I)
16100       Dr1=C0(I-1)*Dr_new+D0(I-1)*Cr_new
16110       Dr2=(A0(I-1)*Br_new+B0(I-1)*Ar_new)*COS(2*Delta(I))
16120       Dr3=(A0(I-1)*Ar_new-B0(I-1)*Br_new)*SIN(2*Delta(I))
16130       Dr0=Dr1+(Dr2+Dr3)*Gr(I)
16140       At1=(A1(I-1)*At_new-B1(I-1)*Bt_new)*COS(Delta(I))
16150       At2=(A1(I-1)*Bt_new+B1(I-1)*At_new)*SIN(Delta(I))
16160       At0=(At1-At2)*Gt(I)
16170       Bt1=(A1(I-1)*Bt_new+B1(I-1)*At_new)*COS(Delta(I))
16180       Bt2=(A1(I-1)*At_new-B1(I-1)*Bt_new)*SIN(Delta(I))
16190       Bt0=(Bt1+Bt2)*Gt(I)
16200       Ar_new=Ar0
16210       Br_new=Br0
16220       Cr_new=Cr0
16230       Dr_new=Dr0
16240       At_new=At0
16250       Bt_new=Bt0
16260   NEXT I
16270   ! for Rg
16280   FOR I=1 TO Lt_new
16290       Ag1=A0(I)*Cg_new-B0(I)*Dg_new
```

付録D

```
16300      Ag2=(C0(I)*Ag_new-D0(I)*Bg_new)*COS(2*Delta(I))
16310      Ag3=(C0(I)*Bg_new+D0(I)*Ag_new)*SIN(2*Delta(I))
16320      Ag0=Ag1+(Ag2-Ag3)*Gr(I)
16330      Bg1=A0(I)*Dg_new+B0(I)*Cg_new
16340      Bg2=(C0(I)*Bg_new+D0(I)*Ag_new)*COS(2*Delta(I))
16350      Bg3=(C0(I)*Ag_new-D0(I)*Bg_new)*SIN(2*Delta(I))
16360      Bg0=Bg1+(Bg2+Bg3)*Gr(I)
16370      Cg1=C0(I)*Cg_new-D0(I)*Dg_new
16380      Cg2=(A0(I)*Ag_new-B0(I)*Bg_new)*COS(2*Delta(I))
16390      Cg3=(A0(I)*Bg_new+B0(I)*Ag_new)*SIN(2*Delta(I))
16400      Cg0=Cg1+(Cg2-Cg3)*Gr(I)
16410      Dg1=C0(I)*Dg_new+D0(I)*Cg_new
16420      Dg2=(A0(I)*Bg_new+B0(I)*Ag_new)*COS(2*Delta(I))
16430      Dg3=(A0(I)*Ag_new-B0(I)*Bg_new)*SIN(2*Delta(I))
16440      Dg0=Dg1+(Dg2+Dg3)*Gr(I)
16450      !
16460      Ag_new=Ag0
16470      Bg_new=Bg0
16480      Cg_new=Cg0
16490      Dg_new=Dg0
16500   NEXT I
16510   RETURN
16520   !---------------------------------------------------------------
16530   L_r_rb_t:!
16540   R0_1=(N(0)-N(Lt_new+1))^2+(K(0)-K(Lt_new+1))^2
16550   R0_2=(N(0)+N(Lt_new+1))^2+(K(0)+K(Lt_new+1))^2
16560   R0=R0_1/R0_2
16570   Rf=(Ar_new^2+Br_new^2)/(Cr_new^2+Dr_new^2)
16580   Tf=N(Lt_new+1)/N(0)*(At_new^2+Bt_new^2)/(Cr_new^2+Dr_new^2)
16590   Rg=(Ag_new^2+Bg_new^2)/(Cg_new^2+Dg_new^2)
16600   IF System<4 THEN
16610      Ti_temp=-4*PI*K(Lt_new+1)*Phs(Lt_new+1)*1000000/Filter(1)
16620      IF Ti_temp<-708 THEN
16630         Ti=0
16640      ELSE
16650         Ti=EXP(Ti_temp)
16660         IF Ti<10^(-100) THEN
16670            Ti=0
16680         END IF
16690      END IF
16700      R=Rf+Tf^2*Ti^2*R0/(1-Ti^2*R0*Rg)         ! [eq.(4-69)]
16710      Rb=R0+(1-R0)^2*Ti^2*Rg/(1-Ti^2*R0*Rg)    ! [eq.(4-70)]
16720      T=(1-R0)*Tf*Ti/(1-Ti^2*R0*Rg)            ! [eq.(4-71)]
16730   END IF
16740   RETURN
16750   !---------------------------------------------------------------
16760   L_plot:!
16770   SELECT System
16780   CASE 1
16790      Y_new=Rb
16800   CASE 2
16810      Y_new=T
16820   CASE 3
16830      Y_new=R
16840   CASE 4
16850      Y_new=Rf
16860   END SELECT
16870   !
16880   IF Phs_cal=0 THEN
16890      Y_start=Y_new
16900   END IF
16910   IF Phs_cal<=Phs_end THEN
16920      X_new=Phs_cal+Phs_sum
```

光学モニターの光量変化計算プログラムリスト

```
16930   END IF
16940   !
16950   IF Start_direct=1 THEN
16960      Y_new_opm=Y_new*100
16970   ELSE
16980      IF F_opm_new_layer=0 THEN
16990         IF Start(1)<>0 THEN
17000            Opm_start(Layer)=Start(1)
17010            Opm_amp_last=Start(1)/(Y_start*100)
17020         END IF
17030         F_opm_new_layer=1
17040      ELSE
17050         IF Start(1)<>0 THEN
17060            Y_new_opm=Opm_start(Layer)*Y_new/Y_start
17070         ELSE
17080            Y_new_opm=Y_new*Opm_amp_last*100
17090            IF F_opm_start=0 THEN
17100               Opm_start(Layer)=Y_new_opm
17110               F_opm_start=1
17120            END IF
17130         END IF
17140      END IF
17150   END IF
17160   !
17170   IF X_new<=X_full(Layer) THEN
17180      X_pos=X_new/X_times(Layer)
17190      Y_pos=Y_new_opm
17200      CLIP 0,500,0,100
17210      PEN 6
17220      PLOT X_pos,Y_pos
17230      CLIP OFF
17240      PENUP
17250   ELSE
17260      DISP "** OVER X-RANGE **"
17270      Phs_cal=Phs(1)+100
17280      Layer=0
17290      PENUP
17300   END IF
17310   RETURN
17320   ! ------------------------------------------------------------------
17330   L_detect_peak:!
17340   IF Phs_cal>Phs_step*5 THEN
17350      Sgn_old=SGN(Y_old_1_opm-Y_old_2_opm)
17360      Sgn_new=SGN(Y_new_opm-Y_old_1_opm)
17370      Sgn_peak=Sgn_old+Sgn_new
17380      IF Sgn_peak=0 THEN
17390         Peak_count(Layer)=Peak_count(Layer)+1
17400         X_peak_pos=X_new/X_times(Layer)
17410         Y_peak_old=Y_peak_new
17420         Y_peak_new=Y_old_1_opm
17430         Opm_peak(Layer)=Y_peak_new
17440         IF F_disp_endpoint=1 THEN
17450            PENUP
17460            LINE TYPE 1
17470            PEN 2
17480            CSIZE 3,.4
17490            IF Peak_count(Layer) MOD 2 THEN
17500               IF Y_peak_new>100 THEN
17510                  MOVE X_peak_pos,100
17520                  DRAW X_peak_pos,105
17530               ELSE
17540                  MOVE X_peak_pos,Opm_peak(Layer)
17550                  DRAW X_peak_pos,110
```

付録D

```
17560            END IF
17570            PENUP
17580            MOVE X_peak_pos-3,111
17590            LABEL "P"
17600            MOVE X_peak_pos+2,111
17610            LABEL USING "3D.3D";Opm_peak(Layer)
17620         ELSE
17630            IF Y_peak_new>100 THEN
17640               MOVE X_peak_pos,100
17650               DRAW X_peak_pos,105
17660            ELSE
17670               MOVE X_peak_pos,Y_new_opm
17680               DRAW X_peak_pos,115
17690            END IF
17700            PENUP
17710            MOVE X_peak_pos,116
17720            LABEL "P"
17730            MOVE X_peak_pos+5,116
17740            LABEL USING "3D.3D";Opm_peak(Layer)
17750         END IF
17760         PENUP
17770      END IF
17780    END IF
17790 END IF
17800 RETURN
17810 ! ------------------------------------------------------------------
17820 L_endpoint:!
17830 Opm_end(Layer)=Y_old_1_opm
17840 IF X_pos<X_full(Layer) THEN
17850    IF F_disp_endpoint=1 THEN
17860       IF Peak_count(Layer)>0 AND X_pos-X_peak_pos>10*Phs_step THEN
17870          CSIZE 3,.4
17880          IF Opm_end(Layer)<=100 THEN
17890             MOVE X_pos,Opm_end(Layer)
17900          ELSE
17910             MOVE X_pos,100
17920          END IF
17930          PEN 0
17940          DRAW X_pos,105
17950          PENUP
17960          PEN 6
17970          MOVE X_pos-10,106
17980          LABEL USING "3D.3D";Opm_end(Layer)
17990       ELSE
18000          CSIZE 3,.4
18010          IF Opm_end(Layer)<=100 THEN
18020             MOVE X_pos,Opm_end(Layer)
18030          ELSE
18040             MOVE X_pos,100
18050          END IF
18060          PEN 0
18070          DRAW X_pos,105
18080          PENUP
18090          PEN 6
18100          MOVE X_pos-10,106
18110          LABEL USING "3D.3D";Opm_end(Layer)
18120       END IF
18130    ELSE
18140       PEN 0
18150       IF Opm_end(Layer)<=100 THEN
18160          MOVE X_pos,Opm_end(Layer)
18170          DRAW X_pos,Opm_end(Layer)+5
18180       ELSE
```

光学モニターの光量変化計算プログラムリスト

```
18190              MOVE X_pos,100
18200              DRAW X_pos,105
18210          END IF
18220          PENUP
18230       END IF
18240       ! OPM control parameter
18250       SELECT Peak_count(Layer)
18260       CASE 0
18270          Opm_aim(Layer)=Opm_end(Layer)-Opm_start(Layer)
18280       CASE 1
18290          M1=Opm_peak(Layer)-Opm_end(Layer)
18300          M2=Opm_peak(Layer)-Opm_start(Layer)
18310          Opm_aim(Layer)=ABS(M1/M2)*100
18320       CASE >1
18330          Opm_start(Layer)=Y_peak_old
18340          M1=Opm_peak(Layer)-Opm_end(Layer)
18350          M2=Opm_peak(Layer)-Opm_start(Layer)
18360          Opm_aim(Layer)=ABS(M1/M2)*100
18370       END SELECT
18380       X_end(Layer)=X_end(Layer-1)+Phs_cal-Phs_step*2+X_space
18390    END IF
18400    RETURN
18410    ! -------------------------------------------------------------------
18420 L_graphics:!
18430    CLEAR SCREEN
18440    GRAPHICS ON
18450    PEN 0
18460    WINDOW -100,600,-50,150
18470    AREA PEN 1
18480    MOVE -100,-50
18490    RECTANGLE 700,200,FILL,EDGE
18500    AREA PEN 6
18510    !
18520    PEN 0
18530    LINE TYPE 1
18540    MOVE 0,0
18550    DRAW 500,0
18560    DRAW 500,100
18570    DRAW 0,100
18580    DRAW 0,0
18590    PENUP
18600    MOVE -1,-.2
18610    DRAW 501,-.2
18620    DRAW 501,100.2
18630    DRAW -1,100.2
18640    DRAW -1,-.2
18650    PENUP
18660    !
18670    LINE TYPE 4
18680    FOR I=1 TO 9
18690       MOVE 50*I,0
18700       DRAW 50*I,100
18710       PENUP
18720       MOVE 0,10*I
18730       DRAW 500,10*I
18740       PENUP
18750    NEXT I
18760    !
18770    CSIZE 4
18780    CLIP OFF
18790    LINE TYPE 1
18800    LDIR PI/2
18810    IF System=2 THEN
```

付録D

```
18820     M0$="TRANSMITTANCE"
18830   ELSE
18840     M0$="REFLECTANCE"
18850   END IF
18860   PEN 6
18870   FOR I=-.3 TO .3 STEP .1
18880     MOVE -40,17+I
18890     LABEL M0$
18900   NEXT I
18910   LDIR 0
18920   FOR I=-.6 TO .6 STEP .1
18930     MOVE 120+I,-20
18940     LABEL "PHYSICAL THICKNESS [nm]"
18950   NEXT I
18960   PEN 6
18970   CSIZE 3.5,.4
18980   FOR Y_axis=0 TO 100 STEP 10
18990     MOVE -35,Y_axis-4
19000     LABEL USING "3D";Y_axis
19010   NEXT Y_axis
19020   FOR I=-5 TO 590
19030     MOVE I,-10
19040     LABEL " "
19050   NEXT I
19060   RETURN
19070 ! ------------------------------------------------------------------
19080 L_x_axis:!
19090   FOR I=2 TO 10 STEP 2
19100     X_axis=I*X_full(Layer)/10
19110     MOVE I*50-17,-10
19120     LABEL X_axis
19130   NEXT I
19140   MOVE -5,-10
19150   LABEL "0"
19160   RETURN
19170 ! ------------------------------------------------------------------
19180 L_dump_g:!
19190   FOR I=1 TO 8
19200     ON KEY I LABEL "" GOSUB L_beep
19210   NEXT I
19220   DUMP GRAPHICS #Printer
19230   PRINT CHR$(13)
19240   GOSUB L_ok_key
19250   RETURN
19260 ! ------------------------------------------------------------------
19270 L_print:!
19280   PRINTER IS Printer
19290   OUTPUT Printer
19300   SELECT System
19310   CASE 1
19320     M1$="Ref - upper (REV include Side2)"
19330   CASE 2
19340     M1$="Trans - upper/lower (include Side2)"
19350   CASE 3
19360     M1$="Ref - lower (FWD include Side2)"
19370   CASE 4
19380     M1$="Trans - lower (FWD ignore Side2)"
19390   END SELECT
19400   PRINT " * System              : ";M1$
19410   PRINT " * Design Wavelength [nm] : ";W_design
19420   PRINT
19430   PRINT "    ================================================================="
19440   PRINT USING L_p10;"[Sub]","Name","n","k"
```

```
19450 L_p10: IMAGE 3X,5A,21X,4A,10X,1A,11X,1A
19460   PRINT USING L_p20;Name_sub$,N_sub,K_sub,"(",D_sub,"mm)"
19470 L_p20: IMAGE 22X,8A,1X,2D.5D,3X,2D.8D,2X,1A,2D.3D,1X,3A
19480   PRINT " ---------------------------------------------------------------------------"
19490   PRINT USING L_p30;"[Film]","Sym","Type","Name","n","k"
19500 L_p30: IMAGE 3X,6A,5X,3A,4X,4A,4X,4A,10X,1A,11X,1A
19510   FOR I=1 TO Film
19520     M1$=Symbol_0$(I)
19530     IF Opt_phs_0(I)=1 THEN
19540       M2$="Opt"
19550     ELSE
19560       M2$="Phs"
19570     END IF
19580     M3$=Name_0$(I)
19590     M4=N_0(I)
19600     M5=K_0(I)
19610     PRINT USING L_p50;M1$,M2$,M3$,M4,M5
19620 L_p50: IMAGE 15X,1A,6X,3A,4X,8A,1X,2D.5D,3X,2D.8D
19630   NEXT I
19640   PRINT " ---------------------------------------------------------------------------"
19650   M1$="[Design]"
19660   M2$="Sym"
19670   M3$="Thick"
19680   M4$="Filter[nm]"
19690   M5$="Monitor"
19700   M6$="Start"
19710   M7$="Tooling"
19720   PRINT USING L_p60;M1$,M2$,M3$,M4$,M5$,M6$,M7$
19730 L_p60: IMAGE 3X,9A,2X,3A,4X,5A,4X,10A,3X,7A,4X,5A,3X,7A
19740   FOR I=Lt TO 1 STEP -1
19750     I2=Lt-I+1
19760     PRINT USING L_p70;I2,":",Symbol_1$(I),D_1(I),Filter_1(I),Wit_1(I),Start_1(I),Tool_1(I)
19770 L_p70: IMAGE 10X,3D,1A,1X,1A,5D.4D,5X,4D.D,6X,3D,6X,3D.2D,3X,D.5D
19780   NEXT I
19790   PRINT " ==========================================================================="
19800   PRINT
19810   PRINT "    [Result]"
19820   PRINT " ---------------------------------------------"
19830   M1$="P.C."
19840   M2$="Start"
19850   M3$="Peak"
19860   M4$="End"
19870   M5$="Aim"
19880   PRINT USING L_p80;M1$,M2$,M3$,M4$,M5$
19890 L_p80: IMAGE 9X,4A,2X,5A,6X,4A,6X,3A,10X,3A
19900   PRINT " ---------------------------------------------"
19910   FOR I=Lt TO 1 STEP -1
19920     I2=Lt-I+1
19930     M1=Peak_count(I)
19940     M2=Opm_start(I)
19950     M3=Opm_peak(I)
19960     M4=Opm_end(I)
19970     M5=Opm_aim(I)
19980     PRINT USING L_p90;I2,":",M1,M2,M3,M4,M5
19990 L_p90: IMAGE 3X,3D,1A,2X,2D,4X,2D.3D,4X,2D.3D,4X,2D.3D,2X,8D.2D
20000   NEXT I
20010   PRINT " ---------------------------------------------"
20020   PRINT
20030   SELECT F_data_print
20040   CASE 0
20050   CASE 1
20060     GOSUB L_dump_g
20070   CASE 2
```

付録D

```
20080      OUTPUT Printerr;CHR$(13)
20090      GOSUB L_dump_g
20100   END SELECT
20110   RETURN
20120   ! ------------------------------------------------------------
20130 L_beep:!
20140   BEEP
20150   RETURN
20160   !
20170 L_dummy: RETURN
20180   !
20190 L_ok_key:!
20200   F_ok_key=1
20210   RETURN
20220   !
20230 L_stop:!
20240   BEEP
20250   DISP "** STOP **"
20260   PRINTER IS Printer
20270   STOP
20280   !
20290 L_pause:!
20300   BEEP
20310   DISP " *** PAUSE ***"
20320   PAUSE
20330   RETURN
20340   !
20350   END
20360   ! ==============================================================
20370   !
20380   ! ** Dispersion Equations **
20390   ! ------------------------------------------------------------
20400   ! BUCH (k=0)
20410   SUB S_buch(Wave_n,Acf,Bcf,Ccf,Dcf,N_10,K_10)
20420      X1=.11*(Wave_n-Dcf)
20430      X2=X1/(1+2.5*X1)
20440      N_10=Acf+X2*(Bcf*X2*Ccf)
20450      K_10=0
20460   SUBEND
20470   ! ------------------------------------------------------------
20480   ! CAUCHY (k=0)
20490   SUB S_cauchy(Wave_n,Acf,Bcf,Ccf,N_10,K_10)
20500      N_10=Acf+Bcf/Wave_n^2+Ccf/Wave_n^4
20510      K_10=0
20520   SUBEND
20530   ! ------------------------------------------------------------
20540   ! HART (k=0)
20550   SUB S_hart(Wave_n,Acf,Bcf,Ccf,N_10,K_10)
20560      N_10=Acf+Ccf/(Wave_n-Bcf)
20570      K_10=0
20580   SUBEND
20590   ! ------------------------------------------------------------
20600   ! LOREN (k=0)
20610   SUB S_loren(Wave_n,Acf,Bcf,Ccf,N_10,K_10)
20620      X1=Wave_n^2-Ccf^2
20630      N_10=SQR(Acf+Bcf*Wave_n^2/X1)
20640      K_10=0
20650   SUBEND
20660   ! ------------------------------------------------------------
20670   ! LORENK (k<>0)
20680   SUB S_lorenk(Wave_n,Acf,Bcf,Ccf,Dcf,N_10,K_10)
20690      X1=Wave_n^2-Ccf^2
20700      X2=X1^2+Dcf^2*Wave_n^2
```

光学モニターの光量変化計算プログラムリスト

```
20710      X3=Acf+Bcf*Wave_n^2*X1/X2
20720      X4=.5*Bcf*Dcf*Wave_n^3/X2
20730      N_10=((X3+SQR(X3^2+4*X4^2))/2)^.5
20740      K_10=X4/N_10
20750   SUBEND
20760   ! ------------------------------------------------------------------
20770   ! QUAD (k=0)
20780   SUB S_quad(Wave_n,Acf,Bcf,N_10,K_10)
20790      N_10=Acf+Bcf/Wave_n^2
20800      K_10=0
20810   SUBEND
20820   ! ------------------------------------------------------------------
20830   ! QUADS (k=0)
20840   SUB S_quads(Wave_n,Acf,Bcf,Ccf,N_10,K_10)
20850      N_10=Acf+Bcf*Wave_n+Ccf*Wave_n^2
20860      K_10=0
20870   SUBEND
20880   ! ------------------------------------------------------------------
20890   ! QUADSK (k<>0)
20900   SUB S_quadsk(Wave_n,Acf,Bcf,Ccf,Dcf,Ecf,Fcf,N_10,K_10)
20910      N_10=Acf+Bcf*Wave_n+Ccf*Wave_n^2
20920      K_10=Dcf+Ecf*Wave_n+Fcf*Wave_n^2
20930   SUBEND
20940   ! ------------------------------------------------------------------
20950   ! SELL (k=0)
20960   SUB S_sell(Wave_n,Acf,Bcf,N_10,K_10)
20970      N_10=SQR(1+Acf/(1+Bcf/Wave_n^2))
20980      K_10=0
20990   SUBEND
21000   ! ------------------------------------------------------------------
21010   ! SELLG (k=0)
21020   SUB S_sellg(Wave_n,Acf,Bcf,Ccf,Dcf,Ecf,Fcf,N_10,K_10)
21030      Ww=(.001*Wave_n)^2
21040      N_10=SQR(1+Acf/(1+Dcf/Ww)+Bcf/(1+Ecf/Ww)+Ccf/(1+Fcf/Ww))
21050      K_10=0
21060   SUBEND
21070   ! ==================================================================
21080   ! for general equation
21090   ! ------------------------------------------------------------------
21100   SUB S_func01(Wave_n,Acf,Bcf,Ccf,Dcf,Ecf,Fcf,Gcf,N_10,K_10)
21110   SUBEND
21120   ! ------------------------------------------------------------------
21130   SUB S_func02(Wave_n,Acf,Bcf,Ccf,Dcf,Ecf,Fcf,Gcf,N_10,K_10)
21140   SUBEND
21150   ! ------------------------------------------------------------------
21160   SUB S_func03(Wave_n,Acf,Bcf,Ccf,Dcf,Ecf,Fcf,Gcf,N_10,K_10)
21170   SUBEND
21180   ! ------------------------------------------------------------------
21190   SUB S_func04(Wave_n,Acf,Bcf,Ccf,Dcf,Ecf,Fcf,Gcf,N_10,K_10)
21200   SUBEND
21210   ! ------------------------------------------------------------------
21220   SUB S_func05(Wave_n,Acf,Bcf,Ccf,Dcf,Ecf,Fcf,Gcf,N_10,K_10)
21230   SUBEND
21240   ! ------------------------------------------------------------------
```

付録 E　三角関数・双曲線関数の公式

1. **加法定理**

$$\sin(A \pm B) = \sin A \cos B \pm \cos A \sin B$$
$$\cos(A \pm B) = \cos A \cos B \mp \sin A \sin B$$
$$\tan(A \pm B) = \frac{\tan A \pm \tan B}{1 \mp \tan A \tan B}$$
$$\cos(A \pm B) = \frac{\cos A \cos B \mp 1}{\cos B \pm \cos A}$$

2. **和を積に直す公式**

$$\sin A + \sin B = 2 \sin \frac{A+B}{2} \cos \frac{A-B}{2}$$
$$\sin A - \sin B = 2 \cos \frac{A+B}{2} \sin \frac{A-B}{2}$$
$$\cos A + \cos B = 2 \cos \frac{A+B}{2} \cos \frac{A-B}{2}$$
$$\cos A - \cos B = -2 \sin \frac{A+B}{2} \sin \frac{A-B}{2}$$
$$\tan A \pm \tan B = \frac{\sin(A \pm B)}{\cos A \cos B}$$

3. **積を和に直す公式**

$$\sin A \sin B = -\frac{1}{2}[\cos(A+B) - \cos(A-B)]$$
$$\sin A \cos B = \frac{1}{2}[\sin(A+B) + \sin(A-B)]$$
$$\cos A \sin B = \frac{1}{2}[\sin(A+B) - \sin(A-B)]$$
$$\cos A \cos B = \frac{1}{2}[\cos(A+B) + \cos(A-B)]$$

4. **倍角の公式**

$$\sin 2A = 2 \sin A \cos A = 2 \tan A / (1 + \tan^2 A)$$
$$\cos 2A = \cos^2 A - \sin^2 A = 2\cos^2 A - 1 = 1 - 2\sin^2 A$$

5. **半角の公式**

$$\sin \frac{A}{2} = \pm \sqrt{\frac{1-\cos A}{2}} \qquad \cos \frac{A}{2} = \pm \sqrt{\frac{1+\cos A}{2}} \qquad \tan \frac{A}{2} = \pm \sqrt{\frac{1-\cos A}{1+\cos A}}$$

6. **複素変数の指数関数**

$$e^{A \pm iB} = \exp(A \pm iB) = e^A (\cos B \pm i \sin B)$$

7. **双曲線関数**

$$\sinh A = \frac{e^A - e^{-A}}{2} \qquad \cosh A = \frac{e^A + e^{-A}}{2}$$

8. **複素変数の三角関数**

$$\sin(A \pm iB) = \sin A \cosh B \pm i \cos A \sinh B$$
$$\cos(A \pm iB) = \cos A \cosh B \mp i \sin A \sinh B$$

付録 F　ギリシャ文字の読み方

大文字	小文字	スペル	読み方
A	α	Alpha	アルファー
B	β	Beta	ベーター
Γ	γ	Gamma	ガンマー
Δ	δ	Delta	デルター
E	ε	Epsilon	イプシロン
Z	ζ	Zeta	ジーター
H	η	Eta	イーター
Θ	θ	Theta	シーター
I	ι	Iota	イオター
K	κ	Kappa	カッパー
Λ	λ	Lambda	ラムダ
M	μ	Mu	ミュー
N	ν	Nu	ニュー
Ξ	ξ	Xi	グサイ
O	o	Omicron	オミクロン
Π	π	Pi	パイ
P	ρ	Rho	ロー
Σ	σ	Sigma	シグマー
T	τ	Tau	タウ
Υ	υ	Upsilon	ウプシロン
Φ	ϕ	Phi	ファイ
X	χ	Chi	カイ
Ψ	ψ	Psi	プサイ
Ω	ω	Omega	オメガー

付録 G　SI接頭語

数値	スペル	記号	読み方
10^{18}	exa-	E	エクサ
10^{15}	peta-	P	ペタ
10^{12}	tera-	T	テラ
10^{9}	giga-	G	ギガ
10^{6}	mega-	M	メガ
10^{3}	kilo-	k	キロ
10^{2}	hecto-	h	ヘクト
10^{1}	deca-	da	デカ
10^{-1}	deci-	d	デシ
10^{-2}	centi-	c	センチ
10^{-3}	milli-	m	ミリ
10^{-6}	micro-	μ	マイクロ
10^{-9}	nano-	n	ナノ
10^{-12}	pico-	p	ピコ
10^{-15}	femto-	f	フェムト
10^{-18}	atto-	a	アト

あ と が き

　日本の光学フィルタービジネスは、現在、大変厳しい状況にあります。皆様がご存じのように、中国、台湾、韓国の企業も日本や欧米の最新鋭の成膜装置を輸入して、積極的に生産を行っています。また、日本のコーティングを行っている大企業も他の分野と同様に中国、台湾、タイ、ベトナム、バングラディシュなどに工場を作り、生産を行っています。そのため、日本の成膜装置メーカーも中国に生産拠点となる工場を作っています。私は以前から中国および台湾で開催されるオプティクス関係の展示会に参加し、その後、広州、杭州や上海の多くの工場を見学する機会を得ました。その度に思ったことは、日本のオプティクスは今後どうなるのだろうか、ということでした。中国のコーティング産業の現状について、今年の6月にドイツのBraunschweigで開催された"The 8'th International Conference on Coatings on Glass and Plastics"で中国・浙江大学の劉旭教授（Xu Liu）が"Mass Production of Optical Coatings Industry in China"（連名：唐晋友教授J.Tang）というテーマで講演をされました。その内容を簡単にご紹介します。「中国は光学について独自の教育、基礎研究をしてきた。浙江大学では1952年から光学技術の高度な教育を始めたが、この30年で急速に展開し、現在では中国の70以上の大学で光学、つまりフォトニクスの特別な学部がある。…1980年代からLeybold社やBalzers社の成膜装置が輸入されたが、1990年代後半からは日本の装置が多く輸入されるようになった。…中国には、光学産業の4つの重要な地域がある。最も盛んな地域は中国南部の広東省中山、第2が杭州、南京、上海を含めた揚子江の三角地帯、第3が武漢（中国のオプティカル・バレーと呼ばれている）、そして、中国北部の長春である。…現在、数万人の人々がコーティング産業に従事しており、通常のコーティング製品では世界市場の約90％を占めている。」と講演されました。唐教授は中国のオプティクス界の中心的な人であり、劉教授等と2006年11月に、"現代光学薄膜技術（技術）Modern Optical Thin Film Technology"という本を浙江大学出版社から出版されました。

　日本の工業技術も当初は欧米から学んで、弛まざる努力の結果、欧米を追い抜いていった産業も多々あります。日本のオプティクス産業も同様であり、上述の流れも当然と思います。しかし、日本のオプティクスをもっと盛んにしたい、そのためには若い技術者にオプティクスを基礎から伝えたいという思いから、私は1996年に独立してコンサルティング業に専念してきました。そして、自分のノートや講演資料をまとめて、本書の初版を7年半前に出版させて頂きました。序文にも書きましたが、特性マトリクスでは、光の多重繰り返し反射の物理的イメージが得られなかった皆様も、これですっきりしたと思います。しかし、第1版第1刷ではタイプミスが多く、皆様にご迷惑をお掛けしてしまい申し訳ございませんでした。即、4ケ月後に第2版として、それらを修正して出版させて頂き、計3刷まで続いてきております。4年前には、これから光学薄膜を勉強する人や実際に研究・生産に従事している技術者のためにできるだけ易しく、しかも即利用できるような本を出版して欲しいという多くの方々の要望にもとづき、反射防止膜、ダイクロイックフィルター、レーザーミラーや光ファイバー通信用の狭帯域バンドパスフィルターなどの設計理論と設計例を解説した「光学薄膜フィルターデザイン」をオプトロニクス社から出版させて頂きました。是非とも本書と合わせてご利用下さい。

少し長くなりますが、私がHP Basic for Windowsにこだわる理由を説明させて下さい。私は学生時代および理化学研究所でレーザーの研究をしていましたが、当時は自分の研究目的の仕様を満たすレーザーミラーをメーカーにお願いしていただけでした。その後、成膜装置メーカーに入社し、始めは蒸着装置の制御盤のリレー回路の設計をしました。そして、種々の制御ユニットを開発・設計するチャンスに恵まれましたが、どうしても反射防止膜の設計理論を勉強したくなり、お客様に相談したところ、お客様からDr.H.A.Macleodの名著 " Thin-film Optical Filters " の初版（当時、絶版）の特性マトリクスに関する部分のコピーを頂きました。必死に勉強して、当時の最新コンピュータPC-8001を購入して自宅で計算プログラムを作成しました。そのコンピュータにはグラフィック機能はなかったので、ドットプリンターにグラフを描かせました。等価膜による反射防止膜を設計できたときの感動は、今でも忘れません。本当に懐かしい想い出です。その後、パソコンで蒸着装置を制御する、いわゆる自動蒸着システムの開発という業務命令が出ました。電子銃やマグネットスイッチを頻繁にオン・オフしている蒸着装置は、ノイズの巣窟でした。調べたところ、それらのノイズに耐えて、正常に装置を制御するのに当時一番適したコンピュータは、HP社のものでした。早速、購入して使用したところ、そのBasic言語の素晴らしさに感動しました。HP-IB（GP-IB、後のIEEE-488インターフェースバス）の機能を調べて、日本プレシジョンサーキッツ（現、セイコーNPC㈱）製のSM8530Bという専用ICを利用してインターフェース回路を設計しました。そして、3線ハンドシェイクのタイミングをオシロスコープで計測し、蒸発源（電子銃、抵抗加熱）制御や光学式膜厚モニターなどの回路を設計・試作・テストをしました。勿論、制御プログラムも作成して、短期間で何とか商品化することができました。その後、特性マトリクスを利用して、最小二乗法による最適化機能を持った分光特性計算、光学式膜厚モニターの光量変化計算のプログラムを作成しました。真空中および大気中の薄膜の屈折率、色度図、膜厚分布などの計算プログラムも作成して、自動蒸着装置を購入して頂いたほとんどのお客様には無償提供致しました。私は今でもHP社の名機HP300を所有し大切に利用しています。蒸着装置の膜厚分布計算プログラムなどは、未だにHP Basic for Windowsに移植していません。HP Basicは、その後、HP Basic for Windowsになりましたが、Windows上で動作するグラフィカルなVisual Basicなどのプログラミング言語が主流である現在は、どうしても陰が薄くなってしまった感があります。しかし、それらのプログラミング言語は、作成した本人以外はプログラムの流れが分かり難く、修正の度に詳細なコメントを書き込んでおかなければ、作成した本人でも分からなくなってしまうという傾向があります（私見）。HP Basic for Windowsは、現在はHT Basic for Windowsとして販売されています。Windows上で動作する通常の多くのプログラムと同様に、とても使い易くなっています（私は所有していませんが）。通常のBASICの使い易さを持ち、構造化されたプログラミングであることから、科学技術計算に強力な力を発揮します。また、データ送受信の国際規格IEEE-488を利用すれば、フルフューチャーの計測・機器コントローラーに変身するので、最近、再び注目されています。本当に優れたプログラミング言語だと思います。是非とも、HTBasic for Windowsをご検討下さい。現在、国内外メーカーの優れた光学フィルター設計ソフトが市販されています。しかし、自分の研究や仕事の目的の計算をするには、基礎から勉強して自分用の計算プログラムを作成する必要があると思います。私も米国FTG社のFILMSTARを使用していますが、その中にない目的の計算は、今でも自分でプログラムを作成しています。この改訂版では、皆様のご要望に基づき、プログラミングに適した特性マトリクスによる分光特性計算の

プログラムを丁寧に解説しました。どうか若い技術者や学生の皆様は、自分自身で計算プログラムを作成して下さい。理論の面白さ、プログラミングの素晴らしさを実感できると思います。序文にも書きましたが、技術者は必要なプログラムを自分で作成できなければならないというのが、私の信念です。

　しかし、残念ながらHT Basic for Windowsを個人で購入するには、やや高価です。個人的に種々のプログラムを作って利用する場合は、EXCELに標準で搭載されているVBA（Visual Basic for Applications）を使用することをお勧めします。VBAの解説書を参考にすれば、簡単にプログラムを作成できます。セルに屈折率、膜厚、膜構成などのデータを入力し、それをn１=Range("D４").valueなどとデータを取り込み、プログラミングした計算結果をCells(J, 8).value=R１とEXCELのJ行、8列に書き込み、表を作ります。そして表が完成したら、EXCELのグラフ作成機能を使って分光特性などのグラフィック表示が行えます。

　今回追加した第7章の面精度と面粗さは、光学薄膜ではありませんが、非常に大切な問題だと思います。面精度による反射光の光束の広がり、および面粗さσがフィルターの反射率・透過率に及ぼす影響を定量的に検討する必要があります。成膜方法も進歩し、IADやIBSなどによって高精度なフィルターを作製し、それを評価した研究が発表されています。しかし、技術者なら成膜する前に、まず、自分で基板の面精度や面粗さを検討して下さい。私がBalzers社に勤務していたとき、お客様からHe-Neレーザー用（λ = 6328Å）の反射率99.99%以上のミラーのご要望があり、イオンプレーティング法により作製しましたが、第1回目は失敗しました。それは基板の面粗さに問題がありました。2002年に米国で開催されたOFC2002（the Optical Fiber Communication Conference and Exposition）に参加した際に、会場の中の出版物販売ブースでJ.M.Bennett、Lars Mattssonが執筆した"Introduction to Surface Roughness and Scattering－second edition"を見つけ、即、購入しました。これは、基板の面粗さに関するバイブルと言ってよいでしょう。しかし、当時は仕事が忙しかったこともあり、還暦になったらゆっくり勉強しようと考えていました。そんな折、丁度3年前に東海光学㈱・杉浦宗男氏と話をしたとき、このテーマに取り組みたいとの申し出がありました。そこで、毎月1回、勉強会を行い、さらに多くの論文などを手がかりに基板の面粗さがフィルターの分光特性に及ぼす影響を理論的に整理して、今回加筆した次第です。勿論、式の展開は省略せずに丁寧に記述して、その理解の助けとなる図もできるだけ記載しました。

　私はつくば市の産業技術総合研究所の客員研究員として、現在は別分野の仕事をしていますが、今年の3月までは加工技術データベースの作成のお手伝いをしてきました。これは鋳造、金属プレス、射出成型、切削、研磨、放電加工、レーザー切断、レーザー加工、溶射やPVD-CVD（Physical Vapor Deposition-Chemical Vapor Deposition）など、様々な加工技術に関する技術情報を無償公開しているもので、私は同じ客員研究員の江塚幸敏氏と一緒にPVD-CVDの分野の薄膜の光学定数データの整理や計算プログラムなどの作成を担当しました。しかし、日本のオプティクスの現状を考えて、私の会社設立以来下記の各種計算プログラムを販売しています。

- 分光特性計算プログラムOPTCALC
    - 主に反射防止膜用ですが、分光反射率特性、分光透過率特性、および光学式膜厚モニターの光量変化計算などが行えます。

- 基板セット枚数計算プログラムCALOTTE, HOLDER
  －基板ドームやヤトイ（治具）にセットできる基板の個数計算が行えます。
- 薄膜内の電界強度計算プログラムEFCALC
  －高出力レーザー用ミラーや反射防止膜では、レーザー誘導損傷が発生する場合があります。耐久性を増すためには、薄膜および基板内の電界強度を考慮する必要があります。

　以上を、主任研究員・廣瀬伸吾氏の協力を得て、このPVD-CVDの"計算プログラム集"に加えてこの度無償公開することにしました。これらのプログラムは東海光学㈱事業部長・鬼崎康成氏と課長・小栗和雄氏がVisual Basicで作り直してくれたものです。ありがとうございました。勿論、詳細なマニュアルもあります。インターネットで"産業技術総合研究所　加工技術データベース"で検索するか、あるいは次のアドレスからダウンロードしてご利用下さい。
　http://www.monozukuri.org/db-dmrc/index.html
　なお、この加工技術データベースを利用するには、産業技術総合研究所への事前登録が必要ですが、この画面の下部にある"利用申し込みはこちらから"から行えます。必要事項を記入して郵送すると、2週間くらいでユーザー名およびパスワードが郵送されてきます。これらのプログラムは、私のパソコン（Windows XP、VISTA）では問題なく動作していますが、しかし、古いバージョンのVisual Basicで作成してあるため皆様のパソコンのシステム環境下では動作しない場合もあるかも知れません。その際はご容赦下さい。また、お問い合わせなどもご容赦下さい。

　本書が皆様のお役に立てば幸いです。現在、私はプラズモニクスや近接場光学に興味を持って勉強しています。

索 引

あ

IAD ······································ 230, 250
IP ·· 230
IBS ···································· 230, 250
IBD ·· 230
アス ·· 212
荒摺り ··· 251
異常光線 ······································· 23
位相 ··· 3, 21
位相条件（完全反射防止膜の）······· 61
位相速度 ·· 7
位相の計算 ································· 122
位相のずれ ··································· 24
in-situ測定 ································· 172
AFM ··· 216
s波 ·· 22
エネルギー透過率 ························· 31
エネルギー反射率 ························· 31
円偏光
　　左回りの--- ··························· 26
　　右回りの--- ··························· 26
オイラーの公式 ······························ 5
オプティカルフラット ················· 211

か

外部透過率 ································· 143
ガウス積分 ································· 231
ガウス積分の公式 ······················· 231
ガウス分布 ························· 219, 231
角周波数 ·· 3
角振動数 ·· 2
角速度 ··· 2
確率密度関数 ····························· 219
仮想面 ·· 93
キズ ···································· 222, 251
逆行列 ·· 136
吸収基板の光学定数測定 ············ 143
吸収係数 ······································ 13
吸収指数 ······································ 14
吸収均質膜の光学定数測定 ········ 149
吸収不均質膜の光学定数測定 ····· 154
共役 ··· 57
行列式 ································ 135, 136
金属薄膜の光学定数測定
　　分光器による--- ················· 160
　　光学モニターによる--- ······· 175
空間周波数 ································· 219
空間波長 ···································· 222
クセ ···································· 213, 214
屈折率 ··· 12
屈折率傾斜膜 ····························· 155
群速度 ·· 8
傾斜アドミタンス ························· 86
検光子 ·· 22
研削 ··· 251
原子間力顕微鏡 ·························· 216
減衰指数 ······································ 14
研磨 ··· 206
光学アドミタンス ···················· 77, 78
光学距離 ······································ 21
光学軸 ·· 24
光学平面 ····························· 210, 211
光学膜厚 ······································ 21

斜入射時の--- ・・・・・・・・・・・・・・・・・・・66
光学モニター ・・・・・・・・・・・・・・・・・・・・・・189
　　---によるピーク検出 ・・・・・・・・・・・・197
　　---の原理 ・・・・・・・・・・・・・・・・・・・189
　　---の初期光量設定値 ・・・・・・172, 196
　　---の測光方式 ・・・・・・・・・・・・・・・191
コーシーの近似式 ・・・・・・・・・・・・・・・・・182
光路差 ・・・・・・・・・・・・・・・・・・・・・・・・・・66

正反射方向 ・・・・・・・・・・・・・・・・・・・・・・224
正反射率 ・・・・・・・・・・・・・・・・・・・・・・・224
設計波長 ・・・・・・・・・・・・・・・・・・・・・・・・60
SEM ・・・・・・・・・・・・・・・・・・・・・230, 250
セルマイヤーの分散式 ・・・・・・・・・・・・・182
尖度 ・・・・・・・・・・・・・・・・・・・・・・・・・・222
全反射 ・・・・・・・・・・・・・・・・・・・・・・・・・40
相加平均 ・・・・・・・・・・・・・・・・・・・・・・・217
双曲線関数 ・・・・・・・・・・・・・・・・・・・・・・87
走査型電子顕微鏡 ・・・・・・・・・・・・・・・・230

さ

座標軸変換 ・・・・・・・・・・・・・・・・・・・・・・33
算術平均 ・・・・・・・・・・・・・・・・・・・・・・・217
二乗平均平方根 ・・・・・・・・・・・・・・・・・・217
自然光 ・・・・・・・・・・・・・・・・・・・・・・・・・22
磁束密度 ・・・・・・・・・・・・・・・・・・・・・・・・11
周期 ・・・・・・・・・・・・・・・・・・・・・・・・・・・・1
周波数 ・・・・・・・・・・・・・・・・・・・・・・・・・・1
常光線 ・・・・・・・・・・・・・・・・・・・・・・・・・23
消衰係数 ・・・・・・・・・・・・・・・・・・・・12, 41
　　入射媒質の--- ・・・・・・・・・・・・・・・・41
消衰指数 ・・・・・・・・・・・・・・・・・・・・・・・14
Si薄膜の光学定数測定 ・・・・・・・・・・・・・167
振動数 ・・・・・・・・・・・・・・・・・・・・・・・・・・1
振幅 ・・・・・・・・・・・・・・・・・・・・・・・・・・・1
振幅条件（完全反射防止膜の） ・・・・・・・・61
水晶モニター ・・・・・・・・・・・・・・・・・・・189
スクラッチ ・・・・・・・・・・・・・・・・222, 251
スジ ・・・・・・・・・・・・・・・・・・・・・・・・・251
スネルの法則 ・・・・・・・・・・・・・・15, 17, 37
スロー排気 ・・・・・・・・・・・・・・・・・・・・・138
スローベント ・・・・・・・・・・・・・・・・・・・138
正規分布 ・・・・・・・・・・・・・・・・・・・・・・・219
正弦波 ・・・・・・・・・・・・・・・・・・・・・・・・・・5
静電容量 ・・・・・・・・・・・・・・・・・・・・・・・・10

た

対称な多層膜系 ・・・・・・・・・・・・・・・・・134
多重繰り返し反射
　　薄膜と基板裏面との--- ・・・・・58, 110, 150
　　薄膜の上下面における--- ・・・・・・・・54
　　基板の上下面における--- ・・・・・・・・44
単位マトリクス ・・・・・・・・・・・・・・・・・124
単振動 ・・・・・・・・・・・・・・・・・・・・・・・・・・2
チェレンコフ放射 ・・・・・・・・・・・・・・・・・20
中心波長 ・・・・・・・・・・・・・・・・・・・・・・・60
直線偏光 ・・・・・・・・・・・・・・・・・・・・・・・22
通常蒸着 ・・・・・・・・・・・・・・・・・・・・・・230
ツーリング・ファクター ・・・・・・・・・・・197
ディグ ・・・・・・・・・・・・・・・・・・・・・・・・251
TEM ・・・・・・・・・・・・・・・・・・・・・230, 251
電界マトリクス ・・・・・・・・・・・・・・・・・243
等価アドミタンス ・・・・・・・・・・・・・・・・・80
透過型電子顕微鏡 ・・・・・・・・・・・・・・・・230
透過波面精度 ・・・・・・・・・・・・・・・・・・・209
透過率 ・・・・・・・・・・・・・・・・・・・・・・・・・31
統計平均 ・・・・・・・・・・・・223, 231, 235, 240
透磁率 ・・・・・・・・・・・・・・・・・・・・・・・・・11
導電率 ・・・・・・・・・・・・・・・・・・・・・・・・・11

索引

透明基板の光学定数測定 ・・・・・・・・・・・・140
透明薄膜の光学定数測定
 分光器による--- ・・・・・・・・・・・・・・・147
 光学モニターによる--- ・・・・・・・・・172
特性光学アドミタンス ・・・・・・・・・・・・・・77
特性マトリクス ・・・・・・・・・・・・・・・・・・・・76
特性マトリクスの積 ・・・・・・・・・・・・・・・118
ド・モアブルの定理 ・・・・・・・・・・・・・・・220

な

内部透過率 ・・・・・・・・・・・・・・・・・・・44, 46
1/2波長板 ・・・・・・・・・・・・・・・・・・・・・・・・25
ニュートンが4本 ・・・・・・・・・・・・・・・・・214
ニュートンの本数 ・・・・・・・・・・・・・・・・・216
ニュートン・リング ・・・・・・・・・・・・・・・206
ノジュール ・・・・・・・・・・・・・・・・248, 250

は

薄膜系の特性マトリクス ・・・・・・・・・・・80
薄膜の特性マトリクス ・・・・・・・・・・・・・86
波数 ・・・・・・・・・・・・・・・・・・・・・・・・・・・・・・2
波長 ・・・・・・・・・・・・・・・・・・・・・・・・・・・・・・1
波長シフト ・・・・・・・・・・・・・・・・149, 197
波長分散 ・・・・・・・・・・・・・・・・・・・・・・・・18
速さ ・・・・・・・・・・・・・・・・・・・・・・・・・・・・・・2
ハルトマンの分散式 ・・・・・・・・・・・・・183
波連 ・・・・・・・・・・・・・・・・・・・・・・・・・・・・22
反射波面精度 ・・・・・・・・・・・・・・・・・・・209
反射率 ・・・・・・・・・・・・・・・・・・・・・・・・・・31
バンプ ・・・・・・・・・・・・・・・・・・・・・・・・・221
p波 ・・・・・・・・・・・・・・・・・・・・・・・・・・・・・22
ppm ・・・・・・・・・・・・・・・・・・・・・・・・・・・226

比透磁率 ・・・・・・・・・・・・・・・・・・・・・・・・11
PV値 ・・・・・・・・・・・・・・・・・・・・・・・・・・208
比誘電率 ・・・・・・・・・・・・・・・・・・・・・・・・11
表面空間波長 ・・・・・・・・・・・・・・・・・・・218
複素共軛 ・・・・・・・・・・・・・・・・・・・・・・・・57
ブツ ・・・・・・・・・・・・・・・・・・・・・・251, 255
フェルマーの原理 ・・・・・・・・・・・・・・・・17
不均質な ・・・・・・・・・・・・・・・・・・・・・・・154
複素屈折率 ・・・・・・・・・・・・・・・・・・・・・・12
物理膜厚 ・・・・・・・・・・・・・・・・・・・・・・・・21
ブルースター角 ・・・・・・・・・・・・・・・・・・38
ブルースター窓 ・・・・・・・・・・・・・・・・・・39
フレネル係数 ・・・・・・・・・・・・・・・・・・・・29
フレネルの
 ---式 ・・・・・・・・・・・・・・・・・・・・・・・・29
 ---振幅透過係数 ・・・・・・・・・・・・・・31
 ---振幅反射係数 ・・・・・・・・・・・・・・31
分光器－選定、注意事項 ・・・・・・・・・138
分散 ・・・・・・・・・・・・・・・・・・・・・・・・8, 18
分散関係 ・・・・・・・・・・・・・・・・・・・・・・・・8
分散式 ・・・・・・・・・・・・・・・・・・・・・・・・・18
平板基板の面精度 ・・・・・・・・・・・・・・・216
平面度 ・・・・・・・・・・・・・・・・・・・・・・・・214
ベル・カーブ ・・・・・・・・・・・・・・・・・・・221
偏光 ・・・・・・・・・・・・・・・・・・・・・・・・・・・22
偏光子 ・・・・・・・・・・・・・・・・・・・・・・・・・22
変調波 ・・・・・・・・・・・・・・・・・・・・・・・・・・9
ホイヘンスの原理 ・・・・・・・・・・・・・・・・15

ま

マクスウェルの方程式 ・・・・・・・・・・・・11
膜面の平滑化 ・・・・・・・・・・・・・・・・・・・248
面粗さ ・・・・・・・・・・・・・・・・・・・・・・・・216
面精度 ・・・・・・・・・・・・・・・・・・・・・・・・207

や

ヤケ ································137
ヤングの干渉実験 ······················5
誘電体 ································10
誘電率 ································11
1/4波長板 ·····························24

ら

ランダム偏光 ··························22
ランベルトの法則 ······················13
粒子のマイグレーション ···············248
臨界角 ································40

わ

歪度 ·································222

<著者紹介＞

小檜山　光信（こびやま みつのぶ）
株式会社テックウェーブ　代表取締役
NPO法人日本フォトニクス協議会　理事

1947年、大阪に生まれる。東京電機大学大学院工学研究科電気工学専攻（東京電機大学電子工学科研究副手）卒業後、大阪大学工学部電気工学研究室研究生として理化学研究所にてCO_2レーザーの研究。真空器械工業株式会社（現、株式会社シンクロン）に入社し、可視及び赤外域光学式モニター、自動蒸着システム、蒸着装置の設計・開発や光学薄膜フィルター用の各種理論ソフトウェアを作成。その後、日本バルザース株式会社、伯東株式会社を経て、1996年に株式会社テックウェーブを設立し、23年間、国内外の約50社に及ぶコーティングハウスや真空装置メーカーの技術コンサルタンティングを行ってきた。その間に、自分が初めて光学薄膜フィルターの勉強したときの気持ちを忘れずに、入門者や若い技術者の為に、その基礎理論や実際の光学薄膜フィルターの設計に関する解説書を丁寧にわかり易く著している。趣味は60歳から始めたゴルフ。

主な著書：「生産現場における光学薄膜の設計・作製・評価技術」（監修・小倉繁太郎、技術情報協会、2001）、「光学薄膜フィルターデザイン」（オプトロニクス社、2006）、「フィールドガイド赤外線システム」（SPIE刊の訳、オプトロニクス社、2008）

光学薄膜の基礎理論 増補改訂版
― フレネル係数、特性マトリクス ―

定価（本体価格4,800円＋税）

平成15年 3月18日	第1版第1刷発行
平成15年 7月23日	第2版第1刷発行
平成23年 2月25日	増補改訂版第1刷発行
令和元年 8月29日	増補改訂版第2刷発行

著者　小檜山　光信
発行　株式会社オプトロニクス社
　　　〒162-0814　東京都新宿区新小川町5-5　SANKENビル
　　　TEL 03-3269-3550　FAX 03-5229-7253
　　　E-mail：editor@optronics.co.jp（編集）
　　　　　　　booksale@optronics.co.jp（販売）
　　　URL：http://www.optronics.co.jp/
印刷　大東印刷工業株式会社

※万一、落丁・乱丁の際にはお取り替えいたします。
ISBN978-4-902312-48-5 C3055 ¥4800E